GRUNDLAGEN DER MAGNETISCHEN SIGNALSPEICHERUNG

V

ELEKTRONISCHES RECHNEN UND REGELN

Herausgegeben von

Prof. Dr. HANS FRÜHAUF · Prof. Dr. WILHELM KÄMMERER
Prof. Dr. KURT SCHRÖDER · Prof. Dr. HELMUT THIELE
Prof. Dr. HORST VÖLZ

Sonderband 11

GRUNDLAGEN DER MAGNETISCHEN SIGNALSPEICHERUNG
V

bearbeitet

von

HORST VÖLZ

AKADEMIE-VERLAG · BERLIN
1975

GRUNDLAGEN DER MAGNETISCHEN SIGNALSPEICHERUNG

BAND V

KLEIN-MOTOREN

VON

JOACHIM SCHELENZ, UWE SCHULT

Mit 333 Abbildungen und 9 Tabellen

AKADEMIE-VERLAG · BERLIN
1975

Erschienen im Akademie-Verlag, 108 Berlin, Leipziger Str. 3–4

Lizenznummer: 202 · 100/553/75
Gesamtherstellung: VEB Druckerei „Thomas Müntzer", 582 Bad Langensalza
Bestellnummer: 761 766 5 (5583/V) · LSV 3535
Printed in GDR
EVP 54,–

VORWORT

Antriebe stellen, ähnlich wie Magnetbänder, Magnetköpfe und Verstärker, eine wesentliche Grundlage der Magnetischen Signalspeicherung dar. Hierbei sind neben den bekannten Motoren gerade in den letzten Jahren auch eine Vielzahl neuer Antriebsarten, z. B. der kollektorlose Gleichstrommotor, entstanden. Für den Entwickler und Anwender von Magnetischen Signalspeichern gab es bisher kein Buch, das über diese Kleinmotoren brauchbar Auskunft gab. Die beiden Autoren haben als Entwickler im Zentrallabor für Elektrogeräte Karl-Marx-Stadt versucht, ein solches Material zusammenzustellen. Es liegt dem Leser vor und wird ihm sicher bei seiner Arbeit nützlich sein. Wie immer sind Autoren und Herausgeber an kritischen Hinweisen interessiert. Ursprünglich sollten in diesem Band auch noch die spezifischen Getriebe der Magnetbandtechnik erscheinen. Da aber bereits der Umfang der ,,Motoren" beträchtlich war, wurde hiervon abgesehen. Hierdurch konnte dieser Band allgemeiner gestaltet werden, so daß alle Belange der Kleinmotoren, insbesondere auch jene der Regelungs- und Steuerungstechnik, die ja in dem umfassenden Rahmen dieser Reihe ,,Elektronisches Rechnen und Regeln" Bedeutung besitzen, berücksichtigt werden.

Schließlich sei noch darauf hingewiesen, daß ergänzendes und vertiefendes Material in folgenden Bänden der Reihe: ,,Grundlagen der Magnetischen Signalspeicherung" enthalten ist: Band I enthält weitere Grundlagen zum Magnetismus, im Band II sind allgemeinere Anforderungen und Eigenschaften der Transportwerke erfaßt, und in den Bänden III und IV wird der Einsatz der Kleinmotoren für die speziellen Anwenderzwecke behandelt.

H. Völz

INHALTSVERZEICHNIS

1. Die prinzipielle Wirkungsweise rotierender elektrischer Maschinen

Die Umwandlung sowohl elektrischer Energie in mechanische als auch mechanischer Energie in elektrische ist die Hauptaufgabe rotierender elektrischer Maschinen. Dabei hängt die Richtung des Umwandlungsprozesses von den äußeren Bedingungen ab, unter denen die Maschine betrieben wird. Es ist also möglich, daß jede Maschine sowohl im Motorbetrieb (Umformung elektrischer Energie in mechanische) als auch im Generatorbetrieb (Umformung mechanischer Energie in elektrische) arbeiten kann.

$$\text{elektrische Energie} \quad \underset{\text{Generator}}{\overset{\text{Motor}}{\rightleftarrows}} \quad \text{mechanische Energie}$$

Die Grundlage dieses Energiewandlungsprozesses sind elektromagnetische Erscheinungen, die sich aus dem Induktionsgesetz und dem elektrodynamischen Kraftgesetz ableiten.

Voraussetzung für die Funktion einer rotierenden elektrischen Maschine ist, daß ein ruhendes Element — der Ständer — und ein relativ dazu bewegtes Element — der Läufer — vorhanden sind. (Abb. 1.1) Beide Teile sind durch einen Luftspalt voneinander getrennt. Die elektromechanischen Wechselwirkungen zwischen Ständer und Läufer erfolgen über das elektromagnetische Feld in diesem Luftspalt, das mittels stromdurchflossener Spulen aufgebaut wird, die sowohl im Ständer als auch im Läufer angeordnet sind. Die Art des Luftspaltfeldes ist für rotierende elektrische Maschinen ein charakteristisches Merkmal hinsichtlich Wirkungsweise und Betriebsverhalten.

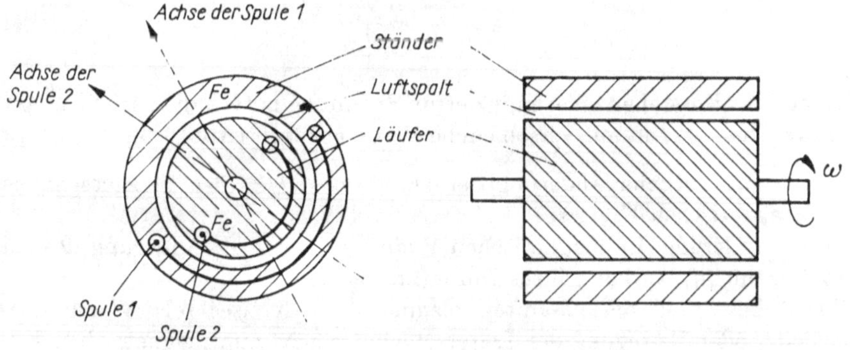

Abb. 1.1. Prinzipanordnung einer rotierenden elektrischen Maschine

1.1. Das Induktionsgesetz

Das Induktionsgesetz besagt, daß längs eines geschlossenen Weges (z. B. einer Leiterschleife), der von einem zeitlich veränderlichen Magnetfeld durchsetzt wird, eine Spannung entsteht, die gleich der Änderungsgeschwindigkeit des von dem Kreis umfaßten Flusses Φ ist (Abb. 1.2)

$$e = -\frac{d\Phi}{dt}. \tag{1.1}$$

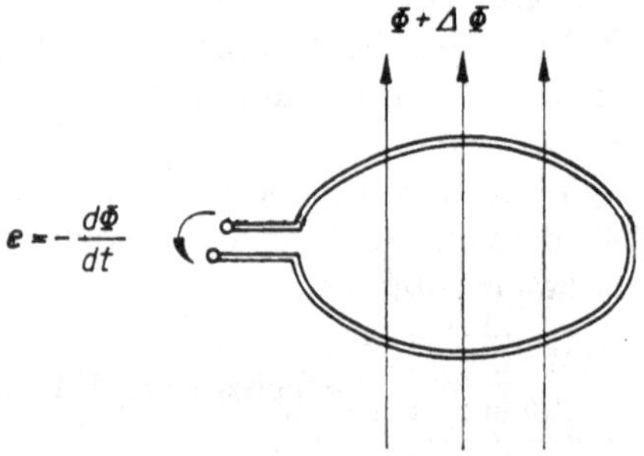

Abb. 1.2. In einer Leiterschleife, die von einem zeitlich veränderlichen Strom durchsetzt wird, wird eine Spannung e induziert

Schaltet man mehrere Leiterschleifen in Reihe, so überlagern sich die einzelnen Spannungen vorzeichenbehaftet

$$e = -\sum_{\nu=1}^{w} \frac{d\Phi_{\hat{\nu}}}{dt} = -\frac{d\psi}{dt}. \tag{1.2}$$

Mit ψ bezeichnet man den Induktionsfluß, der mit allen Windungen w verkettet ist. Werden also alle w Leiterschleifen vom gleichen Fluß durchsetzt, ergibt sich $\psi = w \cdot \Phi$, und das Induktionsgesetz nimmt die Form

$$e = -w\frac{d\Phi}{dt} \tag{1.3}$$

an.

Die für das Entstehen einer induzierten Spannung notwendige zeitliche Änderung des Flusses kann auf verschiedene Weise erfolgen (Abb. 1.3)

1. durch eine zeitliche Änderung der Durchflutung Θ (des Erregerstromes i) des magnetischen Kreises,
2. durch Änderung des magnetischen Widerstandes (z. B. Änderung des Luftspaltes um Δl) bei konstanter Durchflutung Θ,
3. durch Bewegung des gesamten magnetischen Kreises relativ zur Leiterschleife, oder Bewegung der Leiterschleife relativ zum magnetischen Kreis, bei konstanter Durchflutung Θ.

Unter der Voraussetzung eines homogenen Feldes und für den Fall, daß der Fluß die Schleife senkrecht durchsetzt, kann man für Gl. 1.3. auch schreiben:

$$e = -w\frac{d\Phi}{dt} = -w\frac{d}{dt}(B \cdot A) = -w\left(\frac{\partial B}{\partial t} \cdot A + \frac{\partial A}{\partial t} \cdot B\right). \qquad (1.4)$$

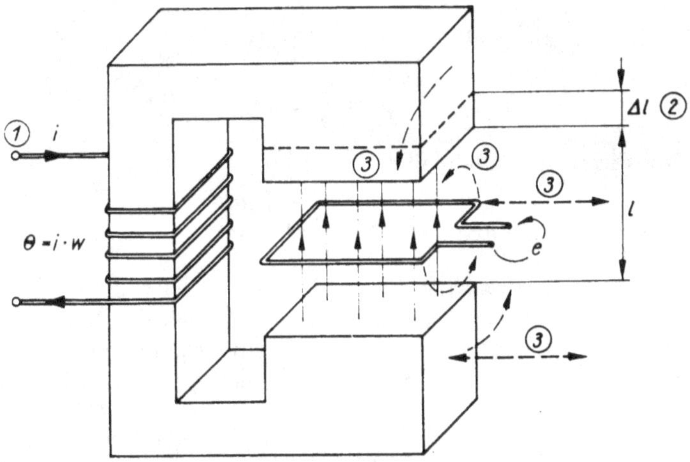

Abb. 1.3. In einer Leiterschleife, die sich im Luftspalt eines magnetischen Kreises befindet, wird eine Spannung e induziert, bei (1) zeitlicher Änderung des Erregerstromes i, (2) zeitlicher Änderung des magnetischen Widerstandes, (3) Bewegung der Leiterschleife relativ zum Magnetkreis

Hierin bedeuten B die magnetische Induktion und A den Querschnitt der Leiterschleife. Aus Gl. (1.4) erkennt man, daß die in einer Leiterschleife induzierte Spannung abhängt von der magnetischen Kopplung der Leiterschleife in Abhängigkeit von der Zeit und von der Augenblickslage der Leiterschleife zum Magnetfeld.

Da bei rotierenden elektrischen Maschinen im allgemeinen Fall der magnetische Fluß Φ eine Funktion der Zeit ist und die relative Lage der Spulenachse zur Flußachse durch den Drehwinkel β beschrieben wird (Abb. 1.4), läßt sich

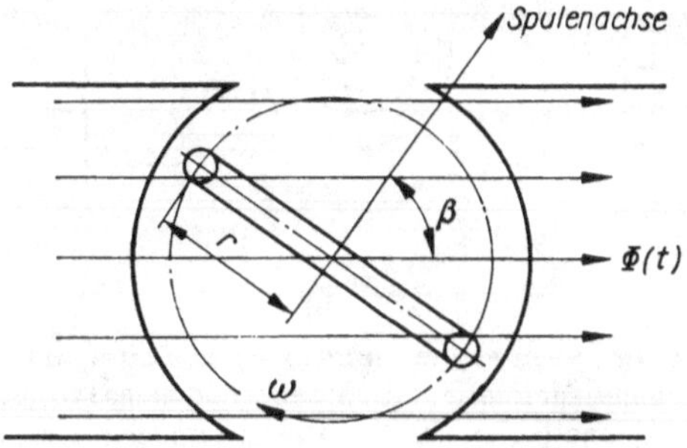

Abb. 1.4. Rotierende Leiterschleife in einem Magnetfeld

aus Gl. (1.3) und (1.4) die erste Grundgleichung für rotierende elektrische Maschinen ableiten:

$$\Phi = f(t, \beta)\,, \tag{1.5}$$

$$e = -\,w\left(\frac{\partial \Phi}{\partial t} + \frac{\partial \Phi}{\partial \beta} \cdot \frac{d\beta}{dt}\right). \tag{1.6}$$

Da die Winkelgeschwindigkeit ω definiert ist als

$$\omega = \frac{d\beta}{dt}\,, \tag{1.7}$$

ergibt sich für die erste Grundgleichung

$$e = -\,w\,\frac{\partial \Phi}{\partial t} - \omega \cdot w \cdot \frac{\partial \Phi}{\partial \beta}. \tag{1.8}$$

Gl. (1.8) bringt zum Ausdruck, daß sowohl in einer Spule, die in einem zeitlich konstanten Magnetfeld rotiert, als auch in einer Spule, die von einem zeitlich veränderlichen Magnetfeld durchsetzt wird, eine Spannung induziert wird. Wenn beide Vorgänge gleichzeitig ablaufen, überlagern sich die Induktionserscheinungen.

1.2. Kraftwirkungen auf stromdurchflossene Leiter im Magnetfeld

Die in einer geschlossenen Leiterschleife induzierte Spannung treibt einen Strom i an, der seinerseits ein Magnetfeld aufbaut, das so gerichtet ist, daß es seiner Entstehung entgegenwirkt. Das durch den Strom i um die Leiterschleife aufgebaute Magnetfeld verändert das vorgegebene Magnetfeld so, daß Kraftwirkungen auftreten. Allgemein haben magnetische Feldlinien das Bestreben, sich zu verkürzen (Längszug), und außerdem haben sie das Bestreben, sich möglichst weit voneinander zu entfernen (Querdruck). Abb. 1.5 zeigt die Verhältnisse am Beispiel eines stromdurchflossenen Leiters in einem Magnetfeld.

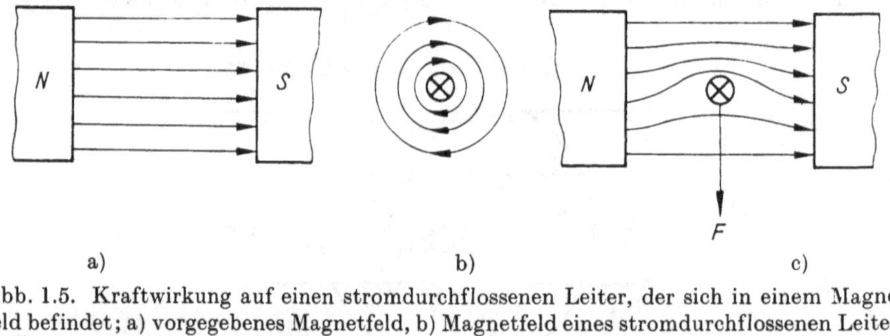

Abb. 1.5. Kraftwirkung auf einen stromdurchflossenen Leiter, der sich in einem Magnetfeld befindet; a) vorgegebenes Magnetfeld, b) Magnetfeld eines stromdurchflossenen Leiters, c) Überlagerung beider Magnetfelder. Durch die unterschiedliche Energiedichte des Magnetfeldes wird eine Kraft F auf den stromdurchflossenen Leiter ausgeübt

Um die Größe der Kraft zu bestimmen, soll folgende Anordnung betrachtet werden (Abb. 1.6). Auf einen stromdurchflossenen Leiter der Länge l, der senkrecht in einem Magnetfeld B angeordnet ist, wird aufgrund der Kraftwirkungen auf stromdurchflossene Leiter im Magnetfeld eine Kraft F ausgeübt. In der Zeit dt wird der Leiter um das Wegstück dx verschoben und dabei die Gegenkraft F_G sowie die Reibkraft F_R überwunden. Der Leiter bewegt sich also mit der Geschwindigkeit $v = \frac{dx}{dt}$ in Richtung der Kraft. Dabei wird die mechanische Energie

$$dW_{\text{mech}} = F_G \cdot dx = (F - F_R)\,dx$$

gewonnen.

Andererseits wird aber im Leiter durch die Bewegung eine Spannung e nach Gl. (1.4) induziert

$$e = -B \cdot l \cdot \frac{dx}{dt} = -B \cdot l \cdot v\,. \tag{1.9}$$

Die Richtung der Spannung wirkt entgegen der Stromrichtung. Bei einem Strom i liefert die Spannungsquelle an den Zweipol die Energie

$$dW_{\text{el}} = u \cdot i \cdot dt = (-e + i \cdot R)\,i\,dt\,.$$

Um den Leiter mit der Geschwindigkeit v zu bewegen, müssen die Gegenkraft F_G und die Reibkraft F_R überwunden werden. Es wird also mechanische Arbeit geleistet, die der angeschlossenen Stromquelle entnommen wird. Es wird elektrische Energie in mechanische umgeformt.

Da nach dem Energiesatz die der Stromquelle entnommene elektrische Energie, abzüglich der elektrischen Verluste,

$$dW_{\text{el}} = (u - i \cdot R) \cdot i\,dt \tag{1.10}$$

der erzeugten mechanischen Leistung

$$dW_{\text{mech}} = F \cdot dx \tag{1.11}$$

gleich ist, und berücksichtigt man, daß

$$-e = u - i \cdot R$$

und

$$F = F_G + F_R$$

ist, erhält man für die auf den Leiter ausgeübte Kraft folgenden Ausdruck:

$$(u \cdot i - i^2 \cdot R)\,dt = (F_G + F_R)\,dx$$

$$-e \cdot i = F \cdot v$$

$$F = \frac{-e \cdot i}{v}\,. \tag{1.12}$$

Setzt man Gl. (1.9) in (1.12) ein, so kann man für die Kraft auch schreiben:

$$F = B \cdot i \cdot l\,. \tag{1.13}$$

Da in rotierenden elektrischen Maschinen anstelle der geradlinigen Bewegung ein rotierender Bewegungsablauf auftritt, ist es sinnvoll, statt mit Kräften mit Drehmomenten und statt mit linearen Geschwindigkeiten mit Winkelgeschwindigkeiten zu rechnen.

Das Drehmoment M berechnet sich aus der auf den Leiter ausgeübten Kraft F und dem Abstand r des Leiters von der Rotationsachse zu

$$M = F \cdot r \,. \tag{1.14}$$

Mit der Winkelgeschwindigkeit

$$\omega = \frac{v}{r} \tag{1.15}$$

und Gl. (1.14) in (1.12) eingesetzt, erhält man für das Drehmoment die Beziehung

$$M = \frac{1}{\omega} \cdot e \cdot i \,. \tag{1.16}$$

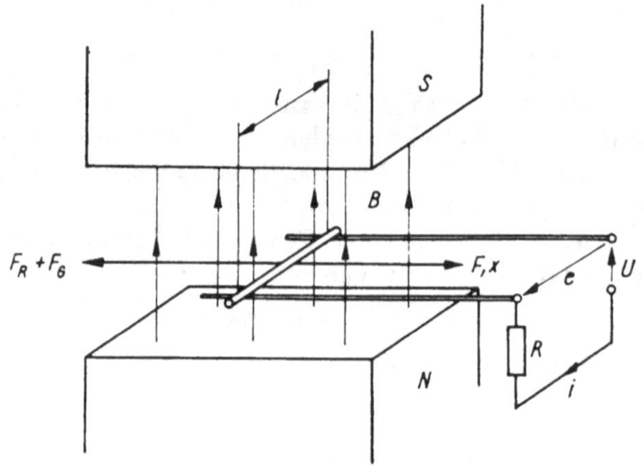

Abb. 1.6. Prinzipanordnung zur Umwandlung elektrischer in mechanische Energie

Ähnlich wie die Geschwindigkeit v in Gl. (1.12) kennzeichnet die Winkelgeschwindigkeit ω die relative Geschwindigkeit des Leiters gegenüber dem magnetischen Feld.

Bei der Untersuchung der Umsetzung der elektrischen Energie in mechanische (Abb. 1.6.) war ein zeitlich konstantes Magnetfeld vorausgesetzt worden. Die erste Grundgleichung (1.8) für rotierende elektrische Maschinen besagt aber, daß auch in einer Spule, die von einem zeitlich veränderlichen Magnetfeld durchsetzt wird, eine Spannung induziert wird. Das heißt: auch auf einen stromdurchflossenen Leiter, der sich in einem sich zeitlich ändernden Magnetfeld befindet, wird eine Kraft ausgeübt.

Die Gln. (1.16) und (1.8) liefern für das Drehmoment — die zweite Grundgleichung für rotierende elektrische Maschinen — folgende Beziehung

$$M = -i \cdot w \frac{\partial \Phi}{\partial \beta} - \frac{1}{\omega} \cdot i \cdot w \frac{\partial \Phi}{\partial t}. \tag{1.17}$$

1.3. Die Grundformen des Luftspaltfeldes und ihre Erzeugung

1.3.1. Das Gleichfeld

Im einfachsten Fall ist das Luftspaltfeld von einem der beiden Hauptelemente — dem Ständer oder Läufer — aus gesehen, zeitlich konstant. Dieses Feld bezeichnet man als Gleichfeld. Die Luftspaltinduktion dieses Feldes ist gekennzeichnet durch eine periodische Funktion am Umfang des betrachteten Hauptelementes. In Abb. 1.7 ist die Induktionsverteilung am Beispiel einer

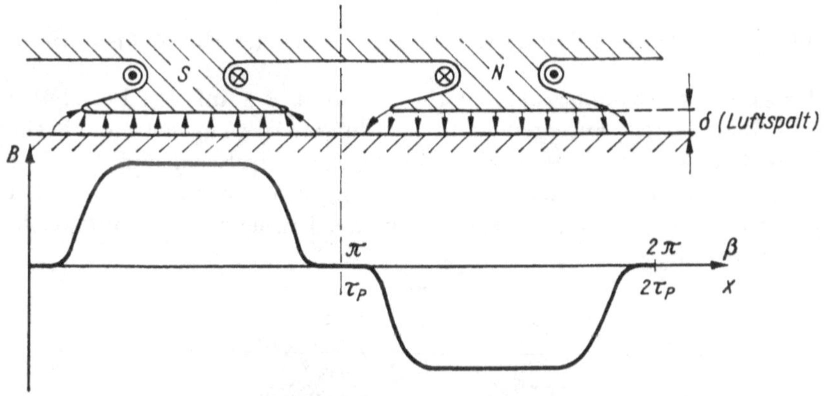

Abb. 1.7. Induktionsverteilung im Luftspalt eines 2-poligen magnetischen Kreises mit ausgeprägten Polen (Gleichfeld)

2-poligen Anordnung eines magnetischen Kreises mit ausgeprägten Polen in der Abwicklung dargestellt. Zur Umrechnung der winkelabhängigen Koordinate des Umfanges in eine lineare Koordinate wird die Transformation

$$\beta = \frac{\pi}{\tau_p} \cdot x \tag{1.18}$$

benutzt, wobei τ_p die Polteilung darstellt.

Mit Hilfe der Harmonischen Analyse läßt sich die nichtsinusförmige Induktionsverteilung, die im wesentlichen von der Verteilung der Leiter, von der Formgebung des Luftspaltraumes und von den magnetischen Spannungsabfällen im Blechpaket des Ständers und des Läufers abhängt, in eine Summe sinusförmiger Gleichfelder zerlegen. Im einfachsten Fall werden die durch die nichtsinusförmige Induktionsverteilung auftretenden Oberwellenfelder vernachlässigt. Damit läßt sich die Grundwelle des Gleichfeldes (Abb. 1.8) wie folgt beschreiben:

$$B(x, t) = \hat{B}_1 \sin \frac{\pi}{\tau_p} \cdot x \,. \tag{1.19}$$

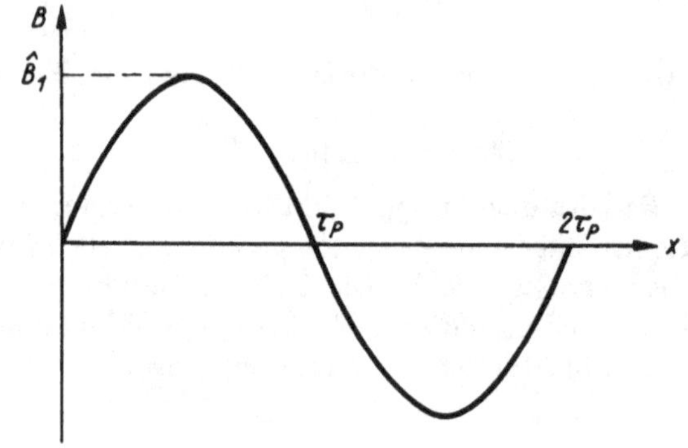

Abb. 1.8. Grundwelle der Induktionsverteilung des in Abb. 1.7. dargestellten Gleichfeldes

Ein Gleichfeld wird immer dann vorliegen, wenn die auf den Polschuhen in Abb. 1.9 konzentriert untergebrachte Wicklung in der angegebenen Richtung mit einem Gleichstrom gespeist wird. Die dazugehörige Schaltung der Erregerwicklung, für das gewählte Beispiel einer 2-poligen Anordnung, zeigt Abb. 1.10. Die dargestellte Anordnung ist typisch für die Erzeugung des Luftspaltfeldes einer Gleichstrommaschine.

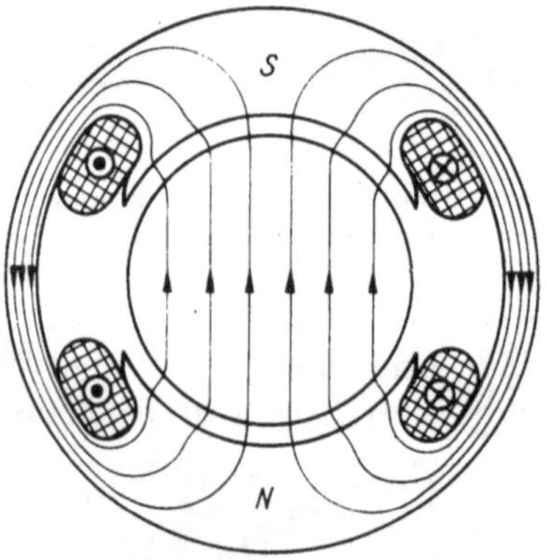

Abb. 1.9. Anordnung eines magnetischen Kreises mit ausgeprägten Polen zur Erzeugung eines Gleichfeldes

Mit Hilfe des Durchflutungsgesetzes

$$\Theta = \oint H(x, t)\, dl \,, \tag{1.20}$$

wobei Θ die Gesamtdurchflutung und dl den Integrationsweg der Feldlinien kennzeichnen, läßt sich der Wert der Luftspaltinduktion bestimmen. In

Gl. (1.20) stellt die rechte Seite die magnetischen Spannungsabfälle entlang des magnetischen Kreises dar. Vereinfachend wird vorausgesetzt, daß die magnetischen Spannungsabfälle im Eisen zu vernachlässigen sind, so daß die gesamte Durchflutung nur den magnetischen Spannungsabfall zwischen Ständer und

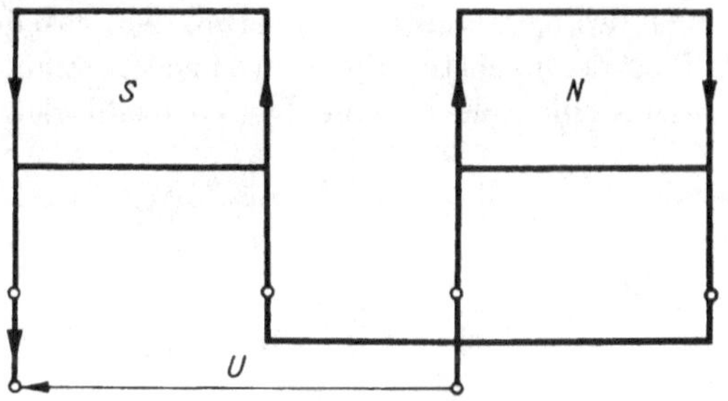

Abb. 1.10. Schaltung der Erregerwicklung eines Magnetkreises mit ausgeprägten Polen

Läufer deckt. Da die Durchflutung durch den durch die Erregerwicklung fließenden Gleichstrom I und die auf dem Polpaar untergebrachten Windungen w bestimmt wird

$$\Theta = I \cdot w\,,$$

ergibt sich folgender Ausdruck:

$$\Theta = H(x) \cdot 2\delta = \frac{B(x)}{\mu_0} \cdot 2\delta\,, \tag{1.21}$$

wobei δ der einseitige Luftspalt zwischen Ständer und Läufer ist. Aus Gl. (1.21) erhält man für den konstanten Wert der Induktion unter dem Polschuhbogen folgende Beziehung:

$$B_L = \mu_0 \cdot \frac{I \cdot w}{2\delta}\,. \tag{1.22}$$

Da die Induktionsverteilung $B(x)$ infolge der Formgebung des Polschuhes einen nichtsinusförmigen Verlauf aufweist, wird die Feldkurve mittels der Fourier-Analyse in ihre harmonischen Komponenten zerlegt (Abb. 1.11)

$$B(x) = \hat{B}_1 \sin \frac{\pi}{\tau_p} \cdot x + \hat{B}_3 \sin 3 \frac{\pi}{\tau_p} \cdot x + \hat{B}_5 \sin 5 \frac{\pi}{\tau_p} \cdot x + \cdots \tag{1.23}$$

Die Amplituden der Harmonischen werden bestimmt vom Verlauf des Luftspaltes unter dem Polschuhbogen und vom Verhältnis Länge des Polschuhbogens zur Polteilung.

Vernachlässigt man die höheren Harmonischen des Luftspaltfeldes, so läßt sich die Grundwelle der Induktion im Luftspalt aus Gl. (1.19) und (1.21) bestimmen.

$$B_1(x) = \mu_0 \frac{I \cdot w}{2\delta} \cdot \sin \frac{\pi}{\tau_p} \cdot x\,. \tag{1.24}$$

In einem mit Gleichstrom durchflossenen Anker der Kommutatormaschinen wird ebenfalls ein Gleichfeld aufgebaut. Die Kommutatorwicklung ist in den Nuten des Ankers untergebracht. Das charakteristische Merkmal dieser Wicklungen ist, daß die einzelnen Spulen so in Reihe geschaltet sind, daß sie einen geschlossenen Kreis ergeben. Die Anfänge und Enden der einzelnen Spulen sind mit den Lamellen des Kommutators so verbunden, daß das Ende der einen Spule mit dem Anfang der nächsten Spule in einer Kommutatorlamelle angeschlossen ist. Daraus ergibt sich, daß die Lamellenzahl gleich der Anzahl der

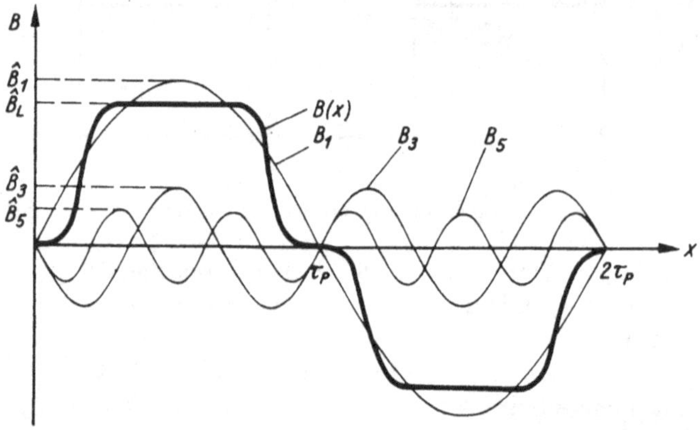

Abb. 1.11. Zerlegung der Induktionsverteilung $B(x)$ eines 2-poligen magnetischen Kreises mit ausgeprägten Polen in die erste $B_1(x)$, dritte $B_3(x)$ und fünfte $B_5(x)$ Harmonische

Spulen ist. Auf den Kommutatorlamellen gleiten die Bürsten, die die Stromzuführung zum rotierenden Anker gewährleisten. Aus Abb. 1.12 ist zu erkennen, daß die Ankerwicklung durch die zwei Bürsten in zwei parallele Ankerzweige $2a$ geteilt wird, durch die jeweils der halbe Ankerstrom fließt. In Abb. 1.12 ist in der Abwicklung die elektrische Schaltung und in Abb. 1.13a die räumliche Anordnung der Spulen dargestellt. Aus der Anzahl der Nuten N im Anker und der Zahl der Spulenseiten u, die in einer Nut untergebracht sind, ergibt sich die Lamellenzahl K des Kommutators zu:

$$K = \frac{u}{2} \cdot N\,. \tag{1.25}$$

Der Abstand der Spulenseiten — der Nutschritt y_N — wird dargestellt durch die Anzahl der dazwischenliegenden Nuten. Bei der Durchmesserwicklung ist der Nutschritt gleich der Polteilung

$$y_N = \frac{N}{2p}\,, \tag{1.26}$$

und bei der gesehnten (vgl. S. 27) Wicklung ist

$$y_N < \frac{N}{2p}\,.$$

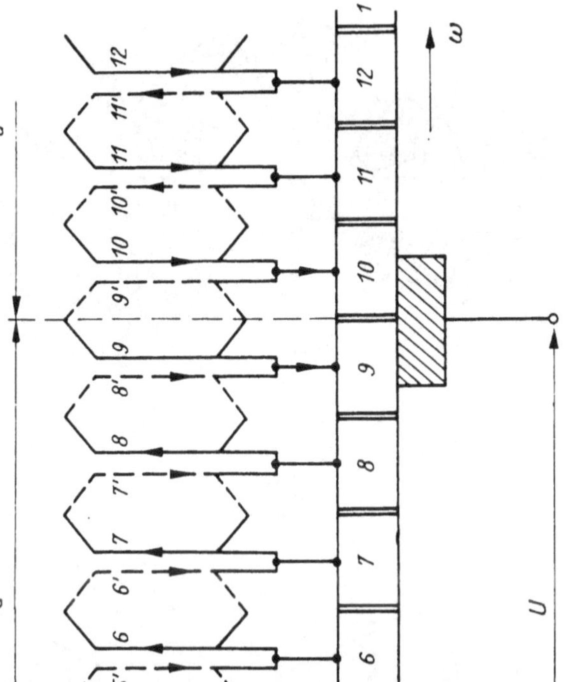

Abb. 1.12. Schaltung einer Kommutatorwicklung mit 12 Spulen und $K = 12$ Kommutatorlamellen

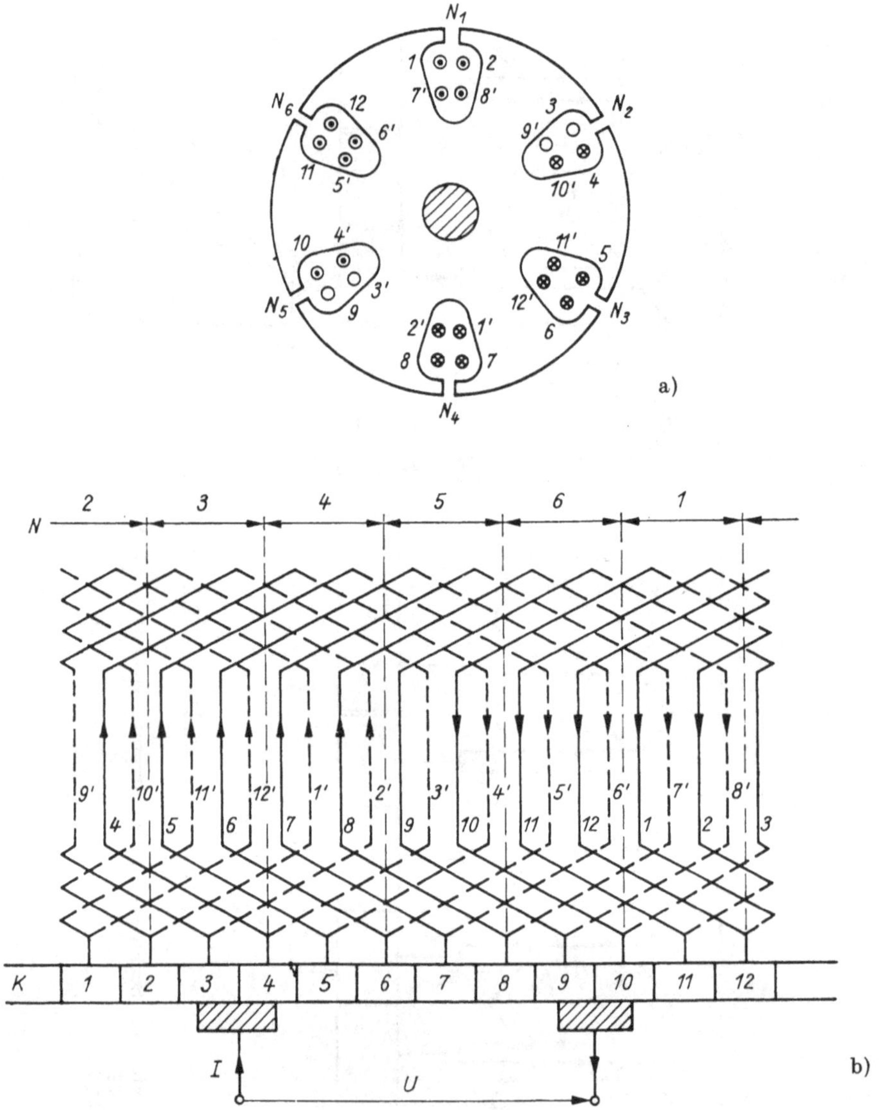

Abb. 1.13 a) Räumliche Anordnung einer Kommutatorwicklung mit 12 Spulen in den $N = 6$ Nuten des Läufers; b) Darstellung der Schaltung und der räumlichen Anordnung einer Kommutatorwicklung mit 12 Spulen, $K = 12$ Kommutatorlamellen und $N = 6$ Nuten in der Abwicklung (Schleifenwicklung)

In der Ausführung der Wicklung unterscheidet man zwischen der Schleifen- und der Wellenwicklung. Kennzeichnend für die Schleifenwicklung ist, daß die hintereinandergeschalteten Spulen jeweils innerhalb eines Polpaares liegen. Wird das Ende der Spule I mit dem Anfang der Spule II in einer Kommutatorlamelle (2) angeschlossen und das Ende der Spule II mit dem Anfang der Spule III in Lamelle (3) verbunden (Abb. 1.14), erhält man eine eingängige ungekreuzte Schleifenwicklung. Bei zweipoligen Kleinstmaschinen mit Kommutatorwicklung wird fast ausschließlich diese Art der Schleifenwicklung angewendet. Die vollständige Abwicklung dieser Schleifenwicklung mit den Daten

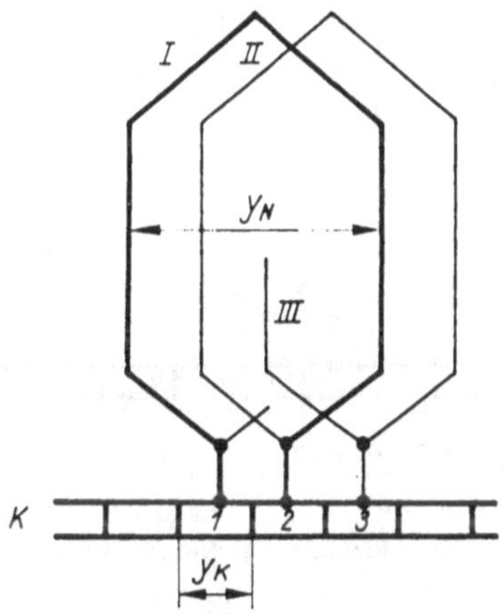

Abb. 1.14. Eingängige ungekreuzte Schleifenwicklung

$N = 6$, $K = 12$ und $2p = 2$ ist in Abb. 1.13b dargestellt. Mit Gl. (1.25) beträgt die Anzahl der Spulenseiten pro Nut

$$u = \frac{2K}{N} = \frac{2 \cdot 12}{6} = 4\,,$$

und aus dem Nutschritt Gl. (1.26) erkennt man

$$y_N = \frac{N}{2p} = \frac{6}{2} = 3\,,$$

daß eine Durchmesserwicklung vorliegt.

Charakteristisch ist, daß die eingängige Schleifenwicklung insgesamt $2a = 2p$ parallele Zweige besitzt und daß pro Polpaar eine Ein- und eine Austrittsbürste vorhanden sein müssen. Alle $2p$ Bürsten werden im Abstand von jeweils $\frac{K}{2p}$ Kommutatorlamellen aufgesetzt. Im Gegensatz zu den zweipoligen Kommutator-Kleinstmaschinen wird bei Maschinen mit einer Polpaarzahl $2p > 2$ die Ankerwicklung in Form einer Wellenwicklung ausgeführt. Der Unterschied gegenüber der Schleifenwicklung besteht darin, daß bei der Wellenwicklung die

Spulen von Pol zu Pol fortschreitend weiterverbunden werden. Die Verbindungspunkte der einzelnen Spulen werden wiederum mit den Kommutatorlamellen verbunden. In Abb. 1.15 ist der Beginn einer eingängigen ungekreuzten Wellenwicklung angeführt, und Abb. 1.16 zeigt die vollständige Abwicklung dieser Wellenwicklung mit den Daten $N = 15$, $K = 15$ und $2p = 4$. Bei der Gegenüberstellung der beiden Wicklungsarten fällt auf, daß Anfang und

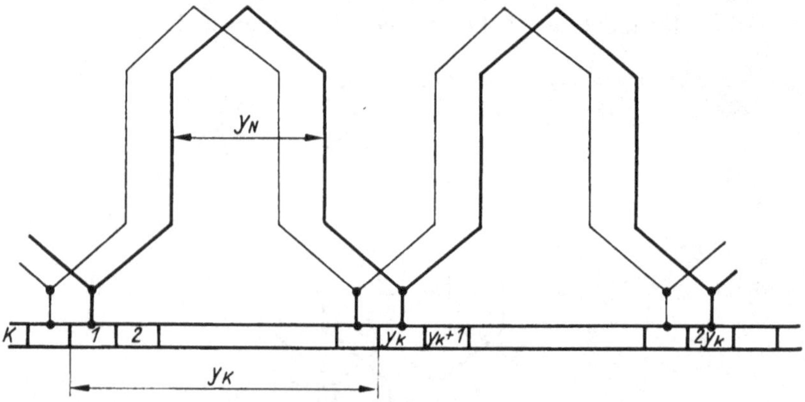

Abb. 1.15. Räumliche Lage und Schaltung zweier Wellenzüge einer eingängigen ungekreuzten Wellenwicklung

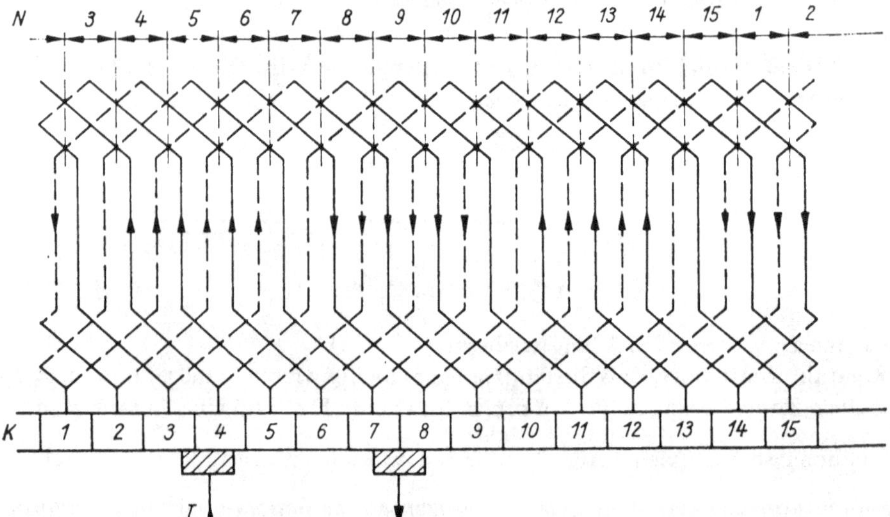

Abb. 1.16. Darstellung einer Wellenwicklung mit 15 Spulen, $K = 15$ Kommutatorlamellen, $N = 15$ Nuten und $2\,p = 4$ in der Abwicklung

Ende einer Spule in den Kommutatorlamellen untergebracht sind, die um den Kommutatorschritt

$$y_K = \frac{K \overset{(+)}{-} 1}{p} \tag{1.27}$$

voneinander entfernt sind.

Bei einer eingängigen Schleifenwicklung ist

$$y_K = \overset{(-)}{+} 1 \,. \tag{1.28}$$

Das in Klammern gesetzte Vorzeichen gilt für die gekreuzte Wellen- bzw. Schleifenwicklung.

Die eingängige Wellenwicklung besitzt unabhängig von der Zahl der Polpaare nur $2a = 2$ parallele Ankerzweige, und demzufolge sind für die Funktion der Wicklung nur eine Ein- und eine Austrittsbürste notwendig, die im Abstand $\frac{K}{2p}$ angeordnet sind.

Das charakteristische Merkmal der Kommutatorwicklungen ist, daß durch das Kommutator-Bürstensystem bei einer Drehung des Läufers in den einzelnen Spulen die Stromrichtung zweimal umgepolt wird. Nach dem Eintreten über die Bürste spaltet sich der Strom in die Zweigströme der parallelen Ankerkreise auf. Bei zwei parallelen Ankerzweigen durchfließt der eine Zweigstrom die eine

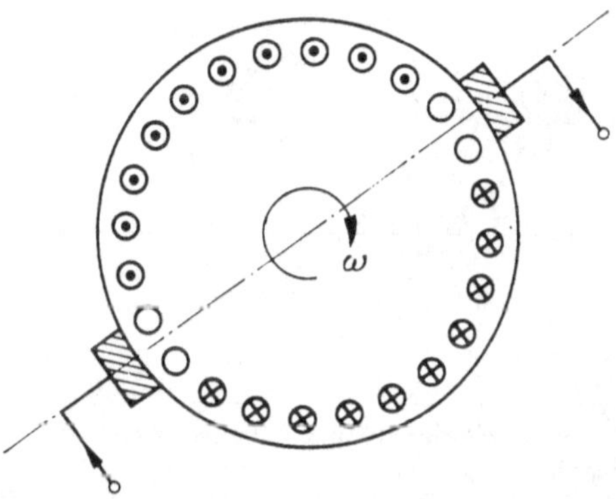

Abb. 1.17. Stromflußrichtung in den Spulenseiten des Kommutatorankers

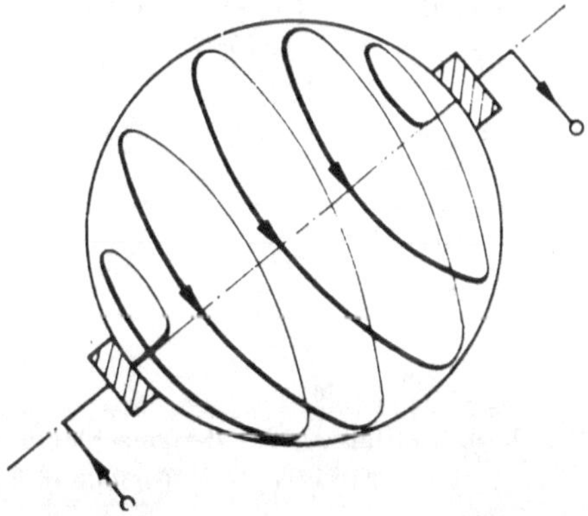

Abb. 1.18. Darstellung des Kommutatorankers als pseudostationäre Spule

Hälfte der Läuferoberfläche in der einen und der zweite Zweigstrom die zweite Hälfte in der entgegengesetzten Richtung. An Hand der in den Abwicklungen in Abb. 1.13. und 1.16. eingezeichneten Stromrichtungen ergibt sich die in Abb. 1.17. und 1.18. dargestellte Richtung der Ströme an der Läuferoberfläche. Diese Verteilung ist unabhängig von der Bewegung des Läufers. Die Kommutatorwicklung mit den Bürsten stellt also eine Wicklung dar, deren Wicklungsachse ruht, deren Spulen sich aber bewegen. In diesem Fall spricht man von einer pseudostationären Spule. In bezug auf ihre Eigenschaften kann die Kommutatorwicklung als stationäre Spule betrachtet werden. Bei Speisung mit Gleichstrom erzeugt die Kommutatorwicklung ein Gleichfeld (Abb. 1.19). Die Richtung des Feldes ist abhängig von der Stellung der Bürstenachse (Abb. 1.20).

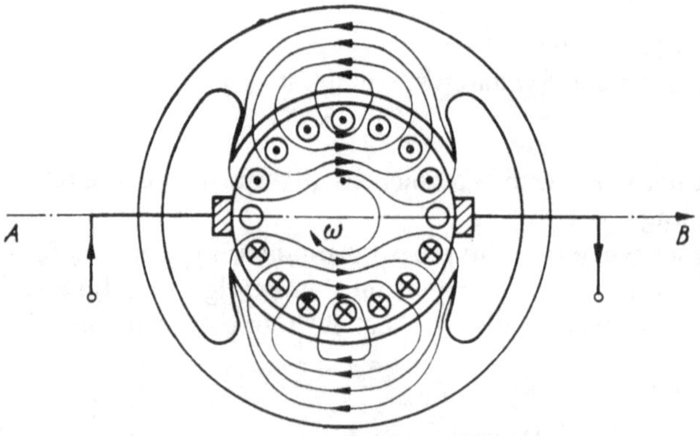

Abb. 1.19. Das Luftspaltfeld des Kommutatorankers

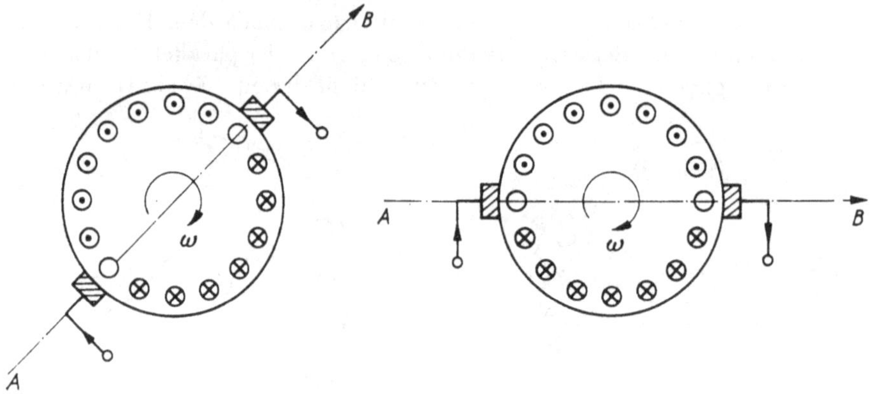

a) b)

Abb. 1.20. Einfluß der Bürstenverschiebung; Achse $A-B$ gleich Bürstenachse, Achse der pseudostationären Spule und Achse des magnetischen Feldes

1.3.2. Das Wechselfeld

Ein Wechselfeld ist dadurch gekennzeichnet, daß sich am Umfang eines der beiden Hauptelemente sämtliche Induktionswerte zeitlich sinusförmig und phasengleich ändern. In Abb. 1.21 ist die erste Harmonische, das Grundwellenwechselfeld, für verschiedene Augenblicke t dargestellt. Liegt ein solches pulsierendes Feld vor, das auch als stehende Welle betrachtet werden kann, so genügt es der Beziehung

$$B_1(x, t) = \hat{B}_1 \sin \frac{\pi}{\tau_p} \cdot x \cos \omega t . \tag{1.29}$$

Aus Gl. (1.29) erkennt man, daß der räumliche und zeitliche Maximalwert der Induktion $\hat{B}_1$ bei $x = \frac{\tau_p}{2}$ zu den Zeitpunkten $\omega t = 0;\ 2\pi;\ 4\pi$ usw. auftritt. Die räumliche Amplitude ändert sich zeitlich mit der Kreisfrequenz ω, und die zeitliche Amplitude ist eine Funktion des Ortes x. Ein Wechselfeld entsteht dann,

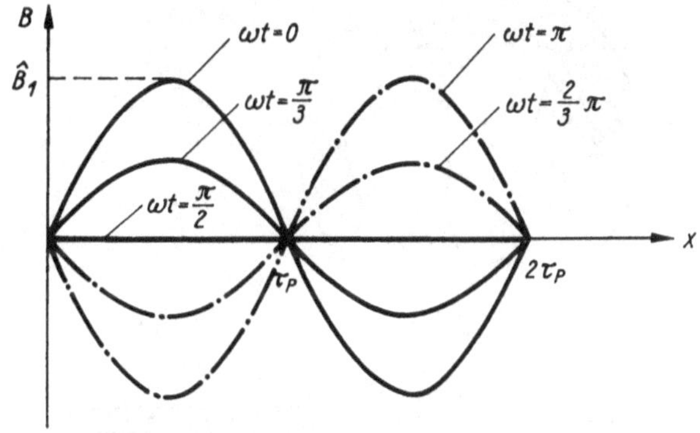

Abb. 1.21. Induktionsverteilung der Grundwelle eines Wechselfeldes für verschiedene Zeitpunkte

wenn die auf den Polschuhen in Abb. 1.9 untergebrachte Wicklung mit einem sinusförmigen Strom gespeist wird. Seinen Augenblickswert kann man ausdrücken als

$$i = \sqrt{2} I \cos \omega t = \sqrt{2} I \cos 2\pi f \cdot t\,. \tag{1.30}$$

Vernachlässigt man die höheren Harmonischen, so kann man die Veränderlichkeit der Induktion im Luftspalt zeitlich und räumlich aus den Gln. (1.24), (1.29) und (1.30) bestimmen

$$B_1(x, t) = \mu_0 \cdot \frac{\sqrt{2} \cdot I \cdot w}{2\delta} \cdot \sin \frac{\pi}{\tau_p} \cdot x \cdot \cos \omega t\,. \tag{1.31}$$

Bei genuteten Ständern wird das Magnetfeld durch eine am Umfang verteilte Wicklung erzeugt. Ein solches Magnetfeld läßt sich als Überlagerung einzelner magnetischer Felder darstellen, die von den einzelnen Spulen erzeugt werden. Nimmt man an, daß das Magnetfeld nur durch eine Durchmesserspule erzeugt wird (Abb. 1.22), so erhält man aufgrund des konstanten Luftspaltes zwischen Ständer und Läufer eine rechteckförmige Verteilung der Induktion am Umfang. Die Induktion berechnet sich wiederum zu:

$$B_L = \mu_0 \cdot \frac{i \cdot w}{2\delta}\,.$$

Aus der Fourier-Analyse ergibt sich für die Grundwelle:

$$B_1(x, t) = \frac{4\sqrt{2}}{2\pi} \cdot \mu_0 \cdot \frac{I \cdot w}{\delta} \cdot \sin \frac{\pi}{\tau_p} \cdot x \cdot \cos \omega t\,. \tag{1.32}$$

Um eine möglichst sinusförmige Induktionsverteilung am Umfang zu erzielen, wird die Wicklung zur Erzeugung des Magnetfeldes in den Ständernuten verteilt angeordnet. Damit wird erreicht, daß der Einfluß der höheren Harmonischen möglichst gering bleibt.

a)

b)

c)

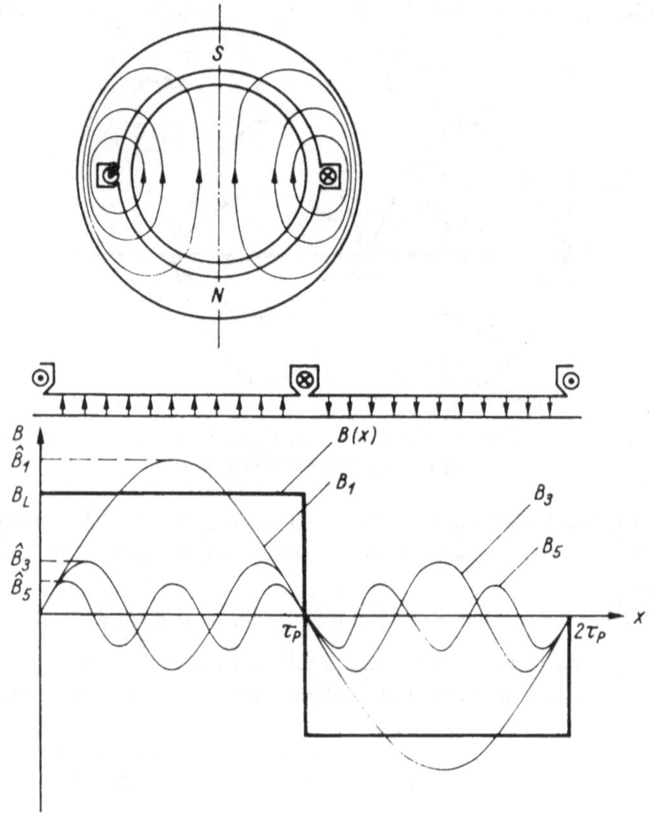

Abb. 1.22. Die Induktionsverteilung einer Durchmesserspule; a) Verlauf der Feldlinien in einem magnetischen Kreis mit konstantem Luftspalt, b) Verlauf der Induktion $B(x)$ im Luftspalt, c) Zerlegung der Induktionsverteilung $B(x)$ in die erste $B_1(x)$, dritte $B_3(x)$ und fünfte $B_5(x)$ Harmonische

In Abb. 1.23 ist gezeigt, wie das Magnetfeld durch eine aus mehreren Spulen bestehende Wicklung aufgebaut wird. Jede Spule erzeugt für sich ein rechteckig verlaufendes Magnetfeld. Addiert man die von den einzelnen Spulen erzeugten Magnetfelder, erhält man das resultierende Magnetfeld in Form einer Treppenkurve. Für eine verteilte Einphasenwicklung mit gleicher Windungszahl w pro Spule ergibt sich für die räumliche und zeitliche Abhängigkeit des Magnetfeldes

$$B(x, t) = \frac{4 \cdot \sqrt{2}}{2\pi} \cdot \mu_0 \cdot \frac{I \cdot w}{\delta} \cdot q \cdot \xi_g \cdot \sin \frac{\pi}{\tau_p} \cdot x \cdot \cos \omega t \,, \qquad (1.33)$$

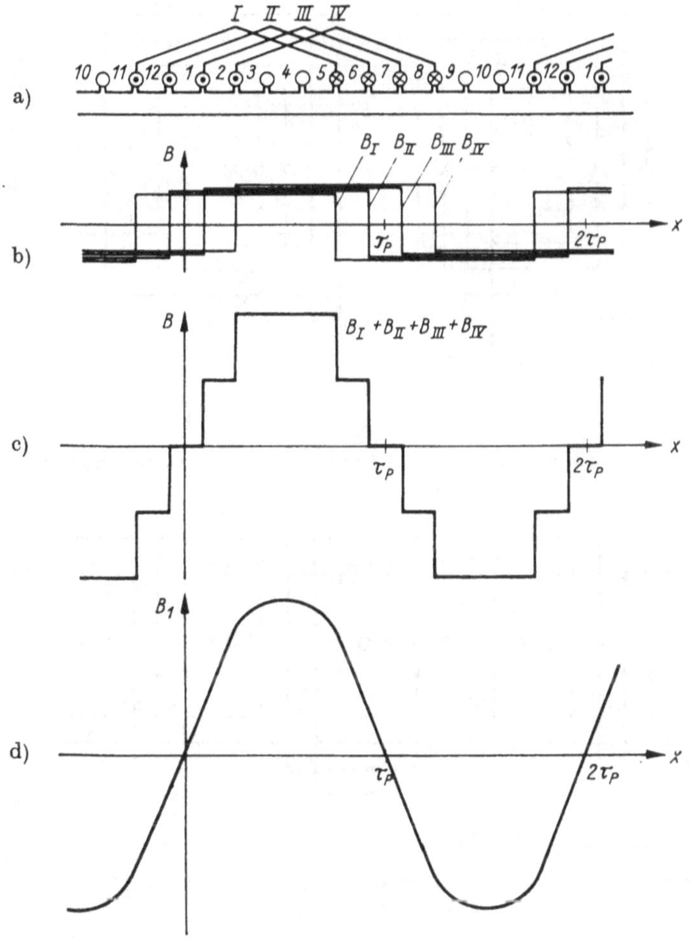

Abb. 1.23. Die Induktionsverteilung mehrerer Durchmesserspulen, die räumlich versetzt im magnetischen Kreis angeordnet sind; a) Räumliche Verteilung der Spulen in einem magnetischen Kreis mit konstantem Luftspalt, b) Induktionsverteilung der einzelnen Spulen, c) resultierende Induktionsverteilung, d) Grundwelle der resultierenden Induktionsverteilung

wobei q die Anzahl der Spulengruppen und ξ_g den Gruppenfaktor darstellen, der die räumliche Verschiebung der Spulengruppen berücksichtigt und stets kleiner 1 ist.

In Abb. 1.24 ist das Schema einer Einphasenwicklung mit zwei Gruppen dargestellt. Eine Gruppe besteht dabei aus vier Spulen ungleicher Weite. Aus den eingezeichneten Stromrichtungen ist zu ersehen, daß jede Gruppe einem Polpaar entspricht. Die einzelnen Spulen können gleiche oder auch unterschiedliche Windungszahlen besitzen. Desgleichen besteht noch die Möglichkeit, die

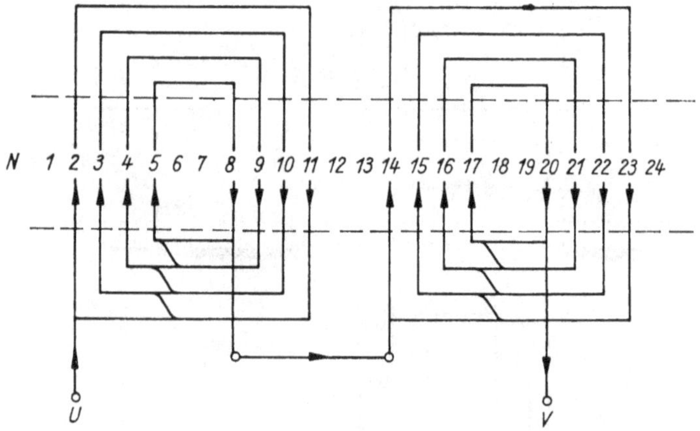

Abb. 1.24. Einphasenwicklung mit $N = 24$ und $2p = 4$ und Spulen ungleicher Weite

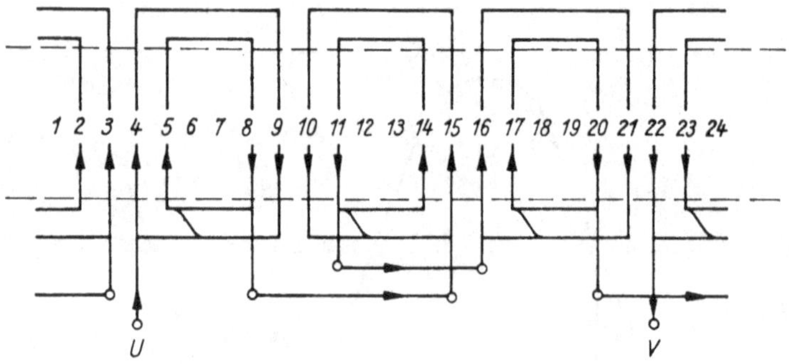

Abb. 1.25. Einphasenwicklung mit unterteilten Gruppen; $N = 24$ und $2p = 4$ und Spulen ungleicher Weite

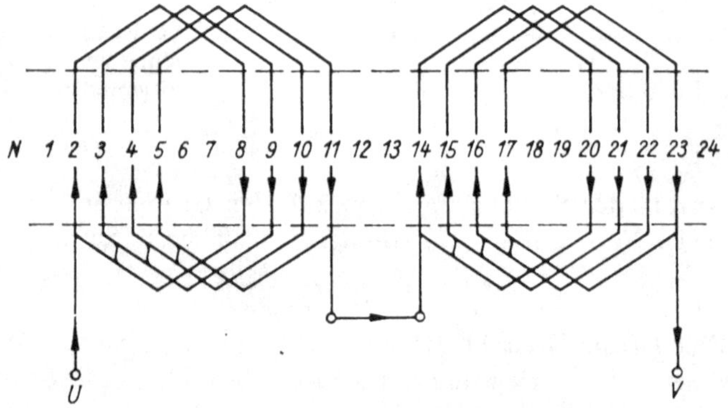

Abb. 1.26. Einphasenwicklung mit $N = 24$ und $2p = 2$ und Spulen gleicher Weite

Gruppen zu unterteilen (Abb. 1.25). Um möglichst Spulen ungleicher Weite zu vermeiden, kann die Wicklung auch nach der Schaltung in Abb. 1.26. ausgeführt werden. Bei Einphasenwicklungen werden normalerweise nur $^2/_3$ der zur Verfügung stehenden Nuten bewickelt, denn beim voll bewickelten Stator ist der Gruppenfaktor ξ_g wesentlich kleiner, und zum anderen heben sich beim $^2/_3$ bewickelten Stator die dritte und alle durch drei teilbaren Harmonischen auf.

Bei Speisung mit einem sinusförmigen Strom erzeugt die Kommutatorwicklung in der in Abb. 1.19 dargestellten Anordnung ebenfalls ein Wechselfeld.

1.3.3. Das Drehfeld

Unter einem Drehfeld versteht man eine sinusförmige Induktionsverteilung, die mit konstanter Geschwindigkeit über die Oberfläche des betrachteten Hauptelementes läuft. Das Drehfeld stellt eine fortlaufende Welle der Induktionsverteilung dar, wobei das Grundwellendrehfeld die Wellenlänge $2\tau_p$ bzw. 2π besitzt. In Abb. 1.27. liegt zur Zeit $t = 0$ das Maximum der Induktion bei $x = \frac{\tau_p}{2}$ und, wenn sich dieses Drehfeld mit der Geschwindigkeit Ω bewegt,

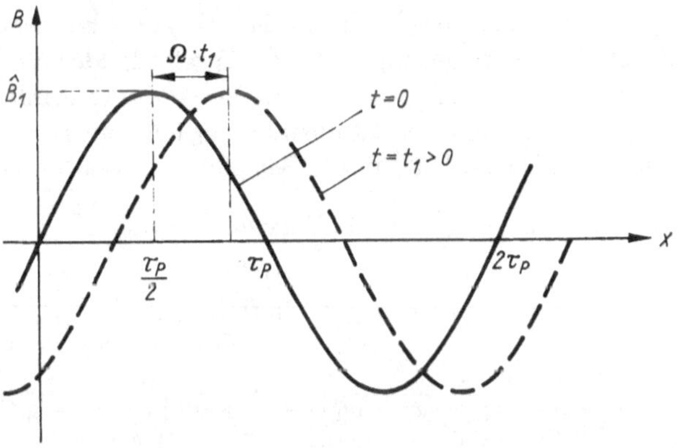

Abb. 1.27. Induktionsverteilung der Grundwelle eines Drehfeldes für den Zeitpunkt $t = 0$ und zum Zeitpunkt $t > 0$

erscheint es zur Zeit $t = t_1$ gegenüber dieser Ausgangslage um $\Omega \cdot t_1$ zu größeren Werten von x verschoben. Damit ergibt sich für das Grundwellendrehfeld folgende Beziehung:

$$B_1(x, t) = \hat{B}_1 \sin\left(\frac{\pi}{\tau_p} \cdot x + \Omega \cdot t\right). \tag{1.34}$$

Das Vorzeichen der Geschwindigkeit Ω wird durch die Bewegungsrichtung des Drehfeldes bestimmt. Räumlich ist die Induktion zu jedem Zeitpunkt t sinusförmig am Umfang verteilt, und an jeder Stelle ändert sich die Induktion zeitlich sinusförmig mit der Frequenz $f = \frac{\Omega}{2\pi}$.

Mit $r = \frac{\tau_p}{\pi}$ erhält man aus Gl. (1.15) die Geschwindigkeit des Drehfeldes entlang der Oberfläche zu

$$v = \frac{\tau_p}{\pi} \cdot \Omega\,, \tag{1.35}$$

und die Drehzahl beträgt

$$n = \frac{v}{2 \cdot p \cdot \tau_p} = \frac{1}{p} \cdot \frac{\Omega}{2\pi}. \tag{1.36}$$

Mit Hilfe der trigonometrischen Umformung

$$\sin\alpha \cdot \cos\beta = \frac{1}{2}[\sin(\alpha + \beta) + \sin(\alpha - \beta)]$$

läßt sich zeigen, daß man das Grundwellenwechselfeld nach Gl. (1.29) zerlegen kann.

$$B_1(x, t) = \frac{\hat{B}_1}{2}\sin\left(\frac{\pi}{\tau_p} \cdot x + \omega t\right) + \frac{\hat{B}_1}{2}\sin\left(\frac{\pi}{\tau_p} \cdot x - \omega t\right). \tag{1.37}$$

Als Ergebnis erhält man zwei Grundwellendrehfelder halber Amplitude, die sich gegenläufig mit gleicher Geschwindigkeit bewegen. Es kann gezeigt werden, daß sich durch die Überlagerung mehrerer Wechselfelder die Teildrehfelder eines Umlaufsinus aufheben und die des anderen verstärkt werden. Die Wechselfelder müssen dazu bei gleicher Amplitude zeitlich und räumlich gegeneinander verschoben sein. Dies soll an einem Beispiel mit zwei Wechselfeldern, die zeitlich und räumlich um $\frac{\pi}{2}$ versetzt sind, gezeigt werden.

$$\begin{aligned} B(x, t) &= \hat{B}_{\mathrm{I}} \cdot \sin\frac{\pi}{\tau_p} \cdot x \cdot \cos\omega t + \hat{B}_{\mathrm{II}} \cdot \sin\left(\frac{\pi}{\tau_p} \cdot x + \frac{\pi}{2}\right) \cdot \cos\left(\omega t + \frac{\pi}{2}\right) \\ &= \left(\frac{\hat{B}_{\mathrm{I}}}{2} + \frac{\hat{B}_{\mathrm{II}}}{2}\right)\left[\sin\left(\frac{\pi}{\tau_p} \cdot x - \omega t\right)\right] + \frac{\hat{B}_{\mathrm{I}}}{2} \cdot \sin\left(\frac{\pi}{\tau_p} \cdot x + \omega t\right) \\ &\quad + \frac{\hat{B}_{\mathrm{II}}}{2} \cdot \sin\left(\frac{\pi}{\tau_p} \cdot x + \omega t + \pi\right) \end{aligned}$$

unter der Voraussetzung, daß $\hat{B}_{\mathrm{I}} = \hat{B}_{\mathrm{II}} = \hat{B}$ ist, wird

$$B(x, t) = \hat{B}\sin\left(\frac{\pi}{\tau_p} \cdot x - \omega t\right).$$

Im Ergebnis erhält man ein Drehfeld, das mit der Winkelgeschwindigkeit ω fortschreitet. Die Teildrehfelder der zwei Wechselfelder sind in Abb. 1.28 für die Zeitpunkte $\omega t = 0, \frac{\pi}{4}$ und $\frac{\pi}{2}$ dargestellt. Man erkennt, daß die beiden negativ umlaufenden Teildrehfelder keine Verschiebung zueinander aufweisen und sich arithmetisch zum resultierenden Drehfeld addieren, wohingegen die

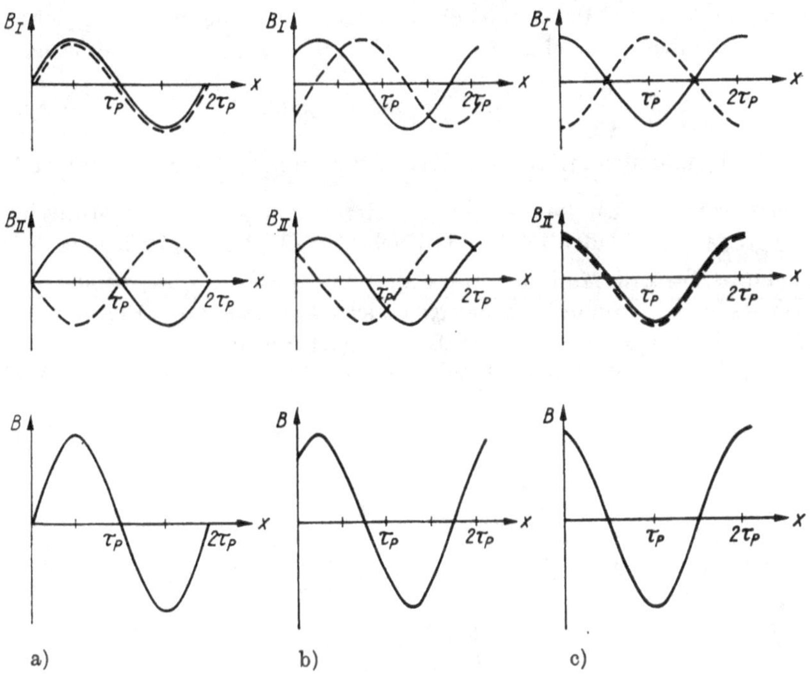

Abb. 1.28. Erzeugung eines Drehfeldes durch Überlagerung zweier Wechselfelder, deren Achsen bei $x = \frac{\tau_p}{2}$ und τ_p liegen und die gegeneinander um $\frac{\pi}{2}$ zeitlich verschoben sind; $B_{\mathrm{I}}(x)$ Induktionsverteilung des Wechselfeldes I, $B_{\mathrm{II}}(x)$ Induktionsverteilung des Wechselfeldes II, $B(x)$ resultierende Induktionsverteilung (Drehfeld) zu den Zeitpunkten: a) $\omega t = 0$, b) $\omega t = \frac{\pi}{4}$, c) $\omega t = \frac{\pi}{2}$, —— negativ umlaufende Teildrehfelder, – – – positiv umlaufende Teildrehfelder

zwei positiv umlaufenden Teildrehfelder um jeweils π verschoben sind und sich zu Null addieren. Bewegt sich ein Drehfeld in Richtung des Läufers, so wird es als Mitfeld, und das in entgegengesetzter Richtung rotierende wird als Gegendrehfeld bezeichnet.

Mit Gl. (1.37) läßt sich weiterhin zeigen, daß durch die Überlagerung von drei Wechselfeldern mit der Amplitude $\hat{B}_{\mathrm{I}} = \hat{B}_{\mathrm{II}} = \hat{B}_{\mathrm{III}} = \hat{B}$, die räumlich und zeitlich um $\frac{2}{3} \cdot \pi$ verschoben sind, ein resultierendes Drehfeld der Amplitude $\frac{3}{2}\,\hat{B}$ entsteht und sich die gegenläufigen Teildrehfelder aufheben. Beim Vorhandensein eines Dreiphasennetzes ist damit die Voraussetzung zur Erzeugung eines Drehfeldes gegeben.

Sind in dem betrachteten Beispiel der Überlagerung zweier Wechselfelder, die zeitlich und räumlich um $\frac{\pi}{2}$ versetzt sind, die Amplituden der beiden Felder unterschiedlich, so erhält man zwei gegenläufige Drehfelder mit gleicher Geschwindigkeit, aber unterschiedlicher Amplitude. Das eine Drehfeld bewegt sich mit der Amplitude $\frac{\hat{B}_{\mathrm{I}}}{2} + \frac{\hat{B}_{\mathrm{II}}}{2}$ und das dazu gegenläufige mit der Amplitude $\frac{\hat{B}_{\mathrm{I}}}{2} - \frac{\hat{B}_{\mathrm{II}}}{2}$. Es läßt sich zeigen, daß die Addition der beiden gegenläufigen Drehfelder wiederum ein Drehfeld ergibt, das sich in der gleichen Richtung bewegt wie das größere der beiden Felder, daß sich aber die Amplitude des Feldes vom Maximum $\hat{B}_{\mathrm{I}}$ bis zum Minimum $\hat{B}_{\mathrm{II}}$ ändert und daß die Geschwindigkeit, mit der sich das resultierende Feld bewegt, nicht konstant ist. Die mittlere Geschwindigkeit entspricht aber dem Betrag nach der der beiden gegenläufigen Drehfelder. Dieses Feld bezeichnet man als Ellipsendrehfeld (Abb. 1.29).

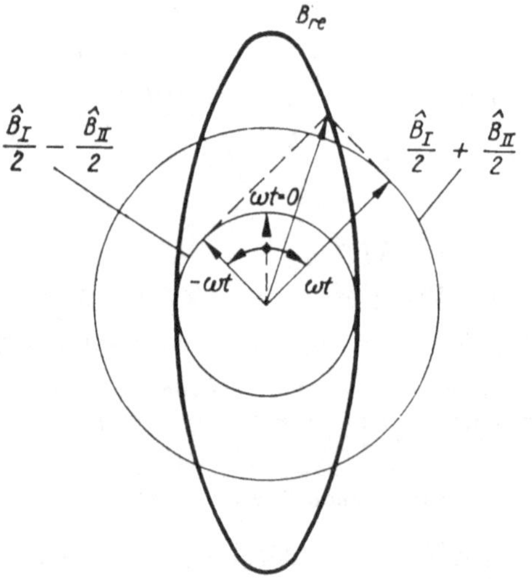

Abb. 1.29. Erzeugung eines elliptischen Drehfeldes durch die Überlagerung zweier inversrotierender Kreisdrehfelder mit unterschiedlicher Amplitude

Allgemein kann gesagt werden, daß bei der Existenz zweier durch zwei Wicklungen erzeugter Wechselfelder ein Ellipsendrehfeld gewonnen wird. In dem besonderen Falle, wenn die Amplituden der beiden Wechselfelder $\hat{B}_{\mathrm{I}}$ und $\hat{B}_{\mathrm{II}}$ gleich sind und die räumliche Verschiebung $\frac{\pi}{\tau_p} \cdot x$ der Wicklungen und die zeitliche Verschiebung ωt der die Wechselfelder erzeugenden Ströme die Summe π ergibt, wird aus dem Ellipsendrehfeld ein Kreisdrehfeld. Die gegenläufigen Drehfelder heben sich auf. Ein elliptisches Drehfeld wird zu einem Wechselfeld, wenn die räumliche Verschiebung der Wicklungen und die zeitliche Verschiebung der Ströme in diesen Wicklungen in der Summe Null ist.

Zur Erzeugung eines Drehfeldes, das ein Drehmoment auf den ruhenden Läufer ausüben soll, sind also im Ständer mindestens zwei Wicklungen notwendig, die räumlich versetzt angeordnet sind und von zeitlich verschobenen sinusförmigen Strömen gespeist werden.

Bei der symmetrischen Zweiphasenwicklung wird jede Phase in der gleichen Anzahl Nuten im Ständer untergebracht. Die Nutzahl je Pol und Phase — q — ergibt sich aus folgender Beziehung:

$$q = \frac{N}{4p} \tag{1.38}$$

und für m-phasige Wicklungen gilt:

$$q = \frac{N}{2 \cdot p \cdot m}.$$

In Abb. 1.30 ist eine symmetrische Zweiphasenwicklung mit Spulen gleicher Weite und in Abb. 1.31 ebenfalls eine symmetrische Zweiphasenwicklung, aber mit Spulen ungleicher Weite, in der Abwicklung dargestellt. Beide Wicklungen

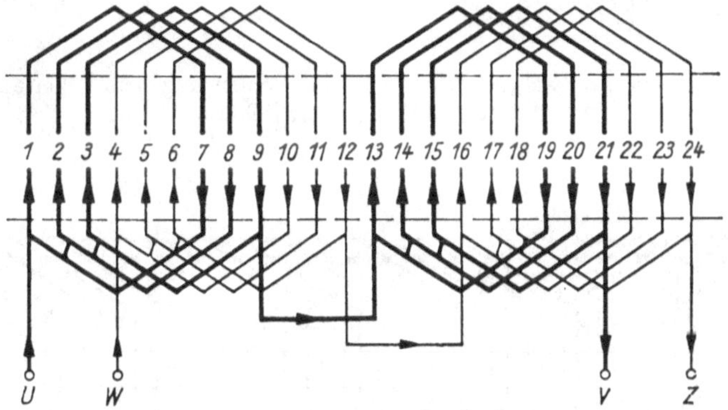

Abb. 1.30. Symmetrische Zweiphasenwicklung mit Spulen gleicher Weite mit $N = 24$ und $2p = 4$ (Einschichtwicklung)

sind Einschichtwicklungen, d. h., in einer Nut liegt nur eine Spulenseite. Bei den Zweischichtwicklungen befinden sich in einer Nut sowohl die linke als auch die rechte Seite einer Spule. Abb. 1.32 zeigt die Abwicklung einer zweiphasigen Zweischichtwicklung. Da die in der Nut liegenden zwei Spulenseiten einer Phase angehören, ist auch die Stromrichtung in ihnen gleich, so daß in elektromagnetischer Hinsicht Ein- und Zweischichtwicklungen das gleiche Verhalten zeigen. Typisch für die bisher dargestellten Wicklungen ist, daß die Spulenweite — der Abstand der linken und der rechten Seite einer Spule — gleich der Polteilung τ_p ist. In den Beispielen Abb. 1.30 und 1.32 beträgt der Nutenschritt y_N, ausgedrückt durch die Nutenzahl,

$$y_N = \frac{N}{2p} = \frac{24}{4} = 6 = \tau_p .$$

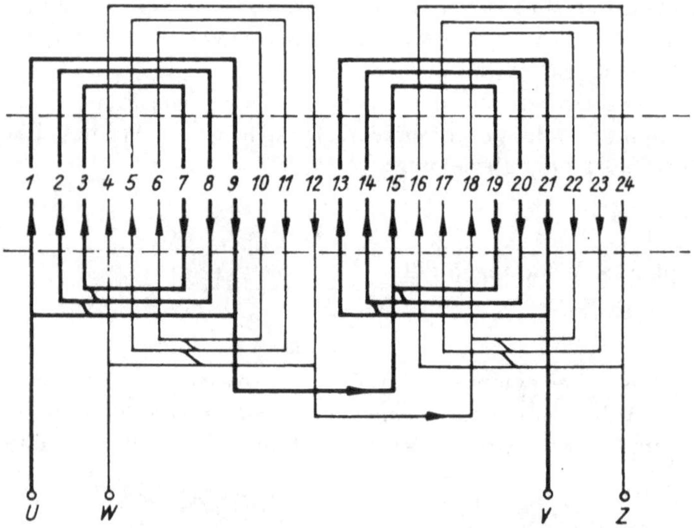

Abb. 1.31. Symmetrische Zweiphasenwicklung mit Spulen ungleicher Weite mit $N = 24$ und $2p = 4$ (Einschichtwicklung)

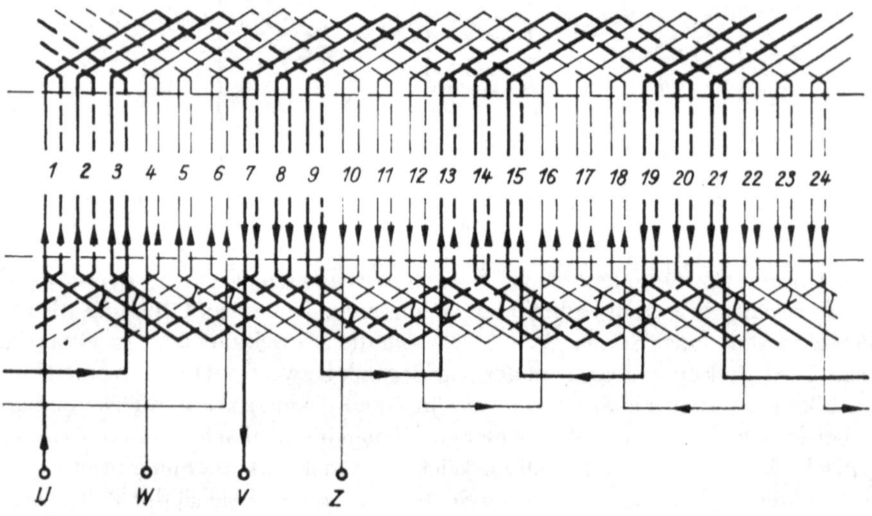

Abb. 1.32. Zweiphasenwicklung in Zweischichtausführung mit Durchmesserspulen, $y_N = 6 = \tau_p$, $N = 24$ und $2p = 2$

Wicklungen, deren Spulenweite gleich der Polteilung sind, bezeichnet man als Durchmesserwicklung.

Bei der Zweischichtwicklung besteht die Möglichkeit, die Spulenweite zu verkürzen, d. h., die Spulenweite ist kleiner als die Polteilung. Eine solche Wicklung bezeichnet man als gesehnte Wicklung. In Abb. 1.33 ist eine gesehnte Zweischichtwicklung dargestellt. Im Gegensatz zur Durchmesserwicklung tritt hier der Fall ein, daß in einigen Nuten Spulenseiten unter gebracht sind,

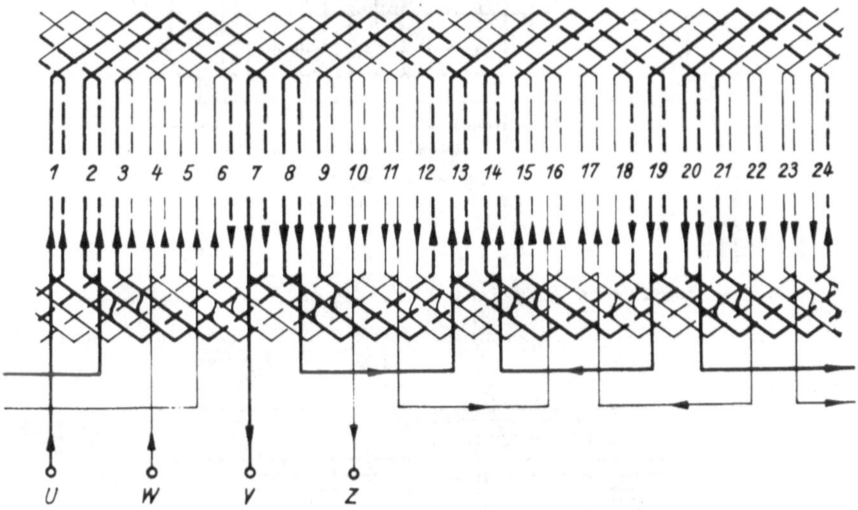

Abb. 1.33. Zweiphasenwicklung in Zweischichtausführung mit gesehnten Spulen, $y_N = 5 < \tau_p$, $N = 24$ und $2p = 2$

die zu verschiedenen Phasen gehören. Im Beispiel Abb. 1.33 die Nuten 6, 12, 18 und 24. Mehrphasige Wicklungen werden in gleicher Art und Weise ausgeführt.

Bei den Zweiphasenwicklungen gibt es gegenüber der symmetrischen noch eine asymmetrische Ausführung. Kennzeichnend für die asymmetrische Zweiphasenwicklung ist, daß die Spulenzahl pro Phase unterschiedlich ist und damit für die einzelnen Phasen unterschiedliche Nutenzahlen vorgesehen werden. In Abb. 1.34 und 1.35 sind zwei verschiedene Ausführungsformen der asymmetrischen Zweischichtwicklung dargestellt. Die asymmetrische Wicklungsausführung wird nur für Motoren verwendet, deren zweite Phase, die Hilfsphase, nach erfolgtem Hochlauf abgeschaltet wird.

Im einfachsten Fall kann ein Drehfeld auch durch einen rotierenden Permanentmagnetläufer, der diametral magnetisiert ist, oder durch eine rotierende Spule, die über Schleifringe mit Gleichstrom gespeist wird, erzeugt werden.

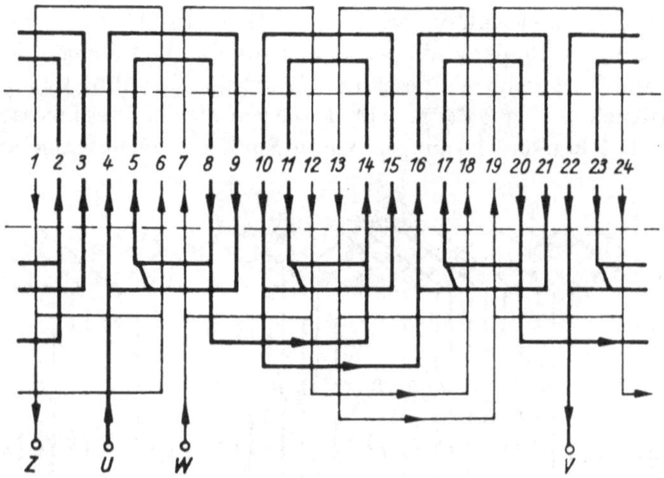

Abb. 1.34. Asymmetrische Zweiphasenwicklung für $N = 24$ und $2p = 2$

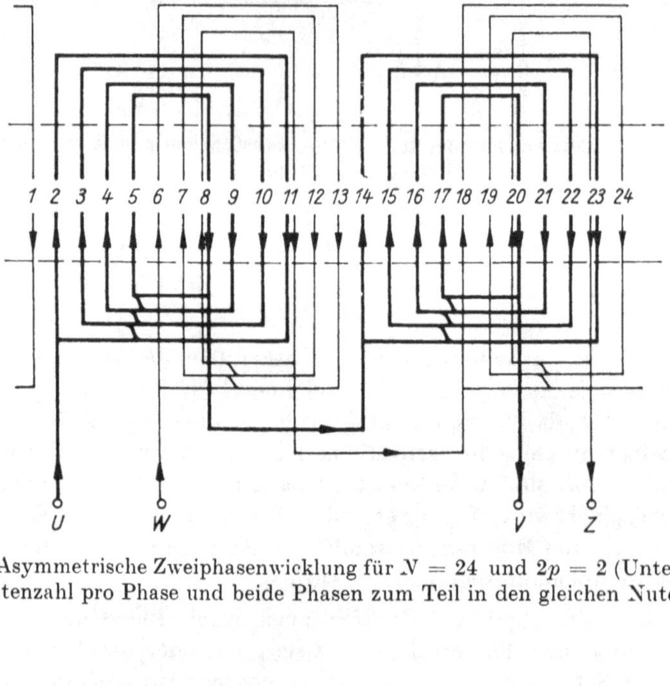

Abb. 1.35. Asymmetrische Zweiphasenwicklung für $N = 24$ und $2p = 2$ (Unterschiedliche Nutenzahl pro Phase und beide Phasen zum Teil in den gleichen Nuten)

1.4. Die Spannungsinduktion in rotierenden elektrischen Maschinen

Durch die Wechselwirkung zwischen Ständer und Läufer werden über das elektromagnetische Feld Spannungen induziert.

1.4.1. Die transformatorische und rotatorische EMK

In Gl. (1.8) wurde bereits festgestellt, daß die in einer Spule induzierte Spannung abhängig ist von der Augenblickslage der rotierenden Spule zum Magnetfeld und von der magnetischen Kopplung in Abhängigkeit von der Zeit. Das zweite Glied der Gl. (1.8) stellt die Rotations-EMK dar, da in ihm die Winkelgeschwindigkeit ω enthalten ist.

$$e_r = -\omega \cdot w \cdot \frac{\partial \Phi}{\partial \beta} . \qquad (1.39)$$

Das erste Glied der Gleichung kennzeichnet die Transformations-EMK.

$$e_t = -w \frac{\partial \Phi}{\partial t} . \qquad (1.40)$$

Bei einer Durchmesserspule mit w Windungen, die in einem Gleichfeld rotiert, dessen Induktion sinusförmig am Umfang des Ständers verteilt ist, gilt:

$$B(x) = \hat{B}_1 \cdot \sin \frac{\pi}{\tau_p} \cdot x ,$$

und der mit der Spule verkettete Fluß, der von der Lage der Spule abhängig ist, beträgt:

$$\Phi_{sp} = \hat{B}_1 \cdot l \cdot \int\limits_{x=0}^{x=\tau_p} \sin \frac{\pi}{\tau_p} \cdot x \, dx = -\frac{2}{\pi} \cdot \hat{B}_1 \cdot l \cdot \tau_p \cdot \cos \frac{\pi}{\tau_p} \cdot x = -\hat{\Phi} \cdot \cos \frac{\pi}{\tau_p} \cdot x . \qquad (1.41)$$

Gl. (1.39) umgeformt ergibt für die in der Spule induzierte Rotations-EMK

$$e_r = -v \cdot w \frac{\partial \Phi}{\partial x} = \frac{\pi}{\tau_p} \cdot v \cdot w \cdot \hat{\Phi} \sin \frac{\pi}{\tau_p} \cdot x . \qquad (1.42)$$

Die in der Spule induzierte Spannung nimmt in dem Augenblick, in dem die Spule den gesamten Fluß erfaßt ($x = 0$), den Wert Null und in dem Augenblick, in dem die Spulenachse senkrecht zur Feldachse verläuft, den Maximalwert an. (Abb. 1.36) Mit der Beziehung $x = v \cdot t$ und mittels Gl. (1.35) läßt sich die Rotations-EMK wie folgt beschreiben.

$$e_r = \omega \cdot w \cdot \hat{\Phi} \cdot \sin \omega t .$$

Mit der Frequenz f, mit der sich die Spule gegenüber dem Magnetfeld bewegt, ergibt sich für die Rotations-EMK folgender Effektivwert:

$$E_r = \frac{2\pi}{\sqrt{2}} \cdot f \cdot w \cdot \hat{\Phi} = 4{,}44 \cdot f \cdot w \cdot \hat{\Phi} . \qquad (1.43)$$

Diese Gleichung hat natürlich auch Gültigkeit für den Fall, daß sich eine stillstehende Läuferspule unter dem Einfluß eines Kreisdrehfeldes befindet, das durch stromdurchflossene Wicklungen im Ständer aufgebaut wird. Bewegt sich die Läuferspule mit der Winkelgeschwindigkeit ω gegenüber der Winkel-

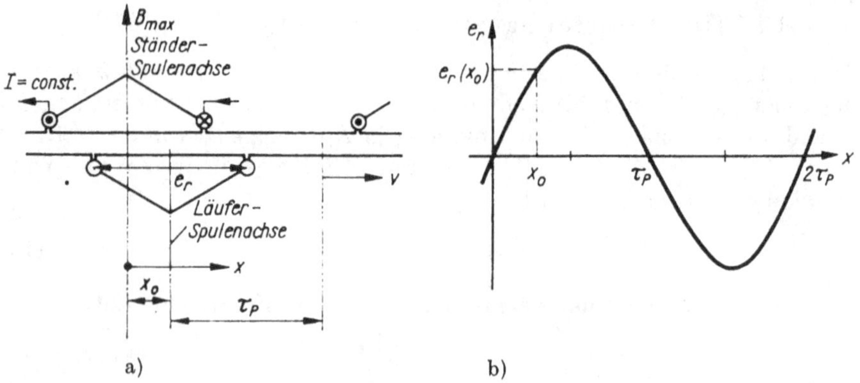

Abb. 1.36. Darstellung der Rotations-EMK; a) räumliche Anordnung der Ständer- und Läuferspule in der Abwicklung, b) Verlauf der Rotations-EMK in Abhängigkeit von der Lage der Läuferspulenachse zur Ständerspulenachse

geschwindigkeit Ω des Kreisdrehfeldes, so beträgt der Effektivwert der Rotations-EMK

$$E_r = 4{,}44\,(\Omega - \omega) \cdot \frac{w}{2\pi} \cdot \hat{\Phi}\,.$$

Allgemein betrachtet, ist die Rotations-EMK abhängig von der Differenzgeschwindigkeit eines Leiters gegenüber dem Magnetfeld.

Wird der Fall betrachtet, daß sich eine aus w Windungen bestehende Durchmesserspule des Läufers in einem Wechselfeld, das durch die Gleichung

$$B_1(x, t) = \hat{B}_1 \cdot \sin \frac{\pi}{\tau_p} \cdot x \cdot \cos \omega t$$

beschrieben wird, befindet, und nimmt man an, daß der Läufer stillsteht, so läßt sich der von der Spule erfaßte Fluß analog dem vorangegangenen Beispiel bestimmen.

$$\Phi_{sp} = -\,\hat{\Phi} \cos \frac{\pi}{\tau_p} \cdot x \cos \omega t\,.$$

Mit Gl. (1.40) erhält man für die in der Spule transformatorisch induzierte EMK:

$$e_t = -\,w \frac{\partial \Phi}{\partial t} = \omega \cdot w \cdot \hat{\Phi} \cos \frac{\pi}{\tau_p} \cdot x \cdot \sin \omega t\,. \qquad (1.44)$$

Die Transformations-EMK erreicht ihren Maximalwert im Gegensatz zur Rotations-EMK dann, wenn der von der Spule umfaßte Fluß ebenfalls den Maximalwert erreicht, und verläuft die Spulenachse senkrecht zur Feldachse, nimmt die Transformations-EMK den Wert Null an (Abb. 1.37).

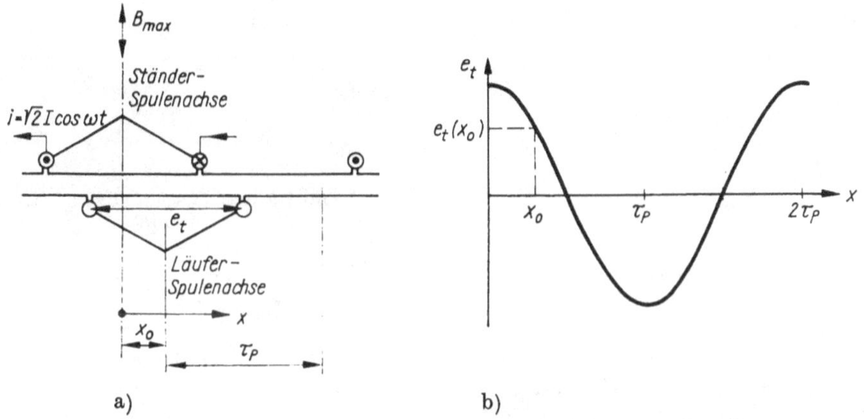

Abb. 1.37. Darstellung der Transformations-EMK; a) räumliche Anordnung der Ständer- und Läuferspule in der Abwicklung, b) Verlauf der Transformations-EMK in Abhängigkeit von der Lage der Läuferspulenachse zur Ständerspulenachse

Der Effektivwert der Transformations-EMK ist

$$E_t = \frac{\omega}{\sqrt{2}} \cdot w \cdot \hat{\Phi} \cdot \cos \frac{\pi}{\tau_p} \cdot x = 4{,}44 \cdot f \cdot w \cdot \hat{\Phi} \cos \frac{\pi}{\tau_p} \cdot x \,. \tag{1.45}$$

Die Größe der Transformations-EMK ist abhängig von der Lage der Spule im Magnetfeld. An der Stelle $x = 0$ erreicht der Effektivwert seinen Maximalwert

$$E_t = 4{,}44 \cdot f \cdot w \cdot \hat{\Phi} \,. \tag{1.46}$$

Berücksichtigt man, daß bei Maschinen mit p Polpaaren $p \cdot q$ Spulen zu einem Strang hintereinandergeschaltet sind, und berücksichtigt man weiterhin den Gruppenfaktor ξ_g und bei gesehnten Wicklungen den Sehnungsfaktor ξ_s, so erhält man für den Effektivwert der Rotations- bzw. der Transformations-EMK eines Wicklungsstranges folgenden Wert:

$$E_{\text{Strang}} = 4{,}44 \cdot f \cdot w \cdot \hat{\Phi} \cdot p \cdot q \cdot \xi_g \cdot \xi_s \,. \tag{1.47}$$

1.4.2. Die EMK der Kommutatorwicklung

Die in Reihe geschalteten Spulen der Kommutatorwicklung sind gleichmäßig in den Nuten am Umfang des Läufers verteilt. Aus dem Ersatzschaltbild einer zweipoligen Kommutatorwicklung (Abb. 1.12. und 1.13.) ist zu ersehen, daß die an den Bürsten auftretende EMK gleich der Summe der in den einzelnen Spulen induzierten Spannung ist. Da die magnetische Kopplung, bedingt durch die räumlich unterschiedliche Lage der einzelnen Spulen, verschieden ist, ist auch die Höhe der in den einzelnen Spulen induzierten Spannung ungleich. Für den Fall, daß die Bürsten um den Winkel x aus der neutralen Zone verschoben sind (Abb. 1.38), und bei sinusförmiger Induktionsverteilung am Umfang des Ständers berechnet sich die zwischen den Bürsten induzierte Gesamt-Rotations-EMK zu:

$$\sum E_r = \frac{1}{\tau_p} \int\limits_x^{x+\tau_p} e_r \cdot dx \,.$$

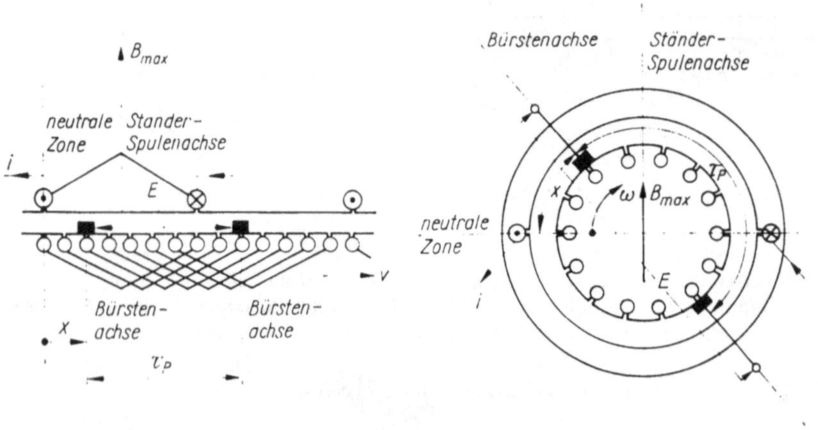

a) b)

Abb. 1.38. Darstellung der neutralen Zone, Erregerspulenachse, Bürstenverschiebung und der Ankerleiter in einer Kommutatormaschine; a) in der Abwicklung, b) in der rotationssymmetrischen Darstellung

Mit Gl. (1.42) ergibt sich

$$E_{r\,\text{ges}} = -\frac{\pi}{\tau_p \cdot \tau_p} \cdot v \cdot w_z \cdot \hat{\Phi} \int\limits_x^{x+\tau_p} \sin\frac{\pi}{\tau_p} \cdot x \cdot dx = \frac{2}{\tau_p} \cdot v \cdot w_z \cdot \hat{\Phi} \cdot \cos\frac{\pi}{\tau_p} \cdot x \,,$$

und mit

$$f = \frac{v}{2\tau_p} = \frac{\pi \cdot D \cdot n}{2\tau_p} = p \cdot n$$

wird

$$E_{r\,\text{ges}} = 4 \cdot p \cdot n \cdot w_z \cdot \hat{\Phi} \cdot \cos\frac{\pi}{\tau_p} \cdot x \,. \tag{1.49}$$

Unter der Windungszahl w_z ist hierbei die Windungszahl zu verstehen, die in einem Wicklungszweig innerhalb einer Zone der Breite τ_p hintereinandergeschaltet ist, sofern die Bürsten im Abstand der Polteilung stehen. Die Windungszahl w_z eines Ankerzweiges bestimmt sich aus der Anzahl $2a$ der parallelen Zweige der ausgeführten Wicklung zu

$$w_z = \frac{w}{2a} \,. \tag{1.50}$$

Da für eine bestimmte Maschine w, a und p feste Werte einnehmen, läßt sich in Gl. (1.49) die Konstante

$$C = 4 \cdot w_z \cdot p = \frac{2w}{a} \cdot p \qquad (1.51)$$

einführen. Damit erhält man

$$E_{r\,\mathrm{ges}} = C \cdot \hat{\Phi} \cdot \cos \frac{\pi}{\tau_p} \cdot x \cdot n \, . \qquad (1.52)$$

Der Wert der Rotations-EMK ist von der Lage x der Bürsten abhängig. Befinden sich die Bürsten in der neutralen Zone ($x = 0$), erreicht die Rotations-EMK an den Bürsten das Maximum, während an der Stelle $x = \frac{\tau_p}{2}$ die Spannung den Wert Null annimmt (Abb. 1.39.).

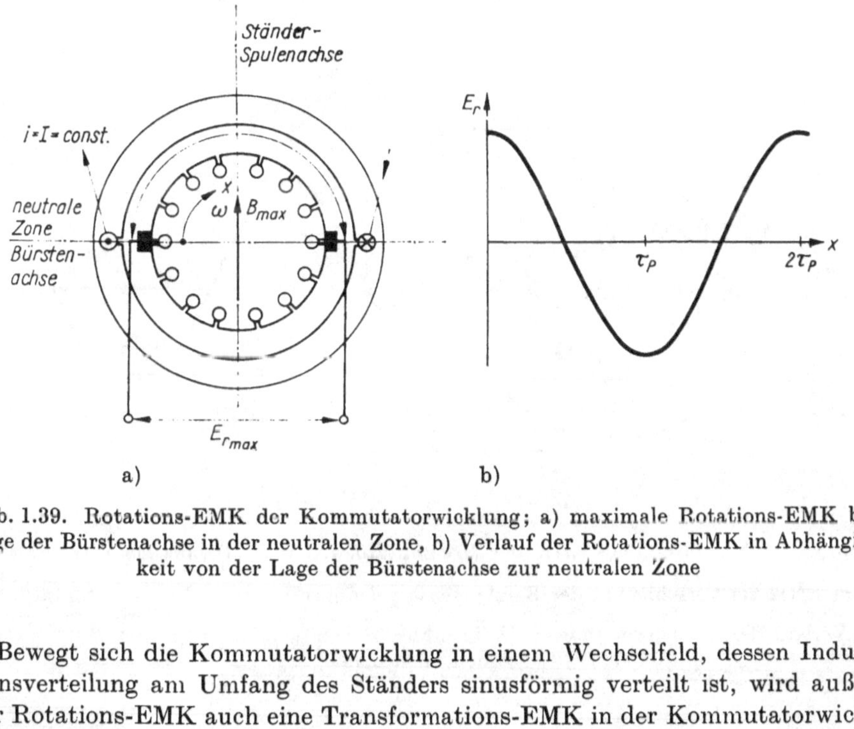

Abb. 1.39. Rotations-EMK der Kommutatorwicklung; a) maximale Rotations-EMK bei Lage der Bürstenachse in der neutralen Zone, b) Verlauf der Rotations-EMK in Abhängigkeit von der Lage der Bürstenachse zur neutralen Zone

Bewegt sich die Kommutatorwicklung in einem Wechselfeld, dessen Induktionsverteilung am Umfang des Ständers sinusförmig verteilt ist, wird außer der Rotations-EMK auch eine Transformations-EMK in der Kommutatorwicklung induziert. Im Augenblick t wird in dem Wicklungszweig, der zwischen den Bürsten liegt, folgende Transformations-EMK induziert:

$$\sum e_t = \frac{1}{\tau_p} \int_{x}^{x+\tau_p} e_t \cdot dx \, .$$

Mit Gl. (1.44) ergibt sich

$$\left.\begin{aligned} e_{t\,\mathrm{ges}} &= \frac{1}{\tau_p} \cdot \omega \cdot w_z \cdot \hat{\Phi} \cdot \sin \omega t \cdot \int\limits_x^{x+\tau_p} \cos \frac{\pi}{\tau_p} \cdot x \, dx \\ e_{t\,\mathrm{ges}} &= C \cdot n \cdot \hat{\Phi} \cdot \sin \frac{\pi}{\tau_p} \cdot x \cdot \sin \omega t \,. \end{aligned}\right\} \quad (1.53)$$

Der Effektivwert der Transformations-EMK ist dann

$$E_{t\,\mathrm{ges}} = \frac{C \cdot n}{\sqrt{2}} \cdot \hat{\Phi} \cdot \sin \frac{\pi}{\tau_p} \cdot x \,. \quad (1.54)$$

Im Gegensatz zur Rotations-EMK erreicht bei der Bürstenlage $x = \frac{\tau_p}{2}$ die Transformations-EMK ihren Maximalwert und bei Stellung der Bürsten in der neutralen Zone heben sich die induzierten Spannungen auf (Abb. 1.40.).

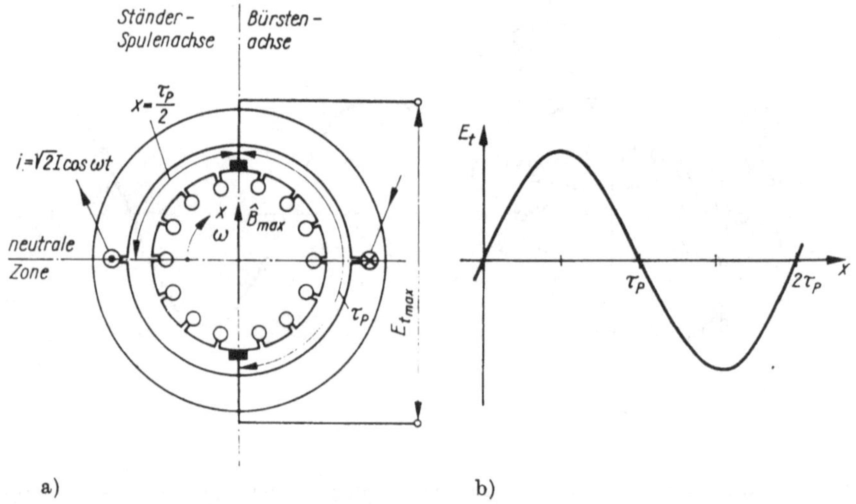

Abb. 1.40. Transformations-EMK der Kommutatorwicklung; a) maximale Transformations-EMK bei Verschiebung der Bürstenachse gegenüber der neutralen Zone um $x = \frac{\tau_p}{2}$, b) Verlauf der Transformations-EMK in Abhängigkeit von der Lage der Bürstenachse zur neutralen Zone

1.5. Drehmomente in elektrischen Maschinen

Um das Prinzip der Drehmomenterzeugung in elektrischen Maschinen zu zeigen, wird vorausgesetzt, daß das Luftspaltfeld im wesentlichen durch die Vorgänge im Ständer bestimmt ist. Unter dieser Voraussetzung reduziert sich die Erklärung auf die Betrachtung verschiedener Ständerausführungen im Zu-

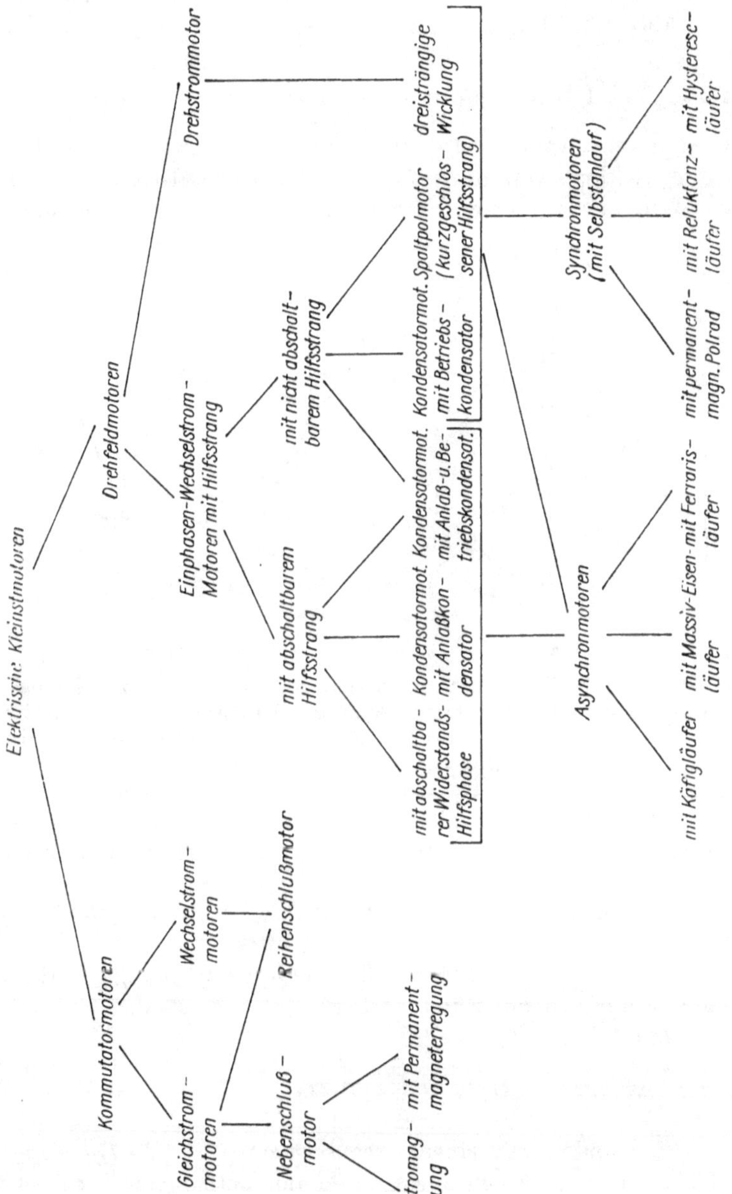

Abb. 1.41. Klassifizierung der elektrischen Kleinstmotoren

sammenhang mit der Erzeugung bestimmter Luftspaltfelder und auf die Betrachtung des Verhaltens verschiedener Läufer in diesen Luftspaltfeldern anhand des in Abb. 1.41. dargestellten Schemas.

1.5.1. Das Drehmoment eines Kommutatormotors

In einem Kommutatormotor wird ein Drehmoment erzeugt, wenn die Ständer- und Läuferwicklung von einem Gleich- oder Wechselstrom gespeist wird (Abb. 1.42). Wird im Ständer durch den Gleichstrom I_S ein Gleichfeld auf-

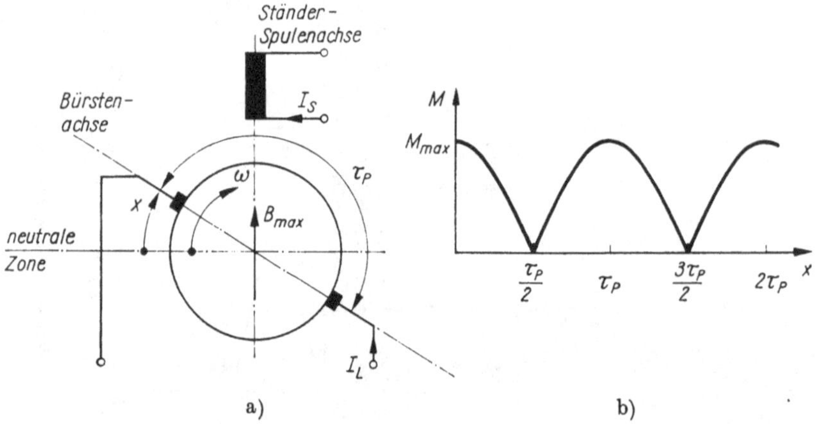

Abb. 1.42. Drehmoment des Kommutatormotors; a) Prinzipanordnung zur Erzeugung des Drehmomentes in einem Kommutatormotor, wenn die Ständer- und Läuferwicklung mit Gleichstrom gespeist wird, b) Verlauf des Drehmomentes in Abhängigkeit von der Lage der Bürstenachse zur neutralen Zone

gebaut und die Läuferwicklung mit dem Gleichstrom I_L gespeist, berechnet sich das Drehmoment eines Kommutatormotors mit Gl. (1.16) und (1.52) zu

$$M = \frac{1}{\omega} \cdot e \cdot i = \frac{C}{2\pi} \cdot \hat{\Phi} \cdot \cos \frac{\pi}{\tau_p} \cdot x \cdot I_L \,. \tag{1.55}$$

Das Drehmoment ist von der Lage x der Bürstenbrücke abhängig und erreicht sein Maximum, wenn sich die Bürstenbrücke in der neutralen Zone, an der Stelle $x = 0$ befindet.

$$M_{\max} = \frac{C}{2\pi} \cdot \hat{\Phi} \cdot I_L \,. \tag{1.56}$$

Bei Speisung des Ständers mit einem Wechselstrom $i_s = \sqrt{2} \cdot I_S \cdot \cos \omega t$ wird ein Wechselfeld aufgebaut. Fließt durch die Läuferwicklung ein Wechselstrom, der gegenüber dem Ständerstrom um den Winkel φ phasenverschoben ist, $i_L = \sqrt{2} \cdot I_L \cdot \cos(\omega t - \varphi)$, so wird im allgemeinen Fall in der Kommutatorwicklung eine rotatorische und eine transformatorische Spannung entsprechend Gl. (1.52) und (1.54) induziert. Für den elektromechanischen Energieumsatz ist aber allein die Rotationsspannung maßgebend. Mit Gl. (1.16) und (1.52) ergibt sich für das Drehmoment eines Kommutatormotors bei Wechselstromspeisung folgender Ausdruck:

$$M = \frac{1}{\omega} \cdot e \cdot i = \frac{C}{2\pi} \cdot \hat{\Phi} \cos \omega t \cdot \cos \frac{\pi}{\tau_p} \cdot x \cdot \sqrt{2} \cdot I_L \cdot \cos (\omega t - \varphi) .$$

Nach trigonometrischen Umformungen wird

$$M = \frac{C}{\sqrt{2} \cdot 2 \cdot \pi} \cdot \hat{\Phi} \cdot I_L [\cos\varphi + \cos (2\omega t - \varphi)] \cdot \cos \frac{\pi}{\tau_p} \cdot x . \qquad (1.57)$$

Aus der Gleichung erkennt man, daß das Moment abhängig ist von der Lage der Bürstenbrücke x und von der Phasenverschiebung zwischen Ständer- und Läuferstrom. Charakteristisch ist, daß das Moment mit doppelter Netzfrequenz

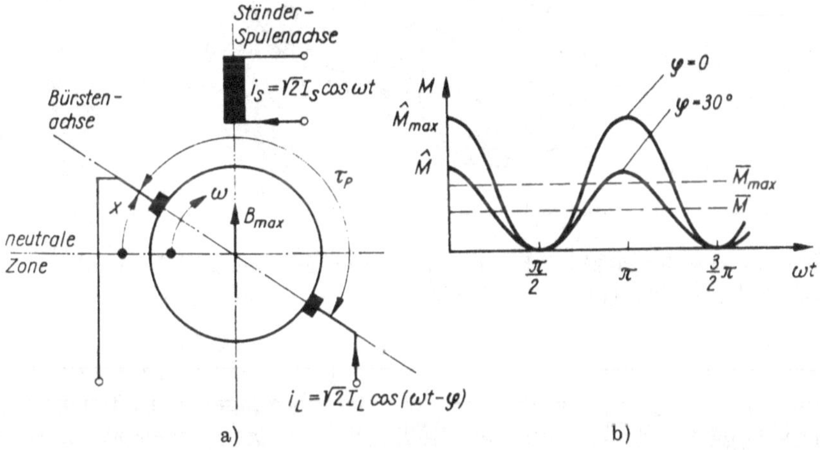

Abb. 1.43. Drehmoment des Kommutatormotors; a) Prinzipanordnung zur Erzeugung des Drehmomentes in einem Kommutatormotor, wenn die Ständer- und Läuferwicklung mit Wechselstrom gespeist wird, b) Verlauf des Drehmomentes in Abhängigkeit von der Zeit mit der Phasenlage φ des Läuferstromes gegenüber dem Ständerstrom

pulsiert (Abb. 1.43). Bei Lage der Bürstenbrücke in der neutralen Zone beträgt der Mittelwert des Momentes

$$\overline{M} = \frac{C}{\sqrt{2} \cdot 2\pi} \cdot \hat{\Phi} \cdot I_L \cdot \cos \varphi . \qquad (1.58)$$

Aus Gl. (1.56) und (1.58) folgt, daß das Drehmoment einer Kommutatormaschine bei Wechselstromspeisung gegenüber Gleichstromspeisung um den Faktor $\frac{1}{\sqrt{2}}$ geringer ist.

1.5.2. Das Induktions- oder Asynchronmoment

Bewegt sich ein Läufer, in dem eine kurzgeschlossene Wicklung untergebracht ist, in einem von der Ständerwicklung aufgebauten Wechsel- oder Drehfeld, so wird in der Läuferwicklung infolge der magnetischen Kopplung mit der Ständerwicklung eine Spannung induziert.

In der Regel besteht bei Kleinstmaschinen die Läuferwicklung aus Stäben, die in den Nuten des Läuferblechpaketes untergebracht sind. Durch Kurzschlußringe an den beiden Seiten des Läufers sind die Stäbe, deren Anzahl üblicherweise gleich der Nutenzahl des Läufers ist, untereinander verbunden (Abb. 1.44.).

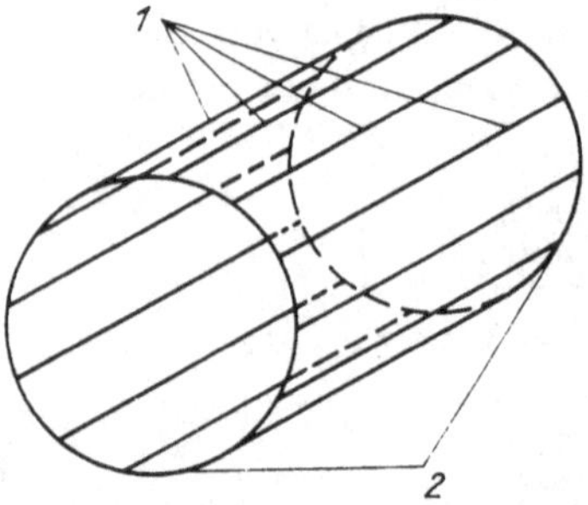

Abb. 1.44. Käfigwicklung; *1* — Läuferstäbe, *2* — Kurzschlußring

Die in der Läuferwicklung transformatorisch induzierte EMK hat den Spannungsabfall am Wirkwiderstand der Wicklung zu überwinden.

$$e_2 = i_2 \cdot R_2 \,. \tag{1.59}$$

Aus der gesamten im Läuferkreis der Asynchronmaschine umgesetzten Wirkleistung $e_2 \cdot i_2 = i_2^2 \cdot R_2$, die der vom Ständer übertragenen Luftspaltleistung entspricht, oder aus Gl. (1.16) und (1.59) läßt sich das von der Maschine entwickelte Drehmoment berechnen:

$$M = \frac{i_2^2 \cdot R_2}{\Omega - \omega} \,. \tag{1.60}$$

Aus der Gleichung ist zu entnehmen, daß das Drehmoment abhängt von der Relativgeschwindigkeit des Läufers gegenüber dem Drehfeld. Ist die Läufergeschwindigkeit ω gleich der des Drehfeldes Ω, die auch als synchrone Geschwindigkeit bezeichnet wird, kann kein Drehmoment entwickelt werden, da im Läuferkreis keine Spannung induziert wird.

Wenn durch die Ständerwicklung kein Drehfeld, sondern ein elliptisches bzw. ein Wechselfeld aufgebaut wird, erzeugt sowohl das Mitfeld, das gegenüber dem Läufer die Geschwindigkeit $\Omega - \omega$ besitzt, als auch das Gegendrehfeld, dessen Differenzgeschwindigkeit $\Omega + \omega$ beträgt, ein mittleres Moment

$$M = \frac{i_{2\mathrm{Mit}}^2 \cdot R_2}{\Omega - \omega} - \frac{i_{2\mathrm{Geg}}^2 \cdot R_2}{\Omega + \omega} \,. \tag{1.61}$$

Man erkennt, daß bei einem stillstehenden Läufer ($\omega = 0$), der sich in einem Wechselfeld befindet, das resultierende Drehmoment gleich Null ist, da die Werte der Läuferstromkomponenten entsprechend Gl. (1.37) gleich groß sind.

1.5.3. Das Synchronmoment

Bewegt sich ein permanentmagnetischer Läufer, der diametral magnetisiert ist, in einem Ständer, in dessen Wicklungen ein Drehfeld erzeugt wird, so wird bei Gleichheit von Läufer- und Drehfeldgeschwindigkeit ein Moment — das Synchronmoment — auftreten.

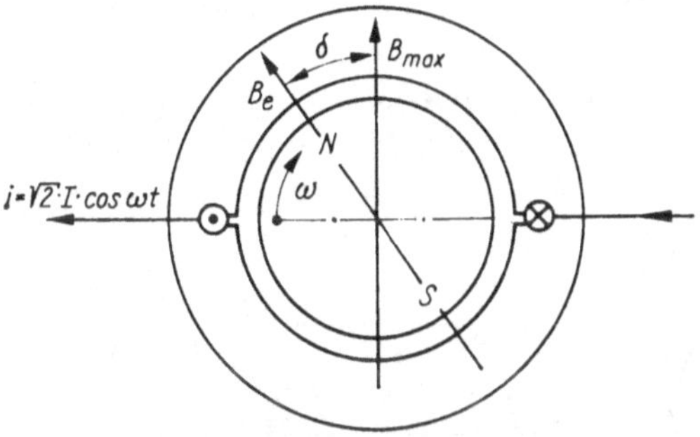

Abb. 1.45. Prinzipanordnung zur Erzeugung des Synchronmomentes

Die Entstehung dieses Momentes soll am Beispiel der in Abb. 1.45 dargestellten Anordnung gezeigt werden. Im Ständer ist eine Spule untergebracht, die mit einem sinusförmigen Strom gespeist wird. Der Luftspalt soll konstant sein. Durch die Ständerspule fließt der Strom

$$i = \sqrt{2} \cdot I \cdot \cos \omega t ,$$

der ein Wechselfeld aufbaut, das gemäß Gl. (1.37) in zwei inversrotierende Drehfelder zerlegt werden kann. Es soll vorausgesetzt werden, daß die Umfangsgeschwindigkeit des Läufers ω gleich der des Mitdrehfeldes Ω ist und daß die Erregerfeldachse mit der Magnetfeldachse des Mitdrehfeldes den Winkel δ einschließt.

Durch das umlaufende Erregerfeld wird in der stillstehenden Ständerspule eine Rotations-EMK — die Polradspannung E_p — entsprechend Gl. (1.43) induziert. Bei sinusförmiger Verteilung der Luftspaltinduktion am Maschinenumfang beträgt die magnetische Kopplung der Ständerwicklung in Abhängigkeit von der Lage des Läufers

$$\Phi = \Phi \cos \beta = \Phi \cos (\omega t - \delta) .$$

Mit Gl. (1.16), (1.39) und (1.43) ergibt sich für das Drehmoment

$$M = \frac{1}{\omega} \cdot e \cdot i = -i \cdot w \frac{d\Phi}{d\beta},$$

$$M = \sqrt{2} \cdot I \cdot \cos \omega t \cdot w \cdot \hat{\Phi} \cdot \sin(\omega t - \delta),$$

$$M = \frac{2}{\omega} \cdot I \cdot E_p \cdot \cos \omega t \cdot \sin(\omega t - \delta).$$

Nach trigonometrischer Umformung und unter Berücksichtigung, daß die Kreisfrequenz ω des Stromes und damit die Winkelgeschwindigkeit Ω des Mitdrehfeldes gleich der des Läufers ω sind, ergibt sich das Synchronmoment zu:

$$M = \frac{I \cdot E_p}{\Omega} [\sin(2\omega t + \delta) + \sin \delta]. \tag{1.62}$$

Aus der Gleichung ist zu entnehmen, daß das Synchronmoment bei einer mit Wechselstrom gespeisten Spule einen mit doppelter Netzfrequenz pulsierenden Verlauf aufweist (Abb. 1.46).

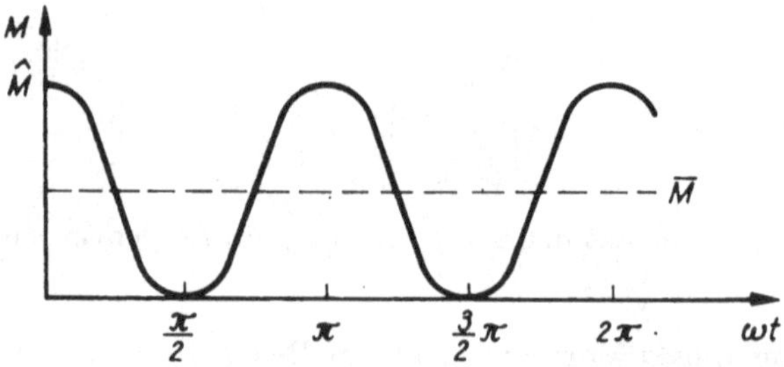

Abb. 1.46. Zeitlicher Verlauf des Synchronmomentes

Der arithmetische Mittelwert des Synchronmomentes ergibt sich aus Gl. (1.62)

$$\bar{M} = \frac{1}{T} \int_0^T M \, dt = \frac{1}{\Omega} \cdot I \cdot E_p \cdot \sin \delta. \tag{1.63}$$

Charakteristisch ist, daß die Größe des Synchronmomentes durch den Polradwinkel δ, d. h. durch den Winkel zwischen Erregerfeldachse und der Magnetfeldachse des Mitdrehfeldes, bestimmt wird (Abb. 1.47) und daß das Synchronmoment nur bei Gleichheit von Drehfeld- und Läufergeschwindigkeit, d. h. bei synchroner Winkelgeschwindigkeit, auftritt. Wenn beide Geschwindigkeiten unterschiedlich sind, ändert sich der Polradwinkel zwischen 0 und 2π, so daß Brems- und Beschleunigungsmomente auftreten und der Mittelwert des Drehmomentes Null wird.

Wird im Ständer eine räumlich verteilte m-phasige Wicklung untergebracht, durch die bei Speisung mit m-phasigen Strömen ein Kreisdrehfeld erzeugt wird, verschwindet die zeitliche Abhängigkeit des Momentes (Gl. (1.62)), und das Synchronmoment nimmt die Form an:

$$M = \frac{m}{\Omega} \cdot I \cdot E_p \cdot \sin \delta \,. \tag{1.64}$$

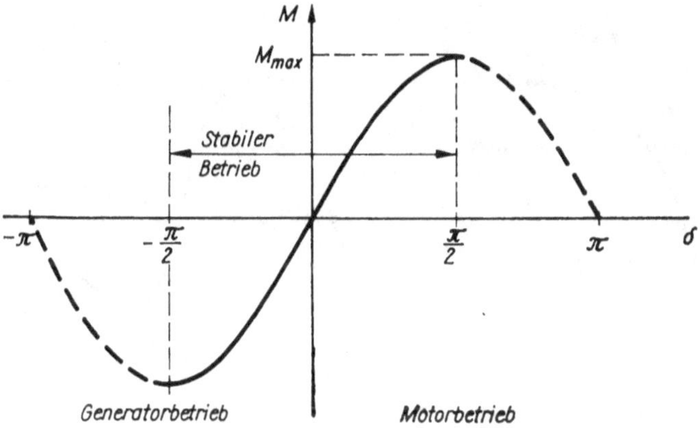

Abb. 1.47. Das Synchronmoment als Funktion des Polradwinkels δ

1.5.4. Das Hysteresemoment

Bewegt sich ein Massivläufer, der aus ferromagnetischem Material mit großer Koerzitivfeldstärke besteht, in einem Drehfeld, so treten durch die Ummagnetisierung im Läufer Hystereseverluste auf, sofern die Läufergeschwindigkeit von der des Drehfeldes abweicht. Wenn das Drehfeld mit der Winkelgeschwindigkeit Ω und der Läufer mit der Geschwindigkeit ω in der Richtung des Drehfeldes rotieren, wird das Läufermaterial mit der Geschwindigkeit $\Omega - \omega$ ummagnetisiert. Da die Hystereseverluste der durch die Hystereseschleife erfaßten Fläche proportional sind — pro Volumeneinheit wird bei der Ummagnetisierung die Arbeit

$$W_h = \oint B \, dH$$

benötigt — lassen sich die Leistungsverluste P_h im gesamten Läufervolumen V folgendermaßen bestimmen:

$$P_h = 2\pi \cdot V \cdot W_h \, (\Omega - \omega) \,. \tag{1.65}$$

Die im Läufer in Form von Wärme umgesetzte Hystereseleistung P_h steht mit der gesamten vom Drehfeld übertragenen Leistung P_δ in folgender Beziehung:

$$P_\delta - P_2 = P_h = \frac{\Omega - \omega}{\omega} \cdot P_\delta \,. \tag{1.66}$$

Aus der Energiebilanz, der in der Ständerwicklung durch das Drehfeld induzierten EMK und aus der Tatsache, daß die Grundwelle des Drehfeldes gegenüber dem durch die Wicklung fließenden Strom infolge des hartmagnetischen

Läufermaterials um den Winkel γ (Abb. 1.48) nacheilt, ergibt sich für das Hysteresemoment folgender Ausdruck:

$$M = \frac{2 \cdot E \cdot I \sin \gamma}{\omega}. \tag{1.67}$$

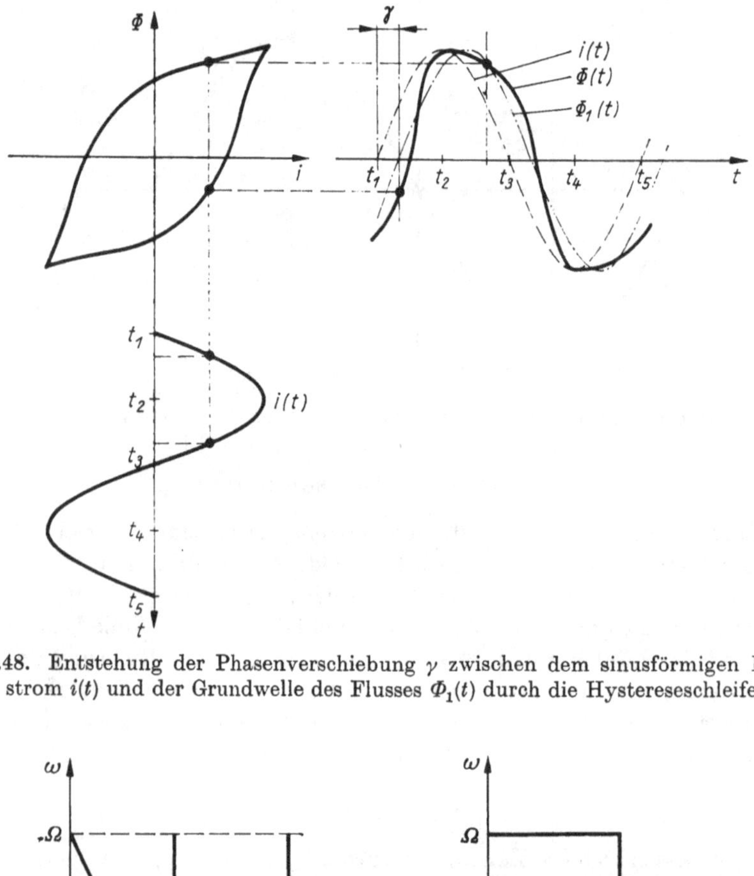

Abb. 1.48. Entstehung der Phasenverschiebung γ zwischen dem sinusförmigen Erregerstrom $i(t)$ und der Grundwelle des Flusses $\Phi_1(t)$ durch die Hystereseschleife

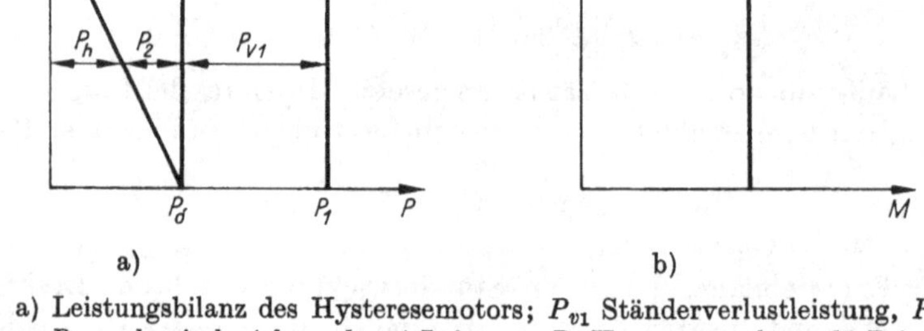

Abb. 1.49. a) Leistungsbilanz des Hysteresemotors; P_{v1} Ständerverlustleistung, P_δ Luftspaltleistung, P_2 mechanische (abgegebene) Leistung, P_h Hystereseverluste, b) Prinzipielles Drehzahl-Drehmomentenverhalten $\omega = f(M)$ des Hysteresemotors

Die Gleichung besagt, daß das Hysteresemoment bei einem bestimmten Strom durch die Ständerwicklung unabhängig von der Relativgeschwindigkeit zwischen Drehfeld und Läufer ist. Dieses Moment tritt sowohl bei stillstehendem Läufer als auch bei sämtlichen Drehzahlen einschließlich der Synchrondrehzahl auf (Abb. 1.49).

1.5.5. Das Reluktanzmoment

Bei einer Änderung des magnetischen Leitwertes zwischen Ständer und Läufer wird unter bestimmten Voraussetzungen ein Drehmoment — das Reluktanzmoment — auf den Läufer ausgeübt. In Abb. 1.50 ist die Anordnung zur Er-

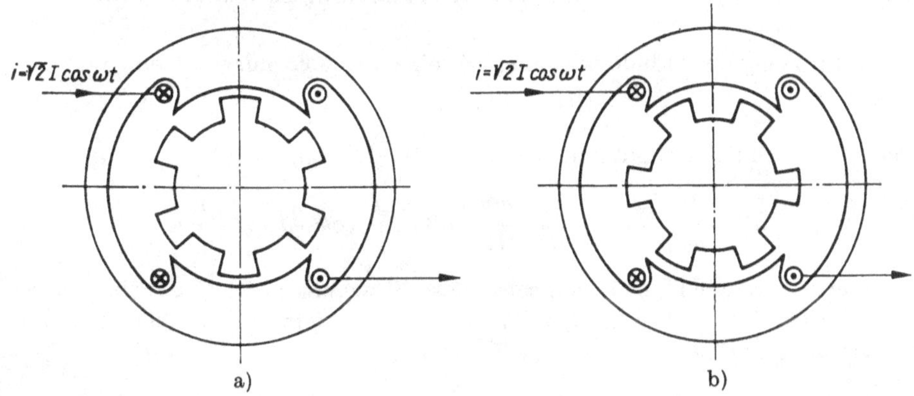

Abb. 1.50. Entstehung des Reluktanzmomentes; a) Läuferstellung bei minimalem magnetischen Leitwert, b) Läuferstellung bei maximalem magnetischen Leitwert

zeugung des Reluktanzmomentes dargestellt. Der Ständer besitzt ausgeprägte Pole, auf dessen Polschuhen die Ständerwicklung in konzentrierter Form untergebracht ist. Charakteristisch für den Läufer ist, daß er gleichmäßig am Umfang genutet ist und keine Wicklung besitzt. Je nach Stellung der Zähne bzw. Pole des Läufers unter den Polen des Ständers ändert sich der magnetische Leitwert des Magnetkreises zwischen einem Maximum λ_{max} und einem Minimum λ_{min}. Der Verlauf des Leitwertes in Abhängigkeit von der Lage des Läufers zum Ständer kann unter der Annahme, daß der Leitwert sich sinusförmig ändert, wie folgt beschrieben werden (Abb. 1.51):

$$\lambda = \frac{\lambda_{max} - \lambda_{min}}{2} (1 + \sin z \cdot \beta) . \qquad (1.67)$$

z kennzeichnet die Anzahl der Zähne am Läuferumfang.

Da der Magnetfluß Φ, der die Ständerpole durchsetzt, proportional dem Leitwert ist

$$\Phi = i \cdot w \cdot \lambda ,$$

wird sich auch der Fluß entsprechend ändern.

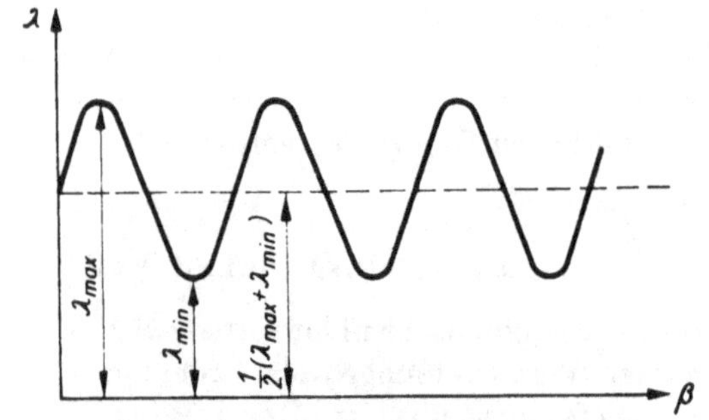

Abb. 1.51. Verlauf des magnetischen Leitwertes in Abhängigkeit vom Drehwinkel $\lambda = f(\beta)$

Bei Speisung der Ständerwicklung mit einem sinusförmigen Strom

$$i = \sqrt{2} \cdot I \cdot \cos \omega t$$

berechnet sich das Reluktanzmoment aus Gl. (1.3) und (1.16)

$$M = \frac{1}{\omega} \cdot e \cdot i = i \cdot w \cdot \frac{d\Phi}{d\beta} = 2 \cdot I^2 \cdot \cos^2 \omega t \cdot w^2 \cdot \frac{d\lambda}{d\beta} \cdot \tag{1.68}$$

Differenziert man Gl. (1.67) und setzt diese Beziehung in Gl. (1.68) ein und berücksichtigt, daß der Winkel β, der die Lage des Läufers zum Ständer bestimmt, bei Drehung des Läufers durch die Beziehung

$$\beta = \omega t - \gamma$$

ausgedrückt werden kann, erhält man für den Mittelwert des Reluktanzmomentes

$$\overline{M} = \frac{z}{4} \cdot I^2 \cdot w^2 \, (\lambda_{\max} - \lambda_{\min}) \cos z \cdot \gamma \,, \tag{1.69}$$

wobei γ den Winkel zwischen der Läuferachse und der Feldachse des Drehfeldes bestimmt.

Aus der Berechnung ergibt sich, daß das Reluktanzmoment nur bei der Läufergeschwindigkeit ω_L

$$\omega_L = \pm \frac{2 \cdot \omega}{z} \tag{1.70}$$

auftritt und bei allen anderen Geschwindigkeiten der zeitliche Mittelwert des Momentes Null wird. Ist die Ständerpolpaarzahl gleich der Zähnepaarzahl des Läufers, tritt das Reluktanzmoment bei der synchronen Geschwindigkeit auf.

Wird das Drehfeld im Ständer durch eine m-phasige Wicklung, die mit m-phasigen Strömen gespeist wird, erzeugt, berechnet sich das Reluktanzmoment zu

$$\overline{M} = \frac{m \cdot z}{4} \cdot I^2 \cdot w^2 \, (\lambda_{\max} - \lambda_{\min}) \cdot \cos z \cdot \gamma \,. \tag{1.71}$$

1.6. Übersicht der elektrischen Kleinstmotoren

Elektrische Kleinstmotoren im Sinne der folgenden Ausführungen sind Elektromotoren mit einer Abgabeleistung von einigen mW bis etwa 500 W. Ausgehend von der Betrachtung verschiedener Ständerausführungen im Zusammenhang mit der Erzeugung bestimmter Luftspaltfelder — Abschnitt 1.3. — und der Betrachtung des Verhaltens verschiedener Läufer in diesen Luftspaltfeldern — Abschnitt 1.5. — lassen sich die Kleinstmotoren anhand des in Abb. 1.41. dargestellten Schemas einordnen.

Motoren, bei denen das Luftspaltfeld durch eine unveränderliche räumliche Verteilung der magnetischen Flußdichte im Luftspalt gekennzeichnet ist (Gleichfeld), funktionieren nur im Zusammenhang mit einem Kommutatorläufer. Sie bilden die Gruppe der Kommutatormaschinen (Abb. 1.52). Der Kommutatormotor ist sowohl für Gleich- als auch für Wechselstrom geeignet. Bei Speisung mit Gleichstrom ergibt sich wegen der zeitlich unveränderlichen Stromverteilung ein zeitlich konstantes Moment (Gl. (1.56)). Bei Speisung mit Wechselstrom ergibt sich ein pulsierendes Moment, dessen Mittelwert von der Phasendifferenz zwischen Läuferstrom und Fluß abhängt (Gl. (1.58)).

Je nach Art der Zusammenschaltung von Erreger- und Ankerwicklung unterscheidet man den Nebenschlußmotor, bei dem beide Wicklungen parallel geschaltet sind, und den Reihenschlußmotor, bei dem beide Wicklungen in Reihe angeordnet sind. Bei Wechselstrombetrieb werden Erreger- und Ankerwicklung stets in Reihe geschaltet, um ein maximales Moment (Gl. (1.57)) zu erzielen.

Unabhängig davon, ob die Leiter in den Nuten des Läuferblechpaketes oder frei im Luftspalt liegen — Glocken- oder Scheibenläufer — ergibt sich ein Drehmoment. Beide Ausführungen haben praktische Bedeutung. Der genutete Anker benötigt wegen des kleinen Luftspaltes eine geringere Erregerdurchflutung und ist deshalb billiger und kleiner bei gleicher Leistung. Für spezielle Anwendungsfälle, dort, wo ein geringes mechanisches Trägheitsmoment gefordert wird, wurden Läufer entwickelt, bei denen die Wicklung auf einem Hohlzylinder oder einer Scheibe aufgebracht ist.

Bei Drehfeldmotoren wird im Luftspalt ein Drehfeld — Abschnitt 1.3. — erzeugt. Der Erzeugung eines Kreisdrehfeldes kommt man am nächsten, wenn im Ständer eine symmetrische mehrsträngige Wicklung angeordnet ist, die mit Mehrphasenstrom gespeist wird. Der Drehstrommotor ist der typische Drehfeldmotor. Kleinstmotoren werden meist jedoch dort eingesetzt, wo kein Drehstrom, sondern nur Einphasen-Wechselstrom vorhanden ist. In diesem Falle ist es schwierig, ein Kreisdrehfeld zu erzeugen, und man ist gezwungen, Behelfslösungen zu verwenden. Daraus erklärt sich die Vielzahl der angewendeten Varianten, die jeweils andere Vor- und Nachteile besitzen. Wie bereits ausführlich erläutert, sind zur Erzeugung eines Drehfeldes mindestens zwei Wicklungen erforderlich, die räumlich gegeneinander versetzt sind und mit phasenverschobenen Strömen gespeist werden. Die Wicklung, die direkt vom Wechselstrom

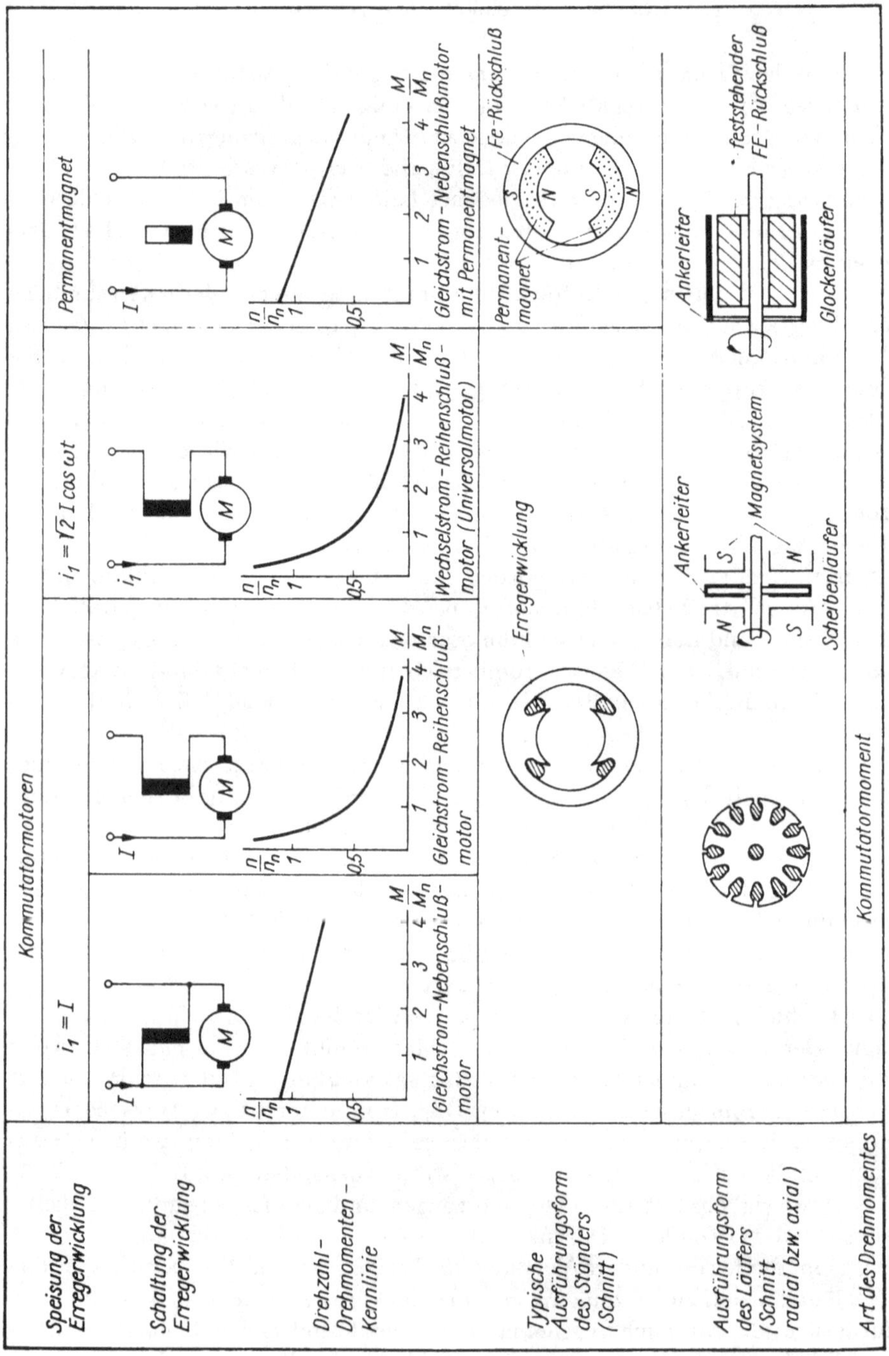

Abb. 1.52. Kommutatormotoren

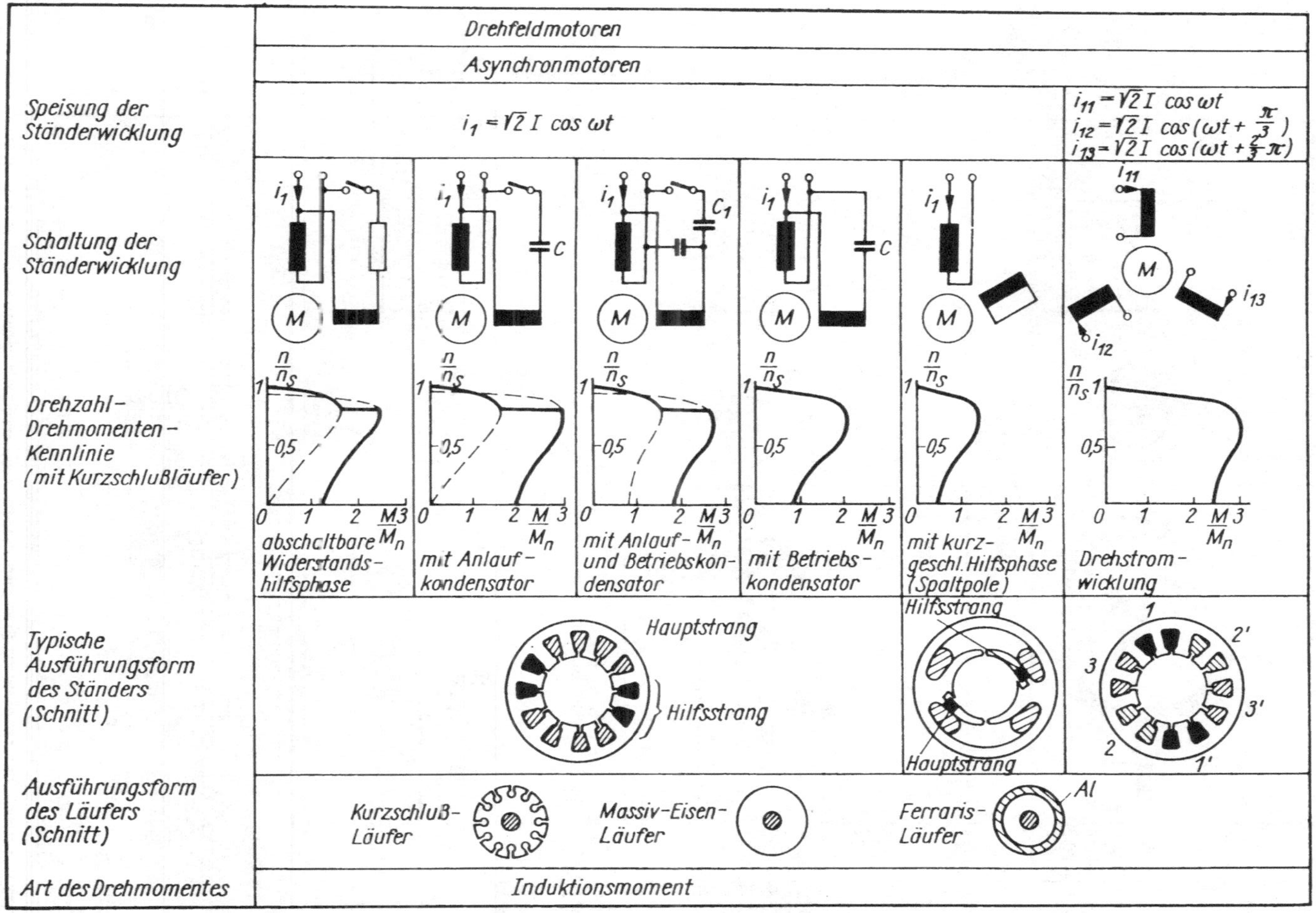

Abb. 1.53. Drehfeldmotoren mit asynchronem Betriebsverhalten

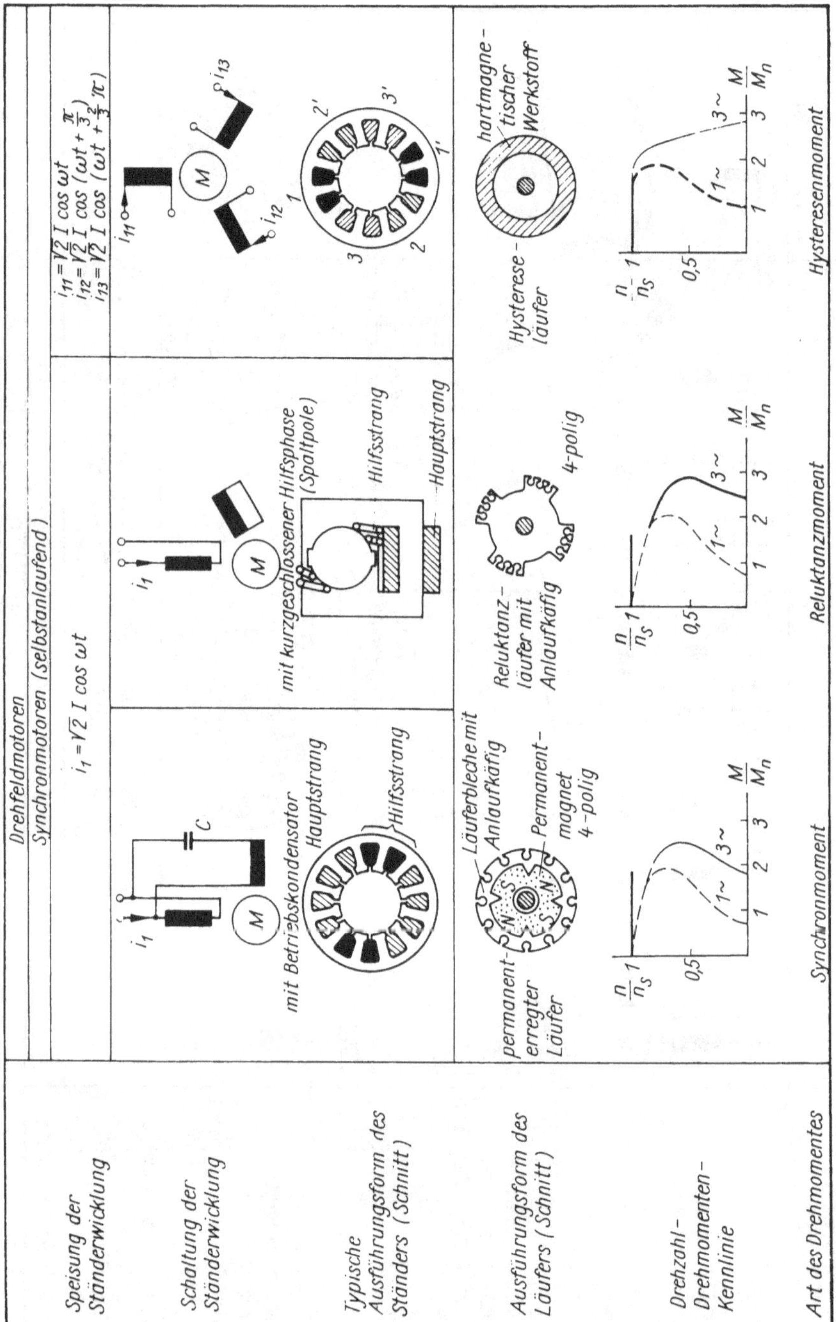

Abb. 1.54. Drehfeldmotoren mit synchronem Betriebsverhalten

gespeist wird, bezeichnet man als Hauptstrang, die andere, in der durch Zusatzeinrichtungen, z. B. Widerstände oder Kondensatoren, ein phasenverschobener Strom erzeugt wird, als Hilfsstrang.

Bei einer besonders einfachen Ausführung, dem Spaltpolmotor, ist der Hilfsstrang kurzgeschlossen, und der Ständer ist ungenutet und mit ausgeprägten Polen versehen.

Das Betriebsverhalten der Drehfeldmotoren hängt von der Art des Läufers ab, den man in das Drehfeld bringt. Entsprechend dem Betriebsverhalten wird zwischen Asynchron- und Synchronmotoren unterschieden.

Entstehen die drehmomentbildenden Ströme durch Spannungsinduktion im Läufer — Induktionsmoment —, ist stets eine Relativbewegung zwischen Drehfeld und Läufer — Schlupf — erforderlich. Diese Gruppe, die Asynchronmotoren, ist in Abb. 1.53 dargestellt. Der am weitesten verbreitete Läufertyp ist der Käfigläufer. Bei besonderen Anforderungen an das dynamische Verhalten wird der Glockenläufer aus Aluminium, der Ferrarisläufer, verwendet.

In Abb. 1.53 sind die gebräuchlichsten Schaltungen der Ständerwicklungen von Asynchronmotoren mit Käfigläufern und die entsprechenden Drehzahl-Drehmomenten-Kennlinien dargestellt. Die einzelnen Schaltungen entsprechen verschiedenen Forderungen an das Verhältnis von Anlaufmoment/Nennmoment und das Verhältnis von Kippmoment/Nennmoment. Bei den Ausführungsformen mit abschaltbarer Hilfsphase wird nach erfolgtem Hochlauf durch geeignete Schaltelemente der Hilfsstrang vom Netz getrennt.

Wenn es auf konstante, der Netzfrequenz proportionale Drehzahl ankommt, werden Synchronmotoren verwendet, die je nach erforderlicher Leistung mit einem permanenterregten Läufer, einem Reluktanz- oder einem Hystereseläufer ausgeführt werden (Abb. 1.54).

2. Kommutatormotoren

Die Kommutatormotoren haben sich trotz ihrer nachteiligen Gleitkontakte bis heute in ihren verschiedenen Ausführungsformen (Gleichstrom-Nebenschluß-, Gleichstrom-Reihenschluß- und Wechselstrom-Reihenschluß-Motor) behauptet, weil sie praktisch für alle Drehzahlen hergestellt werden können. Die diesen Motortypen anhaftenden Nachteile der mechanischen Kommutierung werden durch geeignete Konstruktionsprinzipien gemindert bzw. beseitigt. Immer größere Bedeutung gewinnen der Einsatz von Dauermagnetwerkstoffen und eisenlosen Rotoren, insbesondere für Stell- und Regelantriebe.

2.1. Gleichstrom-Kleinstmaschinen

2.1.1. Aufbau

Der grundsätzliche Aufbau eines Gleichstrommotors ist gekennzeichnet durch einen Ständer, der das Erregerteil, bestehend aus den Magnetpolen und der Erregerwicklung, trägt, und einen Rotor mit Kommutator, der die Speisung der einzelnen Ankerspulen übernimmt.

Das Erregerteil erzeugt im Luftspalt ein konstantes magnetisches Feld. Bei Kleinstmotoren finden vorzugsweise 2polige Gleichstrom-Nebenschlußmaschinen ohne Wendepole und Kompensationswicklungen Verwendung. Die Abb. 2.1a zeigt die prinzipielle elektrische Schaltung. Im Sonderfall des fremderreg-

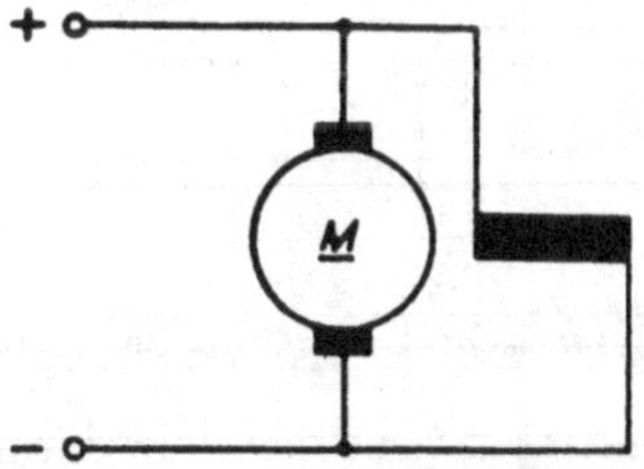

Abb. 2.1a. Prinzipschaltung eines Gleichstrom-Nebenschlußmotors

ten Gleichstrommotors wird die Erregerwicklung von einer eigenen Spannungsquelle gespeist. Diese Ausführung ist in ihrem Betriebsverhalten mit Gleichstrommotoren mit permanenterregten Polen, die im einzelnen noch näher beschrieben werden sollen, vergleichbar.

Die Abb. 2.1b zeigt den Schnitt senkrecht zur Achse eines 2-poligen Gleichstrom-Motors.

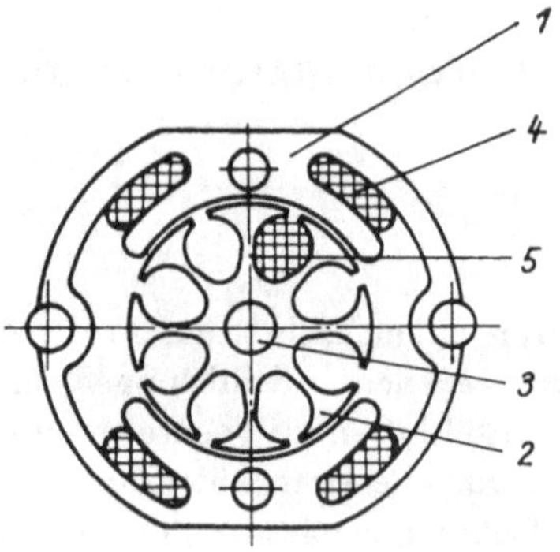

Abb. 2.1b. Schnitt durch einen 2-poligen Gleichstrommotor; *1* — Statorblech, *2* — Rotorblech, *3* — Motorwelle, *4* — Erregerwicklung, *5* — Ankerwicklung

2.1.2. Wirkungsweise und Betriebsverhalten

Zwischen den stromdurchflossenen Ankerleitern und dem Magnetfeld Φ im Luftspalt des Motors bilden sich nach dem elektrodynamischen Kraftgesetz am Umfang des Rotors Kräfte aus, die den Anker in Rotation bringen.

In Abb. 2.2. wird die prinzipielle Ausbildung des Drehmomentes bei Gleichstrommaschinen dargestellt.

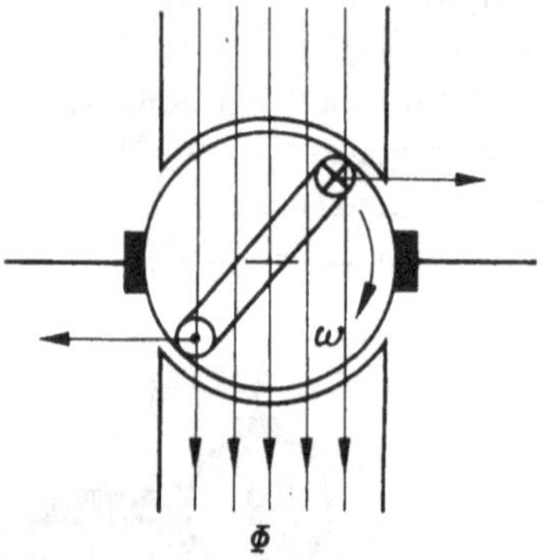

Abb. 2.2. Schematische Darstellung der Momentenbildung

Für den stationären Betrieb ergibt sich für das Drehmoment M folgende Beziehung:

$$M = c \cdot \Phi \cdot I\,, \tag{2.1}$$

wobei:

Φ = Luftspaltfluß

I = Ankerstrom

c = bezogene Konstante.

Durch die Rotation des Ankers im Magnetfeld des Luftspaltes wird in den Ankerspulen eine Spannung E induziert, die der angelegten Klemmenspannung entgegenwirkt.

Für den stationären Betrieb ergibt sich für den Ankerkreis folgende Beziehung:

$$U = c \cdot \Phi \cdot \omega + I \cdot R_A \,, \tag{2.2}$$

wobei:

U = Netzspannung
R_A = ohmscher Widerstand im Ankerkreis
ω = Winkelgeschwindigkeit des Ankers

Das Luftspaltfeld der Gleichstrommaschine und die Ankerrückwirkung

In Abb. 2.3a ist schematisch eine Gleichstrommaschine mit ausgeprägten Erregerpolen und den stromdurchflossenen Ankerleitern in der Abwicklung dargestellt. Die Erregerdurchflutung, mit Θ_{p_1} und Θ_{p_2} symbolisiert, ist unter den Polschuhen 1 und 2 untergebracht. Sie erzeugt den Polfluß Φ_p. Die dabei entstehende Induktionsverteilung im Luftspalt der Maschine $B_p(x)$ ist in Abb. 2.3b dargestellt. Es ist deutlich der steile Abfall der magnetischen Induktion an den Polhörnern zu sehen. Zwischen den beiden Polen entsteht ein feldfreier Raum, die sogenannte — Neutrale Zone —. Die Durchflutungsverteilung des gesamten Kommutatorankers, der über zwei im Abstand von τ_p angeordneten Bürsten mit dem Strom I eingespeist wird, ist in Abb. 2.3a und 2.3c gezeichnet. Die beiden Bürsten Bü 1 und Bü 2 unterteilen die Ankerwicklung in zwei parallele Stromzweige, und es entsteht eine dreieckförmige Durchflutungsverteilung mit dem Maximalwert

$$\Theta_{A_{\max}} = \frac{w}{8 \cdot p \cdot a} \cdot I \,. \tag{2.3}$$

In Abb. 2.3c sind für zwei Belastungsfälle die Durchflutungsverteilungen $\Theta_{A_1}(x)$ und $\Theta_{A_2}(x)$ dargestellt. Dem zugeordnet können die entsprechenden Induktionsverteilungen $B_{A_1}(x)$ und $B_{A_2}(x)$ aufgezeichnet werden. Außerhalb der Polhörner entstehen durch die Verringerung der magnetischen Leitfähigkeit Einsattelungen der Induktionsverteilung im Luftspalt der Maschine. Die beiden magnetischen Felder $B_p(x)$ nach Abb. 2.3b und $B_{A_1}(x)$ oder $B_{A_2}(x)$ nach Abb. 2.3c überlagern sich, und es entsteht die resultierende Induktionsverteilung $B_{L_1}(x)$ bzw. $B_{L_2}(x)$ nach Abb. 2.3d. Diese Überlagerung gilt nur unter der Annahme, daß die magnetische Leitfähigkeit des Eisens $\mu_{Fe} \to \infty$ gegenüber Luft unendlich ist. Aus Abb. 2.3d erkennt man, daß

1. durch das Ankerquerfeld B_A die feldfreie Zone sich je nach Belastung des Motors verschiebt;
2. das Ankerquerfeld B_A keinen Beitrag zum Polfluß Φ_p bringt und damit keinen Beitrag zur Momentenbildung und Spannungsinduktion leistet;
3. das Luftspaltfeld B_L bei Belastung mehr oder weniger stark verzerrt wird.

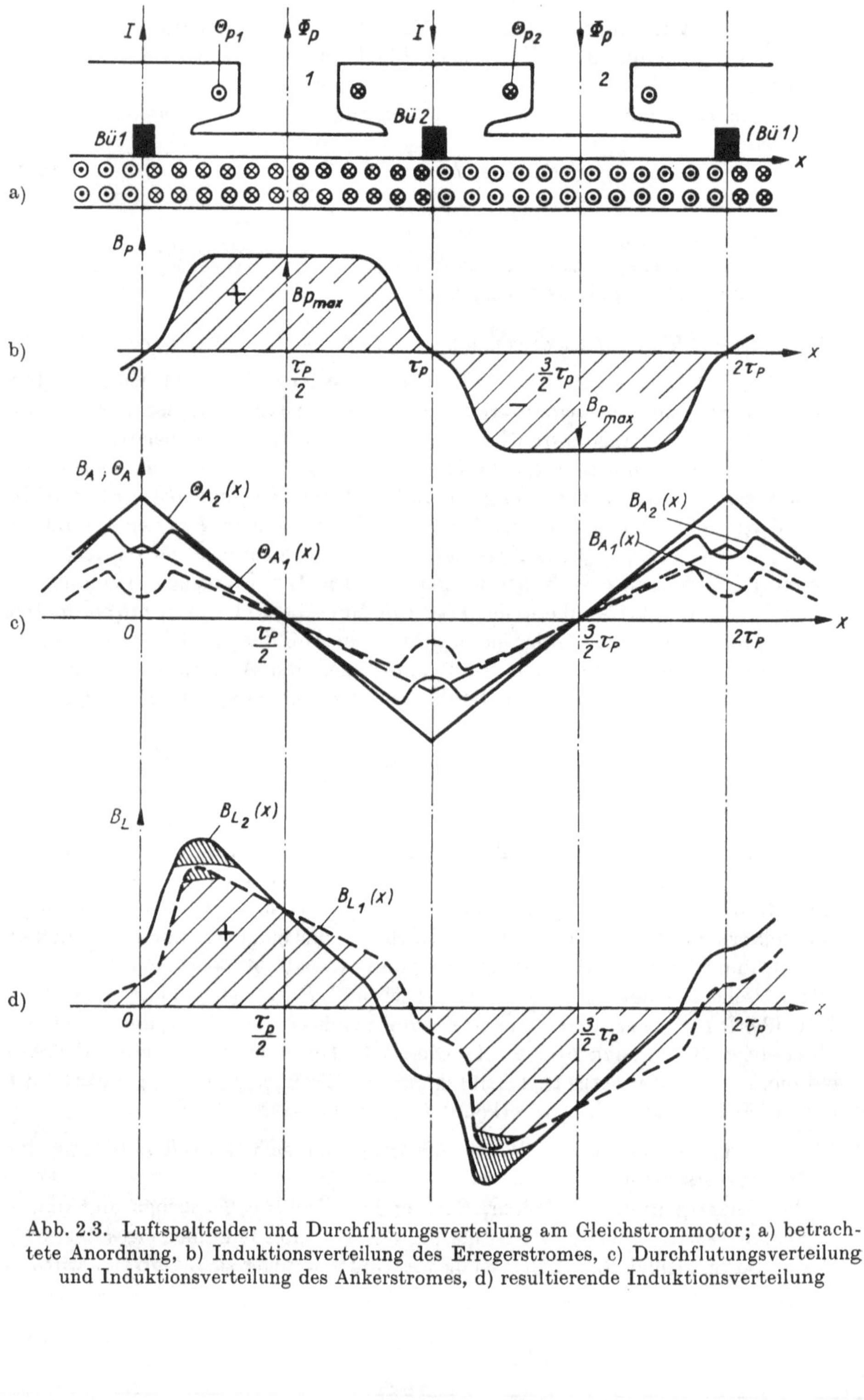

Abb. 2.3. Luftspaltfelder und Durchflutungsverteilung am Gleichstrommotor; a) betrachtete Anordnung, b) Induktionsverteilung des Erregerstromes, c) Durchflutungsverteilung und Induktionsverteilung des Ankerstromes, d) resultierende Induktionsverteilung

Durch die Wirkung des Ankerquerfeldes ist im Gebiet $x = 0$ und $x = \tau_p$ die resultierende Induktionsverteilung nicht mehr Null. In diesem Gebiet befinden sich jedoch die stromwendenden Spulen, die durch die Bürsten kurzgeschlossen sind. In diesen Spulen werden nun Rotationsspannungen induziert, die Kurzschlußströme antreiben. Diese Kurzschlußströme erschweren die Kommutierung und führen an den Bürsten zu Lichtbögen. Die Bedingung der feldfreien Zone ist also nur im Leerlauf erfüllt. Bei jedem beliebigen Belastungszustand, entsprechend dem Ankerstrom, verschiebt sich diese Zone. Man muß die Bürsten um diesen Betrag verschieben oder durch Wendepol- oder Kompensationswicklungen das magnetische Feld des Ankers in diesem Gebiet kompensieren.

Die Verzerrung des Luftspaltfeldes bei nichtkompensierten Maschinen äußert sich darin, daß die Induktion an der einen Polkante stark ansteigt und an der anderen Polkante abfällt. Berücksichtigt man die endliche magnetische Leitfähigkeit des Eisens, so ergibt sich, daß die Luftspaltinduktion infolge der Sättigung der Ankerzähne im Gebiet der linken Polkante absinkt. Diese Erscheinung, in Abb. 2.3d schraffiert dargestellt, ist durch die nichtlineare B-H-Kennlinie des Eisens begründet. Der Polfluß Φ_p wird dabei um den Betrag $\Delta\Phi_p$ verringert. Diese Flußverkleinerung kann sich sehr nachteilig auf das Betriebsverhalten der Maschine auswirken.

Kommutatorwicklungen

Die einzelnen Spulen des Kommutatorankers sind am Kommutator zu einer geschlossenen Ankerwicklung geschaltet. An jedem Kommutatorsteg sind ein Spulenanfang und ein Spulenende angeschlossen. Damit ist die Anzahl der Kommutatorstege K gleich der Anzahl der Spulen u. Als prinzipielle Kennzeichen der Kommutatorwicklungen sind der Nuten- oder Wicklungsschritt y_N und der Kommutator- oder Schaltschritt y_K eingeführt worden. Als Wicklungsschritt ist der Abstand zwischen den zwei Spulenseiten einer Spule definiert. Das eine Spulenende wird mit dem Spulenanfang der anderen Spule an einem Kommutatorsteg befestigt. Der Abstand zwischen den beiden miteinander verbundenen Spulenseiten wird als Schaltschritt bezeichnet. Man unterscheidet zwei prinzipielle Wicklungsarten:

1. die Schleifenwicklung
2. die Wellenwicklung

Schleifenwicklung

Im Kleinstmaschinenbau verwendet man für 2-polige Kommutatormotoren vorzugsweise die eingängige Schleifenwicklung. Abb. 2.4 zeigt die Schaltung der einzelnen Ankerspulen. Das Ende der Spule 1 ist mit dem Anfang der Spule 2 an eine gemeinsame Kommutatorlamelle 3 angeschlossen. Das Merkmal aller Schleifenwicklungen ist, daß die hintereinandergeschalteten Spulen jeweils innerhalb eines Polpaares liegen. In Abb. 2.5 und 2.6 ist das Ersatzschaltbild einer 2-poligen Ankerwicklung dargestellt. Daraus ist zu erkennen, daß die

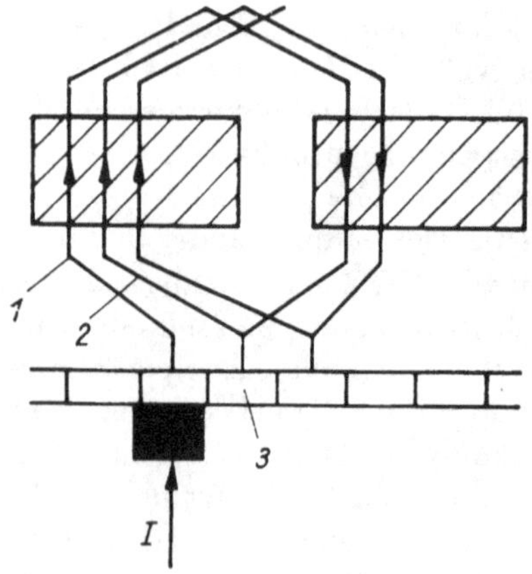

Abb. 2.4. Schleifenwicklung;
1 — Ankerspule, *2* — Ankerspule,
3 — Kommutator

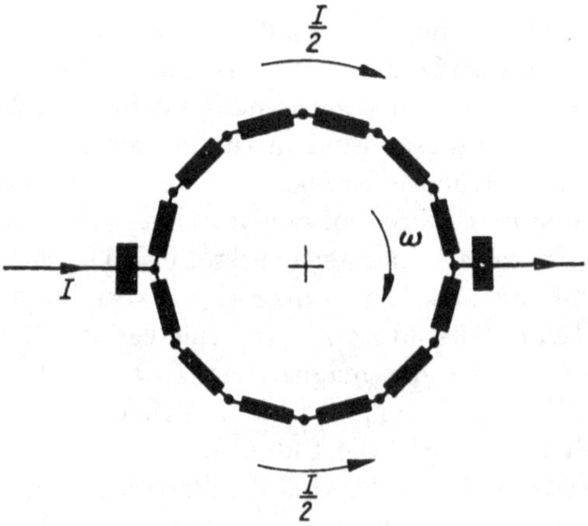

Abb. 2.5. Ersatzschaltbild einer 2-poligen Ankerwicklung

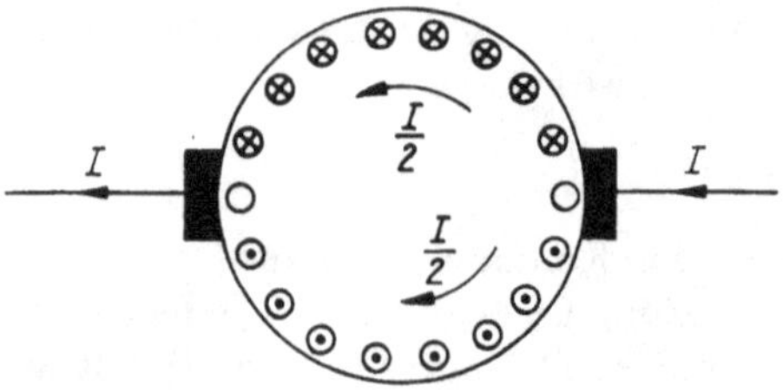

Abb. 2.6. Durchflutungsverteilung am Kommutatoranker

Ankerwicklung durch die zwei Bürsten in zwei parallele Stromzweige $2a = 2$ aufgeteilt wird, in denen jeweils $\frac{I}{2}$ fließt.

Wellenwicklung

Bei mehrpoligen kleinen Kommutatormotoren $2p > 2$ wird vorzugsweise die Wellenwicklung eingesetzt. Der grundsätzliche Unterschied zwischen beiden Wicklungsarten liegt darin, daß bei der Schleifenwicklung beim Fortschreiten in der Spulenrichtung zuerst alle Spulen eines Polpaares erfaßt werden, dagegen bei der Wellenwicklung die einzelnen Spulen 1 und 2 über Kommutatorlamelle 3 von Pol zu Pol weiter verbunden sind. Siehe dazu Abb. 2.7. Das Ersatzschaltbild der Wellenwicklung ergibt ebenfalls, wie in Abb. 2.4 dargestellt, zwei parallele Stromzweige.

Kommutierung

Durch die Stromzuführung über feststehende Bürsten zum rotierenden Kommutator wird erreicht, daß im Läufer unabhängig von der Rotation der einzelnen Spulen stets eine ruhende Stromverteilung entsteht, die in Verbindung

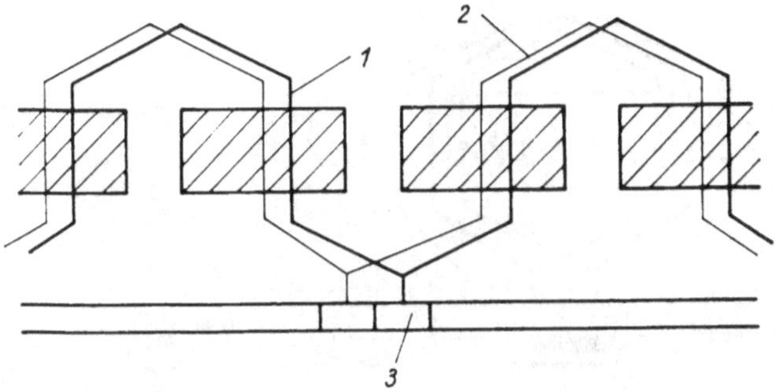

Abb. 2.7. Schleifenwicklung; 1 – Ankerspule, 2 – Ankerspule, 3 – Kommutator

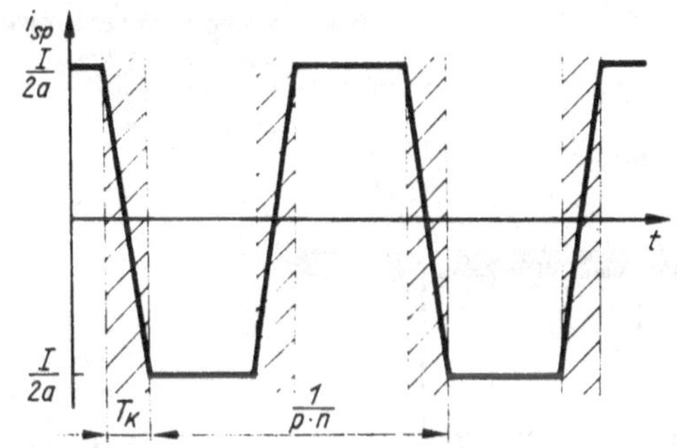

Abb. 2.8. Zeitlicher Verlauf des Spulenstromes i_{sp} einer Spule des Kommutatorankers

mit dem konstanten Luftspaltfluß zu einer Kraftwirkung am Umfang des Rotors führt und den Rotor in Bewegung setzt (Abb. 2.2). Nach dem Durchlaufen einer Polteilung kehrt sich die Stromrichtung in jeder Einzelspule um (Abb. 2.8). Der Vorgang der Kommutierung beschreibt den Prozeß, der unter der Kohlebürste am Kommutator stattfindet. Innerhalb kürzester Zeit muß die Stromrichtung der Spule 1, die von der Bürste kurzgeschlossen wird, umgekehrt werden. Dieser Vorgang wird durch die Gesamtinduktivität $L_{Ges\,1}$ dieser Spule 1 erschwert (Abb. 2.9). Die Kommutierungszeit ist abhängig von der Bürstenbreite b_b und der Umfangsgeschwindigkeit v_K des Kommutators (Abb. 2.10 und Abb. 2.11). In Abb. 2.11 sind über der Kommutierungszeit T_K 3 Kurven abgebildet, die die verschiedenen Kommutierungsformen darstellen; Kurve 1 beschleunigte Kommutierung; Kurve 2 lineare Kommutierung und Kurve 3 verzögerte Kommutierung. Diese Kurven sollen die Stromänderung von $\frac{+I}{2a}$ zu $\frac{-I}{2a}$ während der Kommutierzeit verdeutlichen. Innerhalb des elektrischen Stromkreises der kurzgeschlossenen Spule und der Bürste treten noch Ausgleichsvorgänge auf, die ebenfalls die Kommutierung erschweren. Man unterscheidet eine transformatorisch und eine rotatorisch induzierte Spannung, die einen Kurzschlußstrom über die Bürste antreibt (siehe Abschnitt 1.4.1).

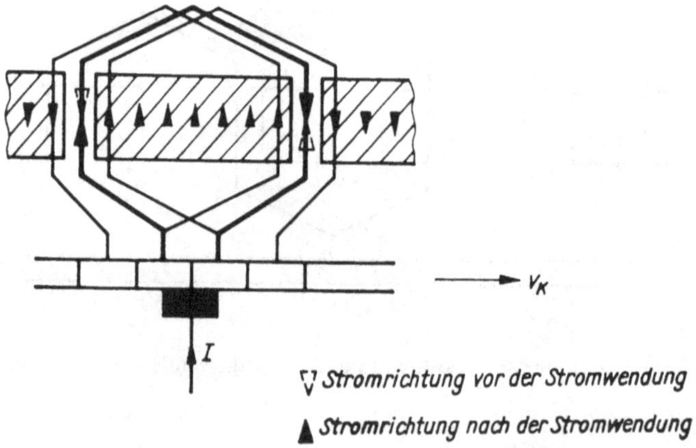

Abb. 2.9. Darstellung der Kommutierung bei Gleichstrommaschinen

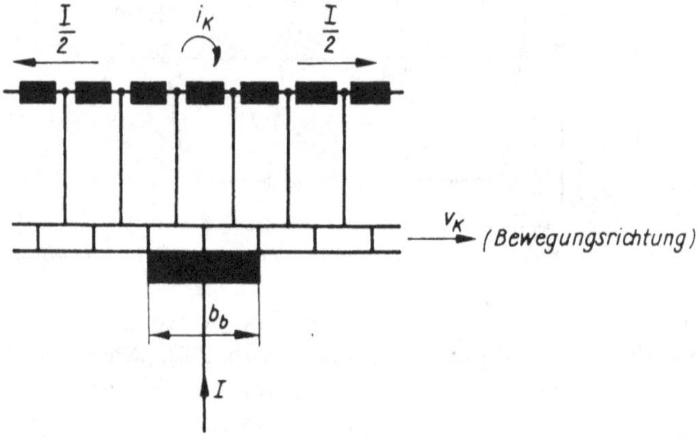

Abb. 2.10. Darstellung der Kommutierung – Abhängigkeit der Kommutierungszeit T_K von der Umfangsgeschwindigkeit v_K und der Bürstenbreite b_b

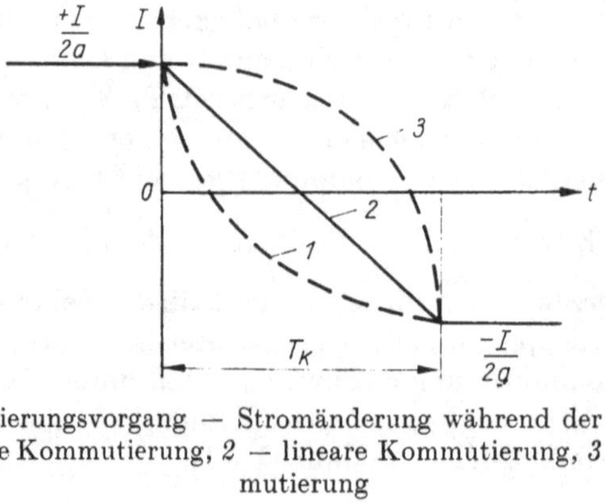

Abb. 2.11. Kommutierungsvorgang – Stromänderung während der Kommutierungszeit; *1* – beschleunigte Kommutierung, *2* – lineare Kommutierung, *3* – verzögerte Kommutierung

Einflüsse auf das Laufverhalten der Kohlebürsten

Man unterscheidet 2 Arten von Einflußgrößen:

a) elektrische Einflüsse und

b) mechanische Einflüsse,

die das Laufverhalten der Kohlebürsten und darüber hinaus das Verhalten des Motors beeinflussen.

Diese Einflüsse bestimmen die Funktionstüchtigkeit, die Lebensdauer und den Funkstörpegel des Motors.

Elektrische Einflüsse

Neutrale Zone

Zur Erzielung einer hohen Bürstenstandzeit und geringer Funkstörung durch den Motors, ist es erforderlich, eine der Maschinenbelastung entsprechende Bürstenstellung zur Ankerwicklungsverschaltung am Kommutator vorzusehen. Die Größe des Verschaltungswinkels, das ist der Winkel, der die Verschiebung der Bürstenachse gegenüber der neutralen Zone angibt, ist je nach Ausführung des Motors vom Blechschnitt, der elektrischen Ausnutzung, der Konstruktion und dem Arbeitsbereich des Motors abhängig.

Die Ausbildung des Ankerquerfeldes, das lastabhängig ist, beeinflußt nennenswert die Kommutierung durch Veränderung des Polfeldes. Man berücksichtigt diesen Einfluß, indem man den Verschaltungswinkel so wählt, daß für den Nennbelastungsfall der optimale Verschaltungswinkel eingestellt wird.

Lamellenspannung

Die Lamellenspannung ist die zwischen zwei benachbarten Kommutatoramellen vorhandene Spannung. Im Moment der Kommutierung der Spule tritt eine zusätzliche Beanspruchung der Bürste durch den Kurzschlußstrom der kommutierenden Spule auf. Man reduziert diese Verhältnisse, indem eine möglichst feine Unterteilung der Ankerwicklung und damit des Kommutators angestrebt wird.

Feldanzapfungen zur Drehzahlstellung

Die Methode der Drehzahlstellung durch Erregerspulenanzapfung bringt oft Nachteile für den Bürstenlauf, weil man damit den vorher beschriebenen optimalen Verschaltungswinkel infolge Veränderung des resultierenden magnetischen Feldes verletzt.

Spezifische Belastung von Kohlebürsten

Die spezifische elektrische Auslastung von Kohlebürsten liegt bei Kleinmotoren im Vergleich zum Großmaschinenbau niedriger. Folgende Richtwerte haben sich aus der Erfahrung ergeben:

Metallgraphit-Bürsten	(M)	max.	20 A/cm²
Elektrographitierte Kohlebürsten	(E)	max.	10 A/cm²
Graphitische Kohlebürsten	(G)	max.	10 A/cm²
Hartkohle-Bürsten	(K)	max.	8 A/cm²
kunstharzgebundene Graphit-Kohlebürsten		max.	8 A/cm²
Metallbürsten		max.	20 A/cm².

Diese Angaben stellen nur Richtwerte dar. Der Entwickler von Kleinmaschinen wird durch eine geeignete Auswahl von Bürstenmarken für den jeweiligen Anwendungsfall durch experimentelle Untersuchungen die günstigste Marke ermitteln, wobei dem spezifischen Bürstendruck $p_{Bü} \Big/ \frac{\mathrm{p}}{\mathrm{cm}^2}$ während der Verschleißcharakteristik der Bürste eine besondere Bedeutung zukommt. Als Richtwert für den spezifischen Bürstendruck gilt: $p_{Bü} \approx 500 \cdots 200 \, \frac{\mathrm{p}}{\mathrm{cm}^2}$, wobei ersterer Wert für hochtourige Motoren Gültigkeit besitzt.

Bei thyristorgespeisten Motoren ist es sinnvoll, eine geringere spezifische Auslastung der Kohlebürste vorzunehmen, da bei dieser Speisungsart der herangezogene Mittelwert des Stromes, bezogen auf den Bürstenquerschnitt, kurzzeitige Stromspitzen bis zu 500% aufweisen kann.

Bei zu hoher spezifischer Bürstenbelastung $s_{Bü} \Big/ \frac{\mathrm{A}}{\mathrm{mm}^2}$ wird die den Kommutator schützende Patina zerstört und damit ein erhöhter Verschleiß am Kommutator und an der Kohlebürste eingeleitet.

Bei Kleinstmotoren werden vorteilhafterweise rein metallische Bürsten eingesetzt. Man wählt hier oft gold- oder silber-legierte Materialien aus, um insbesondere bei Niederspannungsmaschinen einen geringen Spannungsabfall zu erhalten und eine Oxydation des Kontaktmaterials zu vermeiden. Weiterhin kann damit der Bürstendruck beachtlich gesenkt werden, was zu geringeren Reibverlusten und geringer Geräuschentwicklung führt. Die metallischen Bürsten sind im Vergleich zu den Graphit- und Metall-Graphit-Bürsten relativ empfindlich gegenüber den bei der Kommutierung auftretenden Überspannungen, die zur Funkenbildung führen. Die Funkenbildung hat einmal Funkstörungen zur Folge, zum anderen den sogenannten elektrischen Verschleiß. Es soll deshalb zunächst der Mechanismus betrachtet werden, der zu Überspannungen und damit zur Funkenbildung führt (Abb. 2.12a).

Der Kommutator und die Ankerwicklung bewegen sich relativ zur Bürste. Die Bürste verläßt die Lamelle I und geht zur Lamelle II über. Auf Grund der Spuleninduktivität L_2 werden die Ströme im ersten Augenblick ihre Größe und Richtung beibehalten. Das ist aber nur möglich, wenn sich zwischen der ab- aufenden Bürsten- und Lamellenkante ein Lichtbogen ausbildet, der die Summe

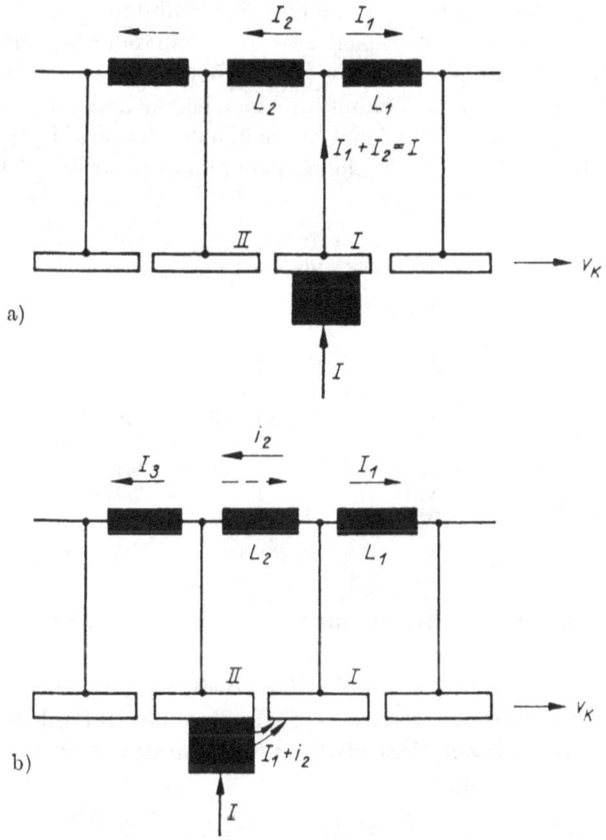

Abb. 2.12. Entstehung von Überspannungen bei der Kommutierung

der beiden Ströme I_1 und i_2 führt. Die Lichtbogenspannung wird dabei über die Stromänderung aufgebracht.

$$u = L_{sp} \cdot \frac{di}{dt} \cdot \frac{1}{2a}, \tag{2.4}$$

wobei u die Selbstinduktionsspannung, L_{sp} die Induktivität der kommutierenden Spule und $\frac{di}{dt} \cdot \frac{1}{2a}$ die zeitliche Stromänderung der kommutierenden Spule darstellt.

Hat der Strom i_2 seine Richtung umgekehrt (siehe dazu Abb. 2.12b), verlöscht der Lichtbogen zwischen der Bürste und Lamelle I. Will man den Lichtbogen vermindern oder ganz vermeiden, muß für einen geeigneten Strompfad parallel zur Spule 2 gesorgt werden. Bei mittleren und größeren Maschinen wird die Funkenbildung durch Wendepole und Kompensationswicklungen weitestgehend vermieden. Insbesondere für kleinste elektrische Kommutatormaschinen sind Schaltungen bekanntgeworden, die eine Funkenbildung am Kommutator-Bürsten-System vermeiden. Zwischen zwei nebeneinanderliegenden Lamellen des Kommutators werden Varistoren oder Z-Dioden geschaltet, die nach dem Ablaufen der Bürste von einer Kommutatorlamelle zur anderen den Strom der kommutierenden Spule vorübergehend übernehmen. Nach Lit [8] sind für die entsprechenden Kontaktwerkstoffe Lichtbogengrenzwerte in Tab. 2.1 angegeben.

Tabelle 2.1
Lichtbogengrenzwerte

	Werkstoff	U min/V	I min/A
nach	Ag	12	0,4
C.-L. Meyer	Au	15	0,3
aus Lit. [8]	Pd	15—16	0,8—0,9
	Pt	17	0,8—1,0
	Cu	12—13	0,4
	Ni	14	0,4—0,5
	W	15—16	0,8—1,2
	C	20	0,01—0,02

Unterhalb dieser Grenzwerte treten nur Glimmzündungen und instabile, kurze Lichtbögen ohne Plasma auf.

Durch geeignete Schaltungen werden diese Bedingungen erfüllt, so daß eine einwandfreie Kommutierung erzielt wird, die zu einer hohen Funktionssicherheit des Antriebsmotors, geringem Verschleiß des Kommutator-Bürsten-Systems und zu günstigen Funkentstörwerten führt.

In Abb. 2.13a ist eine Schaltungsanordnung mit einer Z-Diode je Kommutatorlamelle und in Abb. 2.13b mit zwei Z-Dioden in Gegenreihenschaltung zwischen zwei benachbarten Kommutatorlamellen gezeigt.

Die Abb. 2.14 und 2.15 zeigen die Strom-Spannungs-Charakteristik einer Z-Diode in Durchlaß- und Sperrichtung und die Widerstands-Spannungs-Charakteristik zweier Z-Dioden in Gegenreihenschaltung.

Infolge der Spuleninduktivität L_{2a} nach Abb. 2.13a und 2.13b tritt nach der Beziehung 2.4 eine erhöhte Spannung zwischen der Kommutatorlamelle 3a und der Bürste 4 auf, die normalerweise zu einer Funkenbildung am Kommutator-Bürsten-System führt. Die erhöhte Spannung liegt nach Abb. 2.13a und Abb. 2.13b auch über den Z-Dioden 1a, 1b an. Beim Erreichen der Summe von Zener- und Durchlaßspannung der beiden Z-Dioden 1a, 1b beginnt durch die Gegenreihenschaltung der beiden Z-Dioden, unabhängig von der Stromrichtung, über den Parallelstromkreis zur Spuleninduktivität L_{2a} ein Strom zu fließen, wobei infolge der Widerstands-Spannungs-Charakteristik nach Abb. 2.15 der beiden Z-Dioden in Gegenreihenschaltung die Spannung über die Spuleninduktivität L_{2a} auf Werte begrenzt wird, die unterhalb der Mindestfunkenspannung des verwendeten Bürsten-Kommutatormaterials liegt.

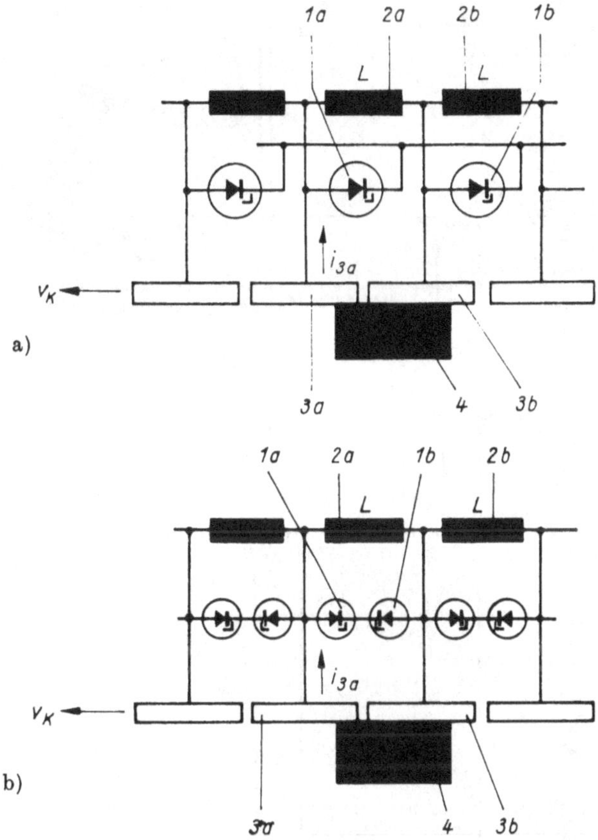

Abb. 2.13. Schaltungsanordnungen mit Z-Dioden zur Vermeidung von Funkenbildungen an der Bürste; *1a* und *1b* — Z-Dioden, *2a* und *2b* — Spuleninduktivitäten der Ankerwicklung, *3a* und *3b* — Kommutatorlamellen, *4* — Bürste

Der beschriebene Mechanismus funktioniert allerdings nur, wenn folgende Bedingung erfüllt wird:

$$U_{L\,max} < (U_Z + U_F) < U_{Fu\,min}$$

Die maximale Lamellenspannung $U_{L\,max}$ muß kleiner sein als die Summe der Zener- und Durchlaßspannung $U_Z + U_F$ beider in Gegenreihenschaltung vorhandener Z-Dioden. Diese Spannung wiederum muß kleiner sein als die Mindestfunkenspannung des verwendeten Bürsten-Kommutatormaterials.

Elektrischer Widerstand des Kohlebürstenmaterials und der Kontaktspannungsabfall

Die von den Herstellern angebotene Palette der Kohlebürstenmarken reicht vom spezifischen elektrischen Widerstand von 0,01 Ω mm²/m bis 1500 Ω mm²/m. Die niedrigen Werte findet man bei stark metallhaltigen Kohlebürsten vorzugs-

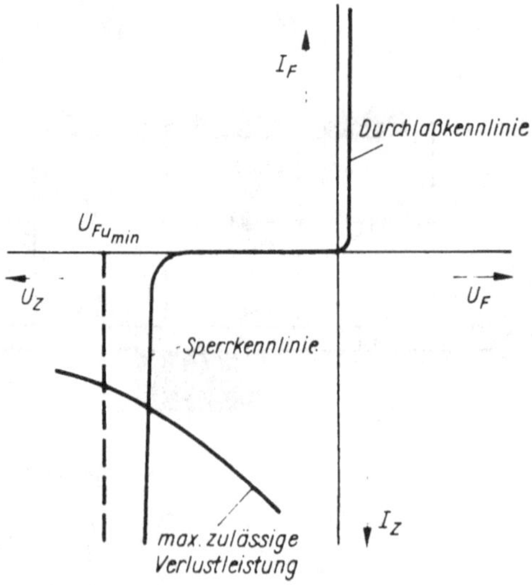

Abb. 2.14. Vollständige Strom-Spannungs-Charakteristik der Z-Diode

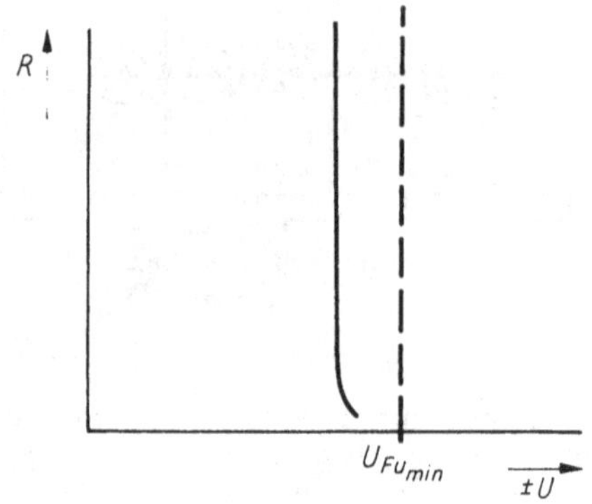

Abb. 2.15. Widerstands-Spannungs-Charakteristik zweier Z-Dioden in Gegenreihenschaltung

weise für die Anwendung in Niederspannungsmaschinen. Die höchsten Werte des spezifischen elektrischen Widerstandes werden bei Hartkohlebürsten erreicht, die besonders bei hochbelasteten Universalmotoren mit schwieriger Kommutierung eingesetzt werden.

An der Berührungsstelle zwischen der Bürstenlauffläche und den umlaufenden Kommutatorlamellen fällt eine entsprechende Spannung ab, die einmal durch die Kupferoxidschicht des Kommutators und den erhöhten Widerstand durch Einschnürung des Bürstenquerschnittes bei Rotation des Kommutators entsteht. Außer für metallhaltige Bürsten ist der Kontaktspannungsabfall $U_{Bü}$ ca. 0,5···1,5 V annähernd unabhängig von der Bürstenstromdichte $S_{Bü}$.

Bekanntlich bildet sich beim Lauf einer Kohlebürste auf einem Kupferrotor eine Patina aus. Es handelt sich dabei um eine Fremdschicht, die im wesentlichen aus Cu_2O und Graphit besteht. Sie unterliegt wesentlich dem Einfluß der Temperatur, des Luftdrucks und der Luftfeuchtigkeit.

Mechanische Einflüsse

Das mechanische System — rotierender Kommutator, federnde Kohlebürste — verdient besondere Beachtung. Sie ist entscheidend für die Funktionssicherheit der Antriebe verantwortlich.

Kommutatorgüte

Oberflächenrauhigkeit, Abweichung der Oberfläche des Kommutators von der Kreisform (Unrundheit) und das Vorstehen einzelner Kommutatorlamellen bestimmen entscheidend die Laufeigenschaften der Kohlebürsten und damit der Funktion der Maschine.

Die Abweichung der Kommutator-Oberfläche von der zylindrischen Form ist gering zu halten. Während die am gesamten Umfang des Kommutators gleichmäßig verteilte Unrundheit erst ab 30 m/s Umfangsgeschwindigkeit eine Gefahr für die Kontaktgüte der Kohlebürste darstellt, ist die hervorstehende Lamelle ein äußerst kritischer Fall. Es genügen schon wenige Mikrometer Höhenunterschied zwischen benachbarten Lamellen, um eine Stromunterbrechung und damit erhöhtes Bürstenfeuer zu verursachen. Deshalb werden an die Güte des Kommutators und an seine Verarbeitung (Verbindung der Ankerdrähte an dem Kommutator, Aufdrücken des Kommutators auf die Rotorwelle) und an die spanabhebende Bearbeitung der Lauffläche hohe Anforderungen gestellt. Als Richtwert für den maximalen Höhenunterschied benachbarter Lamellen kann 0,003 mm angegeben werden.

Bürstendruck

Dem spezifischen Bürstendruck ist ebenfalls besondere Beachtung zu schenken. Es existiert ein funktioneller Zusammenhang zwischen dem Bürstenverschleiß und dem Bürstendruck. Der entsprechende Bürstendruck ist je nach der Eigenart der Maschine (Drehzahl, Anwendung, Schwingungen usw.) und dem eingesetzten Bürstenmaterial experimentell zu ermitteln. Bei zu geringem Bürstendruck reichen die Federkräfte nicht aus, um eine ausreichende Berührungszeit zwischen Kohlebürste und Kommutator aufrecht zu erhalten, dort entsteht verstärktes Bürstenfeuer. Ist der Bürstendruck zu hoch, unterliegt die Kohlebürste zu hohen Reibverlusten und verschleißt stark, zum anderen erhöht sich die Kommutatortemperatur unzulässig. In Abb. 2.16 sind die elektrischen Bürstenverluste $P_{vBü}$ und der Bürstenverschleiß $\Delta_{Bü}$ als Funktion des Bürstendruckes $F_{Bü}$ dargestellt. Besonders bei Kleinstmaschinen ist es empfehlenswert, eine experimentelle Optimierung der Bürstendruckfeder durchzuführen. Bei Motoren, die mit größeren Schwingungen und höheren Drehzahlen arbeiten müssen, werden mit Erfolg Kohlebürsten mit Kopfschrägen nach Abb. 2.17 eingesetzt.

Der Kohlebürstenverschleiß kann durch diese Maßnahme um 30% gesenkt werden. Die Laufunruhe der Kohlebürste kann auch durch eine Neigung der Kohlebürstenhalter von 5—8° gegen oder mit der Drehrichtung des Kommutators verringert werden (Abb. 2.18 und 2.19).

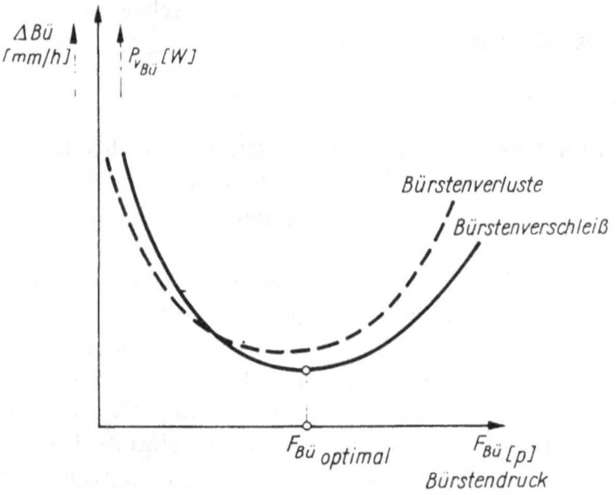

Abb. 2.16. Abhängigkeit des spezifischen Bürstenverschleißes vom Bürstendruck

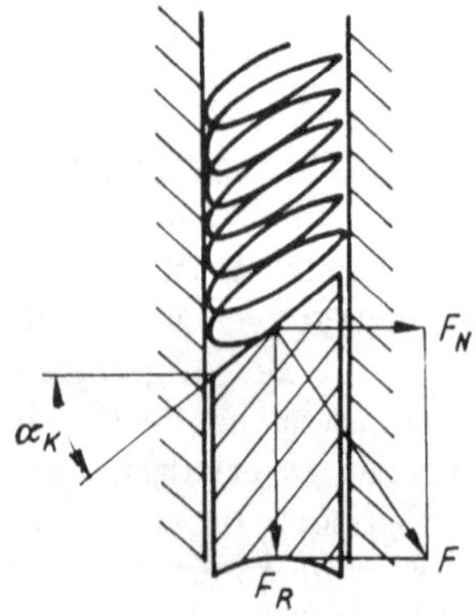

Abb. 2.17.
Kohlebürste mit Kopfschräge

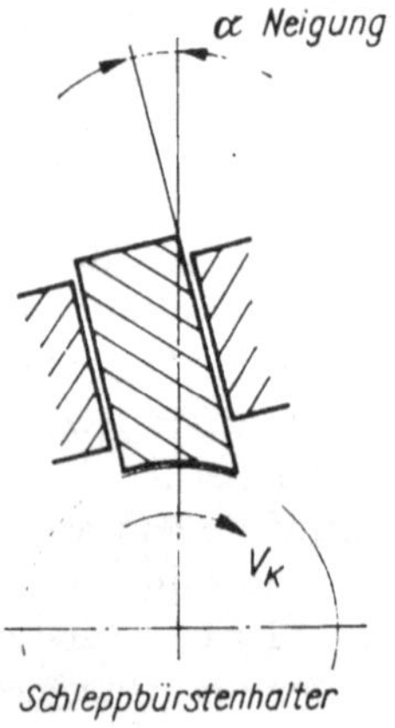

Abb. 2.18.
Schleppbürstenhalterung

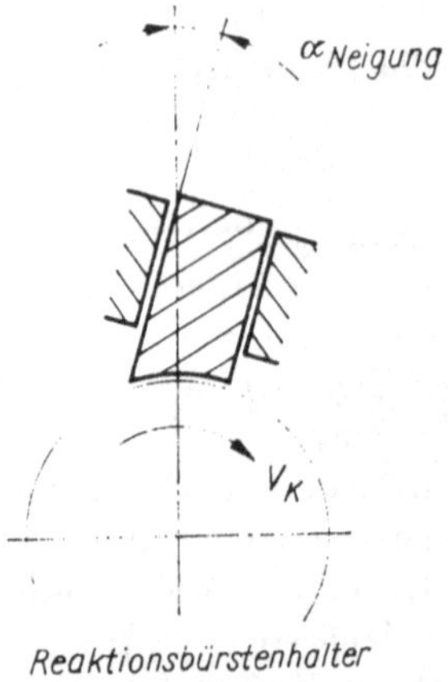

Abb. 2.19.
Reaktionsbürstenhalterung

Als günstig hat sich bei schwierigen Kommutierungsverhältnissen die Mischbestückung erwiesen. Von dem Bürstenpaar wird eine als gute Kommutierungsbürste und die zweite als Putzbürste für den Kommutator eingesetzt.

2.2. Überschlägliche Dimensionierung

2.2.1. Gleichstrom-Nebenschlußmaschine

In Abb. 2.20 ist die Schaltung und in Abb. 2.21 das Ersatzschaltbild einer Gleichstrom-Nebenschluß-Maschine dargestellt. Typisch für diese Maschine ist, daß die Erregerwicklung parallel zum Anker (Nebenschluß) geschaltet ist. Dadurch wird im wesentlichen das Betriebsverhalten bestimmt.

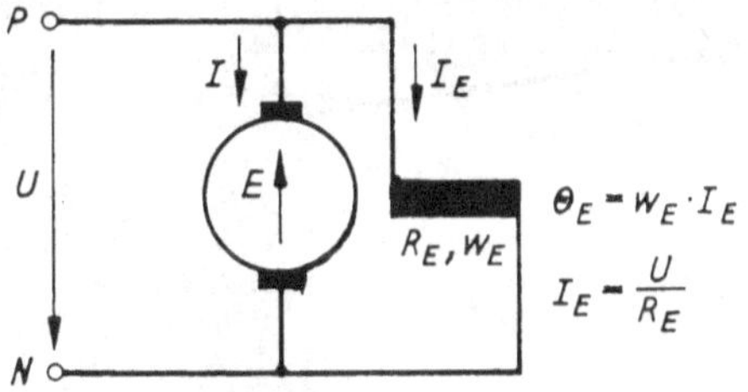

Abb. 2.20. Schaltung der Gleichstrom-Nebenschlußmaschine

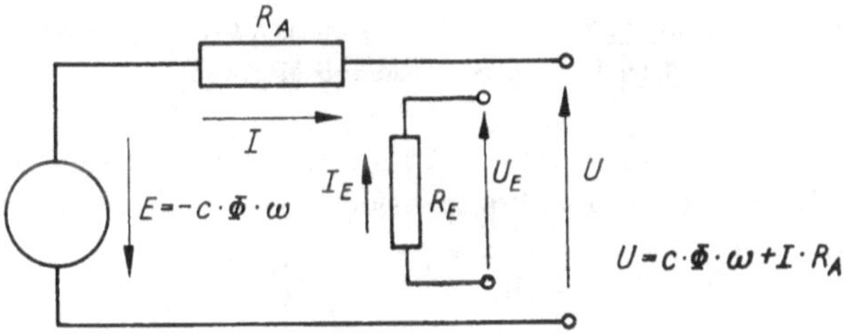

Abb. 2.21. Ersatzschaltbild der Gleichstrommaschine

Gleichungen und Ersatzschaltbild für den stationären Betrieb

Aus dem Ersatzschaltbild nach Abb. 2.21 lassen sich die Spannungsgleichungen für den Erreger- und Ankerstromkreis und damit auch das Drehzahl-Drehmomentverhalten der Gleichstrom-Nebenschlußmaschine bestimmen.

Erregerkreis: $U_E = R_E \cdot I_E$

Ankerkreis: $$U = c \cdot \Phi \cdot \omega + R_A I \tag{2.5}$$

Drehmoment: $$M = c \cdot \Phi \cdot I \,. \tag{2.6}$$

Aus Gl. 2.5 und 2.6 ergibt sich für die Winkelgeschwindigkeit ω folgende Beziehung:

$$\omega = \frac{U - R_A I}{c \cdot \Phi} = \frac{U}{c\Phi} - \frac{R_A}{(c\Phi)^2} \cdot M \,. \tag{2.7}$$

Bei konstanter Netzspannung und unveränderlichem Ankerkreiswiderstand ist die Winkelgeschwindigkeit ω vom Drehmoment M, $\omega = f(M)$, wie folgt abhängig:

$$\omega = \Omega - C^* \cdot M \,, \tag{2.8}$$

wobei Ω die ideelle Leerlaufwinkelgeschwindigkeit darstellt. Es ergibt sich ein linearer Drehzahlabfall, der dem Spannungsabfall im Ankerkreis $I \cdot R_A$ direkt proportional ist (Abb. 2.22).

Diese idealen Verhältnisse werden jedoch durch die Rückwirkung des Ankerfeldes auf das Erregerfeld und die magnetische Sättigung des Eisenkreises verfälscht. Die zulässige Überlastung (Verhältnis des maximalen Belastungs-

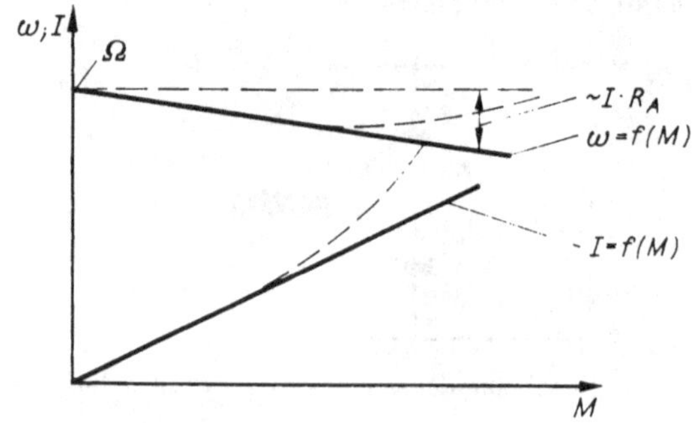

Abb. 2.22. Winkelgeschwindigkeit ω und Strom I als Funktion des Drehmomentes M bei Gleichstrom-Nebenschluß-Motoren

momentes zum Nennmoment) wird bestimmt durch die Erwärmung und Kommutierung der Maschine. Für unkompensierte Nebenschlußmaschinen gilt der Richtwert

$$\frac{M_{\max}}{M_N} \leqq 2{,}2 \tag{2.9}$$

Die Verluste im Motor

Die Verluste eines Motors bestimmen seinen Wirkungsgrad

$$\eta = \frac{P_2}{P_1} = \frac{P_2}{P_1 + \Sigma V}, \tag{2.10}$$

wobei P_2 = mechanische Leistung an der Welle

$$P_2 = k \cdot M \cdot n \tag{2.11}$$

P_1 = elektrisch aufgenommene Leistung

Die Verluste teilen sich nach Abb. 2.23 wie folgt auf:

$$\Sigma V = V_{\mathrm{Cu}} + V_{\mathrm{Fe}} + V_{\mathrm{Reib}} + V_{\mathrm{Komm.}} + V_{\mathrm{Err.}} + V_{\mathrm{Zus.}}\,. \tag{2.12}$$

Die Verluste lassen sich prinzipiell in Leerlauf- und Lastverluste trennen. Zu den Leerlaufverlusten gehören die Erregerverluste V_{Err}, Reibverluste V_{Reib} und die Eisenverluste V_{Fe}. Die Lastverluste werden maßgebend durch die Kupferverluste V_{Cu} bestimmt.

Der prinzipielle Verlauf des Wirkungsgrades $\eta = f(M)$ wird in Abb. 2.24 dargestellt.

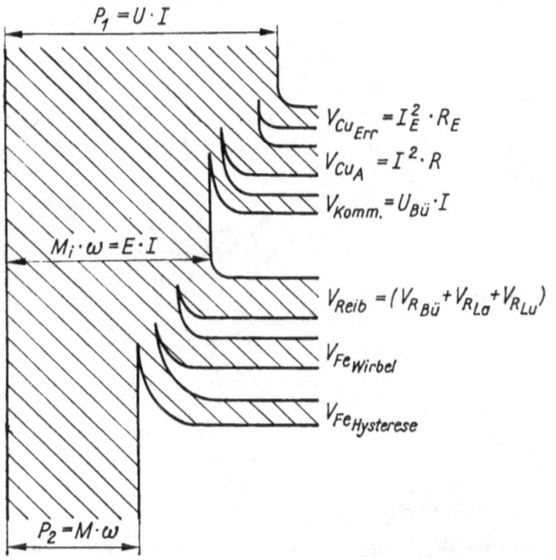

Abb. 2.23. Leistungsbilanz bei Gleichstrommotoren

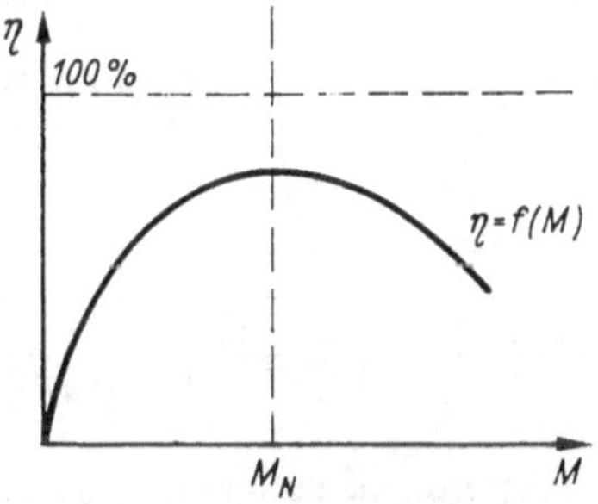

Abb. 2.24. Abhängigkeit des Wirkungsgrades η vom Drehmoment M bei Gleichstrommaschinen

V_{Cu} $= I^2 \cdot R =$ Kupferverluste

V_{Fe} $= V_{Hyst.} + V_{Wirb.} =$ Eisenverluste als Hysterese- und Wirbelstrom verluste

V_{Reib} = Reibungsverluste (Bürsten-, Lager-, Luft)

$V_{Komm.}$ = Kommutierungsverluste

$V_{Err.}$ $= I_E^2 \cdot R_E =$ Erregerverluste

$V_{Zus.}$ = Zusatzverluste

Kupferverluste

$$V_{Cu_A} = I^2 \cdot R_A \,. \tag{2.13}$$

Die Kupferverluste oder Lastverluste werden durch den ohmschen Widerstand und dem Quadrat des Stromes bestimmt. Vernachlässigen wir alle Verlustanteile außer den Lastverlusten V_{Cu}, so erhält man folgende Beziehung für den Wirkungsgrad:

$$\eta = \frac{P_2}{P_1} = \frac{P_2}{P_2 + I^2 \cdot R_A} \tag{2.14}$$

S = Stromdichte im Leiter
ϱ = spezifischer Widerstand

$$\eta = \frac{1}{1 + \dfrac{S \cdot \varrho \cdot l_m \cdot w}{c \cdot \Phi \cdot \omega \cdot 2a}} \tag{2.15}$$

l_m = mittlere Windungslänge
w = Windungszahl
Φ = Luftspaltfluß
ω = Winkelgeschwindigkeit

Eine Verbesserung des Wirkungsgrades kann nach dieser Beziehung hauptsächlich durch eine Erhöhung der Winkelgeschwindigkeit ω, eine Vergrößerung des Luftspaltflusses Φ sowie durch Senkung der Stromdichte S erreicht werden.

Eisenverluste oder Ummagnetisierungsverluste

$$V_{Fe} = V_{Hyst.} + V_{Wirbel} \tag{2.16}$$

Die Eisenverluste setzen sich aus Hysterese- und Wirbelstromverlusten zusammen.

Als bezogene Größengleichung dargestellt, ergibt sich für die Eisenverluste einer elektrischen Maschine folgende Beziehung:

$$V_{Fe}/W = \left[v_h \cdot \frac{f}{50\,\text{Hz}} + v_w \left(\frac{f}{50\,\text{Hz}}\right)^2\right] \cdot \left(\frac{B}{1{,}0 \dfrac{\text{Vs}}{\text{m}^2}}\right)^2 \cdot G_{\text{Eisen}}/\text{kg}\,, \tag{2.17}$$

wobei v_h die spezifischen Hystereseverluste und v_w die spezifischen Wirbelstromverluste des eingesetzten Materials in Watt je Kilogramm Eisen darstellen. Die Hersteller von Dynamoblech geben die Magnetisierungsfähigkeit und die Verlustziffer an. Zur Berechnung des magnetischen Kreises wird die Magnetisierungskennlinie für das entsprechende Dynamoblech nach TGL 27567 zu Grunde gelegt (Abb. 2.25).

Die Ummagnetisierungsverluste $V_{1,0}$ und $V_{1,5}$ geben die bei einer Wechselfeldmagnetisierung von 50 Hz und zeitlich sinusförmigem Verlauf der Induktion auftretenden Verluste in W/kg für Scheitelwerte der Induktion von 1,0 und 1,5 Wb/m² bei 20 °C an. Die magnetische Induktion, die zur Beurteilung der Magnetisierbarkeit dient, wird bezeichnet mit: B_{10}; B_{25}; B_{50}; B_{100}, gemessen in Wb/m² für die magnetische Feldstärke $H = 10; 25; 50; 100$, gemessen in A/cm. Nachfolgend einige Beispiele der von der Stahlindustrie angebotenen Blechsorten nach TGL 10475:

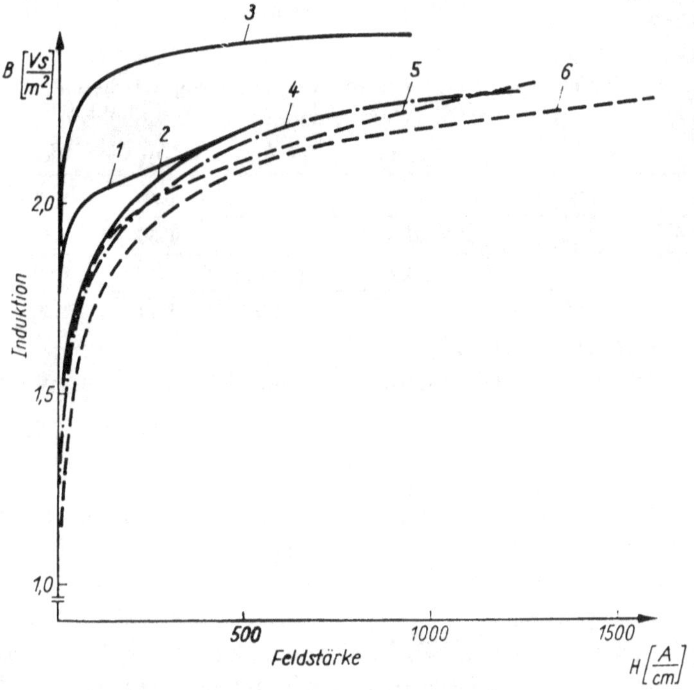

Abb. 2.25a. Magnetisierungskennlinien verschiedener Elektrobleche; *1* — Kornorientiertes Elektroblech (0,35 mm), *2* — Stahlblech StSzuLGAL (1,00 mm), *3* — 50% — Kobalteisen (0,35 mm), *4* — Semifinish-Blech BSFK ohne Schlußglühung, *5* — Semifinish-Blech BSFK mit Schlußglühung, *6* — Dynamoblech I 3,6 W/kg nach TGL 27567

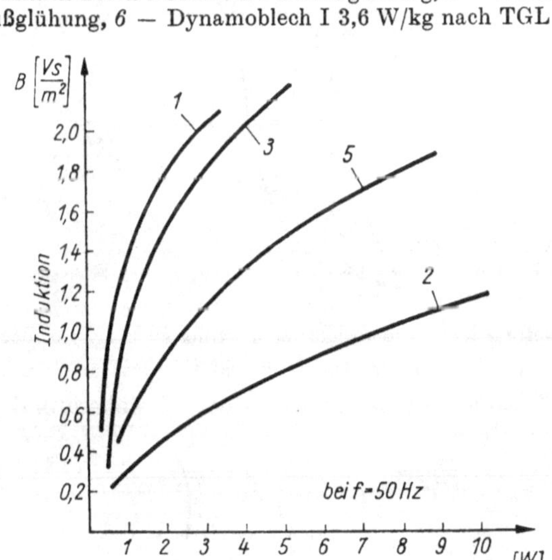

Abb. 2.25b. Die spezifischen Eisenverluste von Elektroblechen als Funktion der magnetischen Induktion bei einer Frequenz von $f = 50$ Hz; *1* — Kornorientiertes Elektroblech (0,35 mm), *2* — Stahlblech StSzuLGAL (1,00 mm), *3* — 50% — Kobalteisen (0,35 mm), *5* — Semifinish-Blech BSFK mit Schlußglühung

Blechsorte	Ummagnetisierungsverluste in W/kg		magnetische Induktion in Wb/m²			
	$V_{1,0}$	$V_{1,5}$	B_{10}	B_{25}	B_{50}	B_{100}
I 3,6	3,6	8,6	—	1,53	1,63	1,73
I 3,2	3,2	7,5	—	1,50	1,62	1,75
IV 1,8	1,8	4,4	—	1,46	1,57	1,71
IV 1,0	1,0	2,6	1,37	1,44	1,55	1,69

Spezifische Wirbelstromverluste

Die Wirbelstromverlustleistungsdichte ergibt sich unter bestimmten Voraussetzungen zu

$$v_w = \frac{1}{3 \cdot \varrho} \cdot k_F \cdot \pi^2 \cdot f_1^2 \cdot \hat{B}_1^2 \cdot d^2 , \tag{2.18}$$

dabei bedeuten: ϱ = der spezifische elektrische Widerstand des Bleches, f_1 die Frequenz der Induktionsänderung, B_1 die Induktionsamplitude, d die Blechdicke und k_F der Formfaktor der induzierten Spannung.

Spezifische Hystereseverluste

Die Hystereseverlustleistungsdichte (Abb. 2.26) ist gegeben durch den in einem Volumenelement des Bleches bei Änderung der magnetischen Induktion

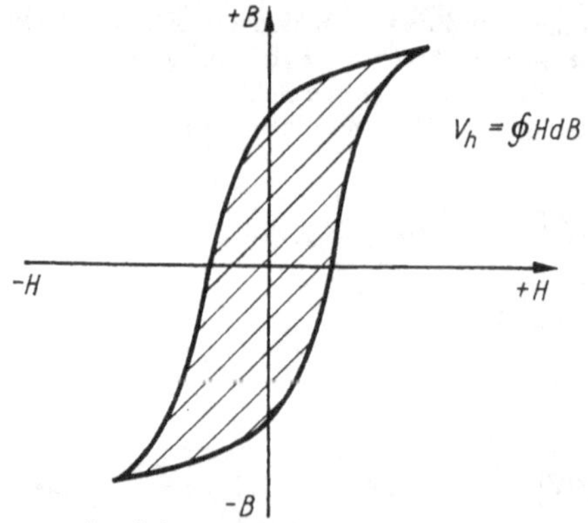

Abb. 2.26. Die Hystereseverlustleistung bei maximaler magnetischer Aussteuerung von Elektroblechen

zwischen zwei Maximalwerten entstehenden Flächeninhalt der Hystereseschleife.

$$v_h = \oint H \cdot dB \approx c_h \cdot \frac{f}{50\,\text{Hz}} \cdot \left(\frac{\hat{B}}{1{,}0\,\frac{\text{Vs}}{m^2}} \right)^{1{,}6} \tag{2.19}$$

Reibungsverluste

Die Reibungsverluste setzen sich bei Kommutatormaschinen aus Bürsten-, Lager- und Luftreibungsverlusten zusammen. Besonders bei hochtourigen Kleinstmaschinen ist dieser Verlustanteil beachtlich.

Lagerreibung

Prinzipiell unterscheidet man Gleitreibung und Rollreibung, je nachdem, ob sich die Körper (Flächen) durch Drehung oder Bewegung zueinander verschieben, oder ob sich die Körper aufeinander abwälzen. Der erste Fall tritt bei Gleitlagern auf, der zweite Fall, natürlich in Verbindung mit dem ersten, bei Wälzlagern.

Gleitlager

Gleitlager werden bei Kleinstmaschinen bevorzugt verwendet, da sie einen ruhigen geräuscharmen Lauf ergeben.

$$M_{\text{Reib.}} = \mu \cdot F \cdot r \tag{2.20}$$

Die Beziehung liefert das Reibmoment, wobei F die radiale Lagerbelastung, r der Lagerradius und μ die Reibungszahl angibt.

Die Reibungszahl μ ist, abgesehen von der Größe des Lagers, dem Lagerwerkstoff und dem Schmiermittel, abhängig von der Umfangsgeschwindigkeit v_u der Welle, $\mu = f(v_u)$. Die Reibungszahl kann man prinzipiell in 3 Bereiche eingliedern:

a) Anlaufreibung $\mu = 0{,}14$
b) Mischreibung $\mu = 0{,}04\cdots 0{,}07$
c) Flüssigkeitsreibung $\mu = 0{,}014$

Wälzlager

Wälzlager werden bei elektrischen Kleinmaschinen ebenfalls eingesetzt. Es handelt sich dabei ausschließlich um Radial-Rillenkugellager, die wegen einer geringen Wartung mit Fett geschmiert werden.

$$M_{\text{Reib.}} = \mu_i\, F \cdot \frac{d}{2}, \tag{2.21}$$

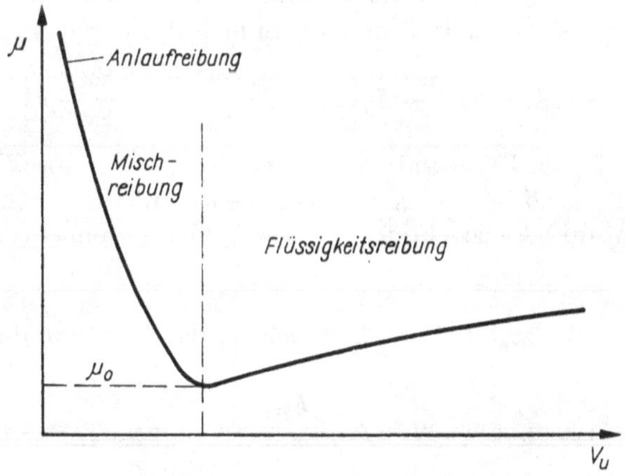

Abb. 2.27. Reibungszahl μ als Funktion der Umfangsgeschwindigkeit v_u bei Gleitlagern

wobei F = radiale Lagerbelastung, d = Wellendurchmesser und μ_i die auf den Wellendurchmesser bezogene Reibungszahl ist. In den Diagrammen Abb. 2.27 und 2.28 sind die Reibungszahlen als Funktion der Umfangsgeschwindigkeit v_u und der Lagerbelastung F bei Gleitlagern dargestellt.

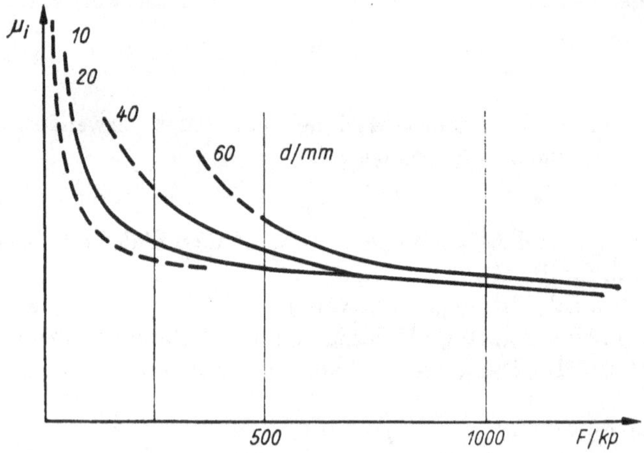

Abb. 2.28. Reibungszahl μ_i als Funktion der Lagerbelastung F bei Gleitlagern

Zusammenfassend kann festgestellt werden, daß es speziell für elektrische Kleinmaschinen, insbesondere bei hochtourigen Maschinen, schwierig ist, eine exakte Vorausberechnung der Lagerreibung durchzuführen. Man kann die Einflußgrößen (Lagerkräfte durch die Unwucht, — durch radialen magnetischen oder axialen magnetischen Zug), bestenfalls abschätzen.

Folgende Beziehung soll hier angegeben werden, unter den Voraussetzungen, daß keine zusätzlichen magnetischen Kräfte berücksichtigt werden und nur die Zentrifugalkraft durch die Unwucht ε und die mit der Drehzahl zunehmende Reibung durch eine pauschale Komponente in Rechnung gesetzt wird.

$$M_{\text{Reib.}} = \mu_i \cdot \frac{d}{2} \cdot F_0 \left[1 + \frac{m_0 \cdot \omega^2 \cdot \varepsilon}{F_0} + \frac{Z}{2\pi} \cdot \omega \right] \tag{2.22}$$

Dabei bedeuten F_0 die Lagerkraft, m_0 die Läufermasse, ω die Winkelgeschwindigkeit des Läufers. Z ist eine Kraftkomponente, die die erhöhte Reibung bei steigender Drehzahl berücksichtigt. M_{reib} = Reibungsmoment beider Lager.

Bürstenreibung

Analog wie für die Lagerreibung läßt sich für das Bürstenreibmoment schreiben

$$M_{\text{Reib}_{\text{Bü}}} = \mu \cdot F_{\text{Bü}} \cdot \frac{D_K}{2} \cdot z \quad \text{mit } p = \frac{F_{\text{Bü}}}{A_{\text{Bü}}} \text{ wird: } M_{\text{Reib}_{\text{Bü}}} = \mu \cdot p\, A_{\text{Bü}} \cdot \frac{D_K}{2} \cdot z \tag{2.23}$$

wobei D_K = Kollektordurchmesser, F = Bürstenkraft und z = Anzahl der Bürsten ist.

Die Reibungszahl μ ist abhängig davon, wie die Bürsten auf dem Kommutator eingeschliffen sind, wie der Kollektor beschaffen ist (Patinabildung) und welches Bürstenmaterial nach Punkt 2.1.2. eingesetzt wird.

Während des Betriebes bildet sich unter der Bürste durch den Stromübergang ein Plasma, das ebenfalls die Reibungszahl μ stark beeinflußt.

Als Richtwert für die Reibungszahl wird allgemein angegeben:

a) $\mu = 0{,}3 \cdots 0{,}35$ für Hartkohlebürsten
b) $\mu = 0{,}1 \cdots 0{,}2$ für Elektrographitbürsten
c) $\mu < 0{,}08$ für Kupfer und Silber-Graphitbürsten

Der mittlere spezifische Bürstendruck beträgt dabei bei kleinen Kommutatormaschinen

$$p_{\text{Bü}} = 180 \cdots 300 \text{ p/cm}^2 .$$

Luftreibung

Durch die Bewegung des Läufers (fester Körper) in einem gasförmigen Medium (Luft) entsteht an der Oberfläche infolge des Reibungswiderstandes R_s eine Reibungskraft. Eine mathematisch exakte Formulierung für die Geometrie des Läufers elektrischer Maschinen zu geben ist sehr aufwendig bzw. zu ungenau. Für walzenförmige Körper lautet die Beziehung:

$$M_{\text{Reib}_{\text{Lu}}} = c_W \cdot \varrho \cdot \pi \cdot \omega^2 \cdot r^5 \left(1 + \frac{L}{r}\right) \tag{2.24}$$

wobei: ϱ = spezifische Masse des umgebenden Mediums
ω = Winkelgeschwindigkeit des rotierenden Körpers
$\frac{L}{r}$ = Verhältnis von Länge zu Radius des Rotors
c_W = Widerstandsbeiwert, worin alle Einflüsse, die das Reibungsmoment bestimmen (Verhältnis $\frac{L}{r}$, Luftspalt δ, Rauhigkeit der Oberfläche) enthalten sind.

Wichtig erscheint die Angabe des Reibungsmomentes des Kühllüfters

$$M_{\text{Reib}_{\text{Lü}}} = K \cdot \omega^2 . \tag{2.25}$$

Der Faktor K beinhaltet den Einfluß der geometrischen Abmessungen, der Lüfterbauart, sowie die Form und die Strömungsverhältnisse in der Maschine.

Bestimmung der Hauptabmessungen

Bei der Bestimmung der Hauptabmessungen von Gleichstrom-Kleinstmotoren geht man von der inneren Leistung P_i der Maschine aus, die sich aus der Nennleistung P_2 nach folgender Beziehung ergibt, wobei eine vorläufige Abschätzung der Verluste vorgenommen werden muß.

$$P_i \approx \frac{1 + \eta}{2 \cdot \eta} \cdot P_2 . \tag{2.26}$$

Im Zusammenhang mit dem Ausnutzungsfaktor C von elektrischen Maschinen kann folgende Beziehung angegeben werden:

$P_i = E \cdot I$ = innere Leistung

A = Ankerstrombelag

n = Drehzahl

$$\frac{P_i}{n} = C \cdot D_A^2 \cdot L_i \qquad (2.27)$$

wobei:

$$C = \pi^2 \cdot \alpha_i \cdot A \cdot \hat{B}_L \qquad (2.28)$$

$$\frac{P_i}{n} = \pi^2 \cdot \alpha_i \cdot A \cdot \hat{B}_L \cdot D_A^2 \cdot L_i \qquad (2.29)$$

$\hat{B}_L$ = Maximalwert der Flußdichte im Luftspalt

D_A = Ankerdurchmesser

L_i = ideelle Ankereisenlänge

$\alpha_i = \frac{b_i}{\tau_p}$ = ideeller Polbedeckungsfaktor

Aus diesen Beziehungen kann man leicht die Hauptabmessungen bestimmen

$$\frac{P_i}{n} \sim M \sim D_A^2 \cdot L_i \,. \qquad (2.30)$$

Die Hauptabmessungen der elektrischen Maschine sind also dem Moment proportional. Sie ergeben sich bei Kenntnis der Ausnutzungsziffer C aus der vorgegebenen Drehzahl, der Nennleistung und dem zu erwartenden Wirkungsgrad.

Für Gleichstrommotoren mit Leistungen ab ca. 50 W, insbesondere aber ab 1 kW, liegt umfangreiches Erfahrungsmaterial von ausgeführten Maschinen über die erreichbaren bzw. technisch und ökonomisch günstigsten Werte der Ausnutzungsziffer C und des Wirkungsgrades vor. Diese Werte werden bei größeren Motoren im wesentlichen durch die zulässige Erwärmung bestimmt.

$C = 1 \cdots 6$ kW min/m³ gilt für den größeren Leistungsbereich.

Die Grundgleichungen der Gleichstrommaschine

Zusammenfassend sollen noch einmal die Grundgleichungen der Gleichstrommaschine am Beispiel der Gleichstrom-Nebenschlußmaschine dargestellt werden. In der Ankerwicklung wird die EMK E induziert

$$E = -c \cdot \Phi \cdot \omega = -c \cdot 2\pi \cdot \Phi \cdot n \,. \qquad (2.31)$$

Im Zusammenwirken des konstanten magnetischen Flusses Φ und des Stromes I in der Ankerwicklung erhält man das innere Moment des Motors nach der Beziehung

$$M_i = c \cdot \Phi \cdot I \,. \qquad (2.32)$$

Das an der Welle des Motors abgegebene Motormoment M ergibt sich, wenn vom inneren Moment M_i die Summe der Verlustmomente M_V abgezogen wird.

$$M = M_i - M_V . \tag{2.33}$$

Die Spannungsgleichung für den Motorbetrieb ergibt sich nach Abb. 2.21 zu:

$$U = -E + I \cdot R_A . \tag{2.34}$$

Unter Hinzuziehung von Gl. (2.31) und Gl. (2.32) kann die Spannungsgleichung wie folgt geschrieben werden:

$$U = c \cdot \Phi \cdot \omega + \frac{M_i}{c \cdot \Phi} \cdot R_A .$$

Daraus folgt für die Drehzahl des Motors die Beziehung:

$$\omega = \frac{U}{c \cdot \Phi} - \frac{R_A}{(c \cdot \Phi)^2} \cdot M_i . \tag{2.35}$$

Die ideelle Leerlaufdrehzahl Ω und das Kurzschlußmoment M_K des Motors ergeben sich in Verbindung mit Abb. 2.29 nach folgenden Beziehungen:

$$\Omega = \frac{U}{c \cdot \Phi} \tag{2.36}$$

$$M_K = \frac{U \cdot c \cdot \Phi}{R_A} . \tag{2.37}$$

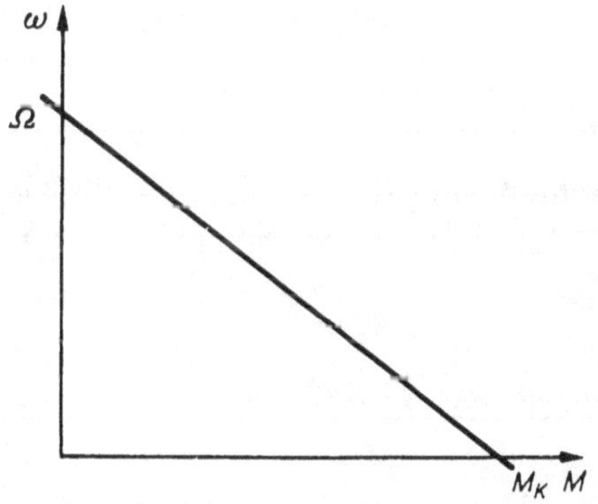

Abb. 2.29. Ideelle Leerlaufdrehzahl Ω und Kurzschlußmoment M_K bei Gleichstrom-Nebenschlußmotoren

Mit Hilfe dieser Grundgleichungen können die elektromagnetischen Daten des Motors weiter berechnet werden.

Die Leerlaufdrehzahl Ω ist im wesentlichen von der Spannung U und dem magnetischen Fluß Φ abhängig. Das Kurzschlußmoment M_K dagegen wird zusätzlich noch vom elektrischen Widerstand der Ankerwicklung R_A beeinflußt.

2.2.2. Gleichstrom-Reihenschlußmaschine

Gleichungen und Ersatzschaltbild für den stationären Betrieb

Kennzeichnend für den Gleichstrom-Reihenschlußmotor ist, daß die Erregerwicklung in Reihe mit der Ankerwicklung geschaltet ist und damit vom Belastungsstrom nach Abb. 2.30 durchflossen wird. Die Spannungsgleichung für den Gleichstrom-Reihenschlußmotor ergibt sich aus dem Ersatzschaltbild Abb 2.31 zu:

$$U = c \cdot \Phi \cdot \omega + (R_A + R_E)\, I \,. \tag{2.38}$$

Die Besonderheit der Reihenschlußmaschine liegt darin, daß der Erregerfluß $\Phi = f(I)$ eine Funktion des Ankerstromes und damit stark lastabhängig ist.

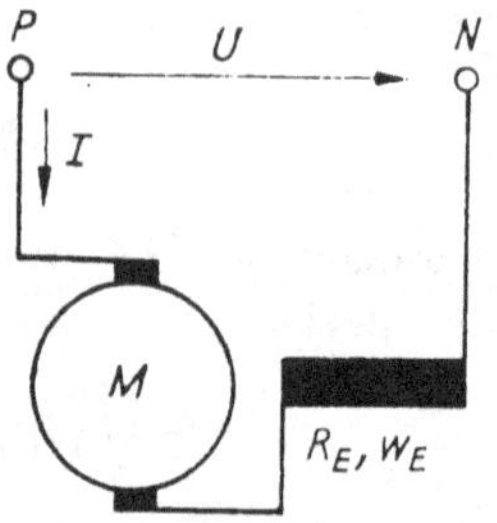

Abb. 2.30. Schaltung des Gleichstrom-Reihenschlußmotors

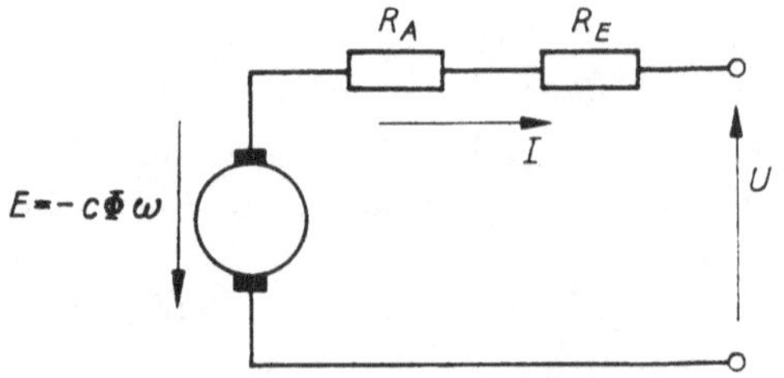

Abb. 2.31. Ersatzschaltbild des Gleichstrom-Reihenschlußmotors

Die Drehzahl ω ergibt sich aus Gl. 2.38 und 2.32 zu:

$$\omega = \frac{U}{c \cdot \Phi} - \frac{(R_A + R_E)}{(c \cdot \Phi)^2} \cdot M \,. \tag{2.39}$$

Da beim Reihenschlußmotor der magnetische Fluß Φ direkt vom Ankerstrom abhängig ist, ergibt sich bei ungesättigtem Eisenkreis folgende Beziehung:

$$\Phi = \frac{k}{c} \cdot I \tag{2.40}$$

und damit für das Moment, mit Gl. 2.32 und 2.40,

$$M = k \cdot I^2 \,. \tag{2.41}$$

Bei gesättigter Maschine ändert sich das Verhältnis in:

$$M = k \cdot I \,. \tag{2.42}$$

In Abb. 2.32 sind die stationären Kennlinien der Drehzahl und des Stromes des Gleichstrom-Reihenschlußmotors in Abhängigkeit vom belastenden Moment dargestellt.

Im ungesättigten Bereich des magnetischen Kreises verursacht die starke Flußänderung bei Laststromänderung eine große Änderung der Drehzahl, während das Moment mit dem Strom parabolisch ansteigt. Die Verringerung der

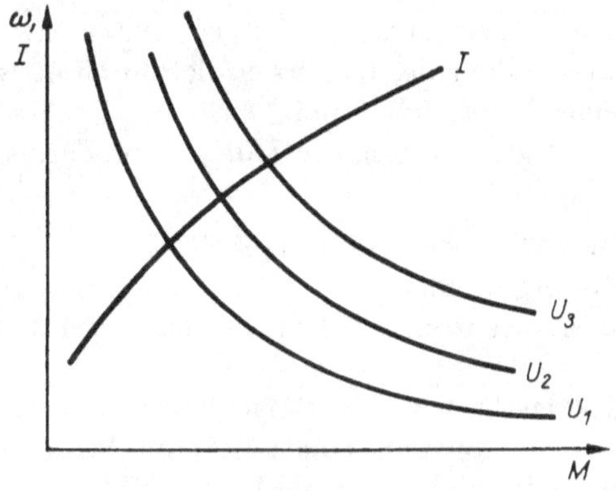

Abb. 2.32. Drehzahl ω und Strom I als Funktion des Drehmomentes M bei Gleichstrom-Reihenschlußmotoren

Drehzahländerung bei magnetisch gesättigter Maschine wird maßgebend durch die Spannungsabfälle des Ankerstromkreises bestimmt.

Der Leerlauf des Reihenschlußmotors ist mit Ausnahme kleiner Leistung infolge der spontanen Drehzahlerhöhung, die nur durch das Reibungsmoment des Motors begrenzt wird, unzulässig, da durch die auftretenden hohen Fliehkräfte der Anker zerstört wird. Die Belastbarkeit des Reihenschlußmotors wird im wesentlichen durch die gefährdete Kommutierung begrenzt. Die zulässige Überlastung beträgt etwa:

$$\frac{M_{\max}}{M_N} \approx 2 \cdots 3 . \tag{2.43}$$

2.3. Sonderbauformen von Gleichstrom-Kleinstmaschinen

Gleichstrom-Kleinstmotoren haben besonders in der letzten Zeit enorm an Bedeutung gewonnen. Die Anwendungsgebiete dieser Motoren haben sich erheblich erweitert. Heute werden diese Motoren in feinwerktechnischen Anlagen, als Regel- und Steuerungsmotoren, als Stellmotoren und Antriebe für Batteriegeräte eingesetzt. Damit entstanden naturgemäß höhere mechanische und betriebliche Anforderungen, und aus dem ursprünglichen Spielzeugmotor wurde ein Präzisionsmotor. Die Existenz von hochkoerzitiven Dauermagnetwerkstoffen auf der Basis von Barium- oder Strontium-Ferrit-Oxid und Alnico mit hoher Energiedichte $(BH)_{\max}$ gestatteten es, Motoren mit einem hohen Ausnutzungsfaktor zu bauen.

Der allgemeine Motoraufbau erfuhr in der letzten Zeit bei einigen Typen eine grundsätzliche Änderung. Man findet heute sehr oft neben den konventionellen Motoren mit geblechtem Anker eisenlose Läuferkonstruktionen. Dabei sind zwei Grundarten bekannt geworden.

1. Maschinen mit Scheibenläufer mit gedruckter bzw. gestanzter Wicklung (Die Herstellung des Läufers erfolgt durch Ausstanzen der Leiterzüge aus einer Kupferfolie) und
2. Maschinen mit glockenförmigen Läufern aus Formspulen oder Kreuzspulen.

Die besonderen Vorzüge dieser Ausführung sind:

1. Der eisenlose Rotor ergibt ein extrem kleines Trägheitsmoment
2. Für Regelsysteme sind sehr kleine elektromechanische Zeitkonstanten gegeben
3. Die thermische Überlastbarkeit dieser Wicklungsausführung ist um ein Vielfaches höher als bei den konventionellen Motoren (Stromdichte im Leiter bis zu 40 A/mm² gegenüber 2,5…5 A/mm² bei üblichen Gleichstromkleinmaschinen)
4. Bedeutende Verbesserung des Motorwirkungsgrades (auch bei Kleinstmotoren werden 80% Wirkungsgrad erreicht)
5. Lineare Spannungs-Drehzahl-Charakteristik, besonders geeignet für Tachometermaschinen
6. Günstigere Kommutierungsverhältnisse gegenüber konventionellen Motoren mit geblechten Anker infolge geringer Spuleninduktivität
7. keine Momentenpulsationen — damit gute Gleichlaufeigenschaften —
8. hoher Ausnutzungsfaktor

2.3.1. Motoren mit Scheibenläufern

Aufbau und Wirkungsweise

Die Scheibenläufermaschine ist von der Wirkungsweise aus betrachtet eine Gleichstrom-Nebenschlußmaschine. Der Läufer besteht aus einer eisen- und nutenlosen Scheibe, auf der die Ankerleiter angeordnet sind. Der Aufbau des Magnetfeldes erfolgt durch Dauermagnete, die im Gehäuse des Motors angeordnet sind.

In Abb. 2.33a ist der prinzipielle Aufbau eines Scheibenläufermotors mit symmetrischem und in Abb. 2.33b der eines mit unsymmetrischem Magnetsystem dargestellt. Beim symmetrischen System stehen sich abwechselnd Nord- und Südpol gegenüber, beim unsymmetrischen System sind die Magnete nur einseitig angeordnet. Die Polpaarzahl beträgt in der Regel $p = 4$ oder $p = 5$.

Die Wicklung auf dem scheibenförmigen Läufer ist als Wellenwicklung ausgeführt. Abb. 2.34 zeigt die Anordnung eines Leiterzuges einer 8-poligen Maschine. Gleichzeitig ist aus diesem Bild die Lage der Dauermagnete und der Bürsten zu ersehen. Man erkennt, daß die Magnetfeldlinien die Läuferscheibe und damit die Ankerleiter senkrecht zur Bewegungsrichtung durchsetzen. Bei Rotation der Scheibe wird also in den Ankerleitern gemäß Gl. 1.39 eine EMK durch Rotation erzeugt. Der Scheibenläufermotor besitzt keinen Kommutator. Die Bürsten, die in der Regel aus Silber- oder Kupfergraphit mit 40% Metallanteil bestehen, gleiten direkt auf den Ankerleitern.

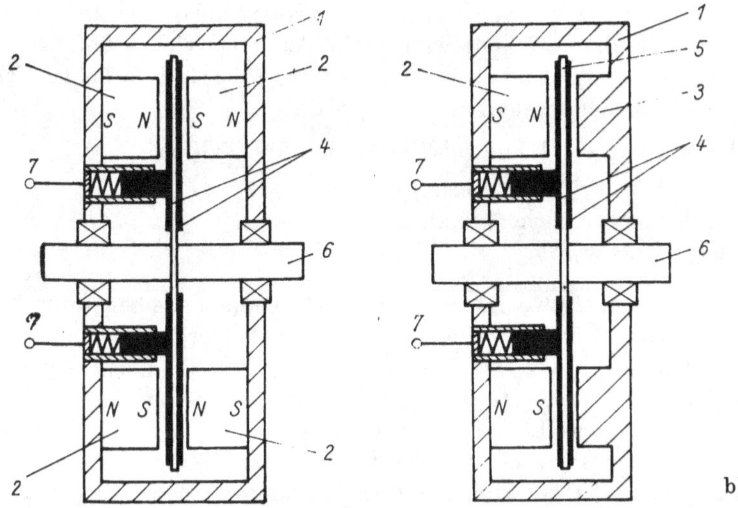

Abb. 2.33. Prinzipieller Aufbau eines Scheibenläufermotors mit a) symmetrischem- und b) unsymmetrischem Magnetkreis; *1* — Gehäuse, *2* — Permanentmagnet, *3* — magnet. Rückschluß, *4* — Ankerleiter, *5* — Scheibe, *6* — Welle, *7* — Bürstensystem

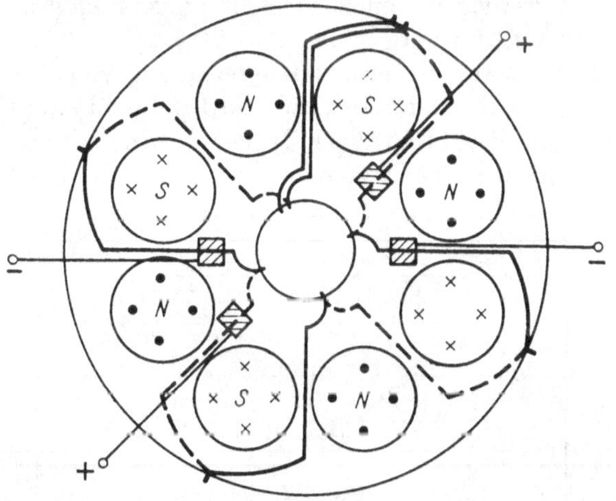

Abb. 2.34. Leiterzug einer achtpoligen Ankerwicklung; ——— Ankerleiter der Oberschicht, — — — Ankerleiter der Unterschicht, × Richtung der Feldlinien, die senkrecht in die Zeichenebene eintreten, ● Richtung der Feldlinien, die senkrecht aus der Zeichenebene heraustreten

Um eine möglichst große EMK zu erreichen, müssen entsprechend der Spannungsgleichung der Gleichstrommaschine möglichst viele Leiterzüge auf der Läuferscheibe untergebracht werden und eine große Luftspaltinduktion erzielt werden. Je nach Scheibendurchmesser und zulässiger Stromdichte im Ankerleiter, die von der geforderten Leistung abhängen, lassen sich auf der Läuferscheibe maximal 100···200 Leiterzüge unterbringen. Als Dauermagnetwerkstoff wird AlNiCo verwendet. Mit diesen Magnetwerkstoffen kann bei einem Luftspalt von 2,5 bis 3 mm eine Luftspaltinduktion von 6000 bis 8000 Gauß bei einer Feldstärke von 500 A/cm erzielt werden.

Zur Herstellung der Läuferscheibe werden 2 Verfahren

- das chemische Ätzverfahren und
- das mechanische Verfahren

verwendet.

Beim chemischen Ätzverfahren, das nur für kleine Scheibendurchmesser und Motoren kleiner Leistung geeignet ist, werden auf einer kupferkaschierten Folie (Kupferschicht 4 μm dick) auf fototechnischem Wege die Leiterzüge freigeätzt. Anschließend werden die stehengebliebenen Leiterzüge auf 200 μm Dicke aufgalvanisiert. Zu einem Läufer gehören 2 Scheiben; auf der ersten befinden sich die Ankerleiter der Oberschicht und auf der zweiten die der Unterschicht. Beide Scheiben werden mit der Isolierschicht zueinander zusammengepreßt und die Enden der Ankerleiter verlötet.

Das mechanische Verfahren wird für große Scheibendurchmesser und Motoren größerer Leistung verwendet. In eine quadratische Kupfertafel von 0,35 mm oder 0,5 mm Dicke werden die einzelnen Leiterzüge ausgestanzt. In Abb. 2.35 ist ein freigestanzter Leiter dargestellt. Auf diese Art werden die bis maximal 200 Leiter pro Schicht ausgestanzt. 2 Kupfertafeln, wobei in der einen Tafel die Leiter der Oberschicht und in der anderen Tafel die Leiter der Unterschicht ausgestanzt sind, werden durch einen Isolierstoffring, der aus Glasfaser mit Epoxidharztränkung besteht, voneinander isoliert und zusammengepreßt.

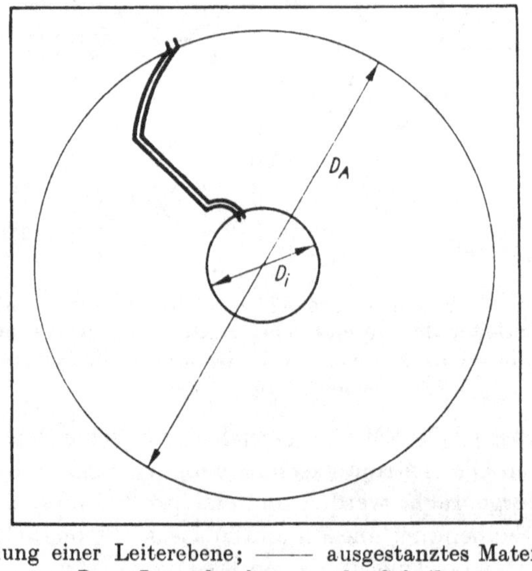

Abb. 2.35. Herstellung einer Leiterebene; —— ausgestanztes Material; D_A — Außen-, D_i — Innendurchmesser der Scheibe

Die über den Isolierstoffring herausragenden Enden der Ankerleiter der Ober- und Unterschicht werden durch Lichtbogenschweißung miteinander verbunden. Die Festigkeit der Läuferscheibe wird in der Hauptsache durch die Kupferleiter bestimmt.

Um eine größere EMK zu erzielen oder die Motorleistung zu erhöhen, werden in der Regel vier Leiterschichten, die durch drei Isolierstoffringe voneinander getrennt sind, verwendet. Die Zusammenschaltung der Leiter ist in Abb. 2.36 dargestellt. Bei zwei Leiterschichten ist der Kupferleiter 0,5 mm und die Isolierstofflage 0,15 mm dick. Damit ergibt sich eine Gesamtdicke der Läuferscheibe von 1,15 mm. Bei vier Leiterschichten beträgt die Stärke der Kupferleiter 0,35 mm und die der Isolierstofflage 0,15 mm, womit eine Gesamtdicke der Läuferscheibe von 1,85 mm erzielt wird.

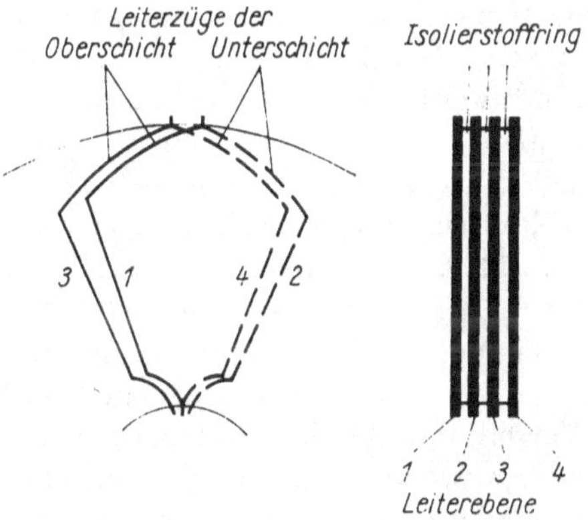

Abb. 2.36. Anordnung der Leiterschichten bei einer Läuferscheibe mit vier Leiterschichten

Beim Zweischichtläufer beträgt der Luftspalt des magnetischen Kreises 2,5 mm und beim Vierschichtläufer 3 mm. Beim Übergang vom Zweischichtauf den Vierschichtläufer erhöht sich die Motorleistung um etwa 40%.

Die Besonderheiten der Scheibenläufermaschine

Infolge der niedrigen Permeabilität des Dauermagnetmaterials und durch den relativ großen Luftspalt dieser Maschinen ist der Einfluß des Ankerquerfeldes, das vom stromdurchflossenen Anker aufgebaut wird, auf das Erregerfeld äußerst gering. Das heißt, daß sich nur ein äußerst schwaches Ankerquerfeld ausbilden kann, wohingegen die Induktion des Ankerquerfeldes bei normalen unkompensierten Gleichstrommaschinen ca. 50% der maximalen Induktion des Erregerfeldes erreichen kann. Daraus resultiert, daß die Drehzahl-Drehmomenten-Kennlinie bei konstanter Klemmenspannung einen linearen Verlauf bis hin zum Stillstandsmoment aufweist. Bei üblichen unkompensierten Gleichstrommaschinen werden oberhalb des Nennmomentes durch die Rückwirkung des Ankerquerfeldes auf das senkrecht dazu stehende Erregerfeld die Ankerzähne so stark gesättigt und das Erregerfeld so geschwächt, daß die Drehzahl-Drehmomenten-Kennlinie in diesem Gebiet nicht mehr linear verläuft.

Da das Magnetfeld im Innern des Motors als homogen angesehen werden kann und die Läuferscheibe aus Isoliermaterial und Kupfer besteht, existiert damit keine bevorzugte Stellung der Läuferscheibe beim Drehen der Motorwelle. Im Gegensatz dazu tritt beim normalen Gleichstrommotor infolge des genuteten Eisenläufers beim Drehen eine magnetische Leitwertänderung auf, die bevorzugte Stellungen des Läufers bedingt. Es tritt eine sogenannte „Polfühligkeit" auf.

Da es sich bei der gedruckten Ankerwicklung praktisch um eine einlagige Luftspule handelt, ist die Ankerinduktivität L_A im Gegensatz zu der in genuteten Eisenläufern untergebrachten Ankerwicklung bei normalen Gleichstrommaschinen äußerst gering. Die Ankerinduktivität normaler Scheibenläufermaschinen liegt zwischen 10 und 200 Mikrohenry. Auf Grund dieser kleinen Ankerinduktivität stellt sich auch eine äußerst geringe Reaktanz-Spannung beim Kommutierungsvorgang ein. Das ist auch der Grund dafür, daß einmal metallhaltige Bürsten verwendet werden können und außerdem die Bürsten direkt auf den Leiterbahnen schleifen.

Durch die sehr geringe Reaktanzspannung — es tritt praktisch kein Bürstenfeuer und damit kaum elektrischer Verschleiß am Bürsten-Leiter-System auf — beträgt der Kupferverschleiß der Ankerleiter ca. $1 \cdot 10^{-2}$ mm bei 10000 h Dauerlauf mit 3000 min^{-1}. Bei gleichen Bedingungen beträgt sonst der Bürstenverschleiß ca. 4 mm. Die Verwendung metallhaltiger Bürsten hat zur Folge, daß zwischen Bürste und Ankerleiter ein quasimetallischer Kontakt besteht. Das hat den großen Vorteil, daß der Kontaktspannungsabfall sehr gering und außerdem dem Ankerstrom proportional ist. Für die Praxis bedeutet das, daß der Bürstenübergangswiderstand einen ohmschen Charakter besitzt und direkt zum Ankerwiderstand hinzugezählt werden kann. Bei den meisten Scheibenläufermaschinen beträgt der Bürstenübergangswiderstand ca. 0,1 Ω. Im Gegensatz dazu hat der Übergangswiderstand der Gleitkontaktpaarung Kohlebürste-Kommutator bei normalen Gleichstrommaschinen keinen ohmschen Charakter, da der Kontaktspannungsabfall durch die Verwendung reiner Kohlebürsten unabhängig vom Ankerstrom ist.

Durch die niedrige Anzahl der Ankerleiter ist der Wicklungswiderstand gering. Je nach Ausführung der Ankerwicklung beträgt er 0,2 bis maximal 2 Ω. Aus den bisher angegebenen Daten für die Ankerinduktivität L_A und den Ankerwiderstand R_A läßt sich die elektrische Zeitkonstante τ_{el} der Scheibenläufermaschinen bestimmen:

$$\tau_{el} = \frac{L_A}{R_A} = 5 \cdots 1000\,\mu\text{s}\,.$$

Ein typischer Wert für die elektrische Zeitkonstante τ_{el} ist 40 μs. Die elektrische Zeitkonstante ist damit etwa 10^{-3} mal kleiner als bei normalen Gleichstrommaschinen gleicher Leistung. Bei der Bestimmung elektromechanischer Ausgleichvorgänge kann damit die elektrische Zeitkonstante vernachlässigt werden.

Die mechanische Zeitkonstante τ_m errechnet sich bei Scheibenläufermaschinen nach folgender Beziehung:

$$\tau_m = \frac{J \cdot R_A}{(c \cdot \Phi)^2}. \tag{2.44}$$

wobei J das Trägheitsmoment, R_A der Ankerwiderstand, c die Maschinenkonstante und Φ der Polfluß ist.

Da die Masse der Läuferscheibe äußerst gering ist, ca. 25···250 g, ergeben sich sehr kleine Werte für das Trägheitsmoment des Läufers. Bedingt durch den sehr kleinen Ankerwiderstand, liegt die mechanische Zeitkonstante der meisten Scheibenläufermotoren zwischen 5 und 30 ms. Diese geringe mechanische Zeitkonstante kann von anderen Antriebssystemen nur sehr schwer realisiert werden. Die Scheibenläufermaschine läßt sich also in Verbindung mit einer geeigneten Ansteuerelektronik hervorragend für die Lösung solcher Aufgaben einsetzen, bei denen an die dynamischen Eigenschaften des Antriebs größte Anforderungen gestellt werden, wie z. B. bei digitalen und analogen Magnetbandtransportsystemen, bei Bandspulern, bei Instrumentenservos, X-Y-Schreibern, Computer-Ein- und Ausgabewerken, Zeilendruckern und Positioniereinrichtungen.

Ein weiterer Vorteil der Scheibenläufermaschinen sind die günstigen Kühlbedingungen. Durch die große Oberfläche der freiliegenden Ankerleiter läßt sich die Verlustwärme sehr einfach abführen.

Das stationäre Betriebsverhalten

Ein charakteristisches Merkmal der Scheibenläufermaschine ist, daß in den flachen und relativ breiten Ankerleitern durch die Rotation im Erregerfeld und auch bei Ankerstromänderungen durch das Ankerfeld Wirbelströme induziert werden. Entsprechend dem Elektrodynamischen Kraftgesetz Gl. (1.12) wird durch die Wirbelströme eine der Drehzahl proportionale Kraft auf den Ankerleiter ausgeübt, die als Bremsmoment an der Welle in Erscheinung tritt. Zum Bewegen der Ankerleiter im Erregerfeld ist also ein Moment erforderlich, das in der Rechnung durch ein an der Welle angreifendes drehzahlabhängiges Bremsmoment berücksichtigt werden muß. Dieses Bremsmoment wird auch als viskoses Reibmoment oder als Dämpfungsmoment M_D bezeichnet.

$$M_D = D_w \cdot \omega \tag{2.45}$$

D_w wird als Dämpfungskonstante bezeichnet.

Um das stationäre Betriebsverhalten der Scheibenläufermaschine zu bestimmen, wird folgende Ersatzanordnung, dargestellt in Abb. 2.37, verwendet. Wie bei der Gleichstrommaschine stellt die Ankerwicklung eine pseudostationäre Spule dar. Die Spannungsgleichung der Ankerwicklung lautet damit:

$$U = i \cdot R_A + L_A \cdot \frac{di}{dt} - e\,. \tag{2.46}$$

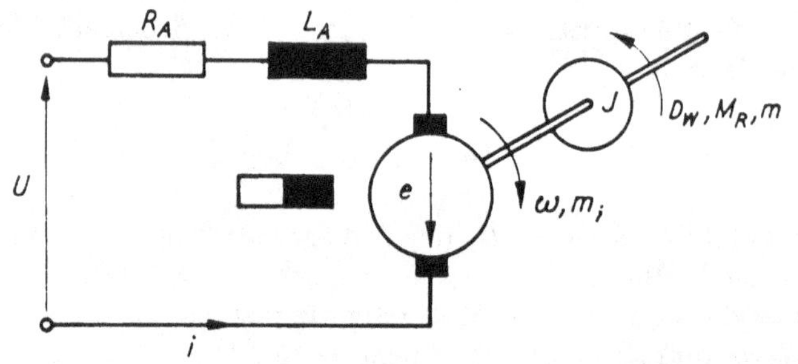

Abb. 2.37. Ersatzschaltbild des Scheibenläufermotors

Die Bewegungsgleichung nimmt folgende Form an:

$$m_i = J \frac{d\omega}{dt} + D_W \cdot \omega + M_R + m, \tag{2.47}$$

wobei M_R ein konstantes Reibmoment (Lager, — Bürsten —) berücksichtigt.

Da infolge der Permanentfelderregung das Erregerfeld nicht verändert werden kann, gilt:

$$e = -k_M \cdot \omega \tag{2.48}$$

$$m_i = k_M \cdot i\,. \tag{2.49}$$

Die Maschinenkonstante k_M berechnet sich zu:

$$k_M = \frac{p \cdot w}{\pi \cdot a} \cdot \Phi\,. \tag{2.50}$$

Für $\frac{d}{dt} = 0$ erhält man die Gleichungen für das stationäre Betriebsverhalten:

$$U = I \cdot R_A + k_M \cdot \omega \tag{2.51}$$

$$k_M \cdot I = D_W \cdot \omega + M_R + M\,. \tag{2.52}$$

Da die Wirkung des Ankerquerfeldes vernachlässigt werden kann, sind die Gln. (2.51) und (2.52) für alle stationären Betriebsfälle ohne Einschränkung gültig. Aus Gl. (2.51) und (2.52) läßt sich das Stillstandsmoment M_{st}, das bei festgebremstem Läufer wirksam wird, berechnen:

$$M_{st} = \frac{k_M \cdot U}{R_A} - M_R = k_m \cdot U - M_R \tag{2.53}$$

$$k_m = \frac{k_M}{R_A}\,. \tag{2.54}$$

k_m bezeichnet man als die Drehmomentenkonstante. Sie ist eine charakteristische Betriebsgröße bei Stellmotoren und stellt den Anstieg der bei Stellmotoren benutzten Kennlinie — Stillstandsdrehmoment als Funktion der Anker-(Steuer-)spannung — dar. Den Verlauf dieser Kennlinie zeigt Abb. 2.38 am Beispiel des Servalco-Scheibenläufermotors TM 630.

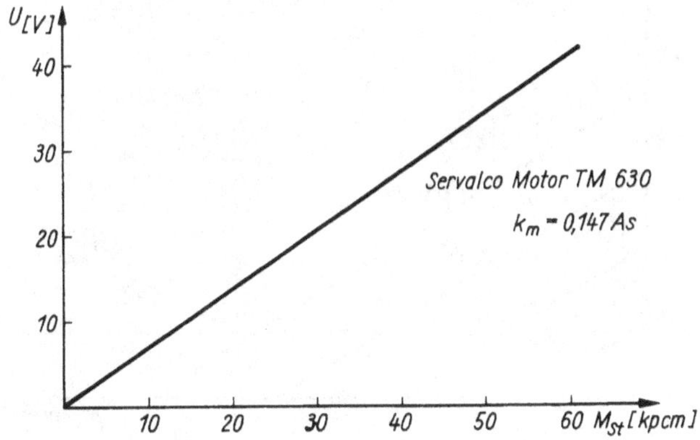

Abb. 2.38. Ankerspannung-Stillstandsdrehmomenten-Kennlinie des Scheibenläufermotors TM 630

Nach Einführung der elektromechanischen Dämpfungskonstante

$$D = \frac{k_M^2}{R_A} + D_W \,, \tag{2.55}$$

die den Anstieg der Drehmoment-Winkelgeschwindigkeit-Kennlinie kennzeichnet, berechnet sich das Drehmoment in Abhängigkeit von der Winkelgeschwindigkeit bei konstanter Ankerspannung aus Gl. (2.51) und (2.52) zu

$$M = M_{\text{st}} - D \cdot \omega \,. \tag{2.56}$$

Diese Kennlinien mit der Ankerspannung als Parameter sind am Beispiel des genannten Motors TM 630 in Abb. 2.39 dargestellt.

Die Dämpfungskonstante D läßt sich nach Gl. (2.56) auch als Quotient aus Stillstandsdrehmoment und Leerlaufwinkelgeschwindigkeit Ω ermitteln, wobei

$$\Omega = \frac{M_{\text{st}}}{D} \,. \tag{2.57}$$

Mit Einführung der Geschwindigkeitskonstanten k_v,

$$k_v = \frac{k_m}{D} = \frac{k_M}{D_W \cdot R_A + k_M^2} \,, \tag{2.58}$$

die den Anstieg der Strom-Drehmomenten-Kennlinie angibt, und mit dem Leerlaufstrom

$$I_0 = I_{\text{st}} - k_v \cdot M_{st} \tag{2.59}$$

erhält man eine andere wichtige Kennlinie, die Ankerstrom-Drehmoment-Kennlinie

$$I = I_0 + k_v \cdot M \,. \tag{2.60}$$

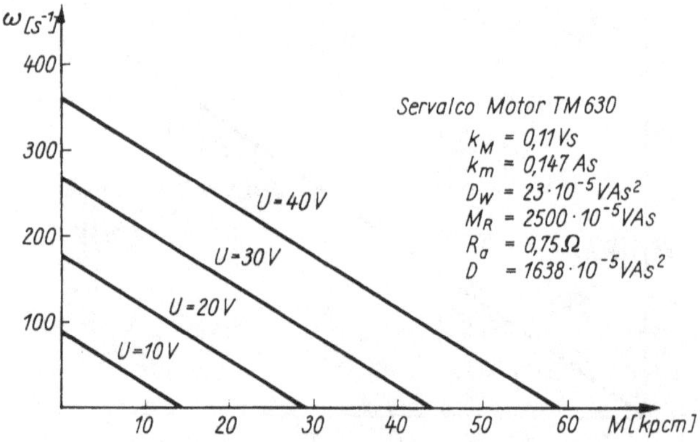

Abb. 2.39. Drehzahl-Drehmomenten-Kennlinien $\omega = f(M)$ des Scheibenläufermotors TM 630 für verschiedene Ankerspannungen

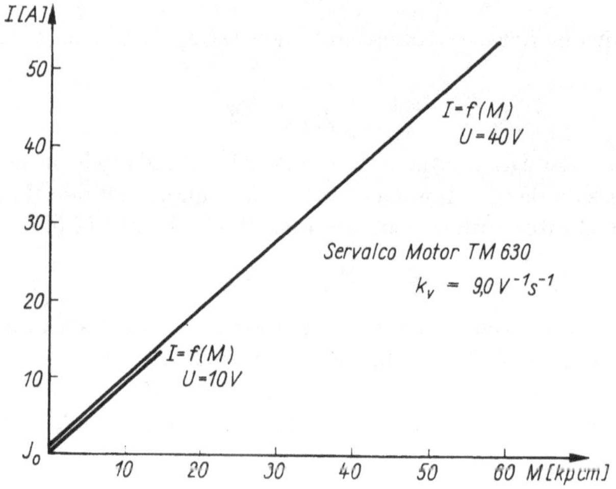

Abb. 2.40. Ankerstrom-Drehmoment-Kennlinien $I = f(M)$ des Scheibenläufermotors TM 630

Für den bereits angegebenen Motor TM 630 hat diese Kennlinie den in Abb. 2.40 dargestellten Verlauf. Der Stillstandsstrom läßt sich leicht als Quotient aus Ankerspannung und Ankerwiderstand bestimmen

$$I_{st} = \frac{U}{R_A}. \tag{2.61}$$

Die im Motorbetrieb an der Welle abnehmbare mechanische Leistung läßt sich aus 2.51 und 2.60 bestimmen:

$$P_2 = M \cdot \omega = \frac{1}{k_M \cdot k_v} (I - I_0) (U - I \cdot R_A). \tag{2.62}$$

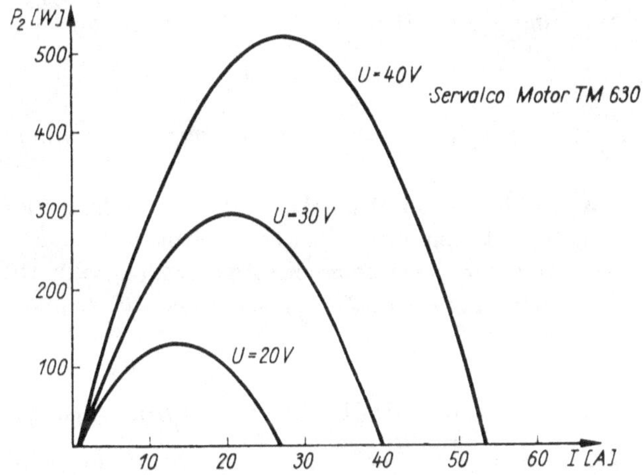

Abb. 2.41. Die mechanische Leistung des Scheibenläufermotors TM 630 als Funktion des Ankerstromes $P_2 = f(I)$

In Abb. 2.41 ist die abgegebene mechanische Leistung in Abhängigkeit vom Ankerstrom dargestellt. Der Maximalwert der Leistung tritt bei einem Ankerstrom

$$I/_{P_2\,\max} = \frac{1}{2}\,(I_{st} + I_0) \tag{2.63}$$

auf.

Aus Gl. (2.51) und (2.60) läßt sich ebenfalls der Wirkungsgrad berechnen

$$\eta = \frac{M \cdot \omega}{U \cdot I} = \frac{(I - I_0)\,(U - I \cdot R_A)}{k_M \cdot k_v \cdot U \cdot I}. \tag{2.64}$$

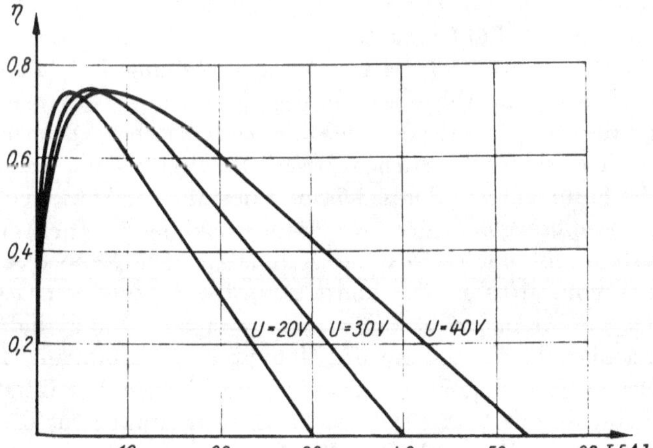

Abb. 2.42. Wirkungsgrad des Scheibenläufermotors TM 630 als Funktion des Ankerstromes $\eta = f(I)$

Der maximale Wirkungsgrad tritt bei einem Ankerstrom von

$$I|_{\eta\max} = \sqrt{I_0 \cdot I_{st}} \tag{2.65}$$

auf.

Abb. 2.42 zeigt den Wirkungsgrad des Motors TM 630 in Abhängigkeit vom Ankerstrom.

Bei der Dimensionierung eines Antriebes mit einer Scheibenläufermaschine ist zu berücksichtigen, daß sich durch die Stromwärmeverluste $I^2 \cdot R_A$ die Läuferscheibe erwärmt und sich demzufolge der Ankerwiderstand erhöht. Es muß also beachtet werden, daß die Konstanten k_m, k_v und D temperaturabhängig sind.

2.3.2. Motoren mit glockenförmigem Läufer

Immer häufiger werden auch Gleichstrom-Motoren mit glockenförmigem Läufer und streuungsarmer Innenmagnetanordnung eingesetzt. Diese Ausführungsart der Gleichstrommotoren mit eisenloser Wicklung werden von kleinsten Leistungen, 0,1 W, bis zu einigen Kilowatt gebaut.

Die Verwendung eines eisenlosen Läufers erfordert einen weit größeren Arbeitsluftspalt als das bei konventionellen Typen der Fall ist.

Durch den Einsatz von hochwertigen Dauermagnetwerkstoffen auf der Basis von koerzitivfeldbetonten, mit hoher Energiedichte versehenen Alnico-Dauermagneten erreicht man trotzdem einen guten Ausnutzungsfaktor bei diesen Motoren.

Beschreibung eines Gleichstrommotors mit eisenloser glockenförmiger Läuferwicklung

Aus Abb. 2.43a ist der prinzipielle Aufbau eines Gleichstrommotors mit eisenlosen glockenförmigem Läufer zu ersehen. Die Anordnung des magnetischen Kreises ist in Abb. 2.43b und die Induktionsverteilung $B(x)$ am Umfang des Dauermagnetringes ist in Abb. 2.43c dargestellt.

Im Innern des Motors befindet sich ein zylindrischer Dauermagnet 1. In einem definierten Luftspalt zwischen diesem Dauermagneten und dem magnetischen Rückschlußmantel 2, der gleichzeitig das Motorgehäuse darstellt, befindet sich die eisenlose glockenförmige Läuferwicklung 3. Diese Wicklung ist über eine Nabe 4 mit der Motorwelle verbunden. Die Nabe 4 ist gleichzeitig Träger des Kommutators 5. Der konstruktiv-technologischen Gestaltung der Läuferwicklung ist besondere Bedeutung zu schenken. Die zylindrische Rotorwicklung 3 ist über die Nabe 4 mit der Motorwelle 6 verbunden, die wiederum in den Lagern 8 und 9 abgestützt wird. Position 7 stellt das Bürstenpaar dar.

Es ist die Aufgabe zu lösen, eine solche Lageanordnung für die Ankerleiter in bezug auf den magnetischen Luftspaltfluß zu schaffen, daß eine optimale Ausnutzung des Wickelkupfers unter dem zur Verfügung stehenden Wickelraum erreicht wird.

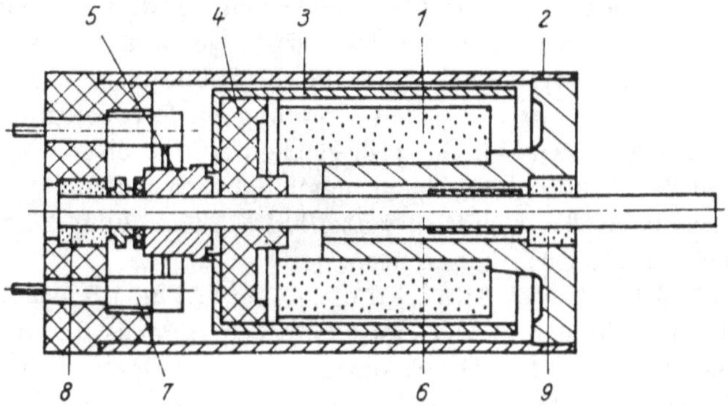

Abb. 2.43a. Prinzipieller Aufbau eines Gleichstrommotors mit glockenförmigem Läufer; 1 — Dauermagnet, 2 — magnetischer Rückschlußmantel, 3 — eisenlose glockenförmige Läuferwicklung, 4 — Nabe; 5 — Kommutator, 6 — Welle, 7 — Bürstenapparat, 8 und 9 — Lager

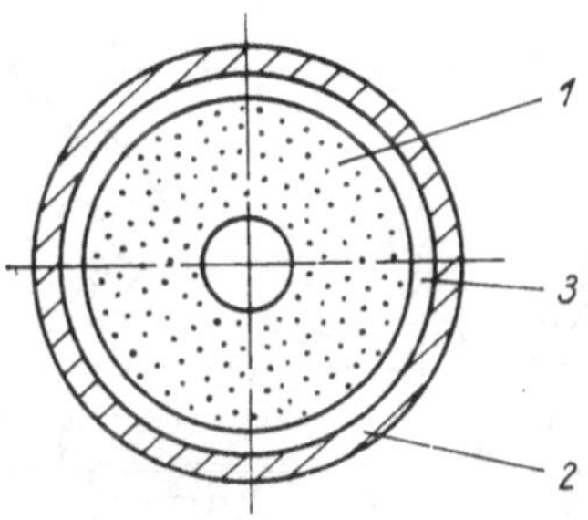

Abb. 2.43b. Schnitt durch einen Gleichstrommotor mit Innenmagnetanordnung; 1 — zylindr. Dauermagnet, 2 — magnetischer Rückschlußmantel, 3 — Luftspalt

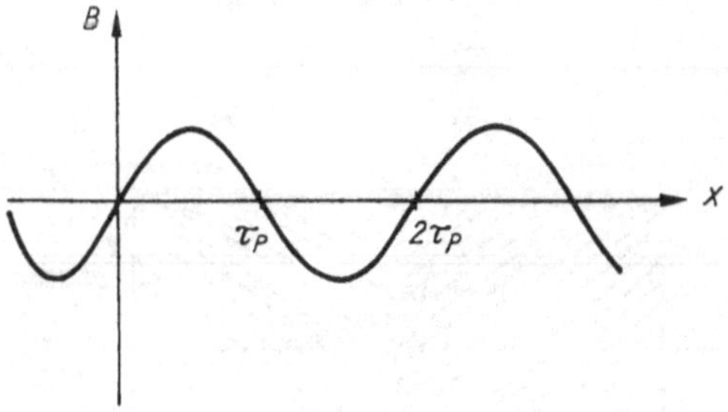

Abb. 2.43c. Induktionsverteilung am Umfang des Dauermagneten nach Abb. 2.43b

Das wird dadurch möglich, daß die Ankerleiter eng Windung an Windung liegend bei ihrer axialen Führung über die Polteilung, d. h. von einem axialen Ende des Ankerkörpers zum anderen und zurück, je einmal, beispielsweise auf halbem Wege, derartig abgewinkelt sind, daß die Abbildung des Hin- und Rückleiters der in der Ebene ausgebreiteten Wicklung ein Parallelogramm ergibt.

Diese Ausführungsart der Wicklung für glockenförmige, eisenlose Anker ergibt die Möglichkeit der Sehnung und bei geringstmöglicher Neigung der Ankerleiter zur Ankerachse eine außerordentlich vorteilhafte Ausnutzung des nur begrenzt zur Verfügung stehenden Wickelraumes.

Wie aus Abb. 2.44a hervorgeht, wird die Ankerwicklung 3 der in der Ebene ausgebreiteten Wicklung in Form eines Parallelogrammes durch die Bezugspunkte 3a bis 3e dargestellt. Die Stromzuführung erfolgt vom Kommutator 1 ausgehend über die Zuleitung 2 zur Wicklung 3. Die Zwischenschicht 4 liegt so, daß die eine Ankerwicklungshälfte, dargestellt durch den Ankerleiter 3a bis 3c, oberhalb und die untere Ankerwicklungshälfte, dargestellt durch den Ankerleiter 3c bis 3e, unterhalb dieser Zwischenschicht 4 liegt.

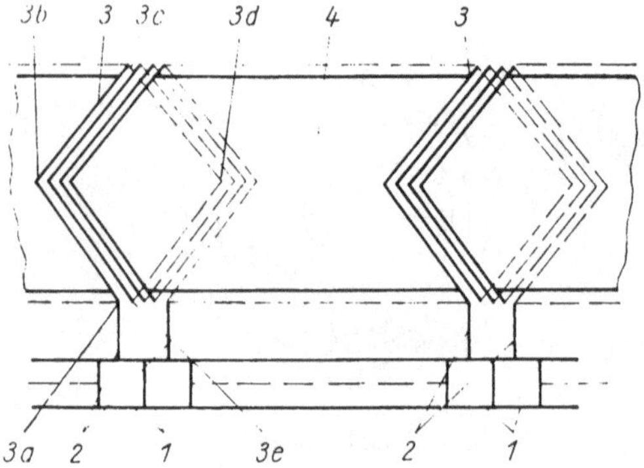

Abb. 2.44a. Abwicklung der glockenförmigen Rotorwicklung; *1* — Kommutatorlamellen; *2* — Zuleitung; *3* — Wicklung geometrisch fixiert durch die Punkte *3a*, *3b*, *3c*, *3d* und *3e*; *4* — Zwischenschicht

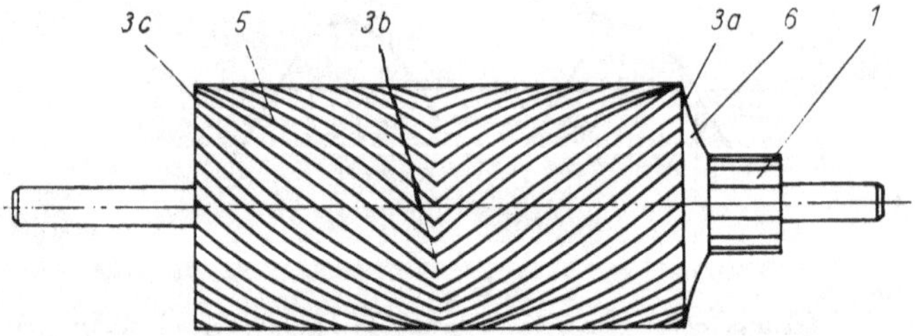

Abb. 2.44b. Schematische Darstellung des Glockenankers *5*; *1* — Kommutator, *3a*, *3b* und *3c* Punkte der Wicklungsgeometrie, *6* — Nabe

In Abb. 2.44b ist schematisch der Glockenanker 5 als Ganzes gezeigt. Er ergibt sich aus der Verformung der in der Ebene ausgebreiteten Ankerwicklung 3 und der Zwischenschicht 4 zu einem Zylinder. Die Zuführung 2 ist an der Stirnseite 6 zum Kommutator 1 geführt.

Eine andere Art der Ausführung der glockenförmigen Ankerwicklung ist in den Abb. 2.45a und 2.45b dargestellt. Diese Wicklung ist analog den aus der Textilindustrie bekannten Kreuzspulen aufgebaut. Der elektrische Leiter z nach Abb. 2.45a wird zickzackförmig, in der Abwicklung mit den Endpunkten 3a-3b-3c bezeichnet, in jeweils einer Polteilung fortschreitend auf einen Dorn in Form einer Zweischichtwellenwicklung mit schräg verlaufenden Leitern gewickelt. Mit Hilfe von Epoxidharz wird die Wicklung 3 nach Abb. 2.45b in dieser Lage verfestigt und auf eine Nabe 4 gebracht. Die Stromzuführung zum Kommutator 1 erfolgt von der Wicklung 3 über die Zuleitungen 2. Diese Wicklung hat keine ausgeprägten Wickelköpfe und besitzt nur zwei Wicklungslagen, die einen kleinen Luftspalt ergeben. Die gute Wärmeabgabe der Wicklung an ihre Umgebung ermöglicht Dauerstromdichten im Ankerleiter von $S_A = 40$ A pro mm². Nachteilig ist die vom Durchmesser des Glockenankers und vom Durchmesser der Einzelleiter bestimmte geringe Leiterzahl N, die einen Einsatz

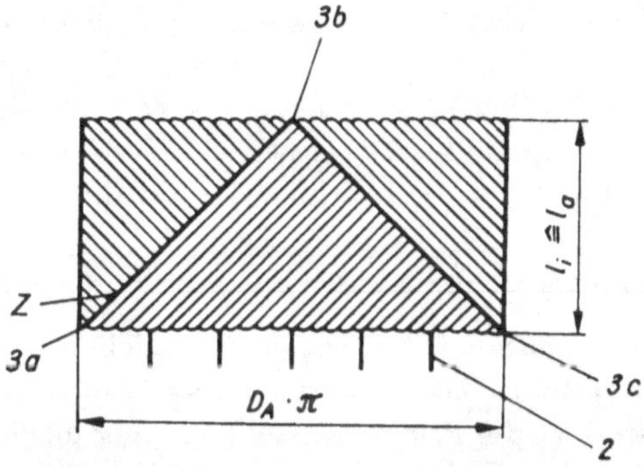

Abb. 2.45a. Abwicklung einer glockenförmigen Rotorwicklung. Die Endpunkte des Leiterzuges Z sind dabei *3a—3b—3c*

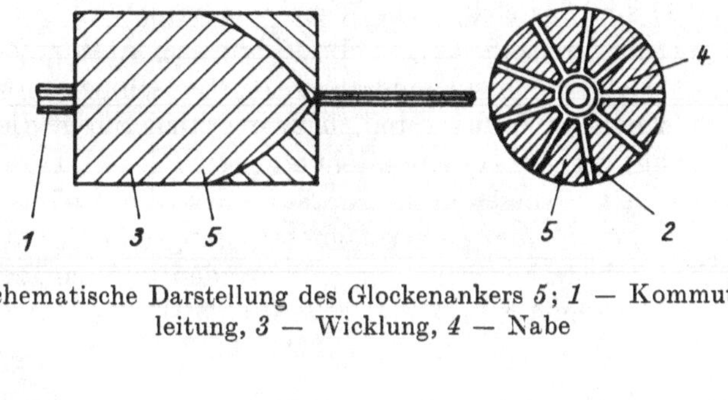

Abb. 2.45b. Schematische Darstellung des Glockenankers *5*; *1* — Kommutator, *2* — Zuleitung, *3* — Wicklung, *4* — Nabe

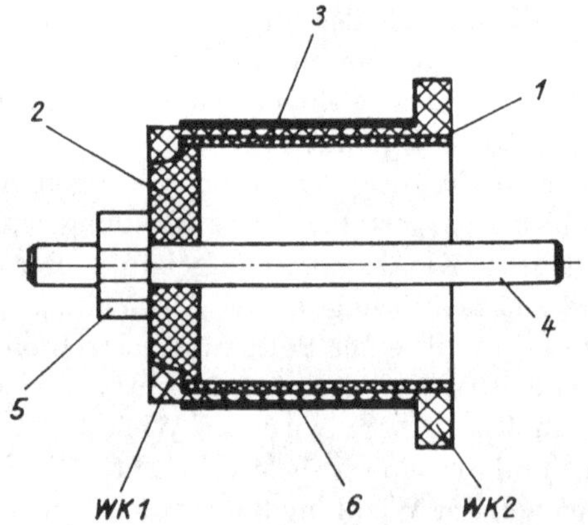

Abb. 2.45c. Schnitt durch einen glockenförmigen Anker mit ausgeprägten Wickelköpfen WK_1 und WK_2; *1* — Zylinder des Isolierteiles, *2* — Nabe, *3* — Wicklung, *4* — Rotorwelle, *5* — Kommutator, *6* — Bandage

dieser Maschinen nur für Niederspannung gestatten. Eine weitere Ausführung der eisenlosen Ankerwicklung, wie sie insbesondere bei Tachogeneratoren angewendet wird, ist in Abb. 2.45c dargestellt. Auf einem Isolierzylinder 1, der mit der Nabe 2 verbunden ist, wird die Ankerwicklung 3 mit Fixiernadeln gewickelt. Nachdem die Bandage 6 aufgebracht ist, werden diese Nadeln entfernt und die Wickelköpfe WK1 und WK2 entsprechend geformt. Anschließend wird die gesamte Wicklung mit Epoxidharz verfestigt. Diese Konstruktion gestattet eine für Tachogeneratoren notwendige hohe Leiterzahl N aufzubringen.

Wesentliche Gesichtspunkte bei der Dimensionierung

In der Abb. 2.45c ist der Schnitt durch einen Gleichstrommotor mit glockenförmigem Anker dargestellt. Die Ankerwicklung besitzt ausgeprägte Wickelköpfe. Die Abb. 2.46 zeigt die Prinzipdarstellung einer glockenförmigen Ankerwicklung, die als einfache Wellenwicklung nach Abb. 2.7 ausgeführt ist. Die Wicklungshälften sind durch eine wärmebeständige Isolation voneinander getrennt. Die für die Bestimmung der Hauptabmessungen von Ankern in glockenförmiger Ausführung notwendigen Parameter sind dieser Abb. zu entnehmen.

In der Abb. 2.47 sind für elektrische Kleinstmaschinen die Einzelverluste in Abhängigkeit von der Drehzahl dargestellt. Die dieser Abb. zu entnehmenden Relationen der Einzelverluste sind nur für Kleinstmaschinen anwendbar. Für Kleinmaschinen wird der Verlustanteil, hervorgerufen durch die Lager-Luft- und Bürstenreibung, gegenüber den Eisenverlusten P_{vFe} (Hysterese- und Wirbelstromverluste) weit geringer sein. An Hand der Abb. 2.47 ist deutlich erkennbar, daß bei Einsatz einer Dauermagneterregung und Einsatz eines eisenlosen Läufers die Verluste beachtlich gesenkt werden und darüber hinaus eine lineare Beziehung zwischen Strom und Moment entsteht.

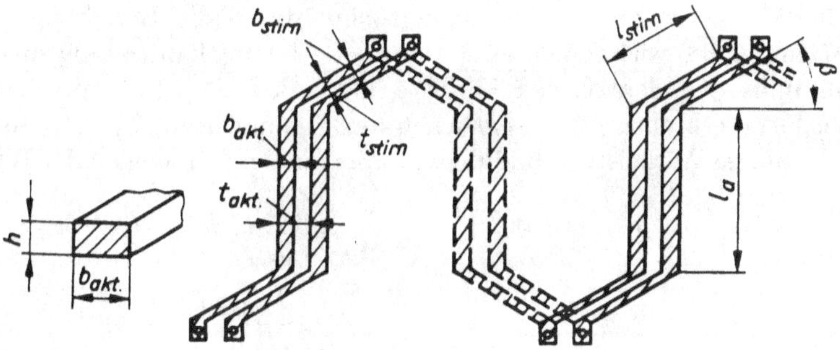

Abb. 2.46. Prinzipdarstellung der Wicklung eines glockenförmigen Ankers

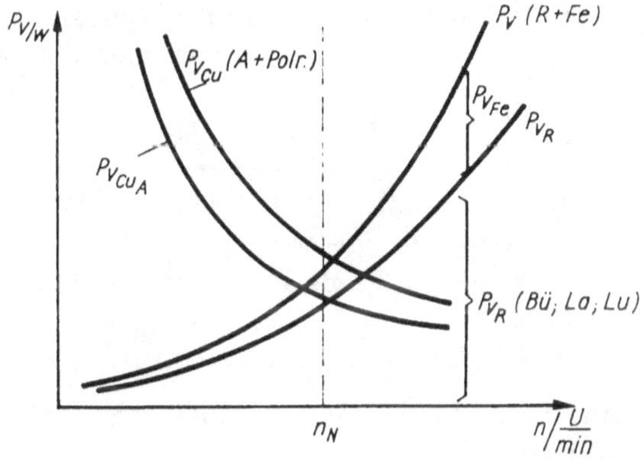

Abb. 2.47. Einzelverluste für Gleichstrommotoren als Funktion der Drehzahl

Bestimmung der Hauptabmessungen

Die Ankerabmessungen werden bestimmt durch

a) die EMK und
b) den Schritt der aktiven Leiter der Ankerwicklung

$$E = \frac{p \cdot n}{60} \cdot \frac{N}{a} \cdot B_{\text{mittel}} \cdot \tau \cdot l_a = \frac{\pi \cdot n \cdot B_{\text{mittel}}}{120 \cdot a} \cdot D_A \cdot N \cdot l_a \qquad (2.66)$$

mit

$$t_{\text{akt.}} = \frac{2\pi \cdot D_A}{N} \qquad (2.67)$$

und

$$b_{\text{akt.}} = \frac{2\pi \cdot b_{\text{stirn}}}{t_{\text{stirn}}} \cdot \frac{D_A}{N}. \qquad (2.68)$$

Die Ankerparameter D_{Anker}, $t_{\text{akt.}}$, N, $b_{\text{akt.}}$ sind durch die Beziehungen gemäß Gl. (2.67) und (2.68) verbunden. Eine weitere Beziehung kann aus der Bedingung des Minimums der elektrischen Verluste im Anker $P_{v\text{Anker}}$ ermittelt werden. Diese Verluste bestehen im wesentlichen aus Stromwärme, $I_A^2 \cdot R_A$, sowie den Verlusten infolge Wirbelstrombildung vor allem in den Wirkteilen der Wicklung.

$$P_{v_{\text{Anker Stirn}}} = \frac{2 \cdot \varrho \cdot N \cdot l_{\text{Stirn}} \cdot I_{\text{Anker}}^2}{(2a)^2 \cdot h \cdot b_{\text{Stirn}}} \tag{2.69}$$

$$P_{v_{\text{Anker akt.}}} = \frac{\varrho \cdot N \cdot l_{\text{akt.}} \cdot I_{\text{Anker}}^2}{(2a)^2 \cdot h \cdot b_{\text{akt.}}} \tag{2.70}$$

$$P_{v_{\text{Wirbel}}} = \frac{4 \cdot N}{3 \cdot \varrho(1-\alpha_{\text{ber.}})} \cdot \left(\frac{p \cdot n}{60}\right)^2 \cdot B_{\text{max.}}^2 \cdot l_{\text{akt.}} \cdot h \cdot b_{\text{akt.}}^3 \tag{2.71}$$

Nach entsprechender Optimierungsrechnung der Verluste P_v erhält man die optimalen Größen $b_{\text{akt.opt.}}$ und $D_{\text{Anker}_{\text{opt.}}}$ nach folgenden Beziehungen:

$$b_{\text{akt.opt.}} = \sqrt{y + 0{,}4 \cdot b_{\text{Stirn}}^2} \tag{2.72}$$

$$D_{\text{Anker}_{\text{opt.}}} = \sqrt[3]{\frac{1{,}93 \cdot a \cdot p \cdot E_{\text{Anker}} \cdot t_{\text{Stirn}}}{n \cdot B_{\text{mittel}}}\left(1 + \frac{b_{\text{akt. opt.}}^4}{m}\right)} \cdot \cos\beta \tag{2.73}$$

Nach der Abb. 2.46 sind dabei folgende Bezeichnungen festgelegt:

B_{mittel} = mittlere Induktion im Luftspalt $\left/\frac{Vs}{m^2}\right.$
N = Anzahl der Leiter der Ankerwicklung
p = Polpaarzahl
n = Drehzahl/min^{-1}
τ = Polbedeckungsfaktor
D_A = Ankerdurchmesser/cm
$b_{\text{akt.}}$, h, l_a, $t_{\text{akt.}}$, $b_{\text{St.}}$, $l_{\text{St.}}$, $t_{\text{St.}}$ } Geometrische Größen der Ankerwicklung/cm nach Abb. 2.46
y, m } rechnerische Hilfsgrößen Lit. [59]

Bei elektrischen Maschinen, deren Ankerwicklungen nicht in Eisen eingebettet sind, treten erhöhte Verluste durch Wirbelströme in den Ankerleitern auf. Nach der Beziehung von Gl. (2.71) wird dieser Verlustanteil besonders durch die Breite des Ankerleiters $b_{\text{akt.}}$ beeinflußt. Die Leiter, die senkrecht zum radialen Luftspaltfeld die geringste Ausdehnung haben, ergeben auch die geringsten

Wirbelstromverluste. Durch geeignete Gestaltung der Ankerwicklung kann dieser Verlustanteil wirkungsvoll verringert werden. Oft wird dieser Verlustanteil in der Literatur auch als innere Dämpfungskonstante D_W definiert.

$$D_W = \frac{P_{vw}}{\omega^2}$$

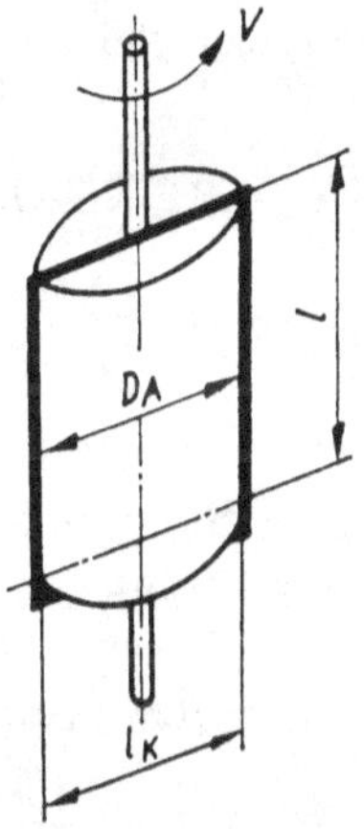

Abb. 2.48. Symbolische Darstellung eines Rotors mit einer Leiterschleife

Bestimmung der elektromechanischen Zeitkonstante

In Abb. 2.48 ist symbolisch ein Rotor mit einer Leiterschleife der Länge l und der Wickelkopfhöhe l_K dargestellt. Zur Bestimmung der elektromechanischen Zeitkonstante $\tau_{\text{el.mech.}}$ sind folgende Parameter erforderlich:

B_L = magnetische Luftspaltinduktion
v $= 2 \cdot \pi \cdot r \cdot n$ = Umfangsgeschwindigkeit des Rotors
w = Windungszahl
l = Länge der Spulenseite
l_K = Länge der Wickelkopfseite
U = angelegte Klemmenspannung
J $= \int r^2 \cdot dm$ = Trägheitsmoment des Rotors

Das Trägheitsmoment des eisenlosen Rotors berechnet sich wie folgt:

$$J = \frac{G \cdot D_i^2}{4g} \qquad (2.74)$$

$$J = \frac{2(l + l_K) \cdot w \cdot \xi \cdot q}{g} \cdot r^2 \qquad (2.75)$$

dabei sind:

q = Drahtquerschnitt
ϱ = spezifischer Widerstand

g = Erdbeschleunigung
ξ = Dichte des Leitermaterials.

Die allgemeine Bedingung für den Anlauf wird durch die Bewegungsgleichung gegeben:

$$M > M_W \rightsquigarrow \frac{d\omega}{dt} > 0 \,.$$

Die Spannungsgleichung und Bewegungsgleichung bilden das Verhalten des Antriebes.

$$U = -e + R_A \cdot i + L_A \cdot \frac{di}{dt} \tag{2.76}$$

$$M = M_W + J \cdot \frac{d\omega}{dt} \,. \tag{2.77}$$

Das Anlauf- oder Stillstandsdrehmoment des Motors ergibt sich zu

$$M_A = M_{st} = B_L \cdot I_{st} \cdot 2l \cdot w \cdot r \,, \tag{2.78}$$

wobei I_{st} der Kurzschlußstrom des Motors ist. Er ist abhängig vom Ankerwiderstand

$$I_{st} = f(R_A) \,,$$

wobei

$$R_A = \frac{2(l + l_K) \cdot w}{q} \cdot \varrho \,.$$

Mit

$$l^* = \frac{l + l_K}{l}$$

und

$$I_{st} = \frac{U}{R_A} = \frac{U \cdot q}{\varrho \cdot 2(l + l_K)\, w} \tag{2.79}$$

kann für das Stillstandsdrehmoment geschrieben werden:

$$M_{st} = \frac{B_L \cdot U \cdot q \cdot r}{\varrho \cdot l^*} \,. \tag{2.80}$$

Mit Gl. (2.75) und (2.78) sowie der Beziehung

$$n_L = \frac{U}{B_L \cdot 2 \cdot l \cdot w \cdot 2\pi \cdot r} \tag{2.81}$$

erhält man mit Gl. 2.44 für die mechanische Zeitkonstante eines Ankers mit glockenförmiger Wicklung:

$$\tau_m = \frac{\varrho \cdot \xi \cdot l^{*2}}{B_L^2 \cdot g} \tag{2.82}$$

Aus dieser Beziehung für die elektromechanische Zeitkonstante des Motors mit eisenloser Rotorwicklung ist deutlich erkennbar, daß die Zeitkonstante maßgebend von der Luftspaltinduktion B_L und der Geometrie der eisenlosen Wicklung l^{*2} beeinflußt wird.

Die Luftspaltinduktion B_L kann bei permanentmagneterregten Maschinen jedoch nur bis 0,4···0,5 $\frac{V_s}{m^2}$ gesteigert werden. Einer Senkung des Faktors l^{*2} sind jedoch mechanische Fertigungsgrenzen gesetzt.

2.3.3. Die kommutatorlose Gleichstrommaschine

Aufbau und Wirkungsweise

Vorzüge

Der Vorteil der Gleichstrommaschine liegt in der guten Regelbarkeit und damit Anpassungsfähigkeit an die meisten Aufgaben. Von Nachteil ist jedoch das dem Verschleiß unterworfene und geräuschverursachende Kommutator-Bürsten-System.

Die Zielsetzung zur Schaffung von kommutatorlosen Gleichstrommaschinen war es, die Vorzüge der Gleichstrommaschine und die der Wechselstrommaschine in sich zu vereinigen.

Die kommutatorlose Gleichstrommaschine bietet folgende Vorteile:

a) Große Laufruhe durch Fortfall des Kommutator-Bürsten-Systems auch bei hohen Drehzahlen
b) Die Lebensdauer, die durch den Fortfall von Kommutator und Bürsten nur noch von den Lagern abhängig ist, erhöht sich gegenüber den normalen Gleichstrommaschinen um ein Vielfaches
c) Durch Fortfall der Bürstenreibung und des Bürstenübergangsspannungsabfalls erhöht sich besonders bei Kleinstmaschinen der Wirkungsgrad. Das Anlaufverhalten wird wesentlich verbessert.
d) Eine besondere Funkentstörung ist nicht erforderlich.
e) Eine hohe Betriebssicherheit ist gegeben.
f) Eine Drehzahlregelung über einen großen Bereich und bei hohen Drehzahlen läßt sich ohne großen Aufwand realisieren.

Diese Vorzüge gewährleisten einen absolut wartungsfreien Betrieb. Der kommutatorlose Motor kann also überall dort eingesetzt werden, wo durch den Gerätehersteller besonders hohe Anforderungen an die Lebensdauer, Drehzahl, Laufruhe und Regelbarkeit gestellt werden.

In Abb. 2.49 sind einige besondere Forderungen für hochwertige Antriebe genannt. Liegen bei einem Antriebsproblem zwei dieser besonderen Anforderungen vor, so soll diese Darstellung zeigen, wie durch eine oder mehrere der gebräuchlichsten Antriebsarten diese Forderungen realisiert werden können. Liegen z. B. die beiden Merkmale — geringes Geräusch und lange Lebensdauer — vor, so reicht meist der Einsatz eines Induktionsmotors, z. B. eines Asynchronmotors oder eines Synchronmotors, aus. Werden dagegen eine große Laufruhe und Unabhängigkeit von einem Netz (Batteriebetrieb) gefordert, so ist der Einsatz eines kommutatorlosen Gleichstrommotors zu empfehlen. Verzichtet man in diesem Falle jedoch auf eine besondere Laufruhe und fordert nur noch eine einfache Drehzahlregelung, so wird in den meisten Fällen der herkömmliche Gleichstrommotor ausreichen.

Für eine große Anzahl von Antriebssystemen ist der kommutatorlose Gleichstrommotor besonders geeignet, wie z. B. für hochwertige Magnetbandtransportsysteme, Hi-Fi-Plattenspieler, Diktiergeräte und peripheren Geräten der Datenverarbeitung, wie z. B. Bandlocher, Bandlesegeräte, Bandwickler, Potentiometerantriebe, Papiertransportsysteme und für Geräte mit Folgeregelungen.

Merkmal	a	b	c	d	e	f	g
a							
b	I,S						
c	I,S	I,S					
d	K	K	K				
e	K	K	K	G			
f	S	S	S	G	G		
g	–	K	K	K	K	K	

a geringes Geräusch
b keine Funkstörung
c hohe Lebensdauer über 5000 Std.
d Netzunabhängigkeit
e Einstellbarkeit der geregelten Drehzahl
f gute Drehzahlkonstanz
g geregelte Drehzahlen über 15000 U/min^{-1}

Motorentyp
I Induktionsmotor
S Synchronmotor
G Gleichstrom-Kommutatormotor
K Kommutatorloser-Gleichstrom-motor

Abb. 2.49. Motoren für Geräteantriebe mit besonderen Forderungen

Prinzip des elektronischenKommutators

Bei der herkömmlichen Gleichstrommaschine wird durch die Stromzuführung über die auf dem Kommutator schleifenden Bürsten erreicht, daß im Läufer, unabhängig davon, daß die einzelnen Spulen rotieren, stets eine Stromverteilung entsteht, die derjenigen einer ruhenden Spule (quasistationäre Spule) entspricht. Charakteristisch ist, daß zur Erzeugung eines maximalen Drehmomentes die Feldachse des Erregerfeldes senkrecht auf der des Ankerfeldes steht (Abb. 2.50).

Im Gegensatz zur herkömmlichen Gleichstrommaschine sind bei der kommutatorlosen Gleichstrommaschine die Wicklungen nicht auf dem Läufer, sondern ruhend im Stator angeordnet. Das Erregerfeld wird durch den aus dauermagnetischem Material bestehenden Läufer erzeugt. Die Umschaltung des Ankerstromes in den einzelnen Wicklungen erfolgt über kontaktlos arbeitende Schaltelemente, wie Transistoren oder Thyristoren, über die die Wicklungen mit der Gleichspannungsquelle verbunden sind.

Um ein maximales Drehmoment zu erzeugen, muß auch bei dieser Anordnung die Bedingung erfüllt sein, daß die Achse des Erregerfeldes senkrecht auf der des Ankerfeldes steht. Es ist also erforderlich, daß zu jedem Zeitpunkt die räumliche Lage des Motors gemessen wird und nur die Wicklung über das Schaltelement an

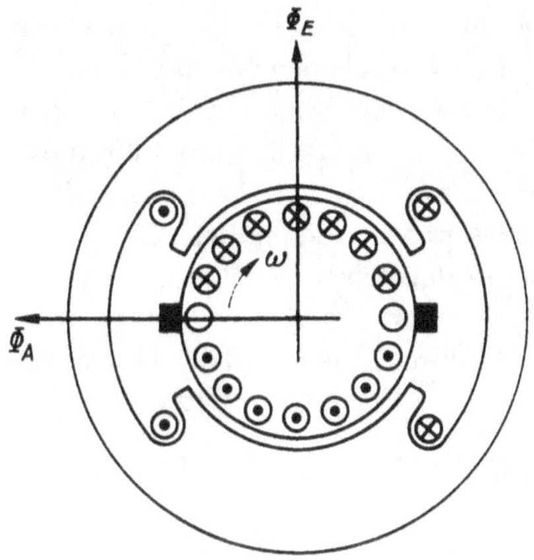

Abb. 2.50. Lage der Erregerfeldachse Φ_E und der Ankerfeldachse Φ_A eines Gleichstrommotors

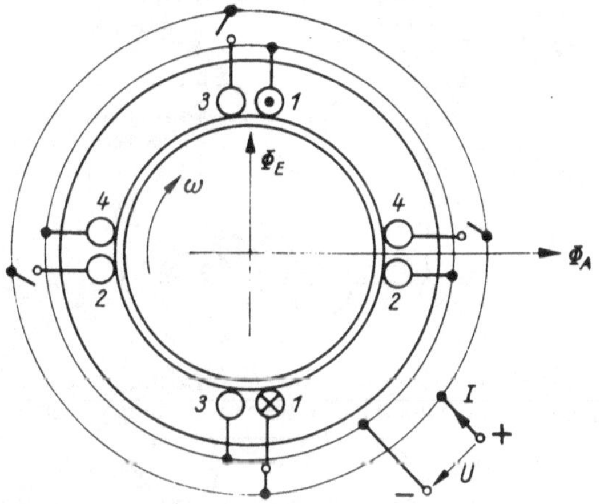

Abb. 2.51. Prinzipieller Aufbau zur Erzeugung eines Drehfeldes im Ständer einer kommutatorlosen Gleichstrommaschine

die Spannungsquelle angeschlossen wird, für die diese Bedingung erfüllt ist. Der Rotorlagegeber hat also die Aufgabe, in Abhängigkeit von der relativen Lage des Läufers zum Stator nur die jeweils im gleichen Sinn Drehmoment bildende Statorwicklung an die Spannungsquelle anzuschließen. Abb. 2.51 zeigt den prinzipiellen Aufbau einer kommutatorlosen Gleichstrommaschine mit einer vierteiligen Statorwicklung. Die Enden der Wicklung sind mit dem einen Pol der Spannungsquelle verbunden. Schaltet man nacheinander die Anfänge der Wicklungen 1 bis 4 gemäß Abb. 2.51 an den anderen Pol der Spannungsquelle, so führt der Läufer eine Drehbewegung aus.

Die elektronisch kommutierte Gleichstrommaschine entspricht im Aufbau dem einer Synchronmaschine der Innenpolbauart. Das charakteristische Merkmal ist, daß durch die über Schaltelemente gespeisten Ankerwicklungen ein Drehfeld erzeugt wird. Der Rotorlagegeber hat dabei die Aufgabe, die Schaltelemente so zu steuern, daß das Drehfeld einmal in seiner Frequenz mit der des Läufers (Polrad) übereinstimmt und daß zum anderen die Phasenlage der Drehfeldachse unabhängig von Drehzahl und Belastung stets um 90° el. gegenüber der Feldachse des Polrades phasenverschoben ist. In der Literatur ist deshalb für diese Maschine auch die Bezeichnung selbstgesteuerter Synchron-Stromrichtermotor üblich.

Der Wirkungsablauf der kommutatorlosen Gleichstrommaschine ist in Abb. 2.52 gezeigt.

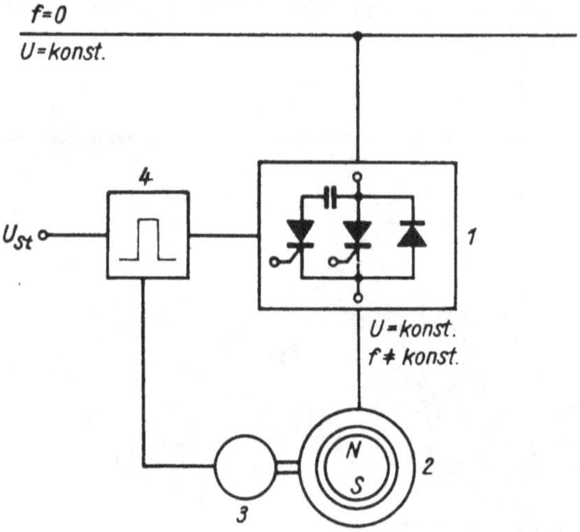

Abb. 2.52. Wirkschema einer kommutatorlosen Gleichstrommaschine; *1* — Wechselrichter, *2* — Permanentmagneterregte Synchronmaschine der Innenpolbauart, *3* — Rotorlagegeber, *4* — Steuergerät

Wirkungsweise

Die bisher allgemein betrachtete Wirkungsweise der elektronisch kommutierten Gleichstrommaschine soll konkret am Beispiel der bereits in Abb. 2.51 dargestellten Anordnung erläutert werden.

Zur Erfassung der relativen Lage des Läufers zu den Wicklungen sollen Hallgeneratoren dienen. Setzt man voraus, daß die Steuerströme der Hallgeneratoren konstant sind und daß die Feldverteilung des diametral magnetisierten Läufers am Umfang sinusförmig ist, tritt an den Hallgeneratoranschlüssen, die jeweils mit der Basis eines Transistors im Wicklungsstrang verbunden sind, eine sinusförmige Hallspannung auf. Wenn die Transistoren im linearen Bereich, also nicht im Schaltbetrieb, arbeiten, wird auch der Kollektorstrom und damit der von den Wicklungen erzeugte Fluß sinusförmig sein. Bei der in Abb. 2.53a gezeigten Läuferstellung erreicht die Hallspannung des Lagegebers L_1 den Maximalwert, so daß auch der Transistor T_1, dessen Basis negativ angesteuert wird, den Maximalwert des sinusförmig verlaufenden Kollektorstromes führt. Die

Basis von T_3 ist positiv vorgespannt, so daß T_3 sperrt. Der Hallgenerator des Lagegebers L_2 befindet sich in der neutralen Zone, so daß er keine Spannung abgibt und die Wicklungen W_2 und W_4 nicht vom Strom durchflossen werden. Da das Läuferfeld Φ_E und das durch den Strom in W_1 hervorgerufene Ankerfeld Φ_{W_1} (Φ_A) aufeinander senkrecht stehen, $\delta = 90°$, wirkt auf den Läufer das Drehmoment

$$M = c \cdot \Phi_E \cdot I_1 \cdot \sin\delta = c \cdot \Phi_E \cdot I_1 \,.$$

Bei Drehung des Läufers baut sich das Ankerfeld Φ_{W_1} nach einer cos-Funktion ab, gleichzeitig wird aber T_2 leitend, und wegen der räumlich um 90° verschobenen Anordnung der beiden Lagegeber baut sich in der Wicklung W_2 ein Feld nach einer Sinus-Funktion auf. Es sind also zwei Ankerwicklungen an der Bildung des Drehmomentes beteiligt. Das durch die Wicklung W_1 hervorgerufene Drehmoment gehorcht der Beziehung:

$$M_{W_1} = c \cdot \Phi_E \cdot I_1 \cdot \cos^2\alpha$$

und das der Wicklung W_2:

$$M_{W_2} = c \cdot \Phi_E \cdot I_2 \cdot \sin^2\alpha \,.$$

Die Addition der Drehmomente beider Wicklungen ergibt für jede Läuferstellung im Bereich $\alpha = 0$ bis $\alpha = 90°$ eine Konstante. Nach einer Läuferdrehung von 90° übernimmt W_2 die Funktion von W_1 und W_3 die Funktion von W_2 usw. In Abb. 2.53b ist der zeitliche Verlauf der durch die Wicklungen $W_1 \cdots W_4$ fließenden Ströme dargestellt. Das Drehmoment ist also während einer gesam-

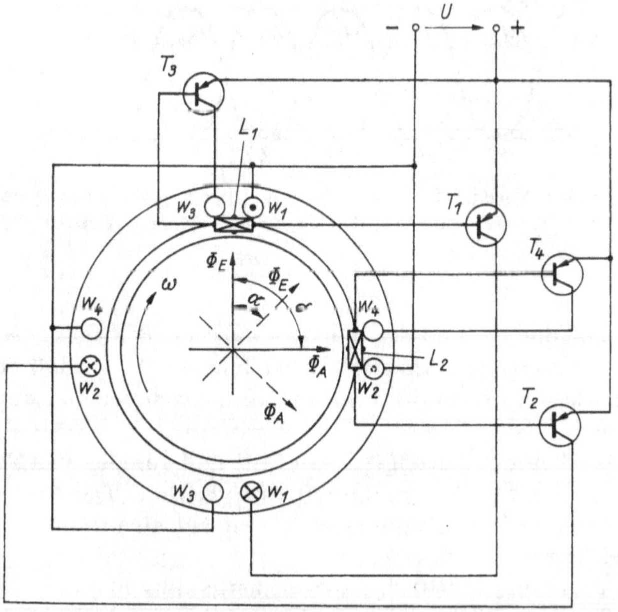

Abb. 2.53 a Prinzipieller Aufbau einer kommutatorlosen Gleichstrommaschine mit vier Wicklungsgruppen

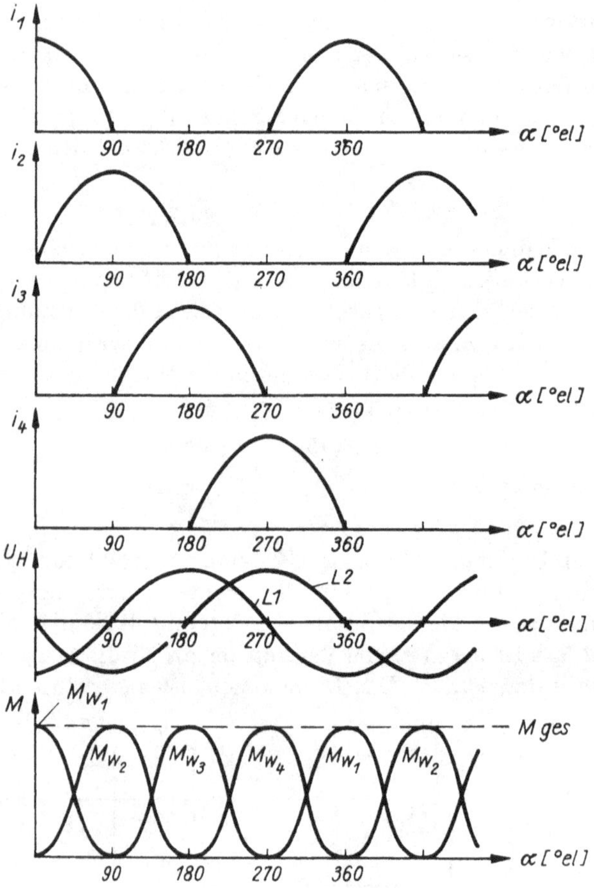

Abb. 2.53b Zeitlicher Verlauf der Ströme in den einzelnen Wicklungsgruppen, der Hallspannungen U_H der beiden Lagegeber, der Teildrehmomente M_W sowie des Gesamtdrehmomentes M_{ges}

ten Umdrehung, konstant und der Winkel δ zwischen der Achse des Läuferfeldes und der des resultierenden Ankerfeldes ist immer 90°, so daß ein maximales Moment gewährleistet ist. Im Idealfall wird also mit dieser Anordnung ein reines Drehfeld erzeugt.

Nachteilig bei dieser Schaltungsvariante ist, daß von den vier Ankerwicklungen immer nur zwei vom Strom durchflossen werden. Die Ausnutzung dieser Maschine, bezogen auf das Kupfergewicht, beträgt als nur 50% gegenüber der normalen Gleichstrommaschine.

Um eine Ausnutzung von 100% zu erreichen, müßte in den bisher nicht vom Strom durchflossenen Wicklungen ein Strom in umgekehrter Richtung fließen, Das ist aber in der in Abb. 2.53a gezeigten Schaltungsvariante nicht möglich, da die Transistoren $T_1 \cdots T_4$ nur einen Stromfluß in einer Richtung zulassen. Um dieses Ziel zu erreichen, wäre also eine erheblich aufwendigere Stromrichterschaltung erforderlich.

Ausführungsmöglichkeiten des Rotorlagegebers

Die Aufgabe, die augenblickliche Lage des Rotors zu erfassen und die Information auf den Ständer zu übertragen, damit das Ankerfeld entsprechend der Läuferstellung geführt wird, übernimmt der Rotorlagegeber. Dieser Geber muß stets ein eindeutiges Signal liefern, das — direkt oder verstärkt — die entsprechenden Schalter der Ankerwicklung öffnet oder schließt. Es muß also eine mechanische Größe in eine elektrische umgeformt werden. Bei den Gebersystemen unterscheidet man aktive und passive Geber.

Aktive Geber benötigen keine Hilfsenergie. Ihre untere Grenzfrequenz ist größer Null. Auf den vorliegenden Anwendungsfall bezogen bedeutet das, daß bei Stillstand der Maschine kein Gebersignal vorhanden ist und damit kein Anlauf möglich ist. Ein aktiver Geber liegt beispielsweise dann vor, wenn die in einer Durchmesserspule, die im Ständer der Maschine untergebracht ist, durch den Läufer induzierte Spannung als Gebersignal verwendet wird (Abb. 2.54).

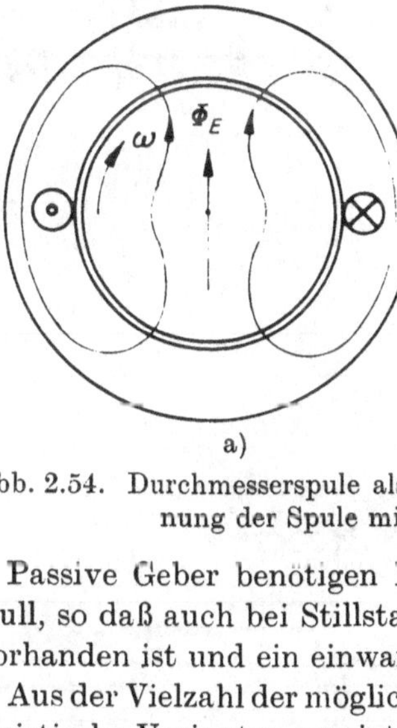

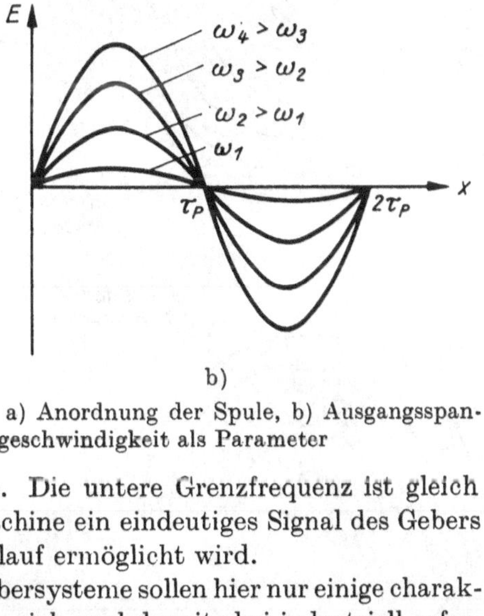

Abb. 2.54. Durchmesserspule als Lagegeber; a) Anordnung der Spule, b) Ausgangsspannung der Spule mit der Winkelgeschwindigkeit als Parameter

Passive Geber benötigen Hilfsenergie. Die untere Grenzfrequenz ist gleich Null, so daß auch bei Stillstand der Maschine ein eindeutiges Signal des Gebers vorhanden ist und ein einwandfreier Anlauf ermöglicht wird.

Aus der Vielzahl der möglichen Lagegebersysteme sollen hier nur einige charakteristische Varianten gezeigt werden, die sich auch bereits bei industriell gefertigten Maschinen bewährt haben. Bei den folgenden Beispielen soll gezeigt werden, wie zwei um 90° el versetzte Lagegebersignale erzeugt werden, die jeweils eine Signaldauer von 180° el besitzen.

Photoelektrische Lagegeber

Ein photoelektrischer Geber ist schematisch in Abb. 2.55 dargestellt. Eine Lichtquelle (1) sendet einen konstanten Lichtstrom aus, der auf das lichtempfind-

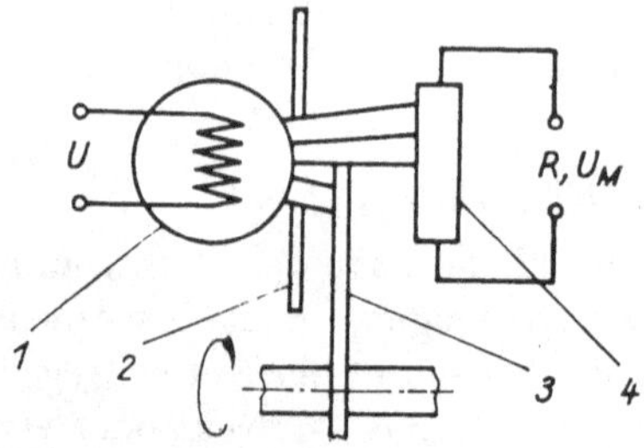

Abb. 2.55. Prinzip des photoelektrischen Lagegebers

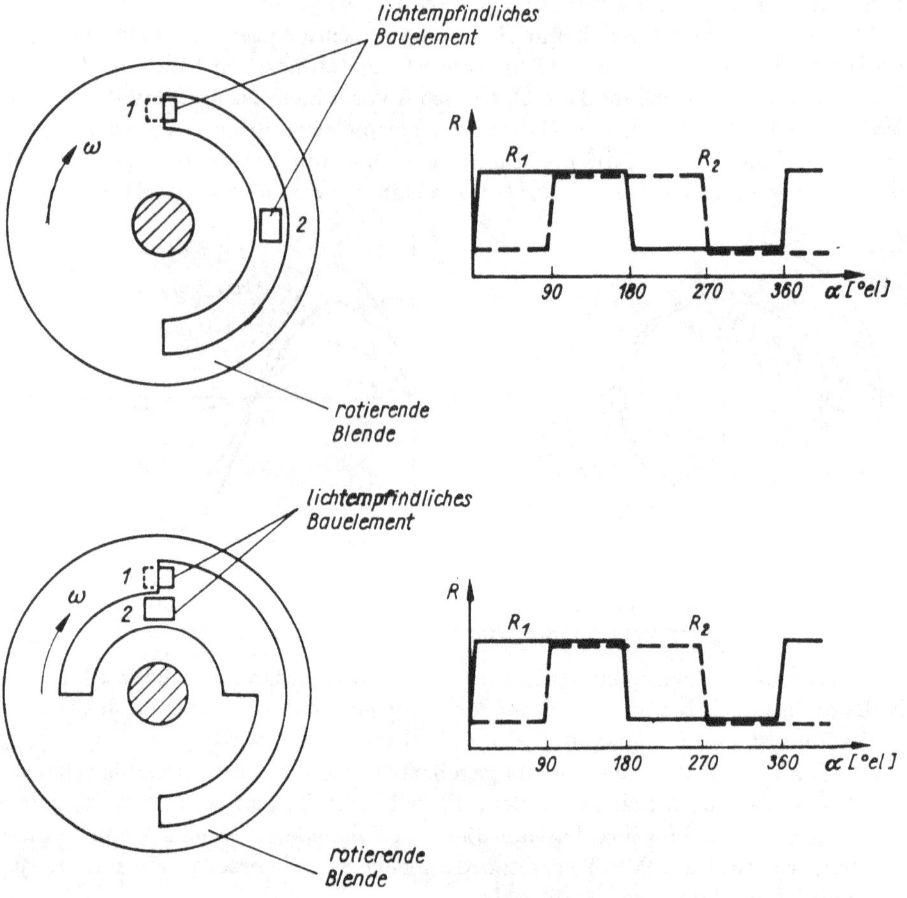

a) b)

Abb. 2.56. Anordnung der Schlitzblende und der lichtempfindlichen Bauelemente (a) und Widerstandsänderung der lichtempfindlichen Bauelemente als Funktion des räumlichen Winkels (b)

liche Bauteil (4) — in der Regel eine Photodiode oder ein Phototransistor — gelenkt wird. Mittels der rotierenden Scheibe (3), die als Blende wirkt, kann die Beleuchtungsstärke auf dem lichtempfindlichen Bauteil verändert werden. Als Folge ändert sich der Widerstand R oder die erzeugte Meßspannung U_M, wenn das lichtempfindliche Bauteil als Photoelement arbeitet.

Zwei verschiedene Anordnungen der rotierenden Blende und die sich dadurch ergebenden Widerstandsänderungen sind in Abb. 2.56 gezeigt.

Durch die relativ große Störanfälligkeit der als Lichtquelle verwendeten Glühlampen hat sich der photoelektrische Lagegeber bisher nicht durchsetzen können. Eine beträchtliche Verbesserung der Lebensdauer der Lichtquelle zeichnet sich aber durch den Einsatz von Lumineszenzdioden ab.

Lagegeber mit galvanomagnetischen Elementen

Durch einen scheibenförmigen Halbleiterkörper, der an den Enden mit den Elektroden A und B versehen ist, fließt ein Strom I. Tritt nun ein Magnetfeld B auf, das den Leiter senkrecht zur Bewegungsrichtung der Elektronen durchsetzt, werden die Elektronen senkrecht zu ihrer Bewegungsrichtung und senkrecht zu B abgelenkt (Abb. 2.57). Es lassen sich zwei galvanomagnetische Effekte nachweisen:

a) zwischen den Punkten C und D tritt eine elektrische Spannung

$$U_H = \frac{R_H}{d} \cdot B \cdot I$$

auf (Halleffekt),

b) der Widerstand R_1 zwischen A und B wächst mit steigendem B an. Es ist:

$$R_1(B) = R_1(0) \cdot \frac{\varrho(B)}{\varrho(0)} \quad \text{mit} \quad R_1(0) = \frac{l}{h \cdot d} \cdot \varrho(0) \qquad \text{(Gaußeffekt)},$$

wobei $R_1(0)$ der Widerstand zwischen A und B und $\varrho(0)$ der spezifische Widerstand für $B = 0$ sind.

Beide Effekte werden technisch genutzt. Wegen seiner großen Hallkonstanten hat sich als Lagegeber der Hallgenerator aus Indiumantimonid besonders bewährt.

Beim Hallgenerator wird die Hallspannung und bei der Feldplatte die Widerstandsänderung als Funktion der Induktion ausgenutzt. Der wesentliche Unterschied zwischen beiden besteht darin, daß die Hallspannung linear mit der Induktion B steigt, während die Widerstandszunahme der Feldplatte einen quadratischen Verlauf aufweist (Abb. 2.58). Die Feldplatte ist also bei schwacher Erregung sehr unempfindlich. Sie muß entweder durch einen Zusatzmagneten vorgespannt oder aber in einem sehr guten magnetischen Kreis hoch ausgesteuert werden. Vorteilhaft ist beim Hallgenerator, daß er eine von der Richtung des Feldes und des Steuerstromes abhängige, gepolte Hallspannung abgibt. Um die Lage eines walzenförmigen diametral magnetisierten Magneten erkennen zu

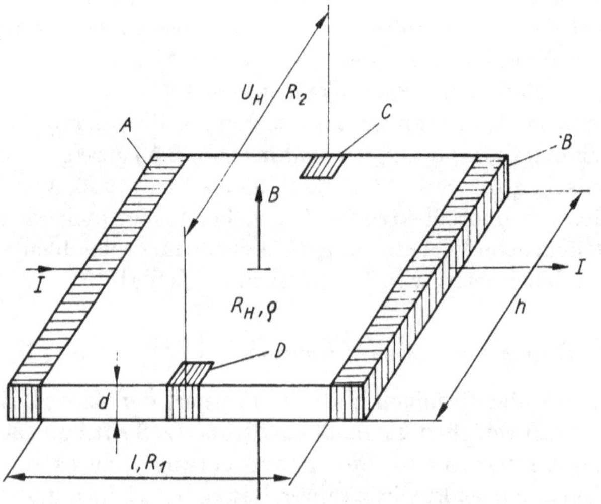

Abb. 2.57. Galvanomagnetische Effekte in einer Halbleiterschicht

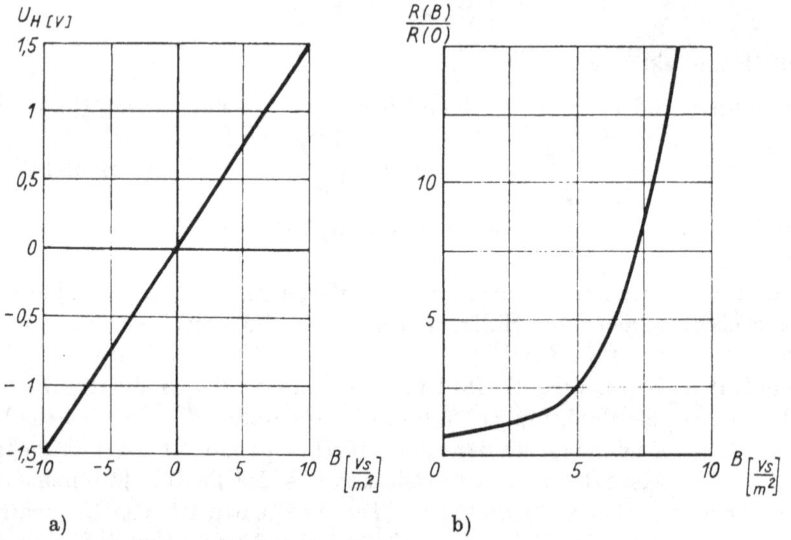

a) b)

Abb. 2.58. Hallspannung (a) und Widerstandsänderung (b) einer Halbleiterschicht als Funktion der Induktion

a)

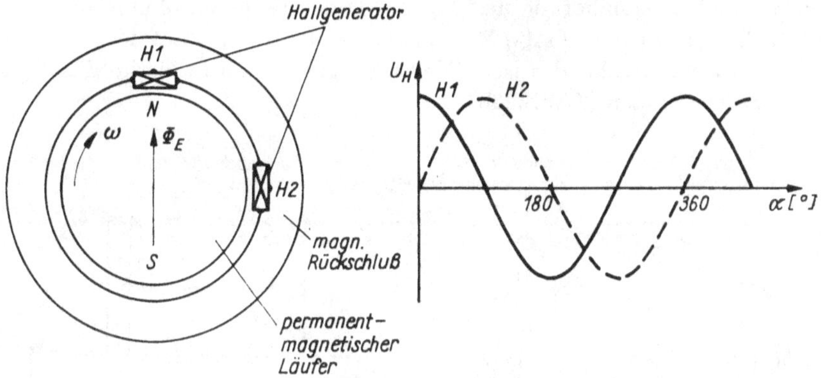

b)

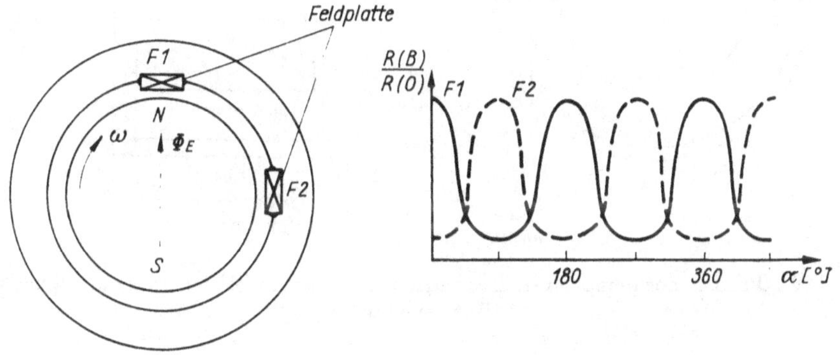

c)

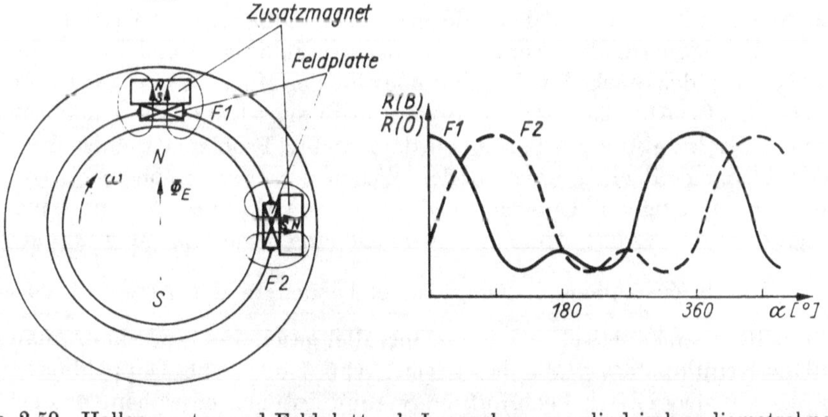

Abb. 2.59. Hallgenerator und Feldplatte als Lagegeber am zylindrischen diametral polarisierten Magnetläufer; a) Hallgenerator, b) Feldplatte ohne magnetische Vorspannung, c) Feldplatte mit magnetischer Vorspannung

können, gibt nur der Hallgenerator ein unmittelbar eindeutiges Signal ab. Durch ein entsprechend gepoltes Zusatzfeld läßt sich auch bei der Feldplatte erreichen, daß z. B. nur bei Annäherung des Nordpoles der Widerstand zunimmt (Abb. 2.59). Es besteht aber auch die Möglichkeit, einen separat auf der Welle angebrachten und entsprechend ausgebildeten magnetischen Steuerkopf zur Lagemeldung zu verwenden (Abb. 2.60).

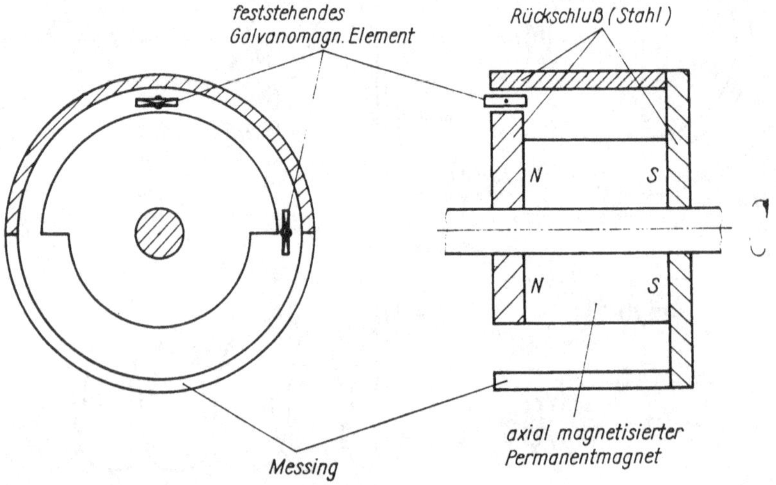

Abb. 2.60. Prinzipanordnung eines magnetischen Steuerkopfes für galvanomagnetische Bauelemente

Ein weiteres Bauelement, das eine magnetfeldabhängige Charakteristik besitzt, ist die Magnetdiode. Ähnlich wie bei der Feldplatte ändert sich in Abhängigkeit von der Stärke des Magnetfeldes bei der Magnetdiode der Durchlaßwiderstand. In Abb. 2.61 ist die Strom-Spannungs-Kennlinie einer solchen Diode mit der Induktion als Parameter dargestellt. Problematisch ist die Temperaturabhängigkeit einer Einzeldiode. Wegen der etwa exponentiell von der Temperatur abhängigen Injektionsbedingung bewirkt eine Veränderung um 7 °C eine ebenso große Kennlinienverschiebung, wie ein Magnetfeld von $0{,}1\,\frac{\mathrm{Vs}}{\mathrm{m}^2}$. Durch Zusammenschaltung zweier Dioden in der Art, daß sie elektrisch in Reihe, magnetisch jedoch antiparallel geschaltet sind, kann man den Temperatureinfluß fast völlig beseitigen (Abb. 2.62). Die Doppeldiode wird dann als ein magnetisch beeinflußter Spannungsteiler betrieben, dessen Abgriffspannung sich unter dem Einfluß des magnetischen Feldes verändert. Abb. 2.63 zeigt die Mittelpunktspannung der Magnetdoppeldiode AHY10 in Abhängigkeit vom Magnetfeld bei verschiedenen Betriebsspannungen. Vorteilhaft bei der Magnetdoppeldiode ist, daß, ebenso wie beim Hallgenerator, die Ausgangsspannung abhängig von der Richtung des Magnetfeldes ist.

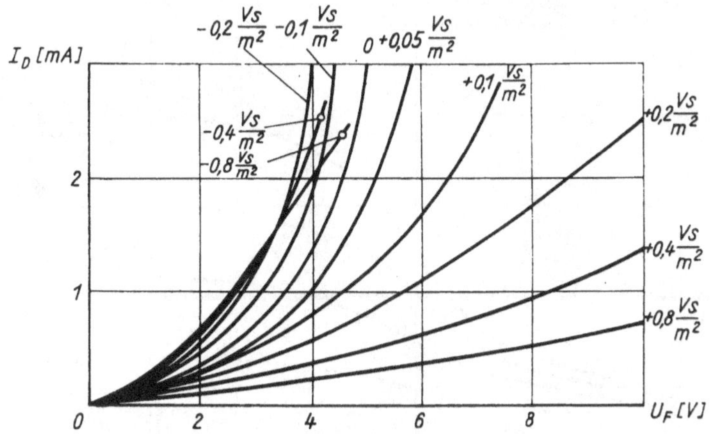

Abb. 2.61. Strom-Spannungs-Kennlinie einer Magnetdiode

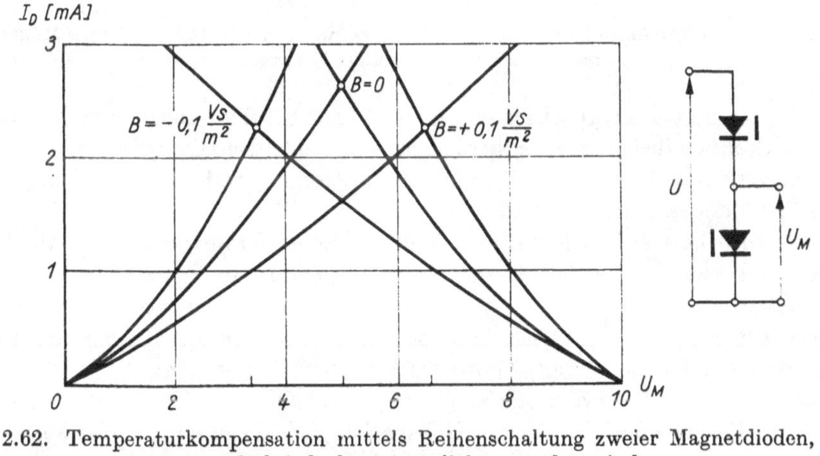

Abb. 2.62. Temperaturkompensation mittels Reihenschaltung zweier Magnetdioden, die magnetisch jedoch antiparallel angeordnet sind

Lagegeber mit induktiven Bauelementen

Die Größe einer Induktivität ist eine Funktion der Windungszahl w, der Permeabilität μ des Kernes und der Abmessung A von Wicklung und Kern. Bei einem induktiven Lagegeber wird fast ausschließlich davon Gebrauch gemacht, den Luftspalt des Eisenkernes einer Induktivität so zu verändern, daß eine ausreichende Induktivitätsänderung erzielt wird. In Abb. 2.64 ist die Prinzipanordnung eines solchen Lagegebers dargestellt. Bei entsprechender Dimensionierung des magnetischen Kreises lassen sich durchaus Induktivitätsänderungen von 1:5 und mehr erzielen.

Eine weitere Möglichkeit, die Induktivität zu verändern, besteht darin, Ferritringkerne mit ausgeprägtem Sättigungsknick zu verwenden. Die Kerne wer-

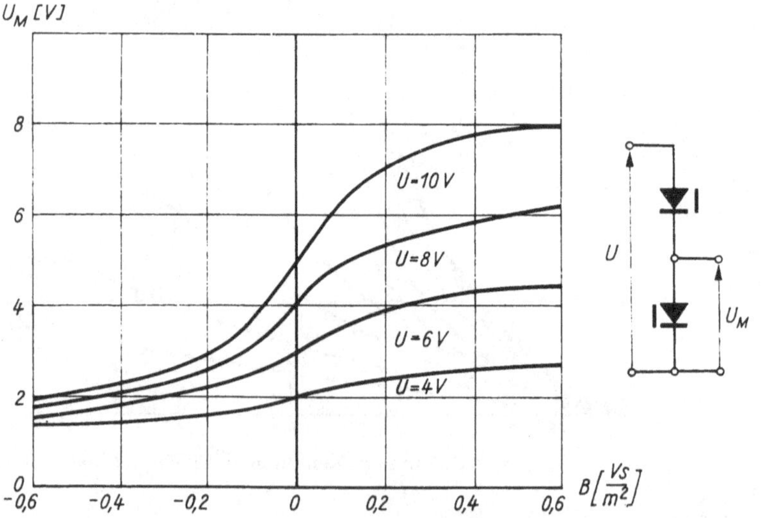

Abb. 2.63. Mittenspannung einer Magnetfelddoppeldiode in Abhängigkeit vom Magnetfeld mit der Betriebsspannung als Parameter

den durch ein axial magnetisiertes Segment, das auf dem Läufer angebracht ist, je nach Stellung des Segmentes gesättigt oder nicht. Dementsprechend wechselt die Induktivität der auf den Ringkern gewickelten Spule zwischen einem sehr niedrigen oder sehr hohen Wert.

Weiterhin besteht noch die Möglichkeit, kleine Transformatoren als Lagegeber zu verwenden, wobei die beiden eben genannten Prinzipien der Induktivitätsänderung ebenfalls zur Anwendung gelangen. Der Vorteil eines Lagegebers auf Transformatorbasis besteht darin, daß das an der Sekundärspule abgenommene Lagegebersignal potentialfrei ist und optimal an die nachfolgende Schaltung angepaßt werden kann.

Nachteilig bei allen induktiven Gebern ist, daß sie ohmsche und kapazitive Widerstände enthalten, daß Wirbelstromverluste im Kern und in der Wicklung sowie Hystereseverluste im Kern auftreten und daß sie zur Erzielung einer mög-

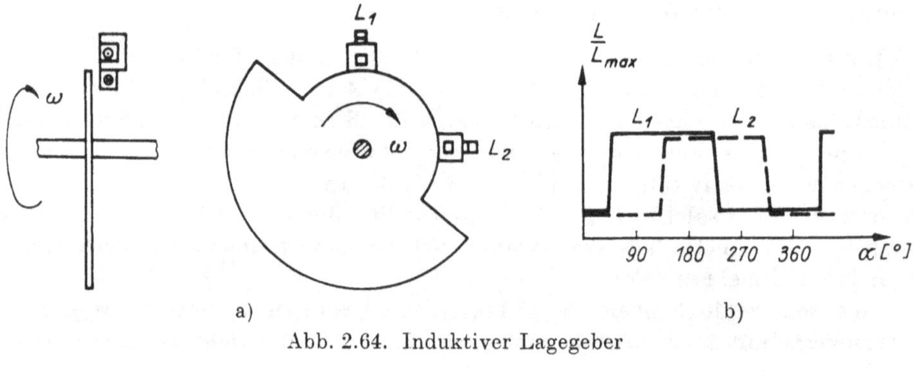

a) b)

Abb. 2.64. Induktiver Lagegeber

	Anordnung der Wicklungsstränge	räumliche Anordnung der Lagegeber und Breite des Steuersegmentes	Anordnung der Schalter im Stromrichter	Leitdiagramm der Schalter
1	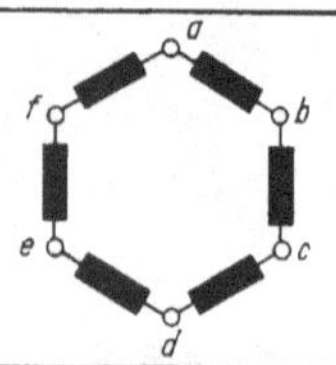	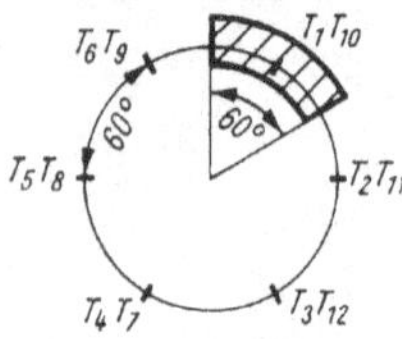	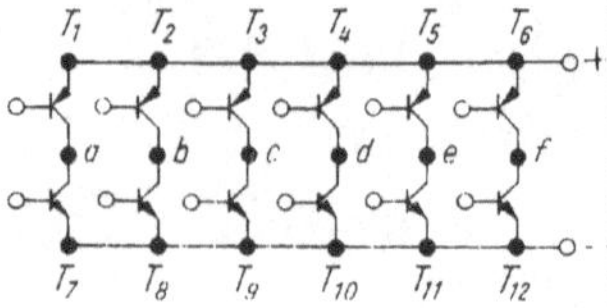	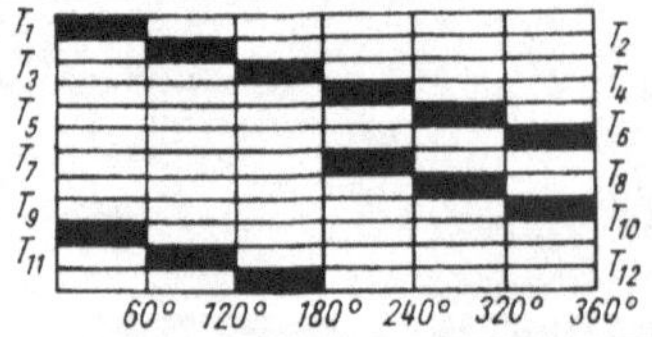
2	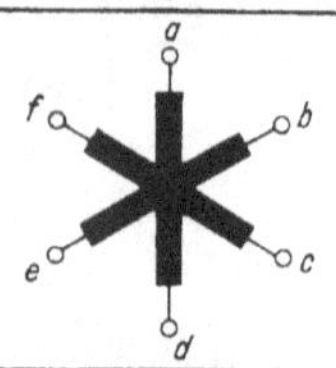	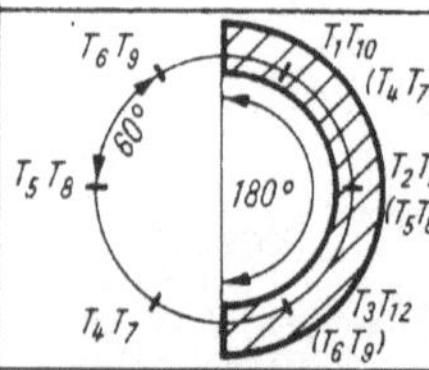	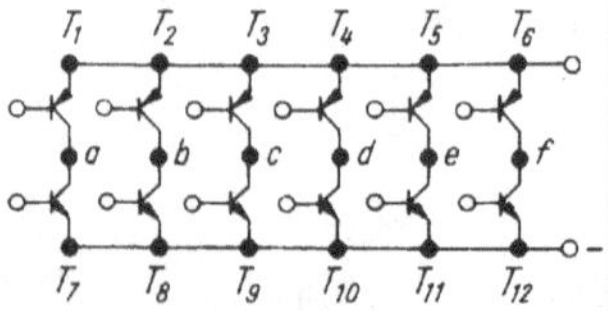	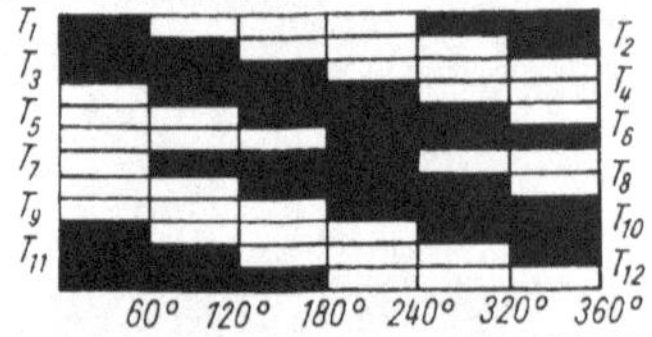
3	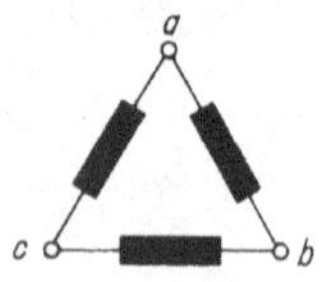	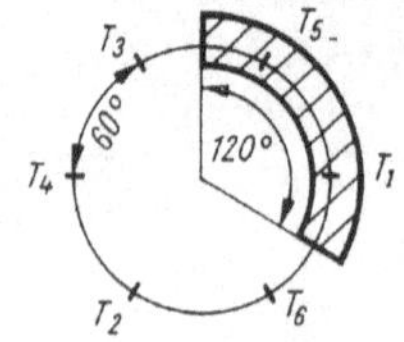	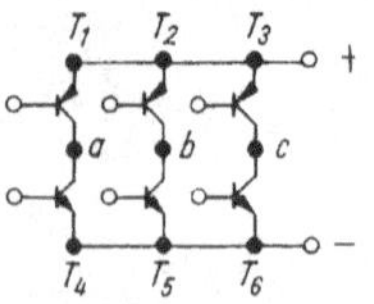	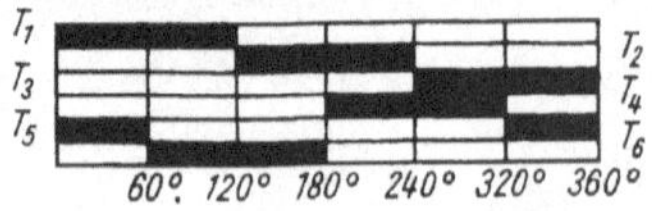
4	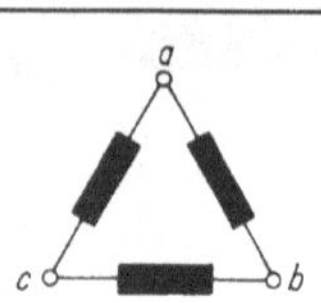	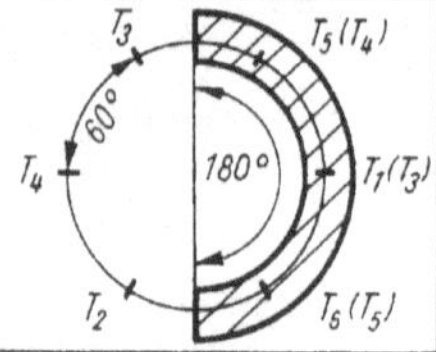	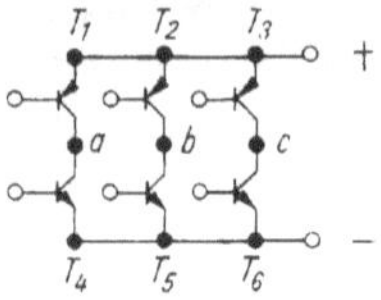	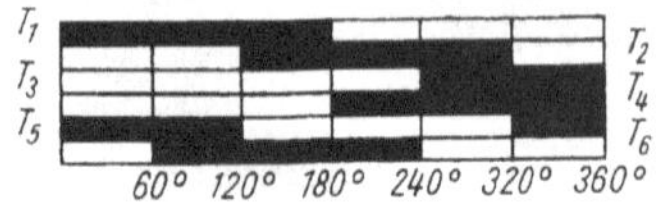
5	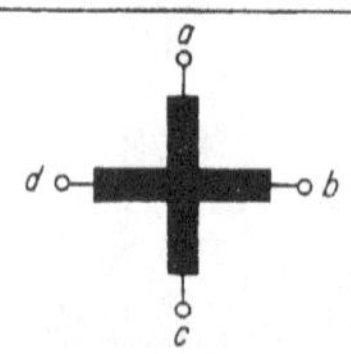	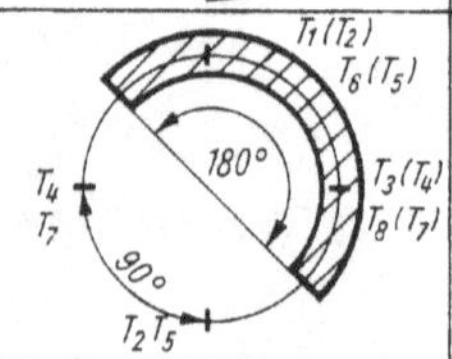	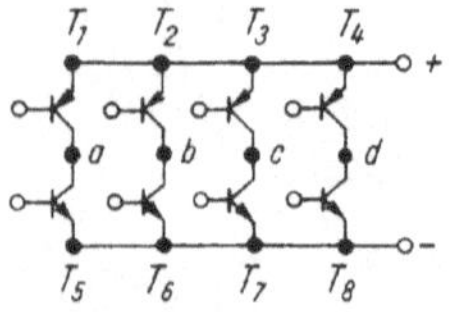	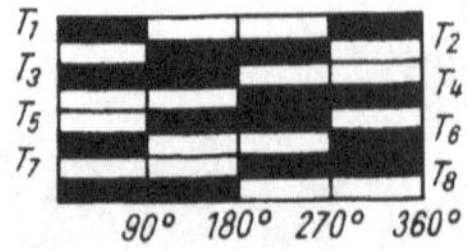

	Anordnung der Wicklungsstränge	räumliche Anordnung der Lagegeber und Breite des Steuersegmentes	Anordnung der Schalter im Stromrichter	Leitdiagramm der Schalter
6	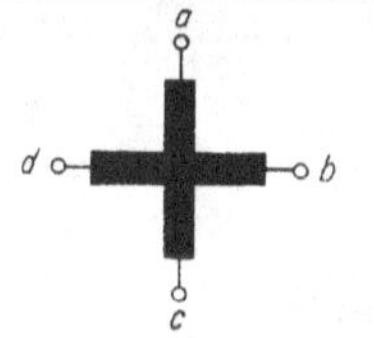	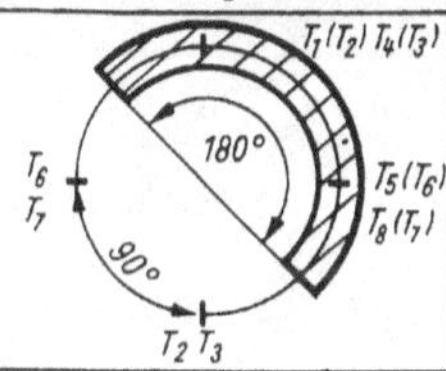	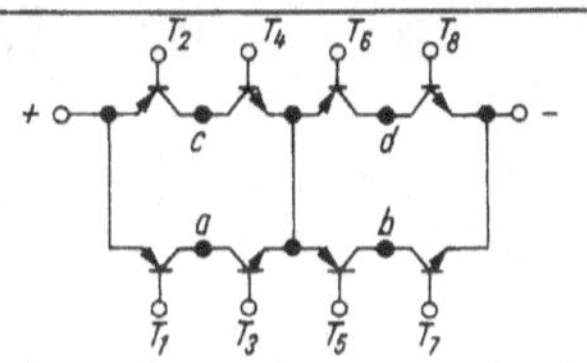	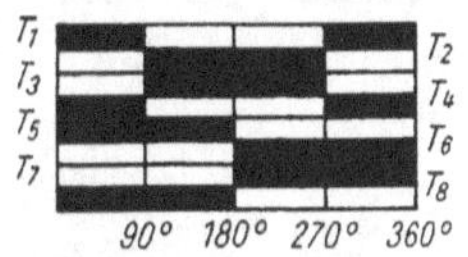
7	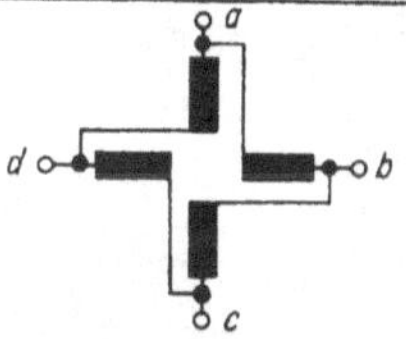	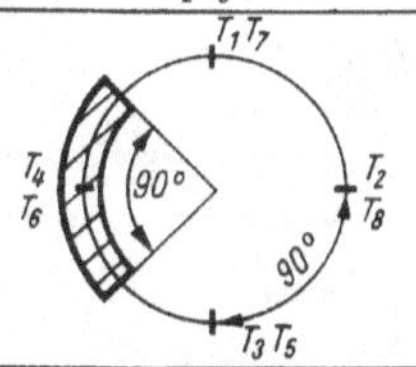	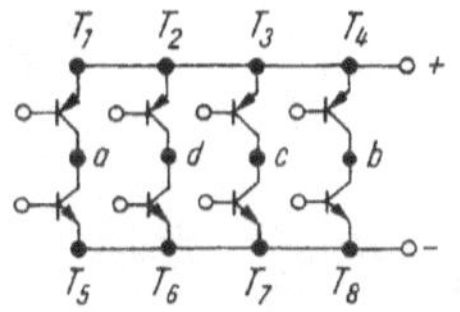	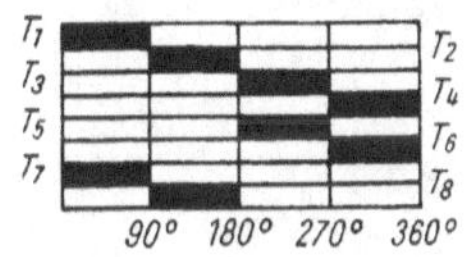
8	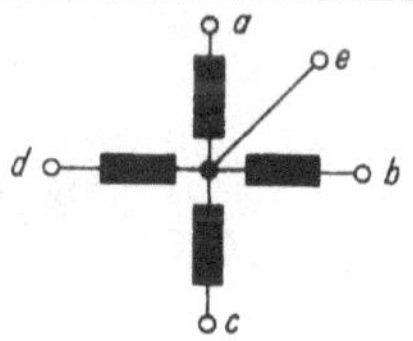	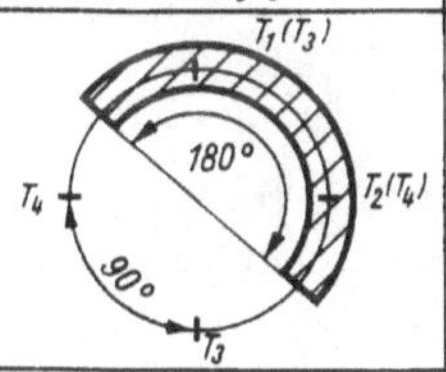	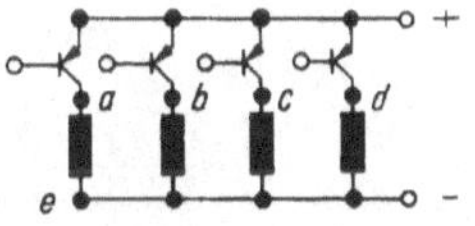	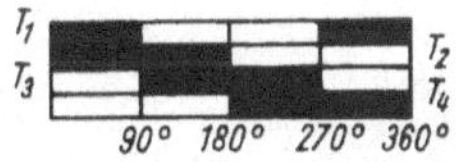
9	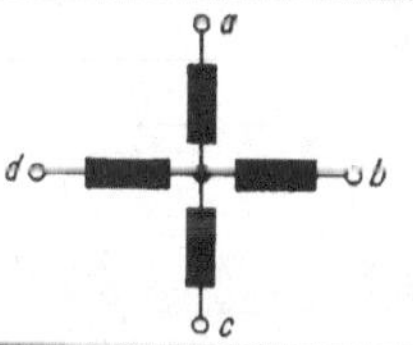	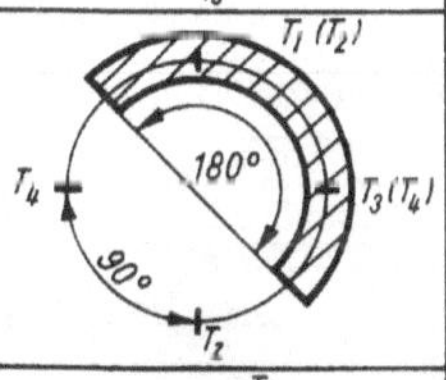	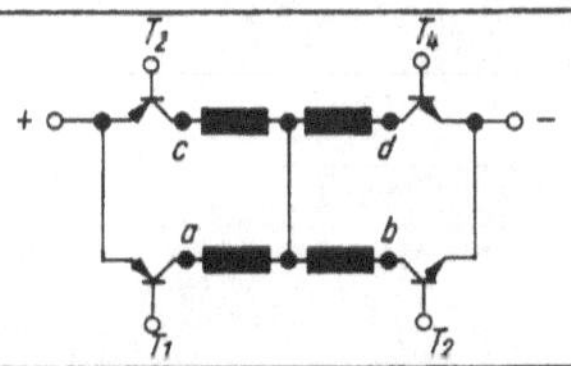	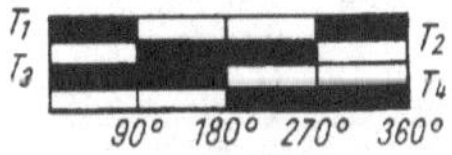
10	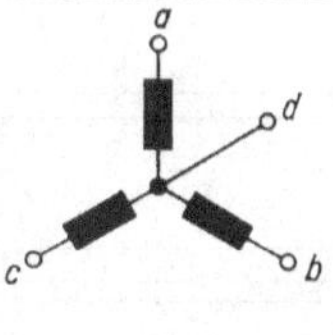	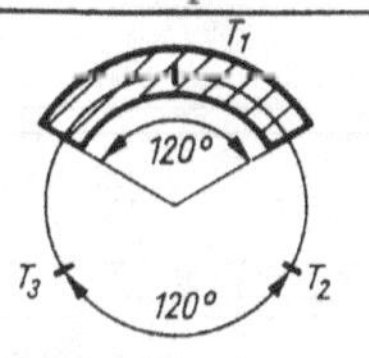	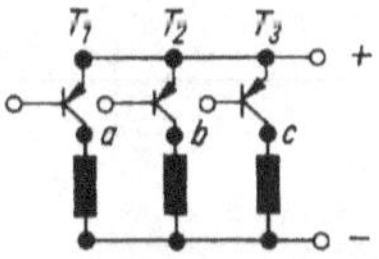	

lichst großen Induktivität bei kleinen räumlichen Abmessungen mit einem möglichst hochfrequenten Strom erregt werden müssen. Im Gegensatz zu den bisher erläuterten Lagegebern, die als Hilfsenergie eine Gleichspannung benötigen, ist bei den induktiven Lagegebern ein Oszillator erforderlich.

Gegenüberstellung verschiedener Ankerwicklungsanordnungen

Im vorangegangenem Abschnitt wurde bereits beschrieben, daß die Ströme in den einzelnen Wicklungen zeitlich verschoben sind, daß im Ergebnis ein Kreisdrehfeld im Ständer der Maschine erzeugt wird. Die Einhaltung der zeitlichen Verschiebung der einzelnen Strangströme wird durch den Stromrichter realisiert. Durch den Rotorlagegeber werden die einzelnen Schalter des Stromrichters so geschaltet, daß die einzelnen Stränge der Ankerwicklung stets in richtiger Folge an die Speisespannung angelegt werden. Bei Speisung aus einem Stromrichter ergeben sich für die Ankerwicklung vielfältige Möglichkeiten, um ein Drehfeld zu erzeugen. Charakteristisch für die kommutatorlose Gleichstrommaschine ist der konstante Luftspalt. Damit ist die Feldkurve $B(x)$ eindeutig aus der Verteilung der Durchflutung im Anker bestimmbar. Eine Besonderheit bei Speisung der Ankerwicklung aus einem Stromrichter besteht darin, daß die Feldkurve $B(x)$ nicht mit konstanter Geschwindigkeit, sondern schrittweise entsprechend der Leitdauer der Schalter im Stromrichter umläuft. Eine Ausnahme bildet die oben erläuterte Schaltungsvariante, in der die vier Transistoren des Stromrichters entsprechend der Lage des Erregerfeldes sinusförmig aufgesteuert werden. Diese Möglichkeit läßt sich aber nur bei Maschinen kleinster Leistung realisieren, da sonst die Verluste im Schaltelement nicht mehr beherrscht werden können. Da im Normalfall die Transistoren des Stromrichters im Schaltbetrieb arbeiten, hat die an den Wicklungssträngen anliegende Spannung einen rechteckförmigen Verlauf mit einer Breite gleich der Einschaltdauer der Schalter im Stromrichter. Die Folge davon ist, daß Pulsationsverluste und Bremsmomente durch die höheren Harmonischen auftreten.

Besonders stark ist das der Fall bei einigen Wicklungsanordnungen, bei denen die Leitdauer der Schalter 180° el beträgt.

Bei der optimalen Auslegung der Wicklungsanordnung und des damit verbundenen Stromrichters sind folgende Faktoren im Zusammenhang zu betrachten:

1. Ausnutzung der elektrischen Maschine (prozentualer Anteil der Wicklung, der zum Drehmoment beiträgt).
2. Anzahl der Schalter im Wechselrichter.
3. Leitdauer der Schalter in [°el].
4. Strombelastung der Schalter, bezogen auf den Gesamtmotorstrom.
5. Spannungsbeanspruchung der Schalter, bezogen auf die Speisespannung des Stromrichters.
6. Anzahl der benötigten Lagegeber.
7. Pulsationsverluste.

Tabelle 2.3

Charakteristische Parameter der in Tab. 2.2 dargestellten Ankerwicklungsvarianten einschließlich des dazugehörigen Stromrichters

Ankerwicklungsvariante	1	2	3	4	5	6	7	8	9	10
1. Ausnutzung der Maschine	100%	100%	66%	66%	100 %	100%	100%	50%	50%	33%
2. Anzahl der Schalter	12	12	6	6	8	8	8	4	4	3
3. Leitdauer der Schalter	60°	180°	120°	180°	180°	180°	90°	180°	180°	120°
4. Strombelastung der Schalter	100%	33%	100%	100%	50%	100%	100%	50%	100%	100%
5. Spannungsbeanspruchung der Schalter	100%	100%	100%	100%	100%	50%	100%	300%	150%	300%
6. Anzahl der Lagegeber	6	6 (3)	6	6 (3)	4 (2)	4 (2)	4	4 (2)	4 (2)	3
7. Pulsationsverluste	sehr gering	groß	mäßig	mäßig	groß	gering	gering	groß	gering	groß

In der Tab. 2.2 sind verschiedene Ankerwicklungsanordnungen dargestellt, und die für diese Varianten charakteristischen Parameter zeigt Tab. 2.3.

Bei kommutatorlosen Gleichstrommaschinen mit einer Leistungsabgabe größer ca. 10 W kann die Induktivität der Wicklungszweige nicht mehr vernachlässigt werden. Beim Abschalten eines Ankerwicklungszweiges muß die in der Induktivität gespeicherte Energie abgebaut werden, um Überspannungen am Schaltelement zu vermeiden. Dies erreicht man durch Freilaufdioden, die entgegen der Stromflußrichtung des Schaltelementes diesem parallel geschaltet werden. Bei den Ankerwicklungsvarianten 8, 9 und 10 in Tab. 2.2 kann von dieser Maßnahme aber kein Gebrauch gemacht werden, da sonst die in den nicht vom Ankerstrom durchflossenen Wicklungszweigen durch den Läufer induzierte EMK kurzgeschlossen wird und damit Bremsmomente auftreten. Diese Ankerwicklungsvarianten eignen sich also nur für Maschinen kleinster Leistungen. Außerdem muß die erhöhte Spannungsbeanspruchung der Schalter beachtet werden.

Zu erwähnen ist noch, daß bei Stromrichtern, in denen die Schalter eine Stromflußdauer von 180° el aufweisen, die Anzahl der Lagegeber auf die Hälfte herabgesetzt werden kann, wenn es möglich ist, das Ausgangssignal der restlichen Lagegeber zu negieren, mit denen dann die entsprechenden Schalter im Stromrichter angesteuert werden.

Betriebsverhalten der kommutatorlosen Gleichstrommaschine

Da mit der Gleichstrommaschine mit elektronischem Kommutator eine stromrichtergespeiste Synchron-Innenpolmaschine vorliegt, deren Speisespannung in Frequenz und Phase vom Läufer abgeleitet wird, läßt sich das Betriebsverhalten aus dem Gleichungssystem der Synchronmaschine bestimmen.

Um eine Untersuchung des Betriebsverhaltens durchführen zu können, ist es zweckmäßig, einige vereinfachende Annahmen zu treffen. Das Betriebsverhalten wird für die Synchron-Vollpolmaschine betrachtet, da bei Maschinen kleiner Leistung in der Regel diametral magnetisierte Vollpolmagnetläufer verwendet werden. Die Eisenverluste, die Nichtlinearität der Magnetisierungskennlinie und die Verluste in der Stromrichterschaltung werden vernachlässigt. Die Durchflutungen und Flüsse sind räumlich sinusförmig verteilt, und es werden nur Grundwellen betrachtet. Unter den gemachten Annahmen und Voraussetzungen ergibt sich folgende Spannungsgleichung für einen Strang der Synchron-Vollpolmaschine.

$$\boldsymbol{u} = \boldsymbol{i} \cdot R + j\, X_d \cdot \boldsymbol{i} + \boldsymbol{u}_p \,. \tag{2.83}$$

Das Ersatzschaltbild und das Zeigerdiagramm sind in Abb. 2.65 dargestellt. Der Strangstrom ergibt sich aus Gl. (2.83) zu:

$$\boldsymbol{i} = \frac{\boldsymbol{u} - \boldsymbol{u}_p}{R + jX_d} \,. \tag{2.84}$$

Die Wirkleistung der Synchronmaschine erhält man aus der Beziehung

$$P_2 = m \cdot \mathrm{Re}\,\{\boldsymbol{u}_p \cdot \boldsymbol{i}\} = m \cdot U_p \cdot I \cdot \cos\psi\,. \tag{2.85}$$

Mit Hilfe der komplexen Rechnung oder aus den geometrischen Beziehungen des Zeigerdiagrammes (Abb. 2.65) erhält man für die abgegebene Leistung aus Gl. (2.84) und (2.85).

$$P_2 = m \cdot U_p \left(\frac{U \cdot R \cdot \cos\delta - R \cdot U_p + X_d \cdot U \cdot \sin\delta}{R^2 + X_d^2}\right). \tag{2.86}$$

Der Ausdruck für das elektromagnetische Moment lautet damit:

$$M = m \cdot \frac{p}{\omega} \cdot U_p \left(\frac{U \cdot R \cdot \cos\delta - R \cdot U_p + X_d \cdot U \cdot \sin\delta}{R^2 + X_d^2}\right). \tag{2.87}$$

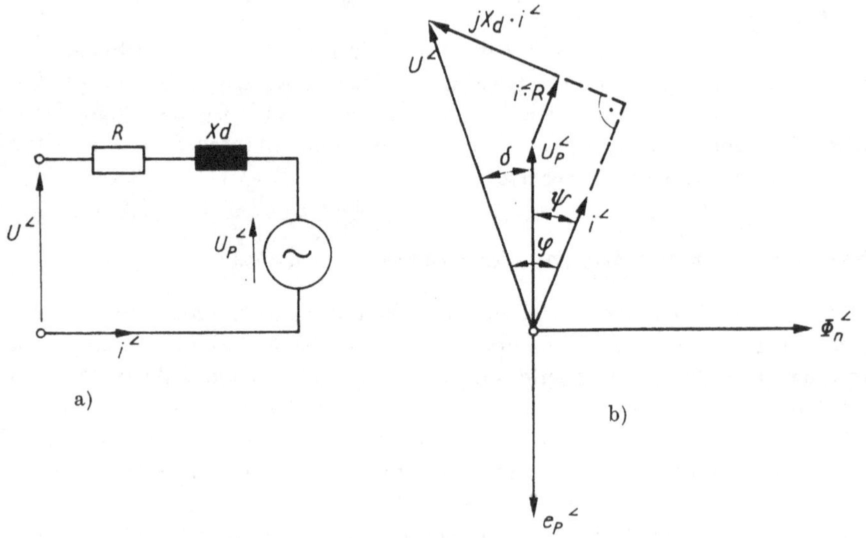

Abb. 2.65. Ersatzschaltbild (a) und Zeigerdiagramm (b) eines Stranges einer Synchron-Vollpolmaschine[1])

Der Polradwinkel δ, der die Phasenlage zwischen Strangspannung und Polradspannung angibt, wird durch den Lagegeber bestimmt und ist eine unveränderliche Größe. Wie aus Gl. (2.86) zu ersehen ist, tritt das maximale Moment bei dem Polradwinkel $\delta = 0$ auf. Aus dem Zeigerdiagramm Abb. 2.65 erkennt man aber, daß der Polradwinkel nur dann Null wird, wenn die Ankerinduktivität vernachlässigbar klein ist. Hierbei haben Strangspannung, Strangstrom und Polradspannung gleiche Phasenlage. Besonders bei Kleinmaschinen und für niedrige Drehzahlen ist die Hauptfeldreaktanz ωL_d gegenüber dem ohmschen Wider-

[1]) In den Abb. wird für die Zeigergrößen das Symbol $<$ verwendet.

stand des Stranges zu vernachlässigen. Unter dieser Bedingung erhält man für das Moment aus Gl. (2.87) folgende einfache Beziehung:

$$M = m \cdot \frac{p}{\omega} \cdot U_p \left(\frac{U - U_p}{R} \right). \tag{2.88}$$

Mit

$$U_p = c \cdot \Phi \cdot n$$

erhält man aus Gl. (2.88) für die Drehzahl einer kommutatorlosen Gleichstrommaschine bei vernachlässigbar kleiner Hauptfeldreaktanz die Beziehung

$$n = \frac{U}{2\pi \cdot c \cdot \Phi} - \frac{M \cdot R}{2\pi \cdot m \cdot p \cdot c^2 \cdot \Phi^2}. \tag{2.89}$$

Die Kennlinien entsprechen denen eines konventionellen Gleichstrom-Nebenschlußmotors und ihre Neigung wird durch den Wirkwiderstand bestimmt. Mit zunehmender Drehzahl oder bei größeren Maschinen ist der Einfluß der Ankerinduktivität nicht mehr zu vernachlässigen und zwischen der Klemmenspannung und der Polradspannung tritt der bereits erwähnte Polradwinkel δ und zwischen der Strangspannung und dem Motorstrom der Winkel φ auf (Abb. 2.65). Die Folge davon ist, daß die Neigung der Drehzahl-Drehmomenten-Kennlinien nicht mehr konstant ist.

Abb. 2.66 zeigt den Verlauf der Drehzahl-Drehmomentenkennlinie eines kommutatorlosen Motors bei Vernachlässigung und bei Berücksichtigung der Ankerinduktivität.

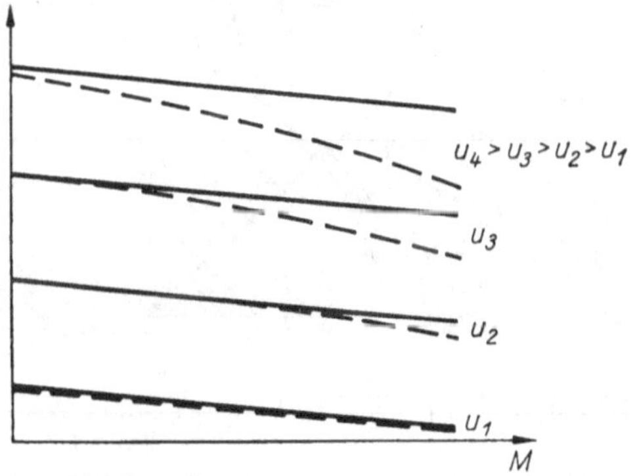

Abb. 2.66. Drehzahl-Drehmomentenkennlinie eines kommutatorlosen Motors bei Vernachlässigung ——— und bei Berücksichtigung der Ankerinduktivität – – –

2.4. Der Einsatz von Dauermagneten

Die Dauermagnete können im Stator oder im Läufer eingesetzt werden. Der Dauermagnet bestimmt mit seiner Energiedichte (BH) und mit seiner Koerzitivfeldstärke den Ausnutzungsfaktor der Motoren.

Jeder spezielle Anwendungsfall bedingt eine entsprechende Auswahl eines Dauermagneten.

Es sind zwei grundsätzliche Magnetmaterialien bekannt geworden, die für den Gleichstrom-Kleinstmotor infrage kommen.

1. Barium- oder Strontium-Ferrit-Magnete und
2. Alni- oder Alnico-Magnete

Die folgende Tab. 2.4 soll eine grobe Übersicht über die z. Z. angebotenen Dauermagnetwerkstoffe vermitteln.

Die Werkstoffdaten sind bei 20 °C nach TGL 16541 festgelegt.

2.4.1. Kenngrößen von Dauermagneten

Im wesentlichen sind es 5 Kenngrößen, die den Dauermagnetwerkstoff hinreichend charakterisieren.

Maximale magnetische Energiedichte

$$(BH)_{\max} \bigg/ \frac{\mathrm{Ws}}{\mathrm{m}^3}$$

Als Energiedichte eines permanenten Magneten ist das Produkt aus magnetischer Induktion und magnetischer Feldstärke der Entmagnetisierungskennlinie definiert (Abb. 2.67).

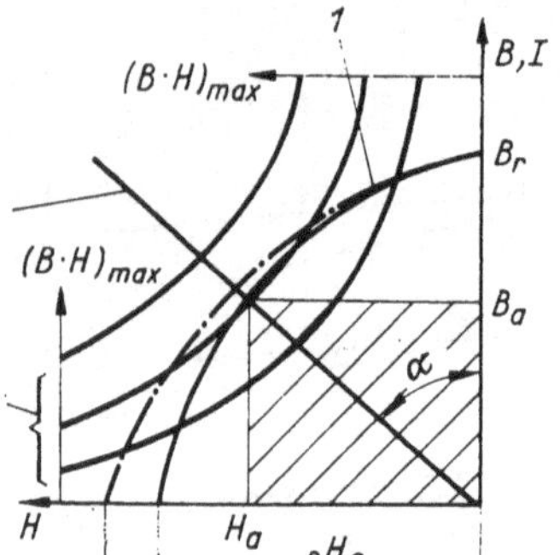

Abb. 2.67. Entmagnetisierungskennlinien von Dauermagneten; *1* — Entmagnetisierungskennlinie des Dauermagneten, *2* — Arbeitsgerade des Dauermagnetkreises, *3* — Kurven einheitlicher Energiedichte für verschiedene Arbeitspunkte

Remanente Induktion

$$B_r \bigg/ \frac{\mathrm{Vs}}{\mathrm{cm}^2}$$

Als remanente Induktion ist die nach Magnetisierung des Magneten ohne Gegenfeld vorhandene Induktion definiert.

Tabelle 2.4

Werkstoff-bezeichnung	Hersteller	Energiewert $(BH)_{max} / \frac{WS}{m^3}$	Remanente Induktion $B_r / \frac{Vs}{m^2}$	Koerzitiv-feldstärke $H_c / \frac{A}{cm}$	Struktur	optimaler Arbeitspunkt $B_a / \frac{Vs}{m^2}$	optimaler Arbeitspunkt $H_a / \frac{A}{cm}$	reversible Permea-bilität μ_{rev}
I. Dauermagnete auf Alni- und Alnico-Basis:								
Alnico 350 (Sintermagnet)	VEB Hartmetall-werk Immelborn	23900	0,80	800	anisotrop	0,48	495	4—6
Alnico 350 (Gußmagnet)	VEB Elektro-chemisches Kom-binat Bitterfeld	26200	0,84	880—1100	anisotrop	0,52	560	3
Alnico 650 (Gußmagnet	VEB Elektro-chemisches Kom-binat Bitterfeld	51700	1,02	942	anisotrop	0,75	680	—
Koerzit 250	Fa. Krupp BRD	13500—20500	0,55—0,75	676—835	anisotrop	0,48	400	3—4
Koerzit 400	Fa. Krupp BRD	35800—47700	1,05—1,13	437—595	anisotrop	0,7—1,0	302—430	4—5
Koerzit 550 G	Fa. Krupp BRD	43500—51500	1,25—1,35	515—570	anisotrop	—	—	5—6
Oerstit 500	Deutsche Edel-stahlwerke AG	40000—50000	1,2	650	anisotrop	—	—	4,2—5,5
II. Dauermagnete auf Bariumferrit- und Eisenoxyd-Basis:								
Maniperm 820	VEB KWH	4800— 8000	0,16—0,22	960—1440	isotrop	0,085	515	1—1,2
Maniperm 840	VEB KWH	16000—22400	0,28—0,40	800—1760	anisotrop	0,22—0,27	550—1000	1—1,2
Maniperm 850	VEB KWH	22400—25600	0,32—0,30	1430—2300	anisotrop	0,20	—	—
Koerox 300	Fa. Krupp BRD	16000—24000	0,30—0,38	1120—1840	anisotrop	0,20	955	1,0
Koerox 100	Fa. Krupp BRD	6300— 8700	0,18—0,22	1270—1600	anisotrop	0,12	796	2,0
Oxit 300 R	Deutsche Edelstahlwerke	24600	0,39	1350	anisotrop	—	—	1,1—1,2
Oxit 300 K	Deutsche Edelstahlwerke	23000	0,38—0,40	1600	anisotrop	0,26	1050	1,1—1,2
Oxit 300 KK	Deutsche Edelstahlwerke	15100—19000	0,32—0,35	2070	anisotrop	0,20	1350	1,1—1,2

Koerzitivfeldstärke

$$H_c \bigg/ \frac{\mathrm{A}}{\mathrm{cm}}$$

Im allgemeinen Fall ist die Entmagnetisierungskennlinie nichtlinear und mehr oder weniger ausgebaucht. Oft wird auch die magnetische Polarisation I angegeben. Es ergibt sich dabei die I-H-Kurve gemäß $B = \mu_0 H + I$, wobei bei $H = 0$; $B_r = I_r$ ist. Die maximal auftretende Koerzitivfeldstärke kann verschiedene Werte ergeben und trägt damit die Bezeichnungen ${}_IH_c$ oder ${}_BH_c$ (siehe Abb. 2.67). Für die Berechnung von Magnetkreisen wird zweckmäßigerweise die B-H-Kurve zugrundegelegt.

Permeabilität μ

Dabei gilt: $\mu = \mu_0 \cdot \mu_{\text{rel.}}$, wobei $\mu_0 = 1{,}256 \cdot 10^{-8} \dfrac{\mathrm{Vs}}{\mathrm{Acm}}$ die magnetische Leitfähigkeit im Vakuum darstellt.

Als permanente Permeabilität μ_P bezeichnet man die mittlere Neigung der B-H-Kurve, deren Fußpunkt P_2 gewöhnlich auf der Entmagnetisierungskennlinie nach Abb. 2.68 liegt.

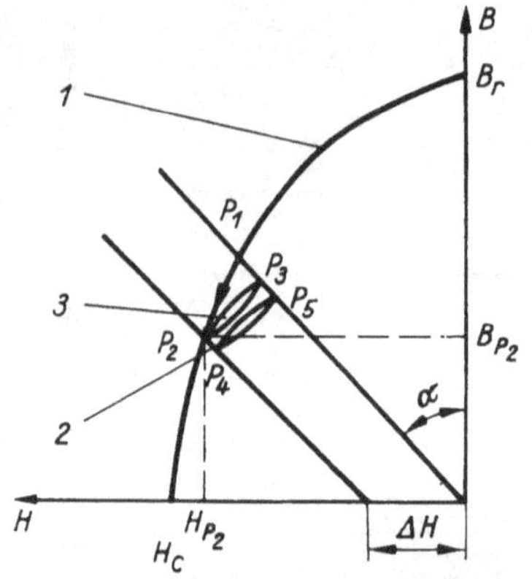

Abb. 2.68. Entmagnetisierungskennlinien von Dauermagneten; *1* — remanente Zustandskennlinie, *2* — Kennlinie des passiven Magnetkreises, *3* — lanzettenförmige permanente Zustandskennlinie

$$\mu_p = \frac{1}{\mu_0} \cdot \frac{\Delta B}{\Delta H} \,. \tag{2.90}$$

Treten innerhalb des magnetischen Dauermagnetkreises Schwankungen infolge Luftspaltlängenänderung oder kurzzeitige magnetische Gegenfelder auf, so ergibt sich nach Verschwinden dieser Gegenfelder ein tiefer liegender Arbeitspunkt auf einer inneren rückläufigen Schleife. Es tritt also ein irreversibler Induktionsverlust auf. Für die praktische Berechnung dieser in der Regel lanzettenförmig durchlaufenden Schleifen wird die reversible Permeabilität $\mu_{\text{rev.}}$ zugrundegelegt. Sie entspricht der Anfangsneigung der B-H-Kurve für $\Delta H = 0$

$$\mu_{\text{rev.}} = \frac{1}{\mu_0} \cdot \frac{\Delta B}{\Delta H}\bigg|_{\Delta H \to 0}, \tag{2.91}$$

$\mu_{\text{rev.}}$ ist also ein Grenzwert von μ für $\Delta H \to 0$.

Komplizierter ist jedoch die Erfassung der irreversiblen Entmagnetisierungswirkung von Gegenfeldern, besonders wenn diese Magnetfelder über die Fläche des Dauermagneten mit unterschiedlichem Betrag und Richtung verteilt sind.

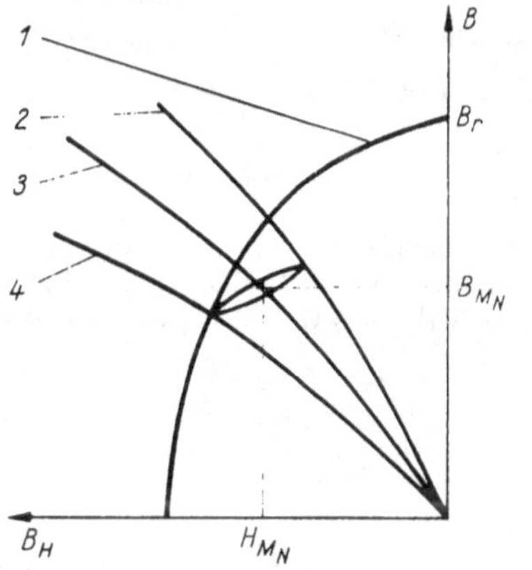

Abb. 2.69. Belastung des Dauermagneten durch den Magnetkreis; *1* — remanente Zustandskennlinie des Dauermagneten, *2*, *3* und *4* — Übertrittskennlinien des Magnetkreises mit lanzettenförmiger permanenter Zustandskennlinien

Es wird jedes Volumenelement des Magneten anders belastet. Eine exakte Berechnung ist hier kaum möglich. Dieser Fall tritt bei Gleichstrommaschinen durch die Ankerrückwirkung auf. In guter Näherung wird diese Belastung des Dauermagneten durch die Berechnung der Übertrittskennlinien erfaßt (siehe dazu Abb. 2.69).

In den Abb. 2.70 und 2.71 sind die Entmagnetisierungskennlinien verschiedener Dauermagnetwerkstoffe dargestellt. Die Kennlinie ist bei niedrigkoerzitiven Werkstoffen (z. B. Alnico) stark gekrümmt. Bei hochkoerzitiven Werkstoffen (z. B. den keramischen Barium- und Strontiumferriten) verlaufen die Kennlinien flacher und weitgehend geradlinig. Im linearen Bereich ist der Anstieg der inneren rückläufigen Kurve $\mu_{\text{rev.}}$ gleich dem der äußeren. Es treten also dort keine irreversiblen Induktionsänderungen bei Belastungsänderungen auf.

Temperaturverhalten

Von allen Einflüssen auf die Stabilität von Dauermagneten hat die Temperatur eine große Bedeutung. Dabei werden reversible als auch irreversible Änderungen festgestellt.

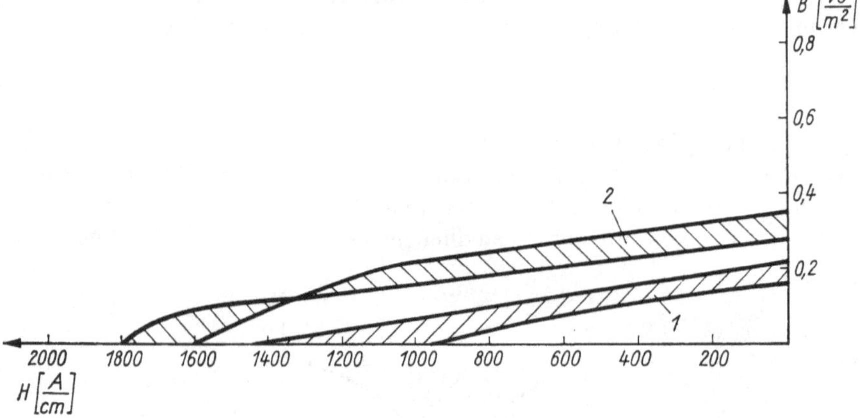

Abb. 2.70. Entmagnetisierungskennlinien von Dauermagnetwerkstoffen auf Bariumferrit- und Eisenoxyd-Basis, *1* — Maniperm 820 (VEB KWH) $(BH)_{max} = 4800 \div 8000$ Ws/m³, *2* — Maniperm 840 (VEB KWH) $(BH)_{max} = 16000 \div 22400$ Ws/m³

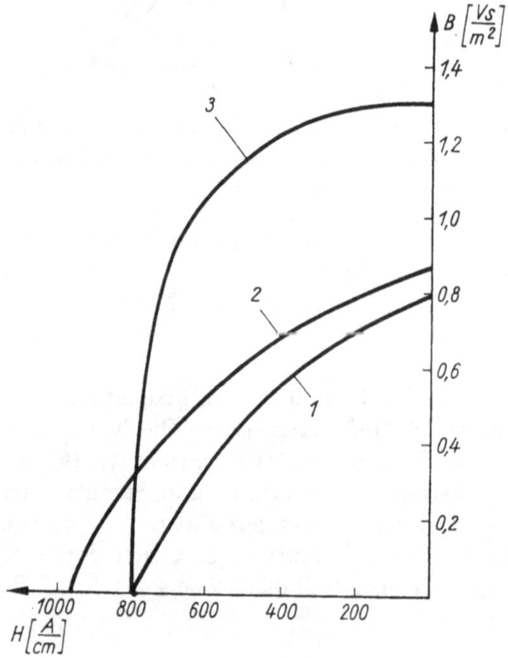

Abb. 2.71. Entmagnetisierungskennlinien von Dauermagnetwerkstoffen auf Al-Ni-Co-Basis; *1* — Alnico 350 (VEB Hartmetallwerk Immelborn) $(BH)_{max} \approx 23900$ Ws/m³, *2* — Alnico 350 (VEB EKB) $(BH)_{max} = 26200$ Ws/m³, *3* — Koerzit 700 (anisotrop) (Friedr. Krupp BRD) $(BH)_{max} = 50000$ Ws/m³

Der reversible Anteil wird mit dem reversiblen Temperaturkoeffizienten α_{Br} erfaßt. Für die Remanenzinduktion ergibt er sich zu

$$\alpha_{Br} = \frac{\Delta B_r}{B_r \cdot \Delta T} . \tag{2.92}$$

Für Alnico-Werkstoffe geben die Hersteller einen Temperaturkoeffizienten für die remanente Induktion im Bereich von

$$-100\ °C < \vartheta < +100\ °C$$

von

$$\alpha_{Br} \approx -2 \cdot 10^{-4}/\text{grd}$$

und für Barium- und Strontium-Ferrite

$$\alpha_{Br} \approx -(0{,}18 \cdots 0{,}20)\ 10^{-3}/\text{grd}$$

an.

2.4.2. Überschlägliche Berechnung von Dauermagnetpolen

Der Berechnung liegt die Aufgabe zugrunde, den von den geometrischen Abmessungen des magnetischen Dauermagnetkreises abhängigen Arbeitspunkt auf der Entmagnetisierungskennlinie zu finden bzw. bei vorgegebener Luftspaltinduktion die erforderlichen Magnetabmessungen zu bestimmen. Eine entscheidende Rolle spielt dabei die schwer erfaßbare magnetische Streuung. Besondere Gesichtspunkte bei der Berechnung sind weiterhin die Optimierung hinsichtlich des geringsten Magnetvolumens, d. h. den Arbeitspunkt des Magnetkreises so zu bestimmen, daß er sich möglichst im Bereich der größten magnetischen Energiedichte $(BH)_{max}$ des Dauermagneten befindet, die Stabilität des Magnetsystems sowie geringe Erzeugnis-Gesamtkosten.

Dem besseren Verständnis nach soll zuerst ein einfaches Magnetsystem dimensioniert werden. Die Auslegung der Dauermagnetpole ist durch ihre magnetischen Eigenschaften — Entmagnetisierungskennlinie — gegeben (siehe dazu Abb. 2.70 und Abb. 2.71).

Ausgangspunkt für die Dimensionierung von Magnetsystemen mit Dauermagneten sind:

1. die Luftspaltabmessungen
2. die gewünschte Luftspaltinduktion

Für eine vereinfachte Berechnung sollen folgende Voraussetzungen angenommen werden (Abb. 2.72):

1. Die Luftspaltinduktion und die Induktion im Magneten ist über dem betrachteten Querschnitt homogen.
2. Die magnetische Streuung des Magnetsystems wird vereinfacht durch einen Streufaktor ausgedrückt.

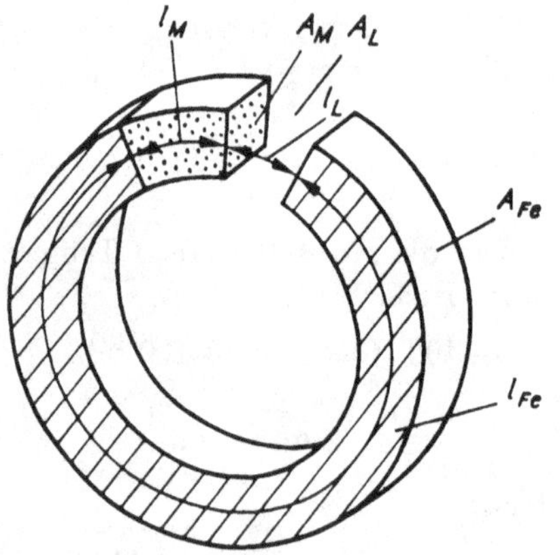

Abb. 2.72. Vereinfachte Darstellung eines Magnetkreises mit Dauermagnet

Definition der magnetischen Größen:

$B_L \Big/ \frac{\mathrm{Vs}}{\mathrm{m}^2}$ = magnetische Induktion im Luftspalt

$H_L \Big/ \frac{\mathrm{A}}{\mathrm{m}}$ = magn. Feldstärke im Luftspalt

$B_M \Big/ \frac{\mathrm{Vs}}{\mathrm{m}^2}$ = magn. Induktion im Magneten

$B_{\mathrm{Fe}} \Big/ \frac{\mathrm{Vs}}{\mathrm{m}^2}$ = magn. Induktion im Eisen

$H_M \Big/ \frac{\mathrm{A}}{\mathrm{m}}$ = magn. Feldstärke im Magneten

$H_{\mathrm{Fe}} \Big/ \frac{\mathrm{A}}{\mathrm{m}}$ = magn. Feldstärke im Eisen

$\Phi_L/10^{-4}\,\mathrm{Vs}$ = magn. Fluß im Luftspalt
$\Phi_M/10^{-4}\,\mathrm{Vs}$ = magn. Fluß im Magneten
A_L/cm^2 = geom. Querschnitt des Luftspaltes
$A_{\mathrm{Fe}}/\mathrm{cm}^2$ = geom. Querschnitt des Eisens
A_M/cm^2 = geom. Querschnitt des Magneten
l_L/cm = geom. Länge des Luftspaltes
l_M/cm = geom. Länge des Magneten
$l_{\mathrm{Fe}}/\mathrm{cm}$ = geom. Länge des Eisens
V_L/cm^3 = geom. Volumen des Luftspaltes
V_M/cm^3 = geom. Volumen des Magneten
σ = Streufaktor
p = Potentialverlustfaktor
μ_0 = magn. Permeabilität des Vakuums

Die Abmessungen des Magnetmaterials werden wie folgt bestimmt: Nach dem Durchflutungsgesetz für einen Dauermagnetkreis mit $\Theta = 0$ ergibt sich

$$\oint \vec{H} \cdot dl = H_L \cdot l_L + H_{\mathrm{Fe}} \cdot l_{\mathrm{Fe}} + H_M \cdot l_M = 0\,. \tag{2.93}$$

Der Betrag $H_{\mathrm{Fe}} \cdot l_{\mathrm{Fe}}$ ist wegen der hohen magnetischen Leitfähigkeit des Eisens sehr klein. Er kann hier vereinfacht durch einen Zahlenfaktor, den Potentialverlustfaktor, berücksichtigt werden.

$$H_M \cdot l_M = -p \cdot H_L \cdot l_L\,. \tag{2.94}$$

Das negative Vorzeichen sagt aus, daß der magnetische Spannungsabfall im Luftspalt der magnetischen Urspannung des Dauermagneten entgegengerichtet ist.

Mit der Beziehung $B = \mu \cdot H$, wobei $\mu = \mu_0 \cdot \mu_{\mathrm{rel.}}$ ist und $\mu_{\mathrm{rel.Vakuum}} = 1$, $\mu_{0\mathrm{Vakuum}} = 1{,}256 \cdot 10^{-8} \frac{\mathrm{Vs}}{\mathrm{Acm}}$, ergibt sich für die Magnetlänge folgende Beziehung:

$$l_M = \frac{-p \cdot H_L \cdot l_L}{H_M} = \frac{-p \cdot H_L \cdot l_L}{\mu_0 \cdot H_M}\,. \tag{2.95}$$

Der Potentialverlustfaktor beträgt $p = 1{,}05 \cdots 2{,}5$. Durch die vorhandene Streuung ist der Luftspaltfluß immer geringer als der Magnetfluß $\Phi_L < \Phi_M$. Berücksichtigt wird dieser Verlust durch den Streufaktor σ, der bei Gleichstrommaschinen in der Größenordnung von $\sigma \approx 1{,}1 \cdots 1{,}35$ liegt.

Die erforderliche Magnetfläche ergibt sich somit zu:

$$A_M = \sigma \cdot A_L \cdot \frac{B_L}{B_M} \tag{2.96}$$

Die erforderlichen Werte B_M und H_M entnimmt man der Entmagnetisierungskennlinie des entsprechenden Magnetmaterials.

Der Dauermagnet muß so bemessen sein, daß er den Gln. (2.95) und (2.96) genügt. Bei Multiplikation beider Gleichungen erhält man das erforderliche Magnetvolumen.

$$V_M = A_M \cdot l_M = -\frac{p \cdot \sigma}{\mu_0} \cdot l_L \cdot A_L \cdot \frac{B_L^2}{B_M \cdot H_M}\,. \tag{2.97}$$

Das Produkt $B_M \cdot H_M$ soll möglichst groß sein, d. h., der Arbeitspunkt auf der Entmagnetisierungskennlinie des Magneten soll im Maximum des Energieproduktes $(B_M \cdot H_M)_{\max}$ liegen.

Steigung der Scherungslinie bzw. Arbeitsgeraden

Mit den berechneten Werten nach Gln. (2.95) und (2.96) und B_M und H_M folgt aus der Entmagnetisierungskennlinie des Magneten

$$a_M = \frac{B_M}{\mu_0 \cdot H_M} = -\frac{\sigma}{p} \cdot \frac{A_L}{A_M} \cdot \frac{l_M}{l_L} = \frac{1}{\tan \alpha} \tag{2.98}$$

die Steigung der Geraden a_M (Abb. 2.73). Diese Gerade stellt die Belastungscharakteristik des passiven Magnet-Kreises einschließlich der angenommenen Streuung, in Abb. 2.73 dargestellt, näherungsweise dar.

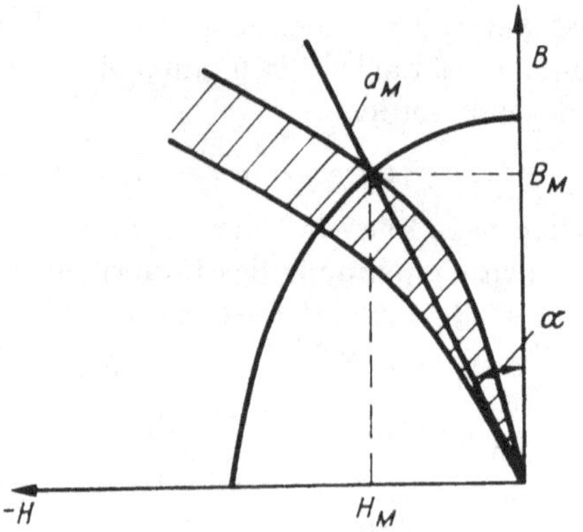

Abb. 2.73. Steigung der Geraden a_m im Entmagnetisierungsdiagramm

2.4.3. Dimensionierung der Magnetpole kleiner Gleichstrommaschinen

Es ist die Aufgabe zu lösen, eine hohe und stabile Luftspaltinduktion bei minimalstem Kostenaufwand zu erzielen.

Die Kraft F, die auf einen unter dem Magnetpol des Motors befindlichen Leiter des Ankers wirkt, ergibt sich nach folgender Beziehung

$$F = 9{,}81 \cdot B_L \cdot I \cdot l \cdot 10^{-3}\,, \tag{2.99}$$

wobei:

F/pond = Kraft am Ankerumfang

$B_L/\dfrac{10^{-4}\,\text{Vs}}{\text{m}^2}$ = Luftspaltinduktion

I/A = Leiterstrom

l/cm = Länge des Leiters

$S\Big/\dfrac{\text{p}}{\text{cm}^2}$ = mittlerer Drehschub.

Unter Anwendung des Drehschubes S ergibt sich

$$S = k \cdot A \cdot B_L\,. \tag{2.100}$$

Für die Erzielung einer entsprechend großen Kraft je Flächeneinheit der Ankeroberfläche sind ein hoher Ankerstrombelag A und eine hohe Luftspaltinduktion B_L erforderlich.

Unter Berücksichtigung der Beziehungen von Gl. (2.95) und (2.96) ergibt sich für die Luftspaltinduktion B_L eine Beziehung, die das Produkt $B_M \cdot H_M$ enthält, das der magnetischen Energie im Luftspalt proportional ist und die Wirksamkeit des Dauermagneten hinsichtlich Werkstoff und Abmessungen kennzeichnet.

$$B_L = \sqrt{\frac{\mu_0}{\sigma \cdot p} \cdot \frac{l_M}{l_L} \cdot \frac{A_M}{A_L} \cdot B_M \cdot H_M} \; . \tag{2.101}$$

Der Schnittpunkt der Geraden, der durch die Beziehung $\tan \alpha$ (Gl. (2.98)) gegeben ist, mit der magnetischen Zustandskurve $B_M = f(\mu_0 H_M)$ ergibt den Arbeitspunkt A, der den magnetischen Zustand des magnetischen Kreises kennzeichnet (Abb. 2.74).

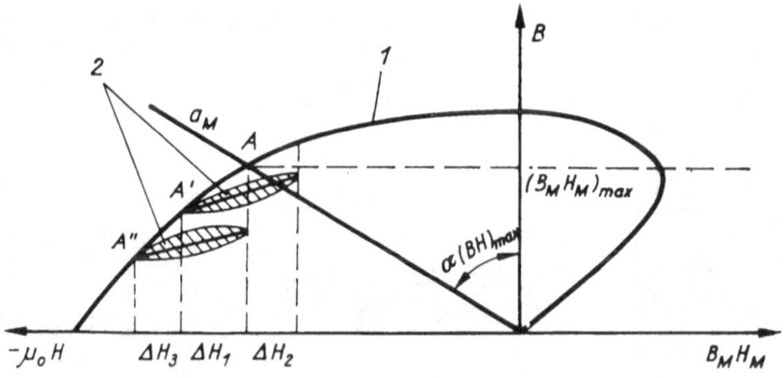

Abb. 2.74. Ermittlung der permanenten Zustandskennlinie bei Dauermagneten; *1* — remanente Zustandskennlinie des Dauermagneten, *2* — permanente Zustandskennlinien des Dauermagneten

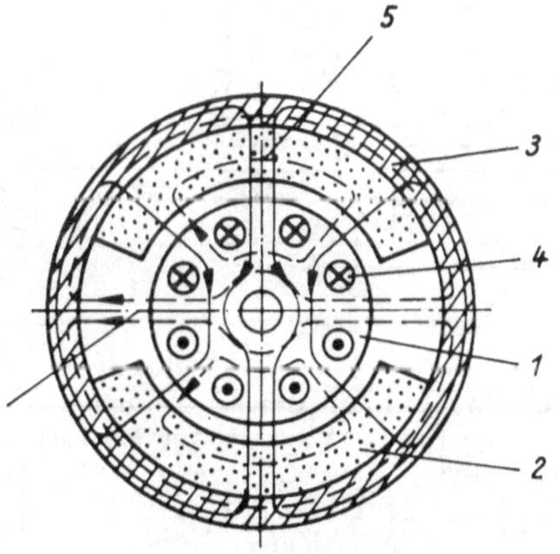

Abb. 2.75. Belastung des Dauermagneten durch die Ankerrückwirkung; *1* — Anker, *2* — Dauermagnetsegmente, *3* — magnetischer Rückschlußmantel, *4* — stromdurchflossener Ankerleiter, *5* — magnetisches Hauptfeld, *6* — magnetisches Ankerquerfeld

Der Arbeitspunkt A auf der remanenten Zustandskurve ist sinnvollerweise mit Rücksicht auf die Stabilität gegen Störfelder oberhalb des $(B_M H_M)_{max}$-Punktes zu wählen. Infolge des Ankerquerfeldes treten merkliche dem Dauermagnetfeld entgegengerichtete Felder auf (Abb. 2.75).

Durch die Belastung des Magneten infolge des Ankerquerfeldes wandert der Arbeitspunkt A auf A' und auf A'' und bewegt sich dann auf der permanenten Zustandsgeraden nach Abb. 2.74.

2.4.4. Konstruktive Ausführung von Gleichstrommotoren mit Dauermagneten

Konstruktionen mit Alnico-Dauermagneten

Die Abb. 2.76a—e zeigen typische Dauermagnetkonstruktionen, die mit Alnico-Dauermagneten ausgerüstet sind. Der magnetischen Charakteristik dieser Dauermagnetwerkstoffe entsprechend wurden Dauermagnete mit entsprechender Magnetlänge eingesetzt. Abb. 2.76a zeigt die symmetrische An-

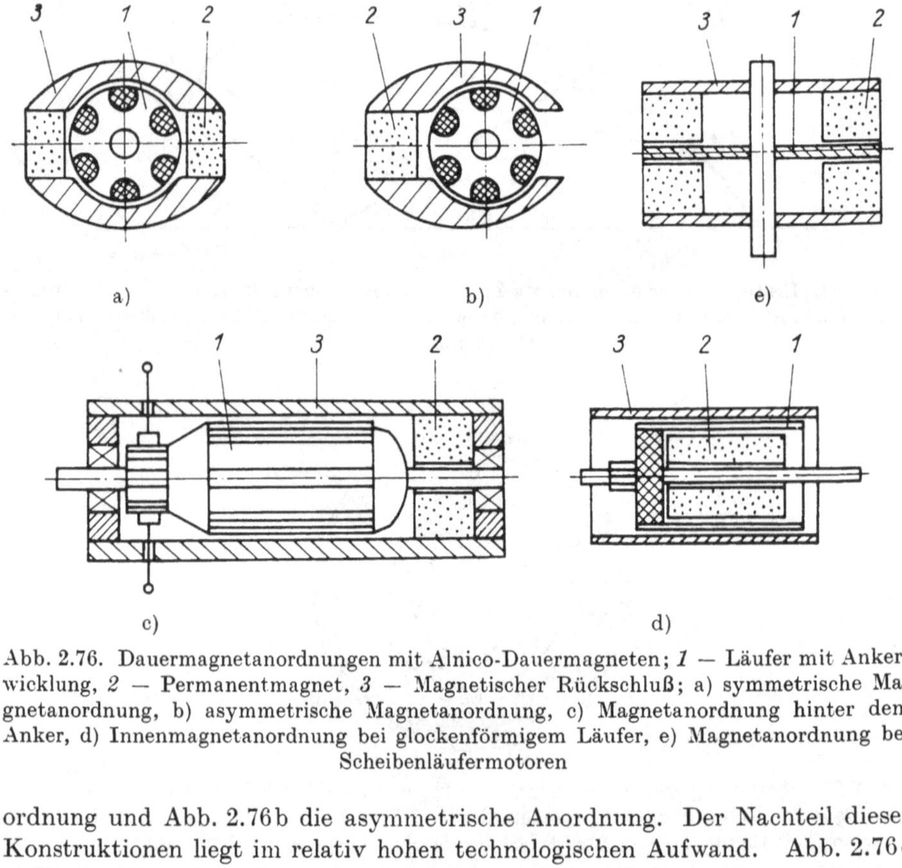

Abb. 2.76. Dauermagnetanordnungen mit Alnico-Dauermagneten; *1* — Läufer mit Ankerwicklung, *2* — Permanentmagnet, *3* — Magnetischer Rückschluß; a) symmetrische Magnetanordnung, b) asymmetrische Magnetanordnung, c) Magnetanordnung hinter dem Anker, d) Innenmagnetanordnung bei glockenförmigem Läufer, e) Magnetanordnung bei Scheibenläufermotoren

ordnung und Abb. 2.76b die asymmetrische Anordnung. Der Nachteil dieser Konstruktionen liegt im relativ hohen technologischen Aufwand. Abb. 2.76c stellt eine Magnetanordnung dar, bei der der Anker seitlich zum Dauermagneten angeordnet ist. Obwohl der Durchmesser dieser Motoren sehr klein gehalten werden kann, entsteht ein hoher Anteil an Streufluß. Abb. 2.76d zeigt eine streuungsarme Innenmagnetanordnung, wie sie vorzugsweise für freitragende glockenförmige Läufer eingesetzt wird. In Abb. 2.76e ist eine typische Dauermagnetkonstruktion für Scheibenläufermotoren angegeben.

Konstruktionen mit Barium- oder Strontium-Dauermagneten

Bariumdauermagnete gestatten infolge ihrer hohen Koerzitivfeldstärke Konstruktionen nach Abb. 2.77a und Abb. 2.77b mit Magnetsegmenten, die vorteilhafterweise als anisotrope vorzugsgerichtete Magnetsegmente hergestellt werden. Dieser Magnetwerkstoff kann unmittelbar an den Arbeitsluftspalt gebracht werden, da er auch größere magnetische Gegenfelder ohne nennenswerte Entmagnetisierung verträgt. Abb. 2.77c zeigt eine Konstruktion mit Dauermagnetring, die vorzugsweise bei Kleinstmotoren angewendet wird.

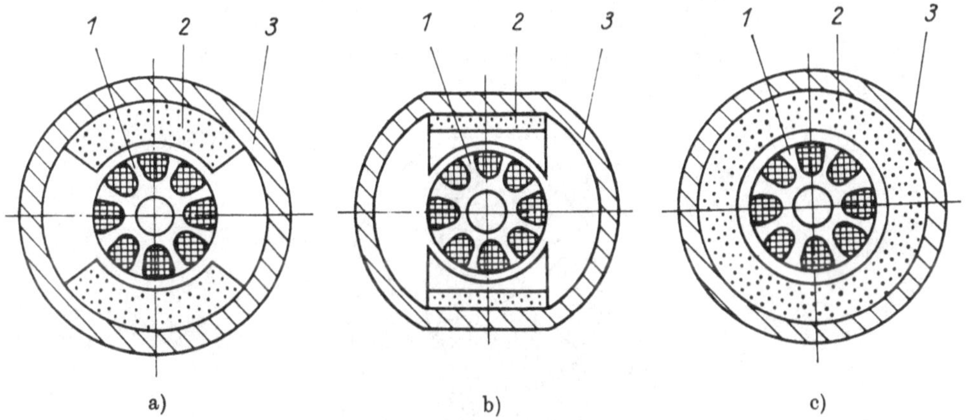

Abb. 2.77. Dauermagnetanordnungen mit Barium- oder Strontium-Dauermagneten; *1* — Läufer mit Ankerwicklung, *2* — Permanentmagnet, *3* — Magnetischer Rückschluß; a) symmetrische Magnetanordnung mit anisotropen Magnetsegmenten, b) symmetrische Magnetanordnung mit anisotropen Magnetsegmenten und Weicheisenpolschuhen, c) Magnetanordnung mit isotropen Dauermagnetring

2.5. Der Einphasen-Kommutatormotor

2.5.1. Aufbau und Schaltung

Einphasen-Kommutatormotoren sind ähnlich wie Gleichstrom-Reihenschlußmotoren aufgebaut. Die Ständer- und Läuferwicklungen sowie die Schaltung des Motors sind für Gleich- und Wechselstrombetrieb ausgelegt. Somit hat sich auch die Bezeichnung „Universalmotor" eingeführt. Zu den Einphasen-Kommutatormotoren kleiner Leistung gehören die unkompensierten Einphasen-Reihenschlußmotoren und die Repulsionsmotoren. Beide Motortypen zeigen ein charakteristisches Reihenschlußverhalten.

Die Schaltung der Reihenschluß-Kommutatormotoren kann symmetrisch und asymmetrisch aufgebaut sein. In Abb. 2.78 a) und b) sind die symmetrische und asymmetrische Schaltung des Einphasen-Reihenschlußmotors dargestellt. Die Änderung der Drehrichtung des Motors ist durch Vertauschen der Anschlußklemmen der Erregerwicklung oder des Ankers zu erreichen. Verschiedene Drehzahlstufen sind durch entsprechende Anzapfungen der Erregerwicklung möglich. Da der zugeführte Wechselstrom im Ständer ein magnetisches Wechselfeld erzeugt, das den gesamten Motor durchsetzt, sind Ständer und Läufer aus legierten Dynamoblechen lamelliert ausgeführt.

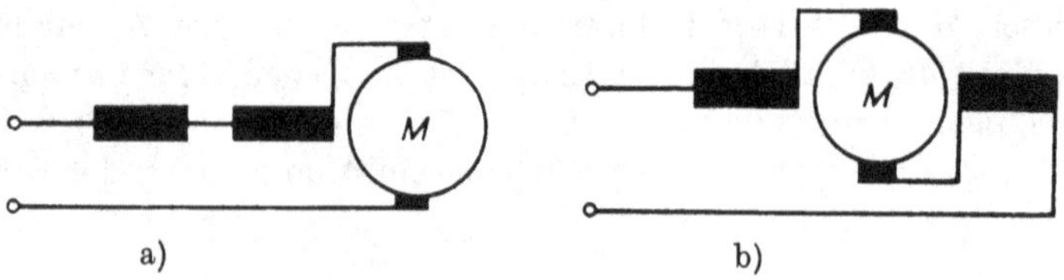

Abb. 2.78. Asymmetrische (a) und symmetrische (b) Schaltung des Einphasen-Reihenschlußmotors

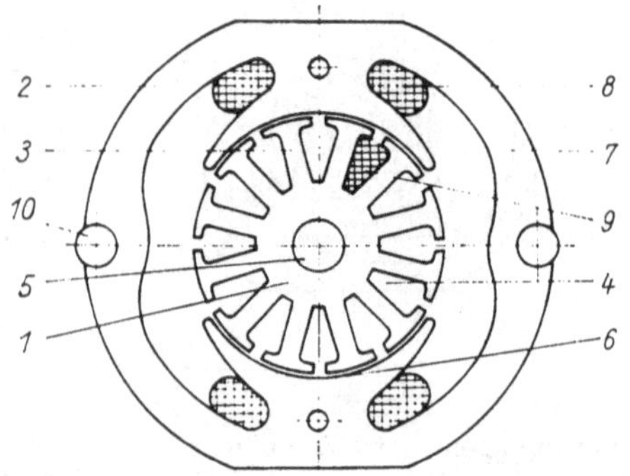

Abb. 2.79. Schnitt durch den Einphasen-Kommutatormotor;
1 — Ankerblech, *2* — Polringblech, *3* — Läuferzahn, *4* — Ankernut, *5* — Ankerwelle, *6* — Polhorn, *7* — Joch, *8* — Polringwicklung, *9* — Ankerwicklung, *10* — Tragstege des Blechpakets

In Abb. 2.79 ist der Blechschnitt des Polring- und Ankerbleches für Einphasen-Kommutatormotoren dargestellt. Im Ständerblech (2) sind Joch (7) und Pole (6) vereinigt. Die Erregerwicklung (8) ist als konzentrierte Wicklung unter den Polen angebracht. Sie sind als Formspulen hergestellt und anschließend im Polringpaket eingelegt. In letzter Zeit werden aus material- und lohnsparenden Gründen die Erregerwicklungen direkt maschinell in das Polringblechpaket eingewickelt. Der Läuferblechschnitt (1) ist zur Aufnahme der Ankerwicklung (9) genutet (4). Bis zu Leistungen von $P_2 = 500$ W werden Einphasen-Kommutatormotoren ausschließlich als Zweipoltypen ohne Wendepol- und Kompensationswicklungen gefertigt. Die Läuferwicklung wird vorzugsweise als Schleifenwicklung ausgeführt. (Siehe dazu Abschnitt 2.1.2. — Kommutatorwicklungen). Sie ist mit den einzelnen Lamellen des Kommutators verbunden, so daß sich bei drehender Läuferwicklung unter den Polen des Erregerfeldes ein im Raum feststehender Strombelag ergibt.

Repulsionsmotor

Der Repulsionsmotor besitzt wie der Einphasen-Reihenschlußmotor einen Kommutatoranker. Die Bürsten sind jedoch kurzgeschlossen und verstellbar angeordnet. Ständer- und Läuferwicklung sind galvanisch getrennt. In Abb. 2.80a ist die prinzipielle Schaltung des Repulsionsmotors in einfacher Ausführung, in Abb. 2.80b mit gesehnten und in Abb. 2.80c mit doppeltem Bürstensatz dargestellt. Die Repulsionsmotoren werden vorzugsweise für Antriebe kleiner Leistung eingesetzt, die eine stetige Drehzahlstellung in nicht zu weiten Grenzen (etwa 1:2) mit einem hohen Anlaufmoment erfordern.

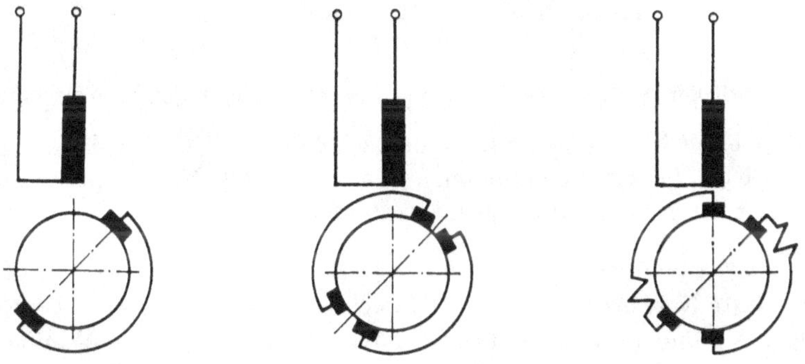

Abb. 2.80. Prinzipschaltung des Repulsionsmotors (a) in einfacher Ausführung, b) mit gesehnten Bürstensatz, c) mit doppeltem Bürstensatz

2.5.2. Wirkungsweise und Betriebsverhalten

Die Erregerwicklung wird vom Wechselstrom durchflossen und erzeugt im Luftspalt einen Wechselfluß. Da beim Reihenschlußmotor die Erregerwicklung und die Ankerwicklung in Reihe am Einphasennetz liegen, sind der Nutzfluß und der Ankerstrom zeitlich annäherend gleich und besitzen die gleiche Phasenlage.

Drehmoment

Das Drehmoment wird analog wie bei der Gleichstrommaschine durch den Ankerfluß Φ_A und den Läuferstrombelag, der durch den Läuferstrom I und der wirksamen Windungszahl des Läufers w_A gegeben ist, erzeugt. Das Drehmoment ergibt sich somit nach der Beziehung:

$$M = c \cdot I \cdot \Phi_A \cdot \cos(\boldsymbol{I}; \boldsymbol{\Phi}_A) . \tag{2.103}$$

Darin ist c eine Maschinenkonstante. Der Ankerstrom I und der Nutzfluß Φ_A sind Wechselgrößen, die sich mit der Netzfrequenz sinusförmig ändern. Für die Drehmomentenbildung ist also der Phasenwinkel zwischen $\boldsymbol{I}$ und $\boldsymbol{\Phi}_A$ möglichst Null zu halten. Das erzeugte Drehmoment ist dem Produkt der Augenblickswerte der beiden Größen I und Φ_A proportional und pulsiert nach Abb. 2.81

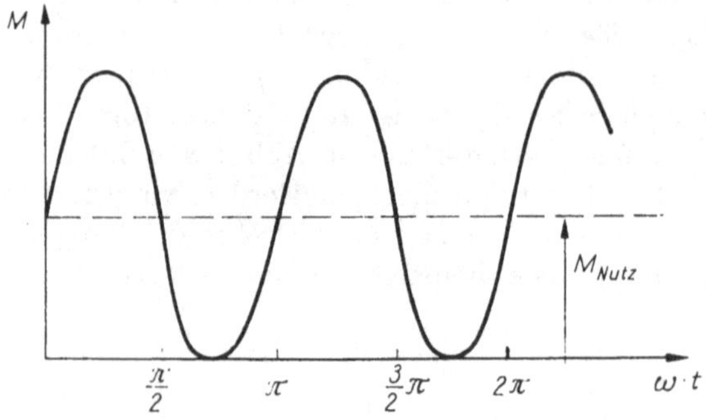

Abb. 2.81. Zeitlicher Verlauf des Drehmomentes eines Einphasen-Reihenschlußmotors

mit der doppelten Netzfrequenz um einen zeitlichen Mittelwert M_{Nutz}. Diesem Mittelwert M_{Nutz} ist ein Pendelmoment der doppelten Netzfrequenz mit dem zeitlichen Mittelwert Null überlagert.

EMK und Zeigerdiagramm

Die angelegte Netzspannung $\boldsymbol{u}_{\text{Netz}}$ teilt sich nach Abb. 2.82 in die beiden Teilspannungen $\boldsymbol{u}_E$ und $\boldsymbol{u}_A$ auf. Beide Spannungen sind um einen Winkel zueinander verschoben, der von den Wirk- und Blindwiderständen der Anker- und Erregerwicklungen abhängt, sowie von den in diesen Wicklungen induzierten Spannungen $\boldsymbol{e}_E$ und $\boldsymbol{e}_A$. Die Spannung $\boldsymbol{u}_E$ über der Erregerwicklung setzt sich aus den folgenden Teilspannungen zusammen (Abb. 2.83):

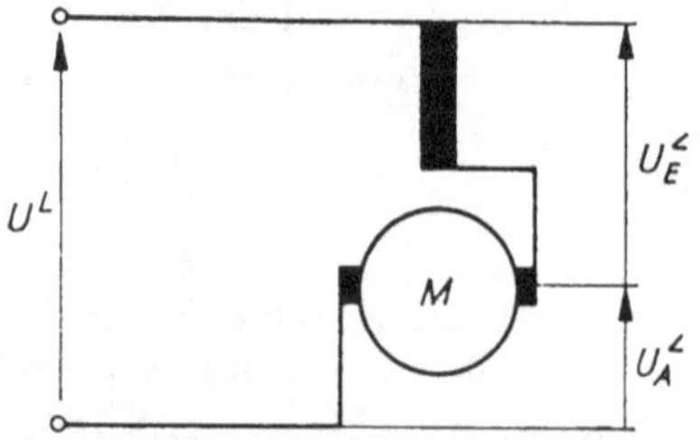

Abb. 2.82. Schaltung eines Einphasen-Reihenschlußmotors

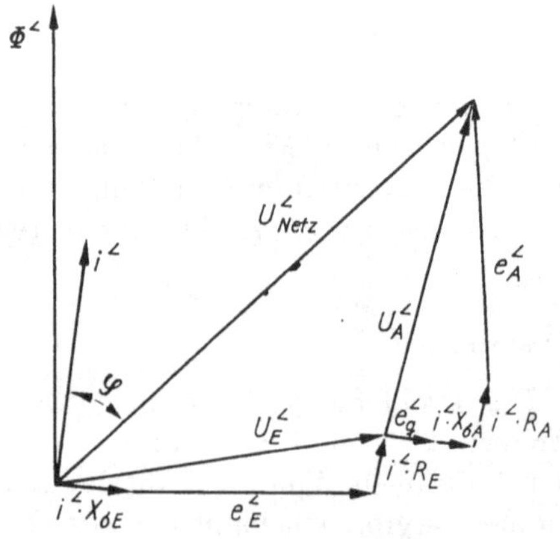

Abb. 2.83. Zeigerdiagramm des Einphasen-Reihenschlußmotors

1. Da die Erregerwicklung nur mit einem Feld verkettet ist, das sie selbst aufbaut, ergibt sich für $\boldsymbol{e}_E$ in komplexer Darstellung:

$$\boldsymbol{e}_E = -j\omega L_E \cdot \boldsymbol{i} = -jX_E \cdot \boldsymbol{i} \,. \tag{2.104}$$

Der Effektivwert des Betrages von $\boldsymbol{e}_E$ berechnet sich wie folgt:

$$E_E = \frac{2\pi \cdot f_1}{\sqrt{2}} \cdot p \cdot w_e \cdot \hat{\Phi}_{St} \,, \tag{2.105}$$

wobei: f_1 = Netzfrequenz
w_e = Windungszahl der Erregerwicklung
$\hat{\Phi}_{St}$ = im Ständer erzeugter Fluß
p = Polpaarzahl.

2. Das Streufeld der Erregerwicklung liefert den Spannungsabfall:

$$-j\omega L_{\sigma E} \cdot \boldsymbol{i} = -jX_{\sigma E} \cdot \boldsymbol{i} \,. \tag{2.106}$$

Der Effektivwert des Betrages des Streuspannungsabfalles errechnet sich nach folgender Beziehung:

$$-jX_{\sigma E} \cdot \boldsymbol{i} = \frac{2\pi \cdot f_1}{\sqrt{2}} \cdot p \cdot w_e \cdot \psi\,(\sigma - 1) \cdot \Phi_A \,, \tag{2.107}$$

dabei ist: Φ_A = der durch den Anker gehende Fluß

$$\sigma = \frac{\Phi_{St}}{\Phi_A} = \text{Streufluß} \tag{2.108}$$

σ ist abhängig von der Sättigung des magnetischen Kreises und beträgt etwa 1,05···1,15.
ψ ist der Kopplungsfaktor des Streuflusses mit der Ständerwicklung, der etwa 0,8···0,9 beträgt.

3. Der ohmsche Spannungsabfall der Erregerwicklung ergibt sich zu:

$$I \cdot R_E = \Delta U_E \,. \tag{2.109}$$

Damit läßt sich die Erregerspannung $\boldsymbol{u}_E$ in komplexer Darstellung wie folgt beschreiben:

$$\boldsymbol{u}_E = -j\,(X_E + X_{\sigma E}) \cdot \boldsymbol{i} + \boldsymbol{i} \cdot R_E \,. \tag{2.110}$$

Die Ankerspannung $\boldsymbol{u}_A$ setzt sich aus folgenden Anteilen zusammen:

1. Die in der Ankerwicklung rotatorisch induzierte Spannung E_A beträgt: (Effektivwert)

$$E_A = \sqrt{2} \cdot \frac{w_A}{a} \cdot f_2 \cdot \hat{\Phi}_A \,. \tag{2.111}$$

Dieser Spannungsanteil ist dem Ankerfluß $\hat{\Phi}_A$, der Ankerwindungszahl w_A und der Läuferfrequenz f_2 proportional.

2. Der Streuspannungsabfall

$$-j\omega L_\sigma \cdot \boldsymbol{i} = -jX_\sigma \cdot \boldsymbol{i} \tag{2.112}$$

ist gegenüber den anderen Spannungsabfällen in der Regel zu vernachlässigen.

3. Durch die Wirkung des Ankerquerfeldes Φ_q wird bei Stellung der Bürstenachse in der neutralen Zone eine transformatorische Spannung $\boldsymbol{e}_q$ induziert

$$\boldsymbol{e}_q = -j \cdot 4 \cdot f_2 \cdot \boldsymbol{\Phi}_q\,. \tag{2.113}$$

Durch Verschiebung der Bürstenachse aus der neutralen Zone kann $\boldsymbol{e}_q$ für einen bestimmten Belastungsbereich annähernd kompensiert werden.

4. Der ohmsche Spannungsabfall der Ankerwicklung ergibt sich zu:

$$I \cdot R_A = \Delta U_A\,. \tag{2.114}$$

In komplexer Darstellung läßt sich die Ankerspannung wie folgt beschreiben:

$$\boldsymbol{u}_A = -jX_\sigma \cdot \boldsymbol{i} + e_A + e_q + \boldsymbol{i} \cdot R_A\,. \tag{2.115}$$

Die Netzspannung ergibt sich als geometrische Summe der angegebenen Teilspannungen:

$$\boldsymbol{u}_{\text{Netz}} = \boldsymbol{u}_E + \boldsymbol{u}_A\,. \tag{2.116}$$

Da der Ankerstrom I und damit der Nutzfluß durch das Belastungsmoment gegeben ist, stellt sich die Drehzahl des Motors so ein, daß eine so große rotatorische Ankerspannung $\boldsymbol{e}_A$ entsteht, wie es das Gesamtspannungsgleichgewicht erfordert.

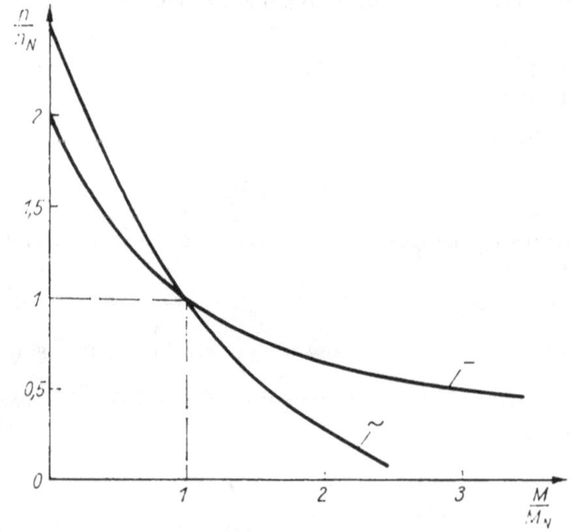

Abb. 2.84. Drehzahl-Drehmomenten-Kennlinien von Einphasen-Reihenschlußmotoren bei Anschluß an Gleich- und Wechselspannung

Wird der Motor stärker belastet, reagiert er sofort mit einem größeren Strom und Fluß und damit einer kleineren Drehzahl. Im Stillstand entwickelt der Einphasen-Reihenschlußmotor entsprechend seines großen Anzugstromes ein großes Drehmoment. Die Größe des Anzugsmomentes läßt sich in kleinen Grenzen durch die Wahl der Windungszahlen w der Ständer- und Läuferwicklung beeinflussen. Ein kleines Übersetzungsverhältnis $\frac{w_e}{w_a}$ erhöht zwar das Anzugsmoment, verschlechtert aber die Kommutierungsverhältnisse des Motors. Die Drehzahl des Einphasen-Reihenschlußmotors ist nicht wie bei Einphasen-Induk-

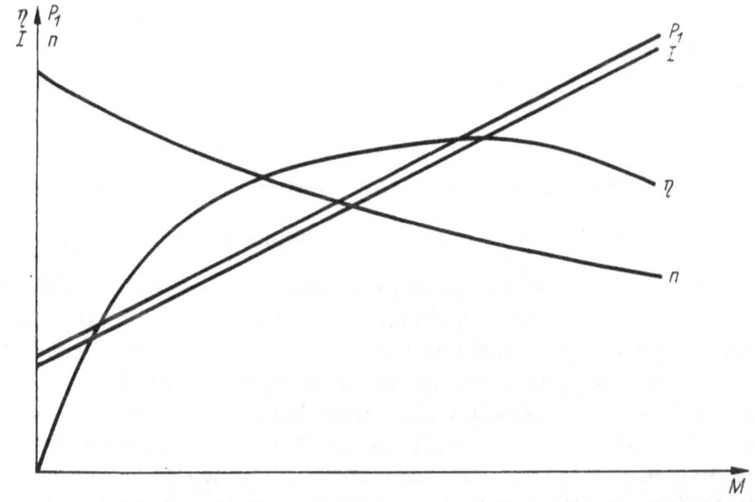

Abb. 2.85. Vollständige Betriebskennlinien von Einphasen-Reihenschlußmotoren

tionsmotoren von der Netzfrequenz abhängig, sondern von der Spannung. In Abb. 2.84 ist die Drehzahl-Drehmoment-Kennlinie von Einphasen-Reihenschlußmotoren bei Anschluß an Gleich- und Wechselspannung dargestellt. In Abb. 2.85 sind die vollständigen Kennlinien von Einphasen-Reihenschlußmotoren dargestellt. Der Wirkungsgrad η ist stark von der Drehzahl abhängig.

2.5.3. Bestimmung der Hauptabmessungen

Bei der Berechnung der Hauptabmessungen des Motors sind folgende Nenndaten gegeben:

1. abgegebene Leistung P_2
2. Klemmspannung U
3. Nenndrehzahl n

Folgende Größen werden angenommen:

1. Wirkungsgrad $\eta/\%$
2. Leistungsfaktor $\cos\varphi$
3. Luftspaltinduktion $B_L\Big/\frac{\text{Vs}}{\text{m}^2}$
4. Stromdichte in der Erregerwicklung $S_E\Big/\frac{\text{A}}{\text{mm}^2}$
5. Stromdichte in der Ankerwicklung $S_A\Big/\frac{\text{A}}{\text{mm}^2}$

Die aufgenommene elektrische Leistung ergibt sich zu

$$P_1 = \frac{P_2}{\eta}.$$

Der Nennstrom des Motors ist:

$$I = \frac{P_1}{U \cdot \cos\varphi}.$$

Die Querschnitte der einzelnen Leiter werden über die zulässigen Stromdichten bestimmt $A_E = \frac{I}{S_E}$; $A_A = \frac{I}{S_A}$. Um eine optimale Ausnutzung des Motors zu erhalten, ist es erforderlich, den gesamten magnetischen Kreis für verschiedene magnetische Induktionen zu berechnen. Vorteilhafterweise wurden dafür Rechenprogramme entworfen und mit Hilfe der maschinellen Rechentechnik die optimale Ausnutzung gewonnen. Zielfunktion dieser Programme ist die Minimierung der Kosten für Material und Herstellung unter Zugrundelegung von einer Reihe Nebenbedingungen, wie z. B. die Magnetisierungskennlinie des verwendeten Magnetmaterials, die Grenzen der Erwärmung (Wärmeleitverhältnisse und Kühlbedingungen) sowie die Kommutierungsbedingungen.

Die Ankerstromstärke I_A erfordert einen bestimmten Querschnitt des Ankerleiters A_A. Diesem Querschnitt ist aber aus Gründen der Erwärmung und damit der Temperaturbeständigkeit der Isolierstoffe der Ankerleiter eine bestimmte Grenze gesetzt. Die Ankerwindungszahl w_A und der Ankerstrom I_A ergeben die Materialmenge des notwendigen Ankerleitermaterials. Der Fluß Φ_{St} bestimmt die Größe des aktiven Eisenvolumens. Infolge der Eisensättigung darf eine bestimmte Induktion im magnetischen Kreis nicht überschritten werden. Diese Überlegungen führen zu der Gleichung:

$$P_2 = C \cdot D_A^2 \cdot L_i \cdot n\,, \tag{2.117}$$

wobei: D_A = Ankerdurchmesser
L_i = ideelle Ankerlänge
C = Ausnutzungsziffer.

Der Ausdruck $D_A^2 \cdot L_i$ kennzeichnet das Ankervolumen und die Ausnutzungsziffer C wird bestimmt durch die Kenngrößen des magnetischen Kreises:

$$C\Big/\frac{\text{kW}\cdot\text{min}}{\text{m}^3} = 1{,}65 \cdot \alpha_i \cdot A\Big/\frac{\text{A}}{\text{cm}} \cdot B\Big/\frac{\text{Vs}}{\text{m}^2}\,, \tag{2.118}$$

wobei: α_i = ideeller Polbedeckungsfaktor
A = Ankerstrombelag
B = Luftspaltinduktion.

Mit $L_A \approx (0{,}5\cdots1{,}0)\,D_A$ ergibt sich in grober Näherung der Ankerdurchmesser D_A zu:

$$D_A/\mathrm{m} \approx \sqrt[3]{\frac{P/\mathrm{kW}}{n/\mathrm{min}^{-1}\cdot C\Big/\frac{\mathrm{kW}\cdot\mathrm{min}}{\mathrm{m}^3}}}\,. \tag{2.119}$$

Dividiert man Gl. (2.117) durch die Drehzahl n läßt sich die Ausnutzungsziffer C auch wie folgt bestimmen:

$$C^* = \frac{M}{D_A^2\cdot L_i}\,. \tag{2.120}$$

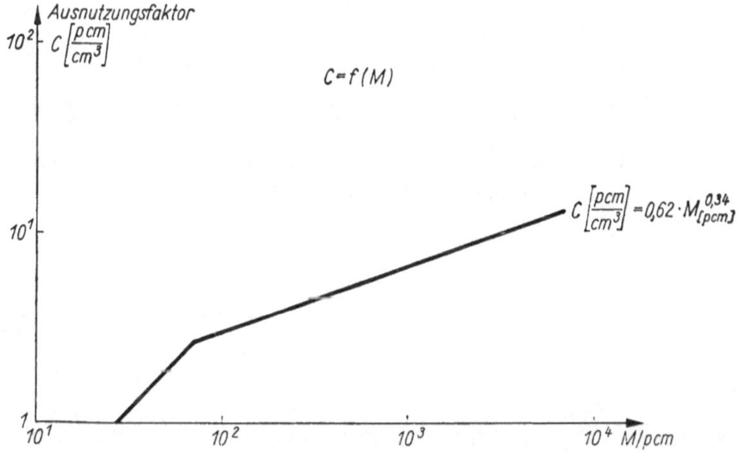

Abb. 2.86. Ausnutzungsfaktor C in Abhängigkeit vom Drehmoment bei Einphasen-Reihenschlußmotoren

C^* kennzeichnet dann das auf das Ankervolumen einer Maschine bezogene Drehmoment. In der Abb. 2.86 ist von einer Vielzahl ausgeführter Maschinen die Abhängigkeit des Ausnutzungsfaktors C^* vo Drehmoment der Motoren dargestellt und eine mathematische Beziehung für den angegebenen Momentenbereich ermittelt worden

$$C^*\Big/\frac{\mathrm{pcm}}{\mathrm{cm}^3} = 0{,}62\cdot M^{+0{,}34}/\mathrm{pcm}\,. \tag{2.121}$$

Weiterhin ist in Abb. 2.87 für eine Reihe berechneter und ausgeführter Einphasen-Kommutatormotoren das Ankervolumen in Abhängigkeit vom Drehmoment dargestellt. Die dazugehörige Beziehung lautet:

$$V_A/\mathrm{cm}^3 = 0{,}42 \cdot M^{+0{,}66}/\mathrm{pcm}\,. \tag{2.122}$$

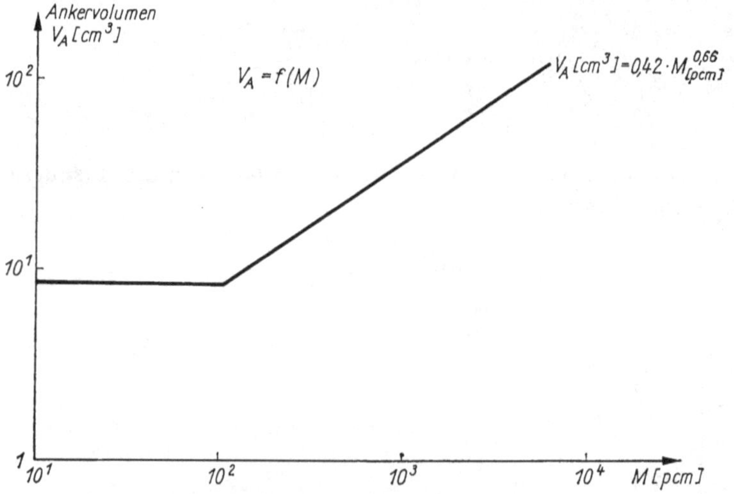

Abb. 2.87. Das Ankervolumen V_A in Abhängigkeit vom Drehmoment bei Einphasen-Reihenschlußmotoren

3. Drehfeldmaschinen

3.1. Drehstrom-Asynchronmaschine

3.1.1. Aufbau und Schaltung

Drehfeldmaschinen besitzen einen einfachen und betriebssicheren Aufbau. Der Ständer und der Läufer bestehen aus lamellierten Dynamoblech, wobei die Größe und Anzahl der Nuten im Ständerblech sich nach der Größe und den spezifischen Forderungen des Motors richtet. In Abb. 3.1 sind das Ständerblech und das Läuferblech dargestellt. Im Ständer ist eine räumlich verteilte Drei-

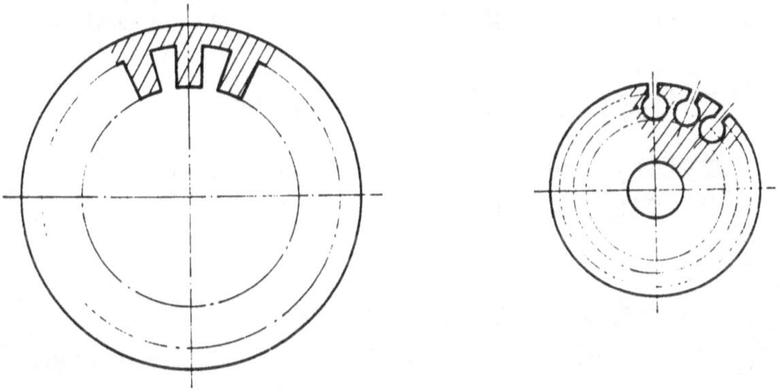

Abb. 3.1. Stator- und Rotorblech von Drehfeld-Asynchronmaschinen

phasenwicklung untergebracht, die in Stern- oder Dreieckschaltung an das Netz angeschlossen ist.

In Abb. 3.2 sind die Schaltungen für Stern und Dreieck sowie die Klemmbrettschaltungen dargestellt. Bei der Sternschaltung erhält jede Strangwicklung nur den $\frac{1}{\sqrt{3}}$ fachen Wert seiner Nennspannung, so daß Anlaufstrom und Anlaufmoment sich dadurch auf $^1/_3$ ihres Normalwertes reduzieren. Diese Möglichkeit wird häufig zum Anlassen benutzt.

Der Läuferkern wird gewöhnlich aus dem gleichen Dynamoblech wie der Ständerkern lamelliert hergestellt. Bei der Ausführung der Drehstrom-Asynchronmaschine mit Kurzschlußläufer werden die Nuten mit Aluminium im Spritz- oder Schleudergußverfahren ausgegossen bzw. man bringt in die einzelnen Nuten Kupferstäbe ein, die an den Stirnseiten mit einem Kurzschlußring verbunden sind. Der Vorteil dieser Maschinenart liegt insbesondere darin, daß für die Funktion keinerlei mechanisch bewegte Kontakte vorhanden sind und damit diese Maschine sehr robust und funktionssicher, mit hoher Lebensdauer, gebaut werden kann.

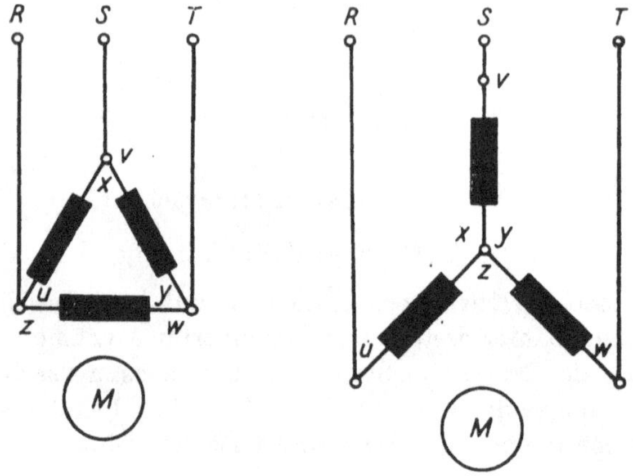

Abb. 3.2a. Dreieck- und Stern-Schaltung der Drehstromwicklung

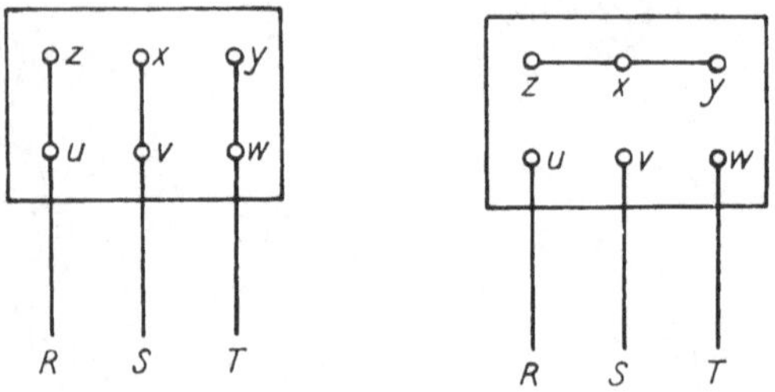

Abb. 3.2b. Klemmbrettschaltung zur Dreieck- und Stern-Schaltung

3.1.2. Wirkungsweise und Betriebsverhalten

Bei dreiphasiger Speisung mit um 120° elektrisch phasenverschobenen Strömen wird in den drei räumlich um 120° versetzten Ständerwicklungen ein Drehfeld erzeugt, das mit einer Winkelgeschwindigkeit von

$$\Omega = 2 \cdot \pi \cdot \frac{f_1}{p} \tag{3.1}$$

umläuft (siehe auch Unterabschnitt 1.3.3.). Wobei:

f_1 = Frequenz der Speisespannung
p = Polpaarzahl der Maschine
Ω = synchrone Winkelgeschwindigkeit.

Durch das umlaufende Drehfeld wird in der Läuferwicklung eine Spannung E_2 induziert, die einen Strom über die Kurzschlußringe zur Folge hat. Nach dem elektrodynamischen Kraftgesetz übt das Drehfeld auf den stromdurchflossenen Leiter eine Kraft aus, die den Läufer in Drehfeldrichtung bis zur synchronen Drehzahl beschleunigen möchte. Das äußere Belastungsmoment hält den Läufer jedoch auf die asynchrone Winkelgeschwindigkeit ω zurück. Es entsteht eine

Differenz der Winkelgeschwindigkeiten zwischen dem Läufer und dem Drehfeld, die als Schlupf s folgendermaßen definiert ist:

$$s = \frac{\Omega - \omega}{\Omega} . \tag{3.2}$$

In Abb. 3.3 sind der Betrag der Läuferspannung E_2 sowie die Läuferfrequenz f_2 als Funktion vom Schlupf s und als Funktion der Winkelgeschwindigkeit ω dar-

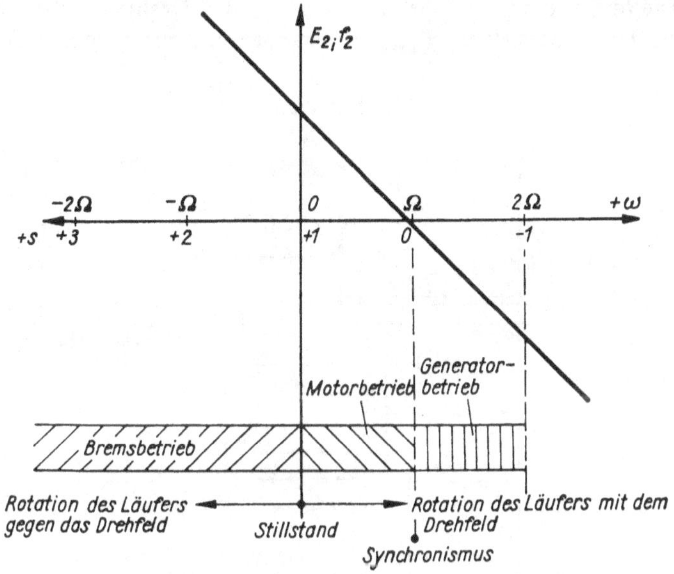

Abb. 3.3. Betrag der Läuferspannung E_2 und Läuferfrequenz f_2 als Funktion des Schlupfes s bzw. Winkelgeschwindigkeit ω bei Drehfeld-Asynchronmaschinen

gestellt. Im Motorbetrieb $1 > s > 0$ bewegt sich der Läufer im Drehsinn des Drehfeldes. Die Asynchronmaschine bezieht elektrische Leistung aus dem Netz und gibt mechanische Leistung an der Welle ab. Wird der Läufer in Drehrichtung des Drehfeldes angetrieben, $s < 0$, so arbeitet sie als Generator, nimmt mechanische Leistung an der Welle auf und gibt elektrische Leistung an das Netz ab. Wird der Läufer entgegen der Drehrichtung des Drehfeldes bewegt, $s > 1$, so arbeitet die Asynchronmaschine als Bremse. Sie bezieht elektrische Leistung aus dem Netz und mechanische Leistung über die Welle. Beide Leistungsanteile werden in der Maschine in Verlustwärme umgesetzt.

Leistung und Verluste

Vom Drehfeld wird über den Luftspalt zum Läufer die Luftspaltleistung P_δ übertragen

$$P_\delta = M \cdot \Omega . \tag{3.3}$$

Die abgegebene Leistung des Läufers P_2 beträgt infolge Verluste im Läufer:

$$P_2 = P_\delta(1 - s)\,. \tag{3.4}$$

Bei Kenntnis des Motormomentes M und der Motordrehzahl n läßt sich die mechanische Leistung P_2 allgemein nach folgender Beziehung bestimmen:

$$P_2/W = 1{,}03 \cdot M/\text{kpm} \cdot n/\text{min}^{-1}\,. \tag{3.5}$$

Abb. 3.4 zeigt die Leistungsbilanz einer Drehfeld-Asynchronmaschine mit Kreisdrehfeld. Die aufgenommene Wirkleistung P_{1W} des Drehfeldmotors wird vermindert, um die Eisenverluste V_{Fest} im Ständer und die Stromwärmeverluste

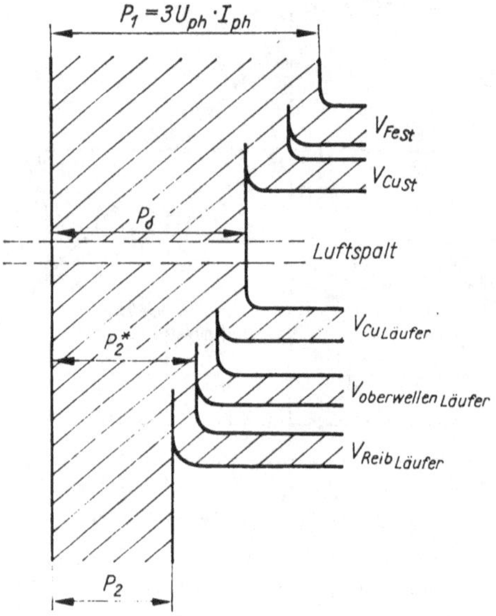

Abb. 3.4. Leistungsbilanz einer Drehfeld-Asynchronmaschine mit Kurzschlußläufer für $1 > s > 0$

V_{CuSt} der Ständerwicklung. Die Luftspaltleistung P_δ wird auf den Läufer übertragen. Im Läufer entstehen beim Schlupf s die Stromwärmeverluste

$$V_{\text{CuL}} = s \cdot P_\delta\,.$$

Ferner müssen besonders bei Kleinmaschinen noch die Reibungsverluste und durch Feldoberwellen herrührenden Leistungsverluste $V_{\text{oberw. L.}}$ beachtet werden.

Spannungsgleichungen

Durch das Drehfeld wird in den Ständerwicklungen die Spannung E_1 mit der Netzfrequenz f_1 induziert. Die in der Läuferwicklung induzierte Spannung E_2 ist dagegen in Amplitude und Frequenz f_2 vom Betriebszustand der Maschine abhängig (Abb. 3.3).

Für den stationären Betriebszustand gelten für den Ständer- und Läuferstromkreis die folgenden Spannungsgleichungen:

$$\boldsymbol{U}_1 = \boldsymbol{I}_1 (R_1 + jX_{1\sigma}) - \boldsymbol{E}_1 \quad \text{(Ständerkreis)}, \tag{3.6}$$

$$\boldsymbol{U}_2 = \boldsymbol{I}_2 (R_2 + jsX_{2\sigma}) - \boldsymbol{E}_2 \quad \text{(Läuferkreis)}, \tag{3.7}$$

wobei: U_1; U_2 Ständer, bzw. Läuferstrangspannung
$\dot{i}_1$; $\dot{i}_2$ Ständer, bzw. Läuferstrangstrom
R_1; R_2 Ohmscher Ständer- bzw. Läuferstrangwiderstand
$X_{1\sigma}$; $X_{2\sigma}$ Streublindwiderstand des Ständer- bzw. Läuferstranges.

Bezieht man mit Hilfe des Übersetzungsverhältnisses $\ddot{u} = \dfrac{w_1 \cdot \xi_1}{w_2 \cdot \xi_2}$, wobei $w_1 \cdot \xi_1$; $w_2 \cdot \xi_2$ die Windungszahl und den Wicklungsfaktor des Ständer- bzw. Läuferstranges darstellen, die Größen des Läuferstromkreises auf den Ständerstromkreis, so kann Gl. (3.7) wie folgt geschrieben werden:

$$\frac{\boldsymbol{U}_2'}{s} = \boldsymbol{I}_2' \left(\frac{R_2'}{s} + jX_{2\sigma}' \right) - \boldsymbol{E}_1 \, . \tag{3.8}$$

Die bezogenen Größen berechnen sich:

$$U_2' = \ddot{u} \cdot U_2 \, ; \qquad I_2' = \frac{1}{\ddot{u}} \cdot \frac{m_2}{m_1} \cdot I_2 \, ,$$

$$R_2' = \ddot{u}^2 \cdot \frac{m_1}{m_2} \cdot R_2 \, ; \qquad X_{2\sigma}' = \ddot{u}^2 \cdot \frac{m_1}{m_2} \cdot X_{2\sigma} \, .$$

m_1; m_2 kennzeichnen die Strangzahlen des Ständers bzw. des Läufers.

Da bei Kleinstmaschinen ausschließlich Kurzschlußläufer eingesetzt werden, ist in Gl. (3.8) $\dfrac{\boldsymbol{U}_2'}{s} = 0$ zu setzen.

Ersatzschaltbild und Zeigerdiagramm

Aus den Gln. (3.6) und (3.8) lassen sich sowohl das Ersatzschaltbild (Abb. 3.5) als auch das Zeigerdiagramm der Asynchronmaschine (Abb. 3.6) ableiten. Dabei

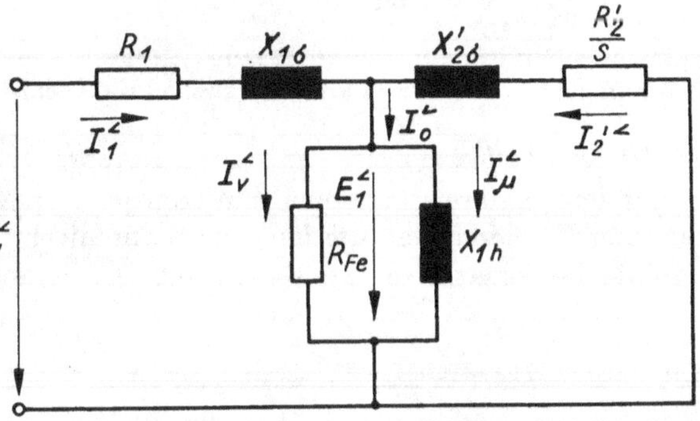

Abb. 3.5. Ersatzschaltbild der Drehfeld-Asynchronmaschine

sind die Ständereisenverluste durch den Widerstand R_{Fe} sowie den Verluststrom $\boldsymbol{I}_v$ und die Magnetisierung der Maschine durch die Hauptfeldreaktanz eines Stranges der Primärwicklung X_{1h} und durch den Magnetisierungsstrom $\boldsymbol{I}_\mu$ gekennzeichnet.

Für praktische Berechnungen genügt das vereinfachte Ersatzschaltbild (Abb. 3.7). X_σ ist dabei die gesamte Kurzschlußstreureaktanz der Maschine.

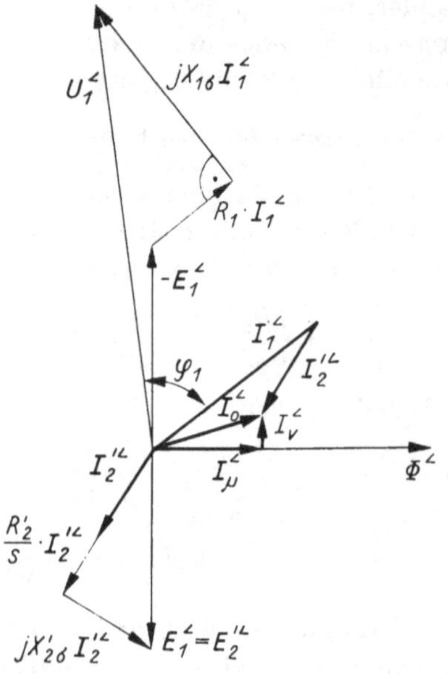

Abb. 3.6. Zeigerdiagramm der Drehfeld-Asynchronmaschine

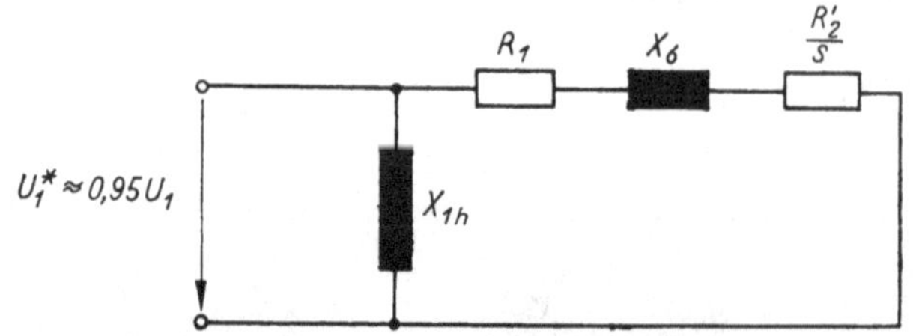

Abb. 3.7. Vereinfachter Ersatzstromkreis der Drehfeld-Asynchronmaschine

Läuferstrom und Drehmoment

Der auf den Ständerstromkreis bezogene Läuferstrom I_2' kann als Funktion der Ständerspannung U^* berechnet werden, wobei für die meisten Fälle ausreichend der vereinfachte Ersatzstromkreis nach Abb. 3.7 herangezogen werden kann

$$I_2' = \frac{U_1^*}{\sqrt{\left(R_1 + \frac{R_2'}{s}\right)^2 + X_\sigma^2}}\,. \tag{3.9}$$

Damit erhält man für das Moment der Asynchronmaschine

$$M = U_1^{*2} \cdot \frac{m_1}{\Omega} \cdot \frac{\frac{R_2'}{s}}{\left(R_1 + \frac{R_2'}{s}\right)^2 + X_\sigma^2}. \tag{3.10}$$

Dabei bedeuten:

m_1 = Strangzahl des Ständers und
X_σ = gesamte Kurzschlußstreureaktanz der Maschine.

Für die Beziehung $\frac{dM}{ds} = 0$ ergibt sich die Beziehung für das Kippmoment und den Kippschlupf der Asynchronmaschine.

$$M = U_1^{*2} \cdot \frac{m_1}{\Omega} \cdot \frac{1}{2\,(R_1 \pm \sqrt{R_1^2 + X_\sigma^2})} \approx \frac{m_1 \cdot U_1^{*2}}{2 \cdot \Omega \cdot X_\sigma}, \tag{3.11}$$

$$s_k = \pm \frac{R_2'}{\sqrt{R_1^2 + X_\sigma^2}} \approx \pm \frac{R_2'}{X_\sigma}. \tag{3.12}$$

Für die Bedingung $s < s_k$ kann $(R_1 + jX_\sigma)$ gegenüber $\frac{R_2'}{s}$ vernachlässigt werden.

In Abb. 3.8 sind die typischen Betriebskennlinien kleiner Asynchronmaschinen dargestellt.

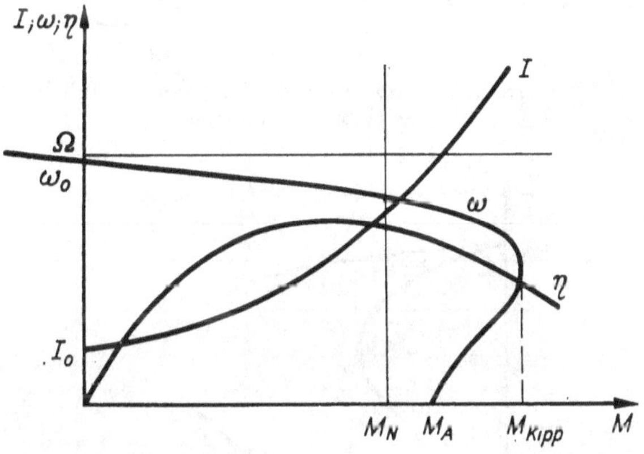

Abb. 3.8. Betriebskennlinien kleiner Drehfeld-Asynchronmaschinen

Polumschaltbare Drehstrommotoren

Die Drehzahl der Drehstrommotoren ist nach der Beziehung

$$n \sim \frac{f}{p} \tag{3.13}$$

von der Polpaarzahl der Wicklung abhängig. Zur verlustlosen Drehzahlstellung wird deshalb häufig die sogenannte *Dahlander*-Schaltung angewendet. Mit dieser Schaltung kann man die Polpaarzahl und damit die Drehzahl im Verhältnis 2:1 ändern.

Jeder Strang dieser Wicklung besteht aus zwei Teilen. Kehrt man in der zweiten Hälfte jedes Stranges die Stromrichtung um, so erhält man die halbe oder die doppelte Polpaarzahl (siehe dazu Unterabschnitt 6.2.1.).

Steinmetzschaltung

Die Schaltung der dreisträngigen Ständerwicklung einer Drehstrom-Asynchronmaschine mit Betriebskondensator für den Betrieb am Einphasennetz wird STEINMETZ-Schaltung genannt. Die in Abb. 3.9 angegebene Schaltung wird

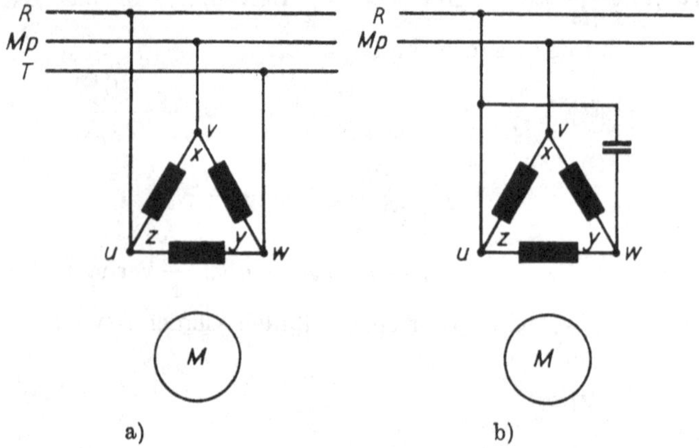

Abb. 3.9. Drehfeld-Asynchronmaschine a) am Dreiphasennetz und b) am Einphasennetz in STEINMETZschaltung

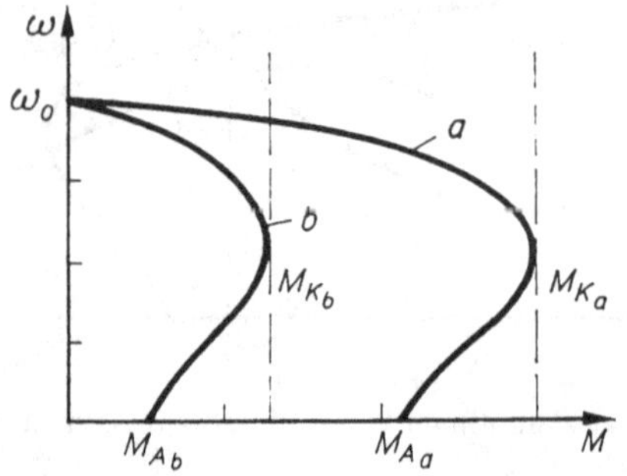

Abb. 3.10. Drehzahl-Drehmomenten-Kennlinie von Drehfeld-Asynchronmaschinen; *a* — am Dreiphasennetz, *b* — am Einphasennetz mit Kondensator

sinnvollerweise dort angewendet, wo wahlweise ein Betrieb am Drehstrom- oder am Einphasennetz notwendig ist. Aus Abb. 3.10 wird deutlich, daß der Betriebskondensatormotor nach der STEINMETZ-Schaltung nur für Antriebe geeignet ist, die kein großes Anzugsmoment benötigen.

Der Drehstrommotor verhält sich bei Einphasenanschluß genau wie bei Drehstromanschluß, wenn die Symmetriebedingungen mit einer Hilfsimpedanz (z. B.

Einschaltung einer Kapazität) erreicht werden. Diese Bedingungen sind allerdings nur für einen bestimmten Betriebspunkt erfüllt. Mit einem Kondensator allein ist die Symmetrie nur für den Phasenwinkel $\varphi = 60°$ zu erreichen. Im Bereich $\varphi = 60°$ bis $90°$ läßt sich günstig eine Reihenschaltung von Wirkwiderstand R und Kapazität C nach Abb. 3.11 anwenden.

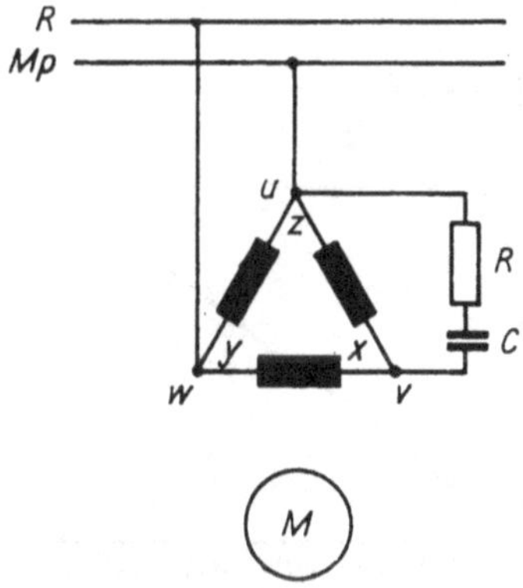

Abb. 3.11. Drehfeld-Asynchronmaschine am Einphasennetz mit Widerstands-Kondensator-Beschaltung

Bei der experimentellen Festlegung des Kondensators wird man die Kapazität so wählen, daß die Leistungs- bzw. Stromaufnahme oder die Gesamtverluste bzw. Ständerkupferverluste ein Minimum werden. Für C und R nach Abb. 3.11 ergeben sich folgende Beziehungen:

$$C = \frac{1}{\Omega} \cdot \frac{I_{ND}}{U_E} \cdot \frac{1}{\sin(\varphi_N + 30°)} \tag{3.14}$$

und

$$R = -\frac{U_E}{I_{ND}} \cdot \cos(\varphi_N + 30°)\,, \tag{3.15}$$

wobei: Ω = Kreisfrequenz
I_{ND} = Außenleiter-Nennstrom für Drehstromanschluß
U_E = Netzspannung
φ_N = Phasenwinkel für Nennlast.

Auf die Nennabgabeleistung P_{2N} des Drehstrommotors umgerechnet ergibt sich nach (3.14) folgende Beziehung:

$$C_B = \frac{1}{\Omega} \cdot \frac{P_{2N}}{\sqrt{3} \cdot \eta \cdot U_E^2} \cdot \sin\frac{(\varphi_N + 30°)}{\cos\varphi_N}\,. \tag{3.16}$$

Die Betriebskapazität C_B in Abhängigkeit der Drehstrom-Nennleistung P_{2ND} für in 220 V ausgeführte Maschinen ist in Abb. 3.12 dargestellt. Das Anzugsmoment ergibt sich nach folgender Beziehung:

$$M_{AE} = \frac{2}{\sqrt{3}} \cdot M_{AD} \cdot \frac{\cos\varphi_K}{\frac{\Omega C}{y_K} + 4\left(\frac{y_K}{\Omega C} - \sin\varphi_K\right)}\,, \tag{3.17}$$

wobei: $y_K = \frac{I_K}{U} \triangleq$ Betrag des Leitwertes im Kurzschlußfall

M_{AE} = Anzugsmoment bei Einphasenanschluß

M_{AD} = Anzugsmoment bei Drehstromanschluß

und der Index „K“ die übrigen Kurzschlußwerte bezeichnen.

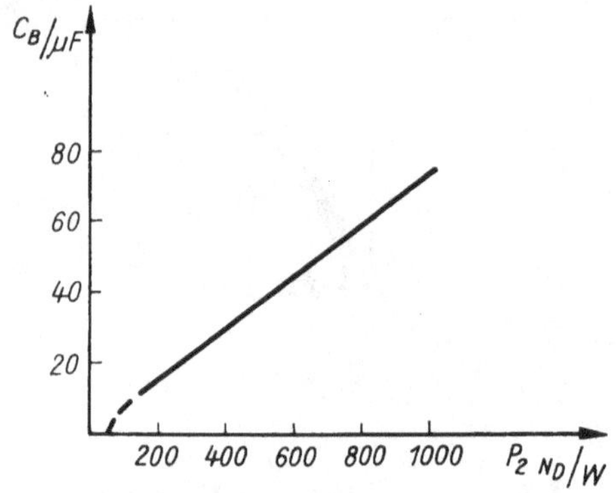

Abb. 3.12. Die Betriebskapazität C_B als Funktion der Drehstrom-Nennleistung P_{2N} für 220 V ausgeführte Maschinen

3.1.3. Bestimmung der Hauptabmessungen

Maßgebend für die Dimensionierung der Maschine ist das geforderte Drehmoment M. Das Drehmoment M ist der aufgenommenen Wirkleistung der Maschine direkt proportional

$$P_2 \sim m \cdot U_{ph_1} \cdot I_{ph_1} \cdot \cos\varphi \cdot \eta \,. \tag{3.18}$$

Weiterhin kann für die Leistung der Asynchronmaschine in Verbindung mit der *Esson*schen Leistungsziffer C bzw. Ausnutzungsfaktor, der als Erfahrungswert vorliegt, folgende Beziehung angegeben werden

$$P_2 = C \cdot D_i^2 \cdot L_i \cdot n \,. \tag{3.19}$$

Dabei bedeuten:

D_i = Innendurchmesser des Statorpakets

L_i = ideelle Länge des Eisenpaketes

n = Drehzahl

C = Ausnutzungsfaktor

$$C = 4{,}55 \frac{\text{kW min}}{\text{m}^3} \cdot \cos\varphi \cdot \eta \cdot \xi_1 \cdot \frac{A_1}{500 \frac{\text{A}}{\text{cm}}} \cdot \frac{B_{Lm}}{0{,}5 \frac{\text{Vs}}{\text{m}^2}} \,. \tag{3.20}$$

Für den Ausnutzungsfaktor C der Maschine erhält man unter Einbeziehung des Ankerstrombelages und der mittleren Luftspaltinduktion folgende Beziehung:

In Abb. 3.13 ist die Entwicklung des Leistungsgewichts von Drehstrommotoren der letzten Entwicklungsjahre bezogen auf eine Drehzahl von 3000 U/min mit einem Ausblick auf den theoretischen Grenzwert bis zum Jahre 2000

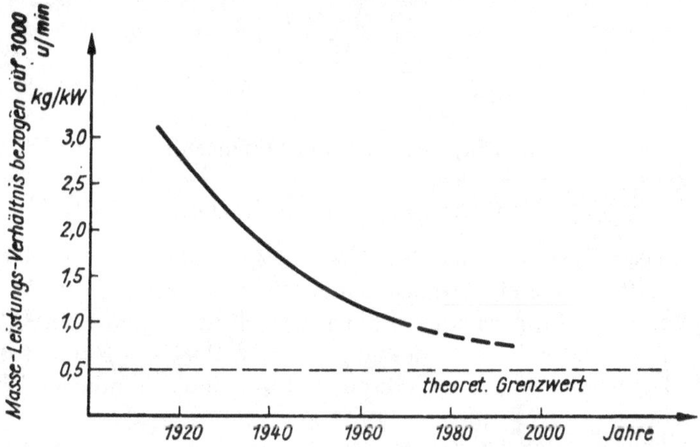

Abb. 3.13. Entwicklung des Leistungsgewichtes von Drehfeldmotoren der letzten Jahre bezogen auf eine Drehzahl von $n_s = 3000$ U/min

dargestellt. Den Ankerstrombelag A_1 und die Luftspaltinduktion B_{Lm} erhält man aus den Beziehungen:

$$A_1 = \frac{m \cdot w_1 \cdot I_1}{D_i \cdot \pi} \tag{3.21}$$

$$B_{Lm} = \frac{\Phi}{\tau_p \, L_i}\,, \tag{3.22}$$

wobei: τ_p = Polteilung
w_1 = Zahl der Primärleiter/Phase
ξ_1 = Wickelfaktor.

Die induzierte Spannung E_{ph_1} erhält man für ein Drehstromnetz mit einer Frequenz von $f_1 = 50$ Hz durch die Beziehung:

$$E_{\mathrm{ph}_1}/\mathrm{V} = 1{,}11 \cdot \xi_1 \cdot w_1 \cdot f_1/50\ \mathrm{Hz} \cdot \Phi/10^{-2}\ \mathrm{Vs}\,. \tag{3.23}$$

Tabelle 3.1

Parameter	Größenordnung
Ausnutzungsfaktor C	$0{,}80 \div 1{,}5\ \frac{\mathrm{kW\ min}}{\mathrm{m}^3}$
Ankerstrombelag A_1	$200 \div 500\ \frac{\mathrm{A}}{\mathrm{cm}}$
mittlere Luftspaltinduktion $B_{\mathrm{L\ mittel}}$	$4000 \div 5800$ G
Wickelfaktor ξ_1^*	$0{,}22 \div 0{,}96$

Für Asynchronmaschinen kleiner Leistung können die Erfahrungswerte der Tab. 3.1 angegeben werden. Mit den Gln. (3.18) bis (3.23) erhält man für die mechanische Leistung P_2 der Asynchronmaschine folgenden Ausdruck:

$$P_2 = \frac{\pi^2}{\sqrt{2}} \cdot \xi_1 \cdot n \cdot L_i \cdot D_i^2 \cdot A_1 \cdot 1{,}11\sqrt{2} \cdot B_{Lm} \cdot \eta \cdot \cos\varphi \,. \tag{3.24}$$

3.2. Einphasen-Asynchronmaschine

3.2.1. Aufbau und Schaltung

Die Einphasen-Asynchronmaschine besitzt grundsätzlich den gleichen mechanischen Aufbau, wie eine Drehstrommaschine. Lediglich die Wicklung im Ständer ist in eine Hauptwicklung, die räumlich im allgemeinen $^2/_3$ des Umfanges einnimmt und eine Hilfswicklung, die den Rest des Raumes einnimmt, unterteilt. Die beiden Wicklungsachsen sind um einen räumlichen Winkel von $\frac{\tau_p}{2} = \frac{\pi}{2}$ zueinander verschoben.

Zur Ausbildung eines Drehfeldes ist nach Unterabschnitt 1.3.3. eine zweite Bedingung zu erfüllen. Beide Wicklungen müssen mit um $\frac{\pi}{2}$ phasenverscho-

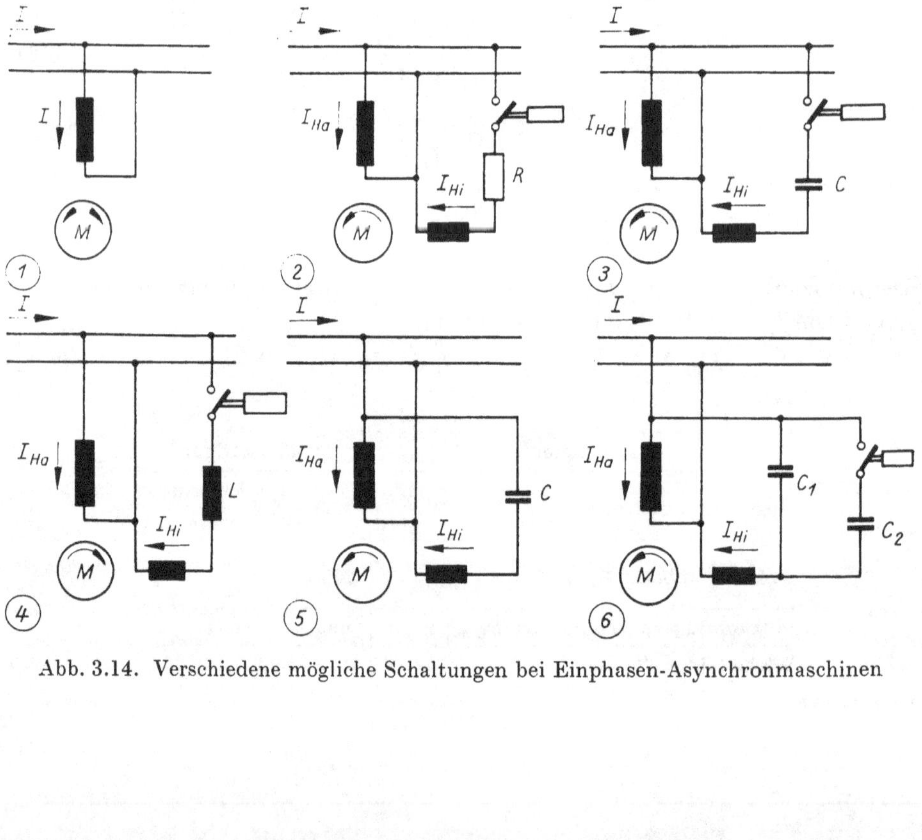

Abb. 3.14. Verschiedene mögliche Schaltungen bei Einphasen-Asynchronmaschinen

benen Strömen gespeist werden. Die Hilfswicklung dient vorzugsweise zum Anlassen des Motors und wird über phasendrehende Schaltelemente (Kapazität oder Induktivität) an das Netz angeschlossen. Als Läufer wird ein stromverdrängungsfreier Kurzschlußläufer eingesetzt. Die Einphasen-Asynchronmaschinen sind in verschiedenen Ausführungsformen bekannt. In Abb. 3.14 sind die verschiedenen Ausführungen dargestellt.

1. Motor mit einer einsträngigen Ständerwicklung, der als Anwurfmotor bezeichnet wird, weil er nicht von selbst anläuft.
2. Motor mit Widerstandsanlaufphase. Bei diesem Motor wird im Hilfsphasenstrang ein ohmscher Widerstand eingeschaltet, wodurch der Hauptstrang einen voreilenden Strom führt. Der Hilfsphasenstrang wird nach dem Hochlaufen des Motors abgeschaltet. Die Hilfswicklung ist thermisch nur für den Kurzzeitbetrieb ausgelegt.
3. Motor mit Kondensatoranlaßphase. Beim Anlaßkondensatormotor ist im Hilfsphasenstrang ein nur für Kurzzeitbetrieb ausgelegter Kondensator — meistens ein Elektrolyt-Kondensator — eingeschaltet, der nach dem Hochlauf des Motors über geeignete Schalter (Fliehkraftschalter, Zeitrelais, stromabhängige Relais und elektrische Leistungsbauelemente wie Triac und Thyristoren) wieder abgeschaltet wird.
4. Motor mit induktiver Anlaßphase.
5. Motor mit Betriebskondensator.
6. Motor mit Doppelkondensator.

3.2.2. Wirkungsweise und Betriebsverhalten

Alle Einphasen-Induktionsmaschinen sind Drehfeldmaschinen, bei denen im Stator durch die Wicklungen Drehfelder erzeugt werden. Im Abschnitt 1.3. wurde das Drehfeld, Wechselfeld und das elliptische Drehfeld näher beschrieben.

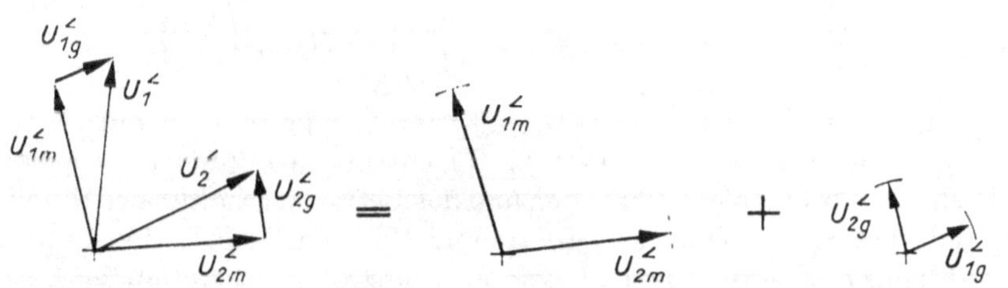

Abb. 3.15. Graphische Zerlegung von zwei unsymmetrischen Strangspannungen in ein Zweiphasen-Mitsystem- und -Gegensystem

Die Wicklungsstränge im Ständer von Einphasen-Drehfeldmotoren sind ebenfalls symmetrisch angeordnet (eine Ausnahme bildet dabei der Spaltpolmotor). Beim Betrieb des Einphasenmotors bilden sich unsymmetrische Strangspannungen aus, die man in zwei symmetrische Spannungssysteme teilen kann und zwar in ein Mitsystem und ein Gegensystem.

In Abb. 3.15 ist die „Graphische Zerlegung von zwei unsymmetrischen Strangspannungen in ein Zweiphasen Mit- und Gegensystem“ dargestellt. Die als Strangspannungen des Mit- und Gegensystems auftretende Spannungen $\boldsymbol{u}_m$ und $\boldsymbol{u}_g$ sind ein Maß für die wirksam werdenden Drehinduktionswellen.

Die räumliche Überlagerung der Drehinduktionswellen ergibt ein elliptisches Drehfeld nach Abb. 3.16. Daraus resultiert auch die Zerlegung eines Wechselfeldes bzw. elliptischen Drehfeldes in ein mit- und ein gegenlaufendes Drehfeld. Die Größe des mit- und gegenlaufenden Drehfeldes ist bei allen Einphasen-Drehfeldmaschinen schlupfabhängig.

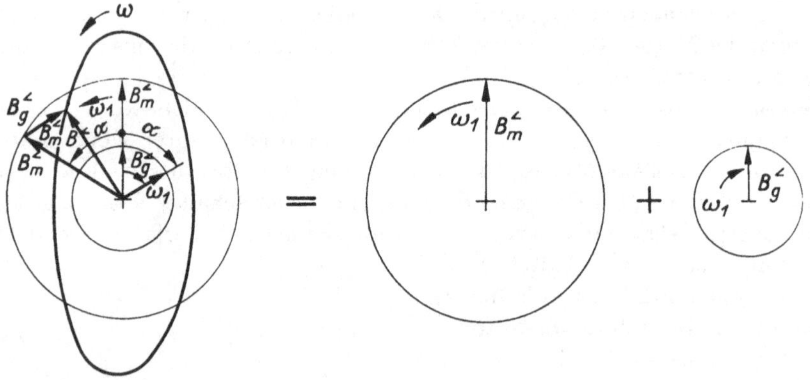

Abb. 3.16. Räumliche Überlagerung von Drehinduktionswellen zu einem elliptischen Drehfeld

Das an der Welle eines Einphasen-Induktionsmotors mit elliptischem Drehfeld beim Schlupf s verfügbare Drehmoment M_E ergibt sich zu:

$$M_{E(s)} = M_m - M_g = M_{(s)} \left(\frac{U_m}{U_{ph}}\right)^2 - M_{(2-s)} \left(\frac{U_g}{U_{ph}}\right)^2 . \qquad (3.25)$$

Die Drehmomente des Mit- und des Gegensystems sind direkt den auf die Strangspannungen umgerechneten Mit- und Gegenstrangspannungen proportional. Das Drehzahl-Drehmoment-Verhalten und das Betriebsverhalten des Einphasen-Induktionsmotors sind je nach Motorart und Motorauslegung sehr unterschiedlich und hängen im wesentlichen davon ab, wie groß im betreffenden Betriebspunkt das mitläufige und gegenläufige Drehfeld ist. Bei der Auslegung des Einphasen-Induktionsmotors kann man das gewünschte Drehzahl-Drehmoment-Verhalten weitestgehend anpassen, so daß z. B. für einen bestimmten Betriebspunkt symmetrische Verhältnisse entstehen, die die schädlichen Bremsmomente des inversen bzw. gegenläufigen Drehfeldes vermeiden.

Ist jedoch bei Betrieb eines Einphasen-Induktionsmotors außer dem mitlaufenden Drehfeld ein gegenlaufendes Drehfeld wirksam, dann treten neben den unerwünschten asynchronen Bremsmomenten des Gegendrehfeldes auch noch sogenannte Pendelmomente auf, die sich mit doppelter Netzfrequenz auf das Geräuschverhalten des Motors nachteilig auswirken.

Einphasen-Induktionsmotor ohne Hilfsphase

Diese Ausführung besitzt nur eine Hauptwicklung, die an das Netz angeschlossen wird. Es entsteht ein Wechselfeld, das in zwei gegenläufige Drehfelder halber Amplitude zerlegt werden kann. In der Läuferwicklung werden durch diese Drehfelder zwei Spannungen E_{21} und E_{22} induziert, die entsprechende Ströme I_{21} und I_{22} zur Folge haben. Diese Ströme erzeugen mit den zwei Drehfeldern insgesamt vier Drehmomentkomponenten. Die Drehmomentkomponenten, die durch I_{21} mit dem gegenlaufenden Drehfeld sowie durch I_{22} mit dem mitlaufenden Drehfeld gebildet werden, sind zeitabhängig und ergeben den Mittelwert Null. Die vorzeichenbehaftete Summe der beiden übrigen Drehmomentkomponenten liefert das resultierende Moment.

Man erhält folgende Beziehungen:

$$M_1 = \frac{R_2' \cdot I_{21}'^2}{\Omega \cdot s}\,; \qquad M_2 = -\frac{R_2'}{\Omega} \cdot \frac{I_{22}'^2}{(2-s)}\,; \tag{3.26}$$

$$M = M_1 + M_2 = \frac{R_2'}{\Omega}\left(\frac{I_{21}'^2}{s} - \frac{I_{22}'^2}{(2-s)}\right). \tag{3.27}$$

In Abb. 3.17 ist das Ersatzschaltbild der Einphasen-Asynchronmaschine dargestellt. Die mit dem Zeichen ′ versehenen Läufergrößen sind auf den Ständer der Maschine bezogen.

Für den Anlauf des Motors ergibt sich folgendes Bild: Für $s = 1$ ist $I_{21}' = I_{22}'$. Der Einphasenmotor ohne Hilfswicklung entwickelt kein Anzugsmoment.

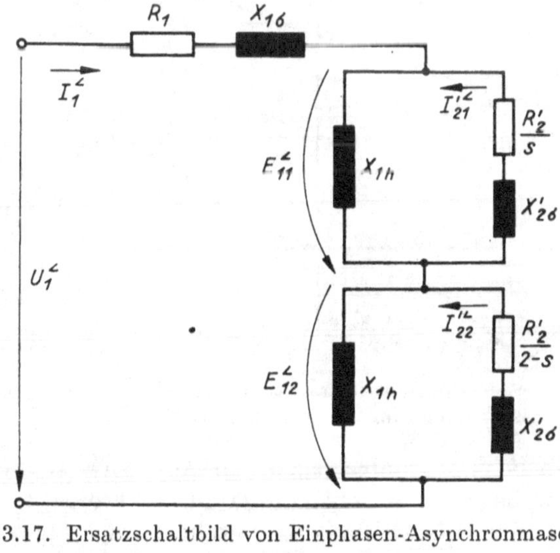

Abb. 3.17. Ersatzschaltbild von Einphasen-Asynchronmaschinen

Der Motor läuft jedoch je nachdem in welcher Richtung er angeworfen wird, als Asynchronmotor hoch. In Abb. 3.18 ist für den Links- und Rechtslauf des Motors der Momentenverlauf des Mit- und Gegensystems sowie das resultierende

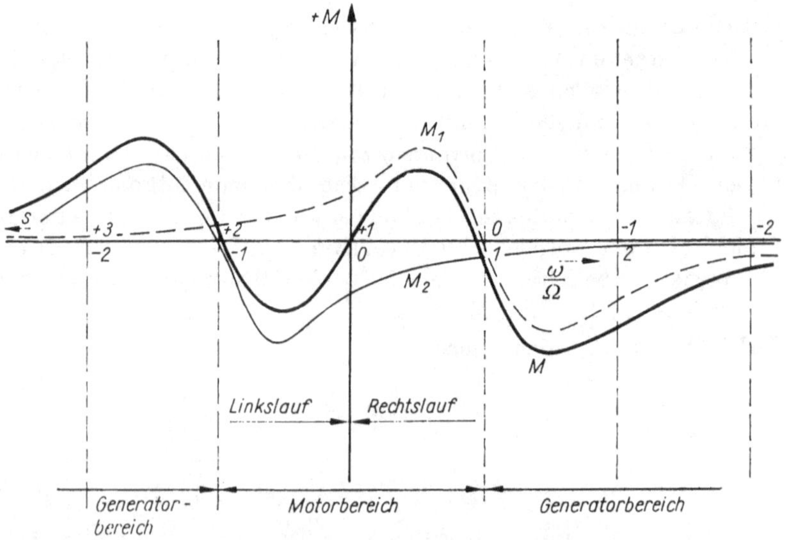

Abb. 3.18. Momentenverlauf des Mit- und Gegensystems sowie das resultierende Moment für Links- und Rechtslauf des Einphasen-Asynchronmotors in Abhängigkeit vom Schlupf s

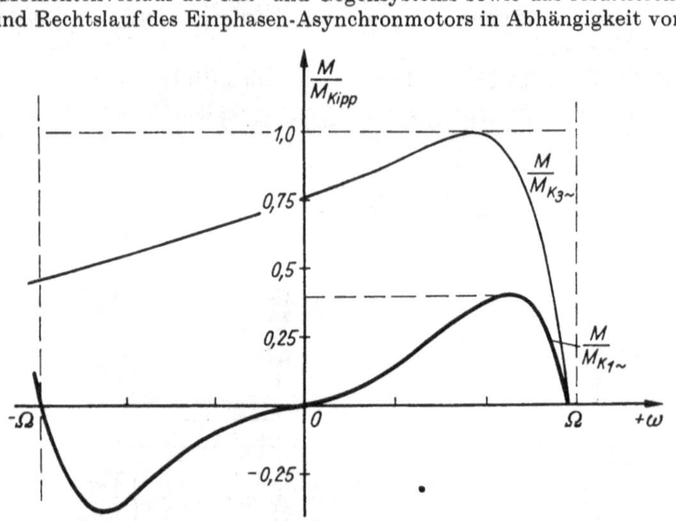

Abb. 3.19. Drehmomenten-Drehzahl-Charakteristik des Einphasen-Asynchronmotors ohne Hilfswicklung im Vergleich zum Drehstrombetrieb

Moment über den Schlupf s aufgetragen. In Abb. 3.19 ist im Vergleich zum Drehstrombetrieb die Drehmoment-Drehzahl-Charakteristik des Einphasen-Asynchronmotors ohne Hilfswicklung dargestellt.

Das Kippmoment des Einphasenmotors ohne Hilfsphase beträgt etwa nur $^1/_3$ des Kippmomentes eines Drehstrommotors gleicher Größe. Aus Abb. 3.19 ist deutlich erkennbar, daß der Einphasen-Anwurfmotor für $+\omega$ und $-\omega$ eine völlig gleiche Charakteristik zeigt, dagegen der 3∼Motor bei Betrieb $-\omega$ im Bremsbetrieb arbeitet.

Einphasen- Induktionsmotor mit Widerstandsanlaßphase

Zur Erzeugung eines Anzugsmomentes ist es notwendig, daß das von der Hauptwicklung des Einphasenmotors vorhandene Wechselfeld in ein Drehfeld umgewandelt wird. Man erreicht das dadurch, indem man eine Hilfswicklung räumlich um 90° versetzt anordnet und sie mit einem phasenverschobenen Strom speist. Die Phasenverschiebung dieses Hilfswicklungsstromes gegenüber dem Hauptwicklungsstrom erreicht man durch ohmsche, induktive oder kapazitive Widerstände. Nach erfolgtem Hochlauf wird die Hilfswicklung durch einen auf der Motorwelle sitzenden Fliehkraftschalter oder durch ein stromabhängiges Hilfsschütz abgeschaltet.

Der Motor zeigt nach dem Abschalten der Hilfswicklung das gleiche Verhalten wie der Motor ohne Hilfswicklung. Das Anzugsmoment des Einphasenmotors mit Hilfsphase ergibt sich nach folgender Beziehung:

$$M_A = \frac{2 \cdot \ddot{u}_{31} \cdot R_2' \cdot X_{1h}^2}{\Omega \cdot [R_2'^2 + (X_{1h} + X_{2\sigma})^2]} \cdot I_{1K} \cdot I_{3K} \cdot \sin(\boldsymbol{I}_{1K}; \boldsymbol{I}_{3K}), \tag{3.28}$$

wobei: $\ddot{u}_{31} = \dfrac{w_3 \cdot \xi_3}{w_1 \cdot \xi_1}$ das Verhältnis der Windungszahlen der beiden Ständerwicklungen darstellt. I_{1K} ist der Strom in der Hauptwicklung und I_{3K} der Strom der Hilfswicklung bei Stillstand des Motors. Das Anzugsmoment des Einphasen-

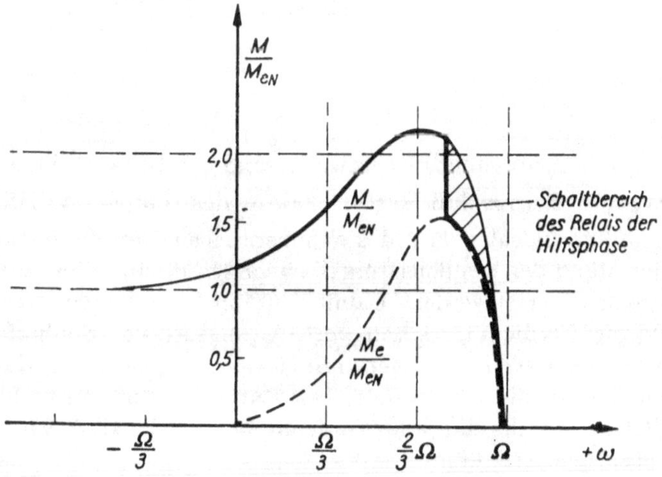

Abb. 3.20. Drehmomenten-Drehzahl-Kennlinie des Einphasen-Asynchronmotors mit Widerstands-Hilfsphase

motors mit Hilfsphase ist somit proportional dem Produkt $I_{3K} \cdot \sin(\boldsymbol{I}_{1K}; \boldsymbol{I}_{3K})$ und damit abhängig von der Phasenverschiebung der beiden Ströme $\boldsymbol{I}_{1K}$ und $\boldsymbol{I}_{3K}$. Das größte Anzugsmoment ergibt sich dann, wenn $\sin(\boldsymbol{I}_{1K}; \boldsymbol{I}_{3K}) = 1$ ist. Die Vorschaltwiderstände sind für diesen Fall entsprechend zu bemessen.

In Abb. 3.20 ist die Drehmomenten-Drehzahl-Kennlinie des Einphasenmotors mit Widerstands-Hilfsphase angegeben. Da die thermische Belastbarkeit der Hilfsphase begrenzt ist, sind besondere Maßnahmen zu treffen. Als zulässige Einschaltzeit der Hilfsphase rechnet man je nach Antriebsfall 5 bis 15 Sekunden. Innerhalb dieser Zeit verbleibt die Temperatur der Hilfsphasenwicklung unterhalb der zulässigen Grenztemperatur.

Einphasen-Induktionsmotor mit Kondensatoranlaßphase

Beim Einphasen-Induktionsmotor mit Kondensatoranlaßphase finden wir die gleichen Bedingungen vor wie beim Motor mit Widerstandsanlaßphase. Nach dem Hochlauf wird die Hilfsphase mit dem Kondensator durch ein Relais oder Fliehkraftschalter abgeschaltet. Die notwendige Phasenverschiebung des Hilfsphasenstromes wird hier durch den Kondensator erreicht. Das Anzugsmoment ist von der Größe des Kondensators abhängig. Es ergibt sich ein ausgeprägtes Maximum. Bezogen auf einen Widerstandshilfsphasenmotor gleicher Leistung läßt sich mit Anlaßkondensator ein doppelt so großes Anzugsmoment erzielen. In Bild 3.21 ist die Abhängigkeit des Anzugsmomentes eines Kondensatormotors von der Kapazität des Anlaßkondensators dargestellt.

Für die Dimensionierung des Anlaßkondensators gilt die zuvor beschriebene Bedingung, daß $\sin(\boldsymbol{I}_{1K}; \boldsymbol{I}_{3K}) = 1$ wird.

Der kapazitative Widerstand ergibt sich somit:

$$X_C = Z_{3K}\left(\frac{\cos\varphi_{1K} \cdot \cos\varphi_{3K}}{1 + \sin\varphi_{1K}} + \sin\varphi_{3K}\right) \qquad (3.29)$$

$$U_C \approx \frac{U_{\text{Netz}}}{\cos\varphi_{3K}}. \qquad (3.30)$$

Dabei sind:

Z_{3K} = Kurzschluß-Scheinwiderstand der Hilfswicklung

$\cos\varphi_{1K}$; $\cos\varphi_{3K}$ = Kurzschluß-Leistungsfaktor der Haupt- und Hilfswicklung.

Betrachten wir den idealen Fall des symmetrischen Betriebszustandes, d. h., daß der Widerstand des Kondensators X_C nach Gl. (3.29) so gewählt wird, daß das Gegendrehfeld verschwindet. Damit liegt ein Zweiphasenmotor mit Kreisrotationsfeld vor. Da die Widerstandswerte X_{ha} und R_{ha} vom Schlupf des Motors, also von seiner Belastung abhängen, ergibt sich bei gegebener Kapazität des Kondensators der symmetrische Betriebszustand des Motors nur für einen bestimmten Belastungsfall. Bei allen anderen Belastungsfällen wird immer ein Ellipsenrotationsfeld auftreten.

In Abb. 3.22 ist das Zeigerdiagramm eines Kondensatormotors bei symmetrischen Betriebsbedingungen dargestellt. Der Arbeitspunkt hat hier ein Kreisrotationsfeld zur Folge. Die beiden durch I_{ha} und I_{hi} erzeugten Flüsse Φ_{ha} und Φ_{hi} sind im Betrag gleich und gegeneinander um den Winkel 90° phasenverschoben. Die durch das Rotationsfeld in der Hilfsphase erregte EMK E_{hi} ist k mal größer als die erregte EMK E_{ha} in der Hauptphase. Da an bei-

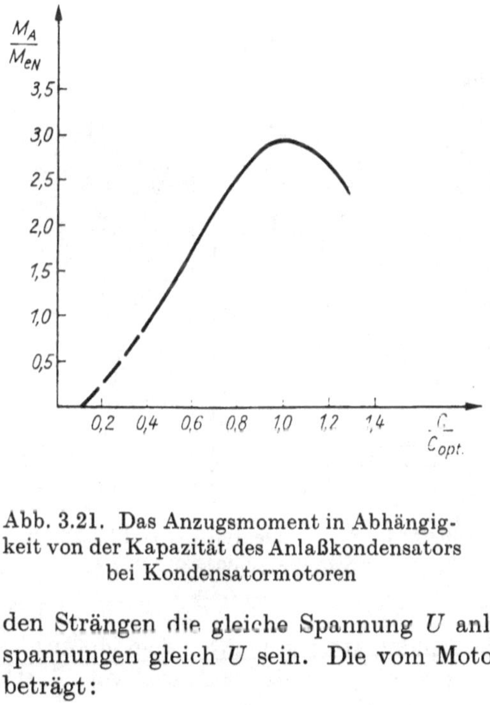

Abb. 3.21. Das Anzugsmoment in Abhängigkeit von der Kapazität des Anlaßkondensators bei Kondensatormotoren

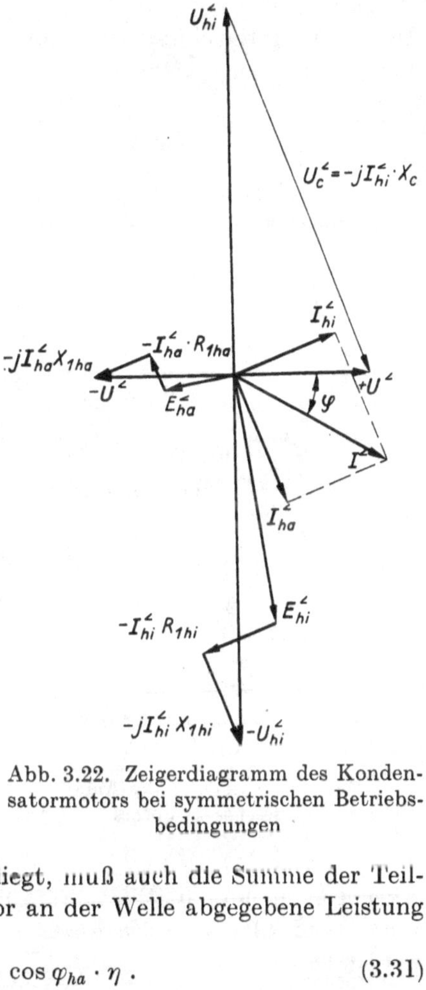

Abb. 3.22. Zeigerdiagramm des Kondensatormotors bei symmetrischen Betriebsbedingungen

den Strängen die gleiche Spannung U anliegt, muß auch die Summe der Teilspannungen gleich U sein. Die vom Motor an der Welle abgegebene Leistung beträgt:

$$P_2 = 2 \cdot U \cdot I_{ha} \cdot \cos \varphi_{ha} \cdot \eta \,. \tag{3.31}$$

Aus dem Zeigerdiagramm ist zu entnehmen:

$$\cos \varphi_{ha} = \frac{U}{U_C} \,. \tag{3.32}$$

Weiterhin kann bei Symmetrie der Magnetfelder die mechanische Leistung formuliert werden zu:

$$P_2 = 2 \cdot U^2 \cdot \frac{I_{hi}}{U_C} \cdot \tan \varphi_{ha} \cdot \eta = 2 \cdot U^2 \cdot \omega \cdot C \cdot \tan \varphi_{ha} \cdot \eta \,. \tag{3.33}$$

Daraus kann die Kapazität des Kondensators bei den beschriebenen idealen Betriebsbedingungen ermittelt werden.

$$C = \frac{P_2}{2 \cdot U^2 \cdot \omega \cdot \tan \varphi_{ha} \cdot \eta}. \tag{3.34}$$

Als Näherungsbeziehung wird in der Literatur für die Kapazität des Kondensators folgendes angegeben:

$$C/\mu F = 1800 \cdot \frac{P_2/w}{(U/V)^2}. \tag{3.35}$$

In Abb. 3.23 ist die Schaltung und in Abb. 3.24 die Drehmomenten-Drehzahl-Kennlinie eines Anlaßkondensatormotors dargestellt. Im Vergleich zu Abb. 3.20

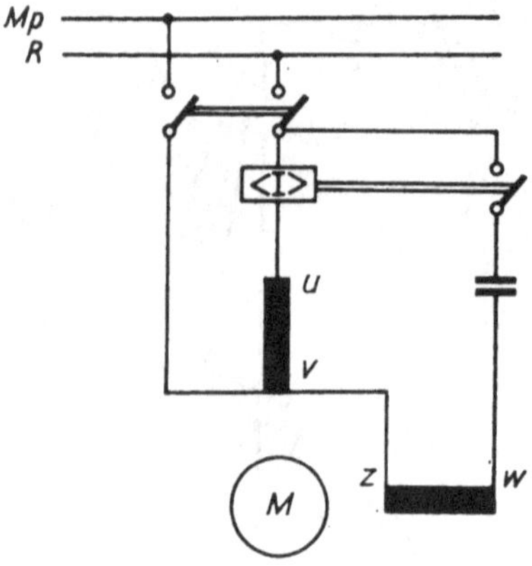

Abb. 3.23. Schaltung des Anlaßkondensatormotors

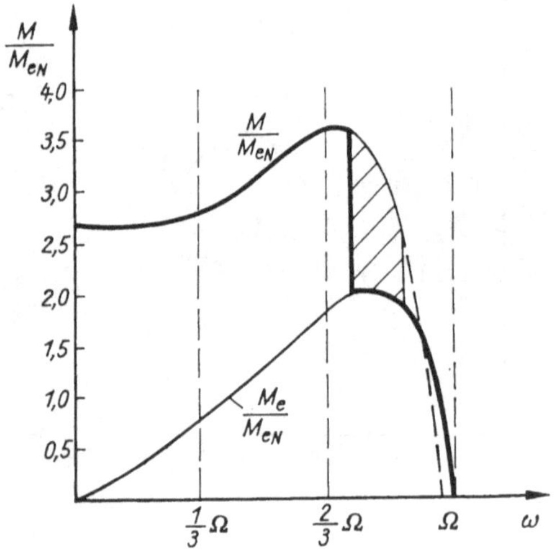

Abb. 3.24. Drehmomenten-Drehzahl-Kennlinie des Anlaßkondensatormotors

erkennt man, daß mit Hilfe eines Anlaßkondensators gegenüber dem Motor mit Widerstandshilfsphase das Anzugsmoment etwa um den Faktor 2 vergrößert werden kann.

Der dreisträngige Betriebskondensatormotor in Steinmetzschaltung

Für den einphasigen Netzanschluß von Drehstrommotoren zeigt die STEINMETZ-Schaltung das günstigste Betriebsverhalten sowie die höchste Leistungsabgabe (Abb. 3.25). Bei der experimentellen Bestimmung der Kapazität C_B werden die Leistungs- bzw. Stromaufnahme oder die Gesamtverluste bzw. Ständer-Kupferverluste zu einem Minimum gebracht, wie bereits im Abschnitt 3.1.2. erläutert wurde.

Der zweisträngige Doppelkondensatormotor

Der zweisträngige Doppelkondensatormotor ist dem Aufbau nach ein Betriebskondensatormotor mit zusätzlichem Anlaßkondensator. Dieser zweite Kondensator wird dem Betriebskondensator während des Anlaufs nach Abb. 3.26 parallel geschaltet. Im Nennbetrieb arbeitet der Motor als zweisträngiger

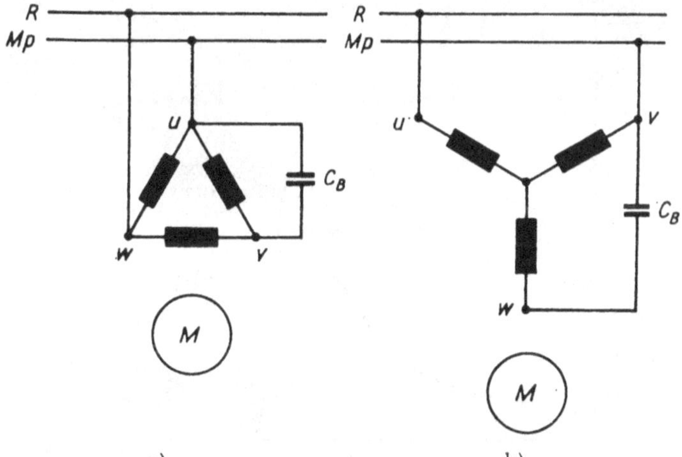

Abb. 3.25. Einphasenanschluß von Drehstrommotoren nach der Steinmetzschaltung; a) Dreieckschaltung, b) Sternschaltung

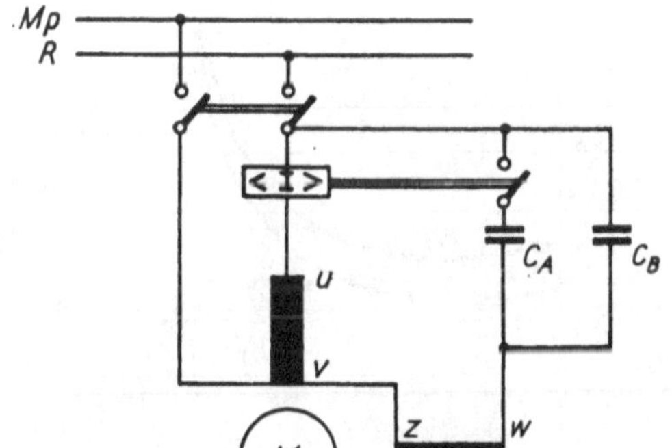

Abb. 3.26. Schaltung eines zweisträngigen Doppelkondensatormotors

Betriebskondensatormotor. Der zweite Kondensator, der Anlaßkondensator, erlaubt bei relativ niedrigem Anlaufstrom das Anzugsmoment des Motors wesentlich zu verbessern. In Abb. 3.27 ist die Drehmomenten-Drehzahl-Kennlinie des Doppelkondensatormotors dargestellt. Nach dem Abschalten des Anlaßkondensators fällt diese Kennlinie auf die des Betriebskondensatormotors zurück, dessen Kippmoment gleichzeitig das maximale Betriebsdrehmoment ist.

Bei der Wahl der beiden parallelgeschalteten Kondensatoren muß während des Hochlaufs des Motors der auftretenden Kondensatorspannung besondere Beachtung geschenkt werden. Aus Abb. 3.28 ist ersichtlich, daß die Spannung an den beiden Kondensatoren bei der Leerlaufdrehzahl des Motors weit über die Klemmenspannung ansteigt.

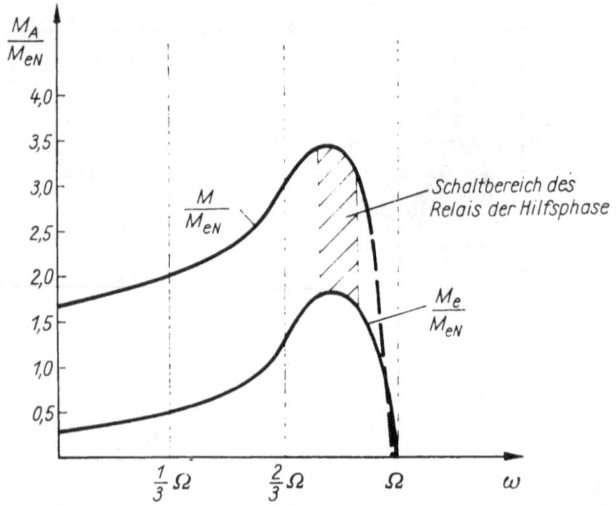

Abb. 3.27. Drehmomenten-Drehzahl-Kennlinie des Doppelkondensatormotors

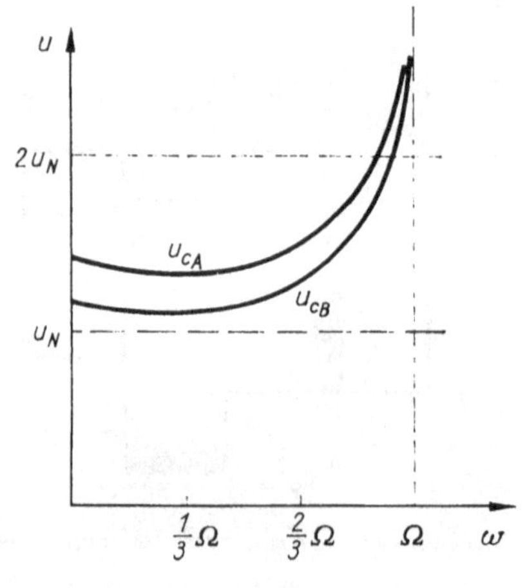

Abb. 3.28. Kondensatorspannung des Doppelkondensatormotors als Funktion der Drehzahl des Motors; U_{CA} = Spannung am Betriebs- und Anlaßkondensator, U_{CB} = Spannung am Betriebskondensator

Diese Spannungsüberhöhung kann zu erheblichen Ausgleichströmen führen, die die Kontakte der Schalter oder Relais beschädigen. Eine geeignete Strombegrenzung der Kontaktströme z. B. mit Drosseln, schafft hier Abhilfe. In der

TGL 10589 sind die erforderlichen Daten für Betriebs- und Anlaßkondensatoren festgelegt.

3.3. Ein- und mehrphasige Synchronmotoren

Je nach Einbau eines entsprechenden Rotors in einen Ständer, in dem ein Drehfeld erzeugt wird, unterscheidet man verschiedene Motoren (Abb. 1.54).

3.3.1. Der Hysteresemotor

Aufbau und Schaltung

Der Hysteresemotor ist seinem Betriebsverhalten nach ein dauermagneterregter Synchronmotor mit asynchronem Anlaufverhalten. Die Hysterese von hartmagnetischen Werkstoffen im Läufer wird zur Erzeugung eines Drehmomentes ausgenutzt. Die Ständer von Hysteresemotoren entsprechen denen von Induktionsmotoren oder werden bei Einphasenspeisung oft als Spaltpolmotorenständer ausgeführt. In Abb. 3.29 ist der schematische Aufbau eines 2poligen

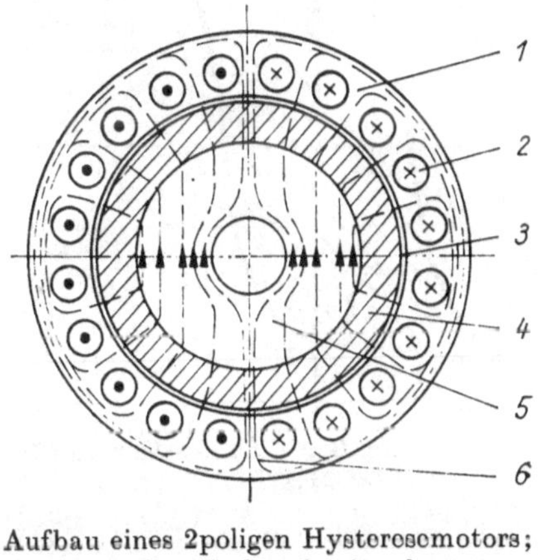

Abb. 3.29. Schematischer Aufbau eines 2poligen Hysteresemotors; *1* — Statorblechpaket, *2* — räumlich verteilte Wicklungen; *3* — Luftspalt, *4* — hartmagnetische Schicht des Rotors, *5* — weichmagnetische Schicht des Rotors, *6* — idealisiert dargestellter magnetischer Feldlinienverlauf

Hysteresemotors dargestellt. In der Regel werden die Statoren von Hysteresemotoren zweiphasig mit Kondensatorhilfsphase oder dreiphasig ausgeführt.

Einen sehr starken Einfluß auf die Wirkungsweise des Motors üben die höheren Harmonischen des Magnetfeldes aus, die von der Verteilung der Ständerwicklung in den Nuten und von den Nutenschlitzen der Ständernuten abhängig sind. Es muß deshalb ein möglichst sinusförmiges Feld erzeugt werden, das durch eine große Nutenzahl und Zweilagenwicklung mit verkürztem Schritt erreicht wird. Vorteilhafterweise sind die Nutenschlitze zu schließen, was aber beim Wickeln zu technologischen Schwierigkeiten führt.

Wirkungsweise und Betriebsverhalten

Wird ein Läufer aus ferromagnetischem Material in einem Magnetfeld bewegt, so entsteht in diesem ferromagnetischen Material infolge der Hysterese ein Drehmoment. Es wird Hysteresemoment genannt. Die Läuferinduktionswelle versucht, dem Ständerdrehfeld zu folgen, so daß ein Drehmoment auf den Läufer ausgeübt wird, das den Motor asynchron hochlaufen läßt. Betrachten wir einen Läufer in Form eines Vollzylinders, der aus hartmagnetischem Material mit breiter Hystereseschleife besteht. Vom Stator aus wird ein Drehfeld konstanter Größe aufgebaut, das über den Luftspalt die hartmagnetische Schicht des Läufers senkrecht durchdringt (Abb. 3.29). Bei der weiteren Betrachtung wird nur die Wechselhysterese herangezogen.

Sämtliche Volumenelemente der hartmagnetischen Schicht werden infolge des Drehfeldes gemäß der Hystereseschleife $B = f(H)$ des verwendeten Magnet-

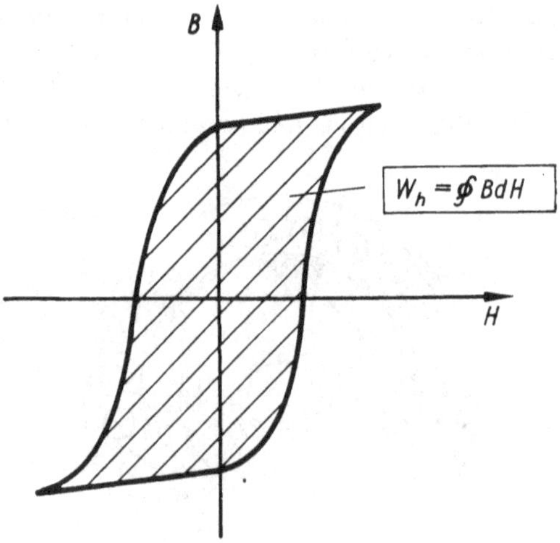

Abb. 3.30. Hystereseschleife $B = f(H)$ des verwendeten Magnetmaterials bei Hysteresemotoren

materials nach Abb. 3.30 wechselnd magnetisiert. Die spezifische Hysteresearbeit, bezogen auf ein Volumenelement, ist nach der Beziehung

$$w_h = \oint B\, dH \tag{3.36}$$

gleich dem Flächeninhalt der Hystereseschleife bei entsprechender Aussteuerung. Die gesamte Hysteresearbeit, die je Umlauf des Drehfeldes im Magnetmaterial entsteht, wird in Wärme umgesetzt.

Setzt man voraus, daß im Läufer keine zusätzlichen Wirbelströme auftreten können, so ist die durch das äußere Drehmoment hervorgerufene Arbeit gleich der Hysteresearbeit W_h der hartmagnetischen Schicht des Läufers (Abb. 3.31).

$$W_h = M \cdot \alpha \tag{3.37}$$

$$M = \frac{W_h}{\alpha} = \frac{W_h}{2\pi} = \int_{r_1}^{r_2} r l w_h \cdot dr\,, \tag{3.38}$$

wobei die gesamte Hysteresearbeit des Läufers je Umdrehung des Läufers nach Abb. 3.30 und Abb. 3.31

$$W_h = \int_{r_1}^{r_2} 2r\pi l \cdot w_h \cdot dr \tag{3.39}$$

ist. Aus diesen Betrachtungen wird auch offensichtlich, daß der Hysteresemotor über den gesamten Drehzahlbereich ein konstantes Drehmoment abgibt (Abb. 3.32).

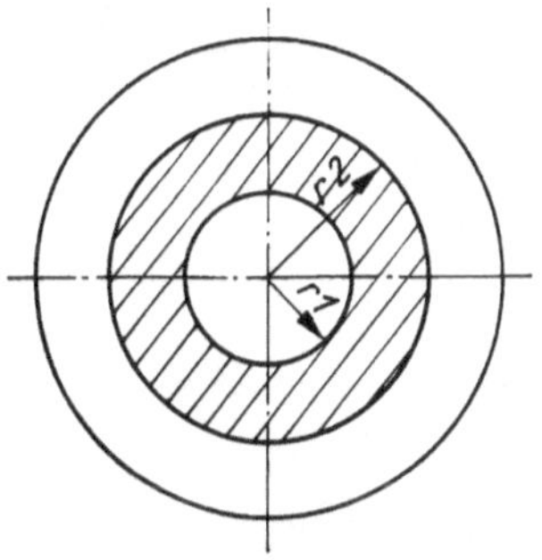

Abb. 3.31. Schematischer Aufbau des Hystereserotors; r_1 = Innenradius der hartmagnetischen Schicht des Rotors, r_2 = Außenradius der hartmagnetischen Schicht des Rotors

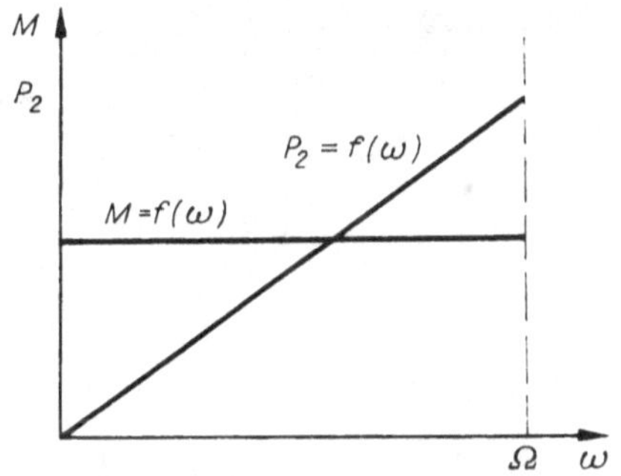

Abb. 3.32. Moment und mechanische Leistung des Hysteresemotors als Funktion der Winkelgeschwindigkeit ω

Bei einer beliebigen Winkelgeschwindigkeit des Läufers ω, die jedoch kleiner als die synchrone Winkelgeschwindigkeit Ω sein soll, setzt sich die vom Stator auf den Rotor übertragene Drehfeldleistung P_δ aus der mechanischen Leistung P_2 und der Hystereseverlustleistung P_h im Läufer zusammen.

$$P_\delta = P_2 + P_h = M \cdot \omega + W_h \cdot \frac{s \cdot \Omega}{2\pi}, \tag{3.40}$$

wobei $s \cdot \Omega$ die Schlupfdrehgeschwindigkeit und $\frac{s \cdot \Omega}{2\pi}$ die Zahl der Ummagnetisierung des Läufers je Sekunde darstellt.

$$P_\delta = \frac{W_h}{2\pi} \cdot \omega + \frac{W_h}{2\pi} \cdot s\Omega\,. \tag{3.41}$$

Mit der Gl. 3.42 ergibt sich für die Drehfeldleistung:

$$\omega = \Omega - s \cdot \Omega \tag{3.42}$$

$$P_\delta = \frac{W_h}{2\pi} \cdot \Omega\,. \tag{3.43}$$

Die Drehfeldleistung des Hysteresemotors ist also konstant. Mit der Drehzahl ändert sich lediglich die Aufteilung der mechanischen Leistung und der Hystereseverlustleistung des Läufers. Nach Gl. 3.38 ist das Drehmoment des Hysteresemotors nur von der Hysteresearbeit W_h des Läufers abhängig. Zur Erzielung eines großen Drehmomentes ist ein Magnetwerkstoff mit hoher spezifischer Hysteresearbeit w_h einzusetzen. Die spezifische Hysteresearbeit w_h entspricht den spezifischen Hystereseverlusten nach Gl. 2.19 im Abschnitt 2.2.1.

Beachtung ist dabei der Aussteuerung des hartmagnetischen Werkstoffes zu schenken, da hier im Gegensatz zu einem einmalig aufmagnetisierten Dauermagneten eine laufende Ummagnetisierung erfolgt und die magnetische Feldstärke wesentlich geringere Maximalwerte annehmen darf. In Abb. 3.33 ist die Aussteuerung eines hartmagnetischen Werkstoffes mit verschiedenen Feldstärken dargestellt.

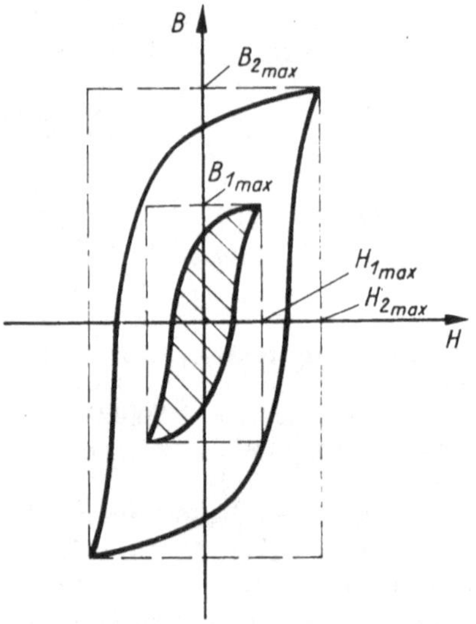

Abb. 3.33. Die magnetische Aussteuerung des hartmagnetischen Werkstoffes mit verschiedenen Feldstärken bei Hysteresemotoren

Bestimmung der Hauptabmessungen

Zusammenfassend kann gesagt werden, daß beim Hysteresemotor entsprechend Gl. (3.38) eine Proportionalität zwischen dem Drehmoment M und der Hysteresearbeit W_h besteht. Weiterhin ist bekannt, daß eine Aussteuerung des hartmagnetischen Werkstoffes bis zum Maximalwert von W_h ungünstig ist. Somit können Kriterien für die Wahl des optimalen Arbeitspunktes festgelegt werden:

Kriterien für die Konstruktion

Kriterium Nr. 1: $$\sin \psi = \frac{{}_B H_C}{H_{\max}} \to 1 \,. \qquad (3.44)$$

Die Phasenverschiebung zwischen der vom äußeren Drehfeld erzeugten Durchflutung im Hysteresewerkstoff und der dabei vorhandenen magnetischen Induktion im Hysteresewerkstoff, soll möglichst maximal sein. Die Größe dieser

Phasenverschiebung ist von der jeweils benutzten Hystereseschleife und dem Motoraufbau abhängig und bleibt konstant. Damit ist auch das Hysteresedrehmoment drehzahlunabhängig (Abb. 3.34).

Kriterium Nr. 2: $$\frac{w_h}{H_{\max}} \to \text{maximal} \qquad (3.45)$$

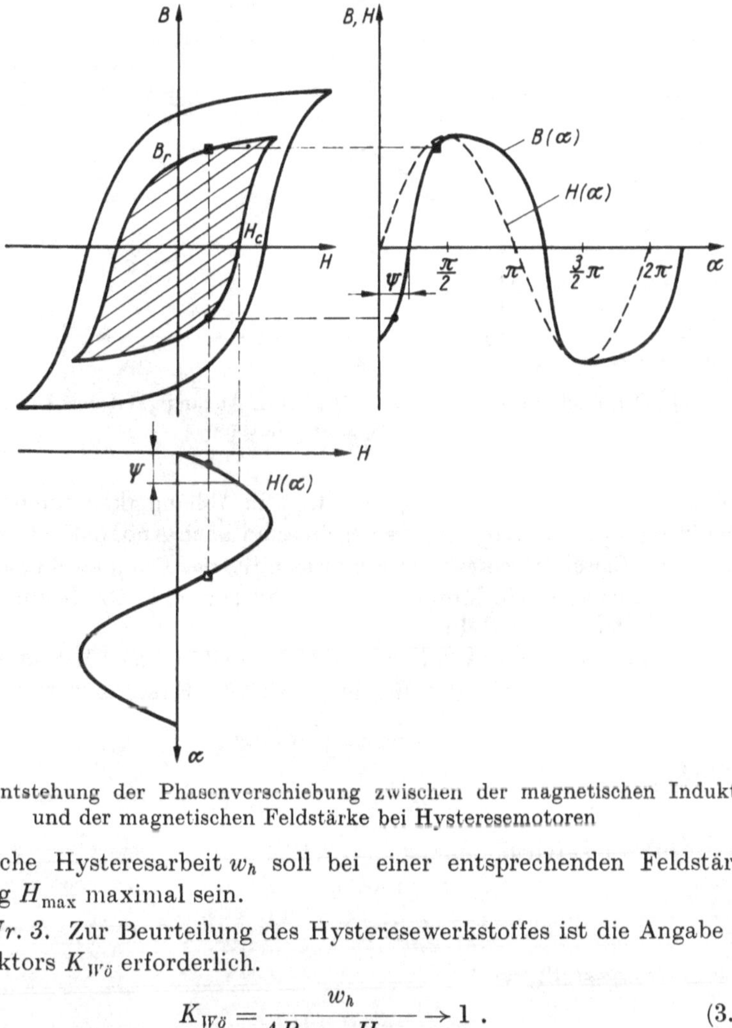

Abb. 3.34. Entstehung der Phasenverschiebung zwischen der magnetischen Induktion und der magnetischen Feldstärke bei Hysteresemotoren

Die spezifische Hysteresarbeit w_h soll bei einer entsprechenden Feldstärkeaussteuerung $H_{\max}$ maximal sein.

Kriterium Nr. 3. Zur Beurteilung des Hysteresewerkstoffes ist die Angabe des Wölbungsfaktors $K_{Wö}$ erforderlich.

$$K_{Wö} = \frac{w_h}{4B_{\max} \cdot H_{\max}} \to 1 \,. \qquad (3.46)$$

Der Wölbungsfaktor $K_{Wö}$ gibt an, wie stark die praktisch ausgesteuerte Hystereseschleife von der Rechteckschleife abweicht.

Kriterium Nr. 4: $$B = f(H) \qquad (3.47)$$

Die Magnetisierungskennlinie des verwendeten Hysteresewerkstoffes.

Zusammenfassend kann angegeben werden, daß zur Erzielung eines optimalen Hysteresemomentes die Hystereseschicht im Läufer nur soweit ausgesteuert wird, daß die bezogene Hystereseschleife einen größtmöglichen Flächeninhalt ergibt. Es wird ein sogenannter Wölbungsfaktor $K_{Wö}$ eingeführt, der definiert ist, aus dem geometrischen Verhältnis der Schleifenfläche zum zugehörigen Rechteck der Hystereseschleife (Abb. 3.33).

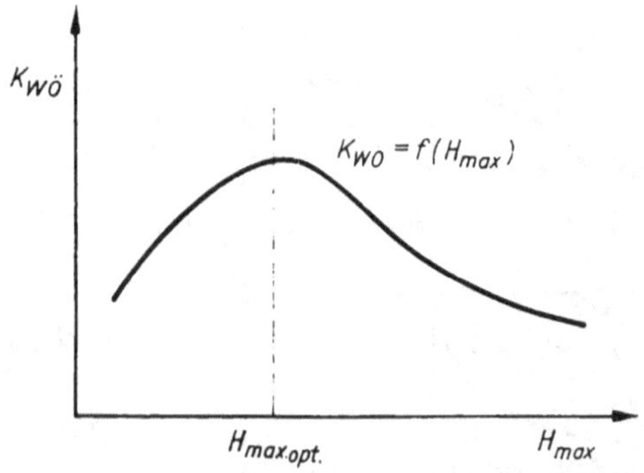

Abb. 3.35. Der Wölbungsfaktor $K_{Wö} = f(H_{max})$ in Abhängigkeit der Aussteuerfeldstärke bei Hysteresemotoren

Wird der Wölbungsfaktor $K_{Wö} = f(H_{max})$ in Abhängigkeit von der Aussteuerfeldstärke graphisch dargestellt, so ergibt sich nach Abb. 3.35 ein ausgeprägtes Maximum. Erweitert betrachtet ergibt sich für das Produkt Magnetfluß Φ und der Durchflutung Θ ein Minimum, das wiederum eine Größe für die Gesamtverluste des Motors darstellt.

Nach entsprechender Ableitung und Darstellung der Hystereseschleife in analytischer Form ergibt sich für die spezifische Hystereseverlustarbeit:

$$w_h = \oint B \cdot dH \,, \tag{3.48}$$

und mit

$$H = H_{max} \cdot \sin \omega t \tag{3.49}$$

aus der nichtlinearen Beziehung $B = f(H)$ für

$$B = \sum_{n=1}^{n=\infty} B_n \cdot \sin (n\omega t + \psi_n) \tag{3.50}$$

als Reihe dargestellt, wird

$$w_h = \pi \cdot B_1 \cdot H_{max} \cdot \sin \psi_1 \,. \tag{3.51}$$

Bei sinusförmiger Änderung der magnetischen Feldstärke H nach Gl. 3.49 wird die spezifische Hysteresearbeit w_h der Grundwelle der magnetischen Induktion B_1 und der Feldstärke H_{max} sowie dem Sinus des Hysteresewinkels ψ_1 proportional sein. (Abb. 3.34)

Die mechanische Leistung des Hysteresemotors wird bei synchroner Drehzahl Ω gleich der Drehfeldleistung P_δ.

$$P_2 = \frac{W_h}{2\pi} \cdot \Omega = \frac{\Omega}{2\pi} \int_{r_1}^{r_2} 2\pi r l \cdot w_h \cdot dr\,. \tag{3.52}$$

Betriebsverhalten

In Abb. 3.36 sind die charakteristischen Betriebskennlinien eines Hysteresemotors für (1) mit Drehstromspeisung und (2) mit Einphasenspeisung dargestellt. Die Drehzahl ist im Leerlauf gleich der synchronen Drehzahl des Dreh-

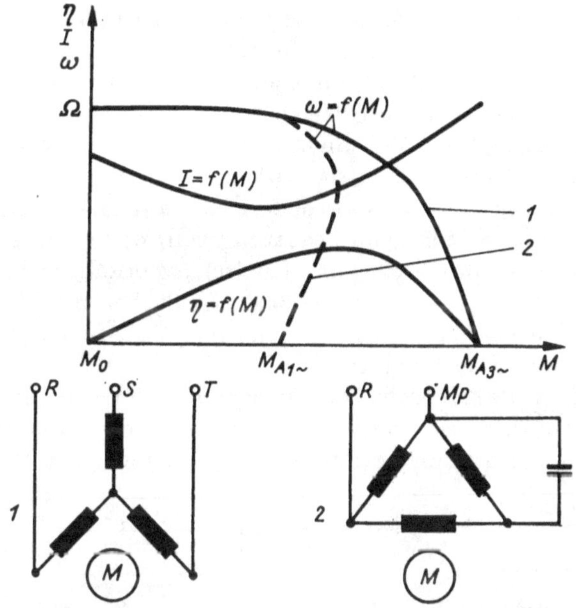

Abb. 3.36. Die charakteristischen Betriebskennlinien von Hysteresemotoren für *1* mit Drehstromspeisung und *2* mit Einphasenspeisung

feldes. Bei der Belastung bleibt die Drehzahl analog dem eines Synchronmotors bis zu einem bestimmten Drehmoment konstant. Bei Überschreitung des maximalen synchronen Drehmomentes (Außertrittfallen des Synchronmotors) geht der Hysteresemotor dagegen in den asynchronen Betrieb über.

Bei einem weiteren Ansteigen des Drehmomentes weist die Drehzahl-Drehmomenten-Kennlinie ein ähnliches Verhalten wie die Asynchronmaschine auf. Der Grund dafür ist durch das Auftreten von Wirbelströmen im Läufer zu suchen, die je nach ihrer Größe mehr oder weniger große asynchrone Drehmomente hervorrufen und sich günstig auf die Anlaufeigenschaften des Motors auswirken. Der Strom besitzt bei maximaler Synchronlast seinen kleinsten Wert. Der Wirkungsgrad wird durch die auftretenden Verluste in der Maschine bestimmt. Den wesentlichsten Anteil stellen die Wicklungsverluste dar, da eine relativ große Gesamtdurchflutung erforderlich ist. Einer Verringerung der Kupferverluste sind bedingt durch die Nutquerschnitte Grenzen gesetzt.

Einen weiteren erheblichen Anteil an den Gesamtverlusten stellen die Eisenverluste dar, die besonders bei hohen Induktionen und Frequenzen beträchtliche Werte annehmen können. Durch gezielte Weiterentwicklung der hartmagnetischen Werkstoffe kann der Wölbungsfaktor $K_{Wö}$ wesentlich erhöht werden, was zur Verringerung der Kupferverluste beiträgt. Ein Vergleich des Hysteresemotors zu anderen Antrieben zeigt, daß er ideale Bedingungen bietet. Nachteilig wirkt sich jedoch der geringe Leistungsfaktor aus, der zu einem erhöhten Blindleistungsbedarf des Hysteresemotors führt. Zusätzliche Überlastschutzeinrichtungen und Anlaufhilfsmittel sind nicht erforderlich.

Vorteilhaft ist, daß der Hysteresemotor im synchronen und im asynchronen Betrieb arbeiten kann und dabei annähernd das gleiche Drehmoment bietet. Somit ist das Hauptanwendungsgebiet des Hysteresemotors vor allem in der Automatisierungstechnik, der Meß- Steuerungs- und Regelungstechnik zu suchen. Die bei Synchronmotoren ungünstig wirkenden Drehschwingungen sind bei Hysteresemotoren kleiner. Das ist besonders für die Magnetbandantriebe und in der Automatisierungstechnik dann bedeutungsvoll, wenn eine große Konstanz der Drehzahl auch auf Bruchteile einer Umdrehung erforderlich wird.

In der Automatisierungstechnik werden Signalgeber benötigt, die zeitlich genau fixierte Steuerbefehle abgeben können. Für diesen Anwendungsfall bietet der Hysteresemotor beträchtliche Vorteile. Durch Änderung des Läuferaufbaues läßt sich die Drehzahl-Drehmoment-Kennlinie des Hysteresemotors in weiten Grenzen variieren und somit für bestimmte Antriebsfälle anpassen. (Z. B. Antriebe für konstante Geschwindigkeit und konstante Zugkraft).

3.3.2. Der Reluktanzmotor

Aufbau und Schaltung

Reluktanzmotoren sind ihrem Betriebsverhalten nach eine Kombination eines normalen Asynchronmotors mit Käfigläufer und einer Schenkelpol-Synchronmaschine ohne Gleichstromerregung.

Der Stator von Reluktanzmotoren ist seinem Aufbau nach normalen Induktionsmotoren gleich. In der Regel ist er mit Hilfs- oder Anlaßphase bzw. bei kleinen Leistungen als Spaltpolmotor ausgeführt. Die Entstehung des Reluktanzmomentes beruht auf der Änderung der Selbstinduktivität der Ständerwicklung beim Rotieren des Läufers, infolge magnetischer Leitwertänderungen zwischen Läufer und Ständer. Da das Reluktanzmoment nur bei der Synchrondrehzahl auftritt, muß er wie ein normaler Asynchronmotor angelassen werden. Im Läufer ist ein Kurzschlußkäfig untergebracht. Das Typische dieser Motorenart ist, daß sowohl der Ständer als auch der Läufer ausgeprägte Zähne oder Pole besitzen. Reluktanzmotoren werden in den mannigfaltigsten Ausführungen hergestellt. Konstruktionslösungen von Motoren für untersynchrone Drehzahlen sind in den Abb. 3.37 und 3.38 dargestellt. Für wesentlich kleinere Drehzahlen ist die von der Firma Westinghouse entwickelte Variante eines Reluktanzmotors nach Abb. 3.38 geeignet. Dieser Motor besitzt einen Läufer und

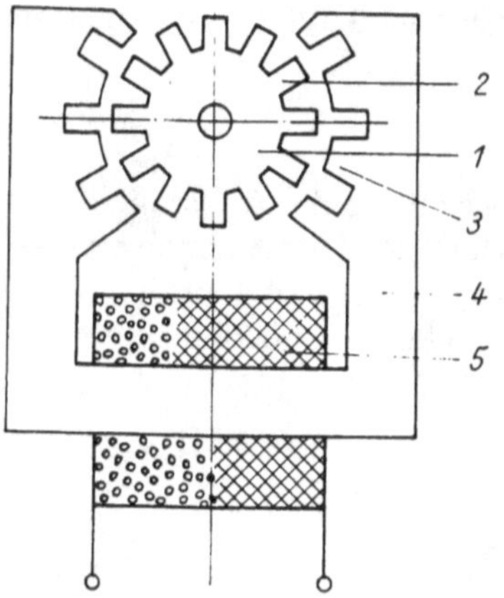

Abb. 3.37. Prinzipieller Aufbau eines Reluktanzmotors; *1* — Rotor, *2* — Rotorzahn, *3* — Ständerzahn, *4* — magnetischer Rückschluß des Stators, *5* — Erregerspule

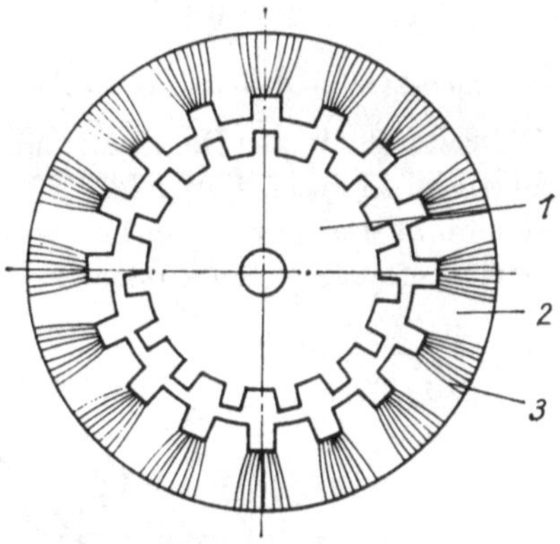

Abb. 3.38. Prinzipieller Aufbau eines Reluktanzmotors für geringere Drehzahlen; *1* — Rotor, *2* — Stator, *3* — spiralförmig in den Nuten untergebrachte Wicklung

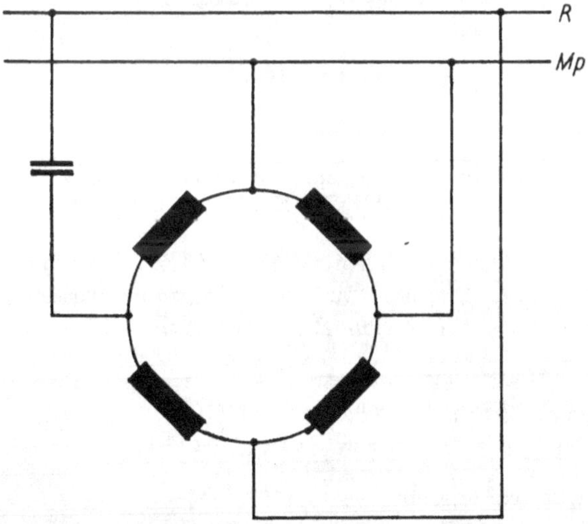

Abb. 3.39. Prinzipielle Schaltung eines Reluktanzmotors mit Kondensatorhilfsphase

Ständer, die eine voneinander gering abweichende Polzahl aufweisen. Das Magnetfeld wird durch eine spiralförmig in den Statornuten untergebrachten Spule erzeugt. Diese Wicklung wird nach Abb. 3.39 mit vier symmetrisch zueinander liegenden Abgriffen mit einem Kondensator an das Einphasennetz angeschlossen. Die Drehzahl eines solchen Motors wird durch folgende Gleichung bestimmt:

$$\Omega = \frac{p_1 - p_2}{p_2} \cdot f\,, \tag{3.53}$$

wobei p_1 und p_2 die Polzahl des Ständers bzw. des Läufers darstellen und die Differenz $p_1 - p_2$ geradzahlig sein muß.

Wirkungsweise und Betriebsverhalten

Die Entstehung des Reluktanzmomentes beruht auf der Änderung der Selbstinduktivität der Ständerwicklung beim Rotieren des Läufers infolge maximaler und minimaler magnetischer Leitwerte zwischen Läufer und Ständer. Der Läufer besitzt ausgeprägte Zähne oder Pole. Je nach Stellung des Läufers unter dem Pol

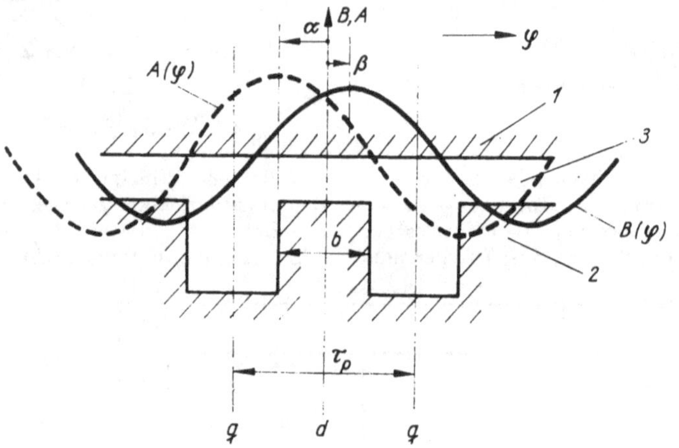

Abb. 3.40. Strombelag $A(\varphi)$ und Luftspaltinduktion $B(\varphi)$ eines Reduktanzmotors; *1* — *1* — Stator, *2* — Rotor, *3* — Luftspalt

des Ständers ändert sich nach Abb. 1.50 und 1.51, der magnetische Leitwert λ des gesamten Magnetkreises. Aus dem Zusammenwirken des Strombelages $A(\varphi)$ und der Luftspaltinduktion $B(\varphi)$ nach Abb. 3.40 ergibt sich das Reduktanzmoment zu:

$$M = L_i \cdot R^2 \cdot \int_0^{2\pi} A_1 \cdot \cos(p \cdot \varphi - \alpha) \cdot B_1 \cdot \cos(p \cdot \varphi + \beta) \cdot d\varphi \tag{3.54}$$

wobei:

L_i = ideelle Ankerlänge
B_1 = $\sqrt{B_{d_1}^2 + B_{q_1}^2}$ = resultierende Induktionsgrundwelle
p = Polpaarzahl
φ = Umfangskoordinate
$(\alpha + \beta)$ = resultierender Winkel zwischen dem Strombelag $A(\varphi)$ und der Luftspaltinduktion $B(\varphi)$
R = Radius der Ständerbohrung

Der Drehschub des Reluktanzmotors kann durch die Beziehung:

$$\tau_m = \frac{A_1 \cdot B_1}{2} \cdot \cos(\alpha + \beta)$$

beschrieben werden

Im Reluktanzmotor werden 2 Drehmomente wirksam:

1. im asynchronen Drehzahlbereich das asynchrone Induktionsmoment (Läufer ist als Kurzschlußläufer ausgebildet)
2. das Reluktanzmoment bei synchroner Drehzahl.

In Abb. 3.41 ist das Drehzahl-Drehmoment-Verhalten des Reluktanzmotors dargestellt. Der asynchrone Drehzahl-Drehmomentbereich ist gegenüber dem eines Drehfeldmotors mit konstantem Luftspalt flacher. Das Reluktanzmoment entsteht, wie bereits beschrieben, im synchronen Betrieb des Motors.

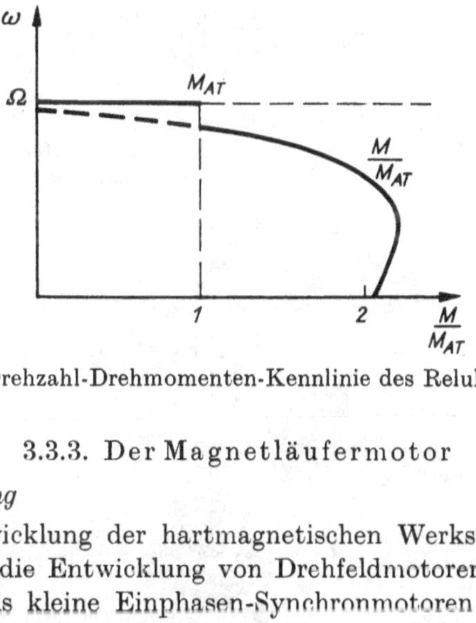

Abb. 3.41. Drehzahl-Drehmomenten-Kennlinie des Reluktanzmotors

3.3.3. Der Magnetläufermotor

Aufbau und Schaltung

Die enorme Entwicklung der hartmagnetischen Werkstoffe in den letzten Jahren ermöglichte die Entwicklung von Drehfeldmotoren mit Dauermagnetläufern. Sie sind als kleine Einphasen-Synchronmotoren bekannt geworden. Der Ständer eines solchen Synchronmotors ist wie der Ständer eines Induktionsmotors mit in Nuten verteilter Wicklung oder auch wie ein Spaltpolmotorenständer mit konzentrierter Wicklung ausgeführt. Der Läufer wird aus magnetisch harten Werkstoffen (Dauermagneten) mit einer der des Ständers entsprechenden Polpaarzahl hergestellt. Damit der Motor selbständig anläuft und die synchrone Drehzahl erreicht, wo erst das Synchronmoment auftritt, wird er zusätzlich mit einem Anlaufkäfig ausgestattet. In Abb. 3.42 ist schematisch ein Motor mit Magnetläufer dargestellt. Auf dem Dauermagneten (1) werden die Läuferbleche (2) aufgepreßt. Sie sind so ausgebildet, daß sie den Anlaßkäfig aufnehmen. Weiterhin sind tiefe Nuten (3) vorgesehen, um die Streuung der Magnetpole herabzusetzen.

Als eine weitere konstruktive Ausführung, die besonders für Langsamläufer interessant ist, wurde das Klauenpolprinzip bekannt (Abb. 3.43). Im Inneren befindet sich ein axial mangetisierter ringscheibenförmiger Dauermagnet mit der Polpaarzahl $p = 1$. An den beiden axialen Seiten des Magneten sind Weicheisen-Seitenscheiben mit seitlich abgebogenen Polzinken angebracht. Auf diese

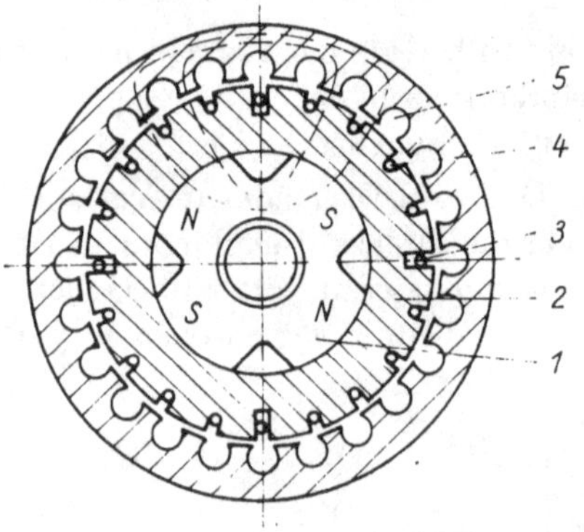

Abb. 3.42. Schematische Darstellung des Magnetläufermotors; *1* — Dauermagnet, *2* — Läuferbleche, *3* — tiefe Nuten im Läuferblech, *4* — flache Nuten des Läuferblechpaketes, *5* — Nuten des Statorblechpaketes

Abb. 3.43. Darstellung des Rotors eines Magnetläufermotors als Klauenpolläufer; *1* — als klauenförmig ausgebildete Weicheisen-Seitenbleche, *2* — ringförmiger Dauermagnet

Weise erhält man durch die wechselseitig ineinander greifenden Klauenpole ein mehrpolig permanenterregtes Polrad.

Wirkungsweise und Betriebsverhalten

Das Betriebsverhalten der kleinen Magnetläufermotoren läßt sich einfach am Modell des klassischen Synchronmotors erläutern. Der Unterschied besteht nur darin, daß statt der Gleichstromerregung eine Permanentmagneterregung eingesetzt wird. Ein solcher Läufer hat an seinem Umfang Magnetpole mit wechselnder Polarität, wobei der Abstand der Pole der Ständerpolteilung entspricht. In einem Drehfeld-Synchronmotor entsteht nur dann ein zeitlich unabhängiges konstantes Drehmoment, wenn die vom rotierenden Polrad erzeugte Drehinduktionswelle synchron mit der Drehinduktionswelle des Ständers umläuft. Beide Drehfelder müssen also die gleiche Polpaarzahl p und die gleiche Winkelgeschwindigkeit ω haben.

Das Synchronmoment kann also nur bei Synchrondrehzahl entstehen.

Das Synchronmoment im Einphasenmotor

Die Entstehung eines Drehmomentes in einem Einphasenmotor kann gemäß Abb. 3.44 wie folgt beschrieben werden. Im Stator (1) befindet sich eine Spule (2), vereinfacht als eine Schleife dargestellt, die vom Strom

$$\boldsymbol{i} = \sqrt{2} \cdot I \cdot \cos \omega t \tag{3.56}$$

durchflossen wird. Es baut sich ein Magnetfeld $\boldsymbol{B}_{\mathrm{St}}$ auf, das den Rotor (3) durchsetzt und mit der Winkelgeschwindigkeit ω umläuft. Der Rotor (3) dagegen, erzeugt den konstanten Magnetfluß $\boldsymbol{B}_L$. Unter der Annahme, daß der Magnet-

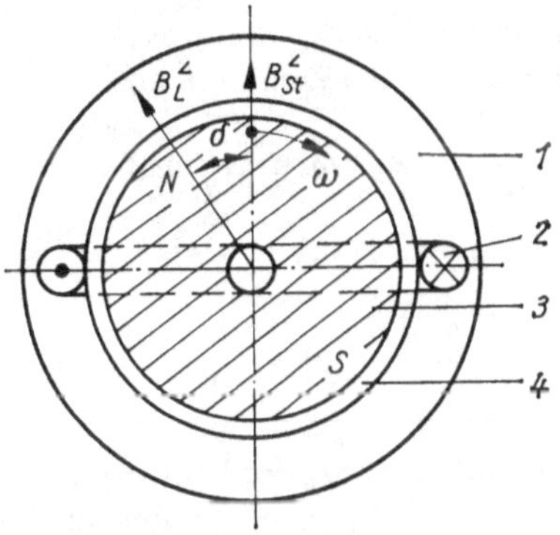

Abb. 3.44. Schematische Darstellung eines Dauermagnetläufer-Motor (Einphasen-Synchronmotor); *1* — Stator, 2 — Ständerwicklung, *3* — Rotor bestehend aus einem Dauermagneten, *4* — Luftspalt

fluß des Rotors im Luftspalt (4) am Motorumfang sinusförmig verteilt ist, ist die magnetische Kopplung der Ständerwicklung mit den Rotorfluß in Abhängigkeit von der Lage des Rotors nach folgender Beziehung festgelegt:

$$\psi_L = w \cdot \Phi_L \cdot \cos \beta \,, \tag{3.57}$$

wobei β den Winkel zwischen den Achsen der Magnetfelder des Stators $\boldsymbol{B}_{\mathrm{St}}$ und des Rotors $\boldsymbol{B}_L$ darstellt. Das Drehmoment ergibt sich durch folgende Gleichung:

$$M = \boldsymbol{i} \cdot \frac{d\psi_L}{d\beta} \,. \tag{3.58}$$

Für einen mit der Winkelgeschwindigkeit ω_L rotierenden Rotor ist der Winkel

$$\beta = \omega_L \cdot t - \delta \,, \tag{3.59}$$

wobei δ der Winkel zwischen den Feld- und Wicklungsachsen für den Augenblick $t = 0$ ist, d. h. in dem Moment, bei dem der Ständerstrom i seinen Maximalwert hat.

Die in der Ständerwicklung durch den umlaufenden Rotorfluß induzierte EMK E_p ist nach der Beziehung

$$E_p = \sqrt{2} \cdot \pi \cdot f_1 \cdot w_1 \cdot \Phi_L \tag{3.60}$$

bestimmt. Das Drehmoment kann wie folgt mathematisch formuliert werden:

$$M = -\sqrt{2} \cdot w_1 \cdot I \cdot \Phi_L \cdot \sin \gamma \cdot \cos \omega t$$

$$M = -\frac{1}{\pi \cdot f_1} \cdot I \cdot E_p \cdot \sin (\omega_L t - \delta) \cdot \cos \omega t$$

$$M = \frac{1}{\omega} \cdot I \cdot E_p \{\sin [(\omega - \omega_L) t + \delta] - \sin [(\omega + \omega_L) t - \delta]\} . \tag{3.61}$$

Die mechanische Trägheit des Läufers gestattet es nicht, daß schnell ändernde Drehmomente Bewegungen erzwingen. Der Rotor bewegt sich erst dann, wenn der zeitlich gesehene mittlere Wert des Drehmomentes von Null verschieden ist. In Gleichung (3.61) ist das der Fall, wenn $\omega_L = \pm \omega = \pm \Omega$ ist. Bei dieser Geschwindigkeit des Rotors ist das Drehmoment:

$$M = \frac{1}{\Omega} \cdot I \cdot E_p [\sin \delta \mp \sin (2 \omega t \mp \delta)] .$$

Der Mittelwert des Drehmomentes ergibt sich zu:

$$\overline{M} = \frac{1}{T} \int_0^T M \, dt = \frac{1}{\Omega} \cdot I E_p \cdot \sin \delta . \tag{3.62}$$

Ist also die Winkelgeschwindigkeit ω_L des Rotors gleich der Kreisdrehfrequenz ω des Stromes im Ständer, so spricht man von der synchronen Drehzahl Ω.

Das Drehmoment tritt also lediglich bei der Synchrongeschwindigkeit auf und wird deshalb als Synchronmoment bezeichnet.

Pendelmomente

Bei allen anderen Polrad- bzw. Rotor-Drehzahlen entstehen sogenannte Pendelmomente mit dem zeitlichen Mittelwert Null und der Pendelfrequenz

$$f_{\text{Pendel}} = f_1 - \frac{n \cdot p}{60} , \tag{3.63}$$

wobei f_1 die Netzfrequenz des Statorstromes und n die Drehzahl des Rotors darstellen.

Bei feststehendem Rotor entsteht ein Pendelmoment mit Netzfrequenz (Abb. 3.45).

Bei einem pulsierenden Wechselfeld oder einem elliptischen Drehfeld überlagert sich dem Synchronmoment bei synchronem Lauf des Magnetläufers noch

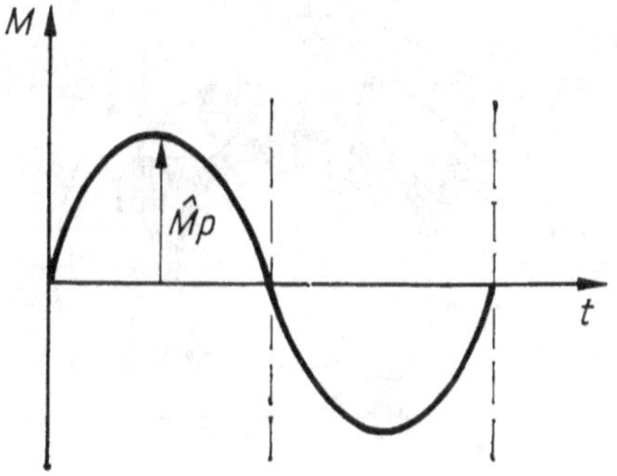

Abb. 3.45. Pendelmoment des Dauermagnetläufermotors im Stillstand des Läufers bei Kreisdrehfeld

das vom gegenläufigen Drehfeld herrührende Pendelmoment, das jetzt mit der doppelten Netzfrequenz schwankt (Abb. 3.46a und b). Bei Einphasenmotoren treten vorzugsweise elliptische Drehfelder auf. Läuft der Magnetläufer in einem solchen Feld synchron um, so ist das Synchronmoment M_{syn} größer als das sich überlagernde Pendelmoment M_p. Dem zeitlich konstanten Synchronmoment M_{syn} (Abb. 3.46b) ist ein dem inversen Drehfeld zugeordnetes Pendelmoment mit kleinerer Amplitude und doppelter Netzfrequenz überlagert.

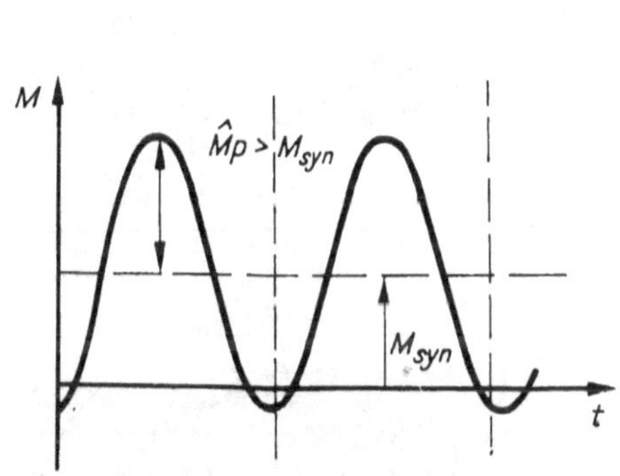

Abb. 3.46a. Pendelmomente eines Magnetläufermotors im Synchronlauf bei pulsierendem Wechselfeld

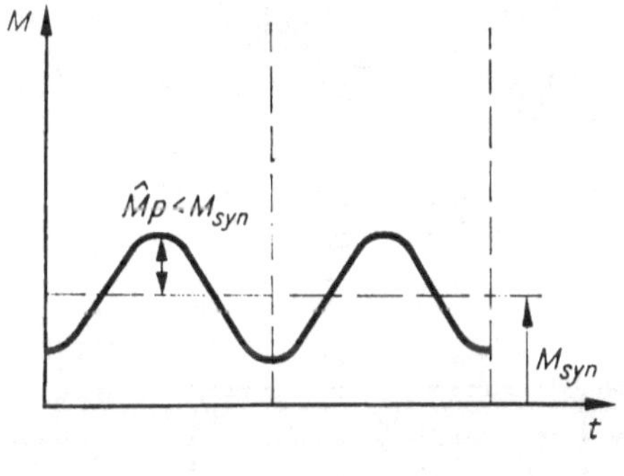

Abb. 3.46b. Pendelmomente eines Magnetläufermotors im Synchronlauf bei elliptischem Drehfeld

3.4. Der Spaltpolmotor

3.4.1. Aufbau und Schaltung

Der Spaltpolmotor ist seinem Aufbau nach der einfachste und betriebssicherste Einphasenmotor. Die Leistungsgrenze dieser Motorenart liegt jedoch zur Zeit bei 150···200 W. Das Ständerpaket ist wie bei allen Wechselstrommotoren aus

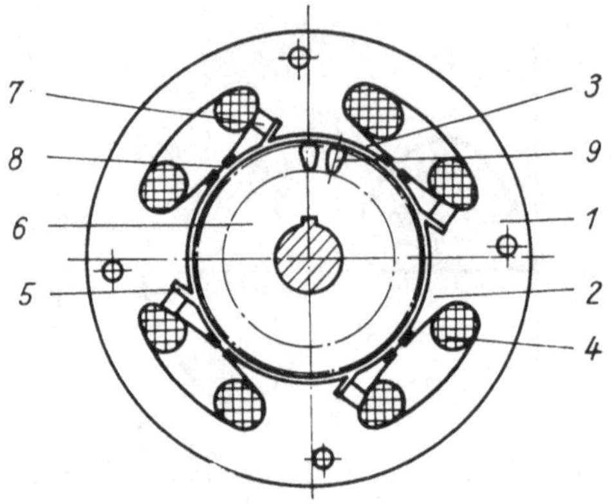

Abb. 3.47. Schematischer Aufbau eines 4poligen Spaltpolmotors; *1* — Statorblech, *2* — Polschuh, *3* — Streublech, *4* — Erregerwicklung, *5* — Spaltpol, *6* — Rotorblech, *7* — Spaltpolwicklung, *8* — Streublech, *9* — Rotornut

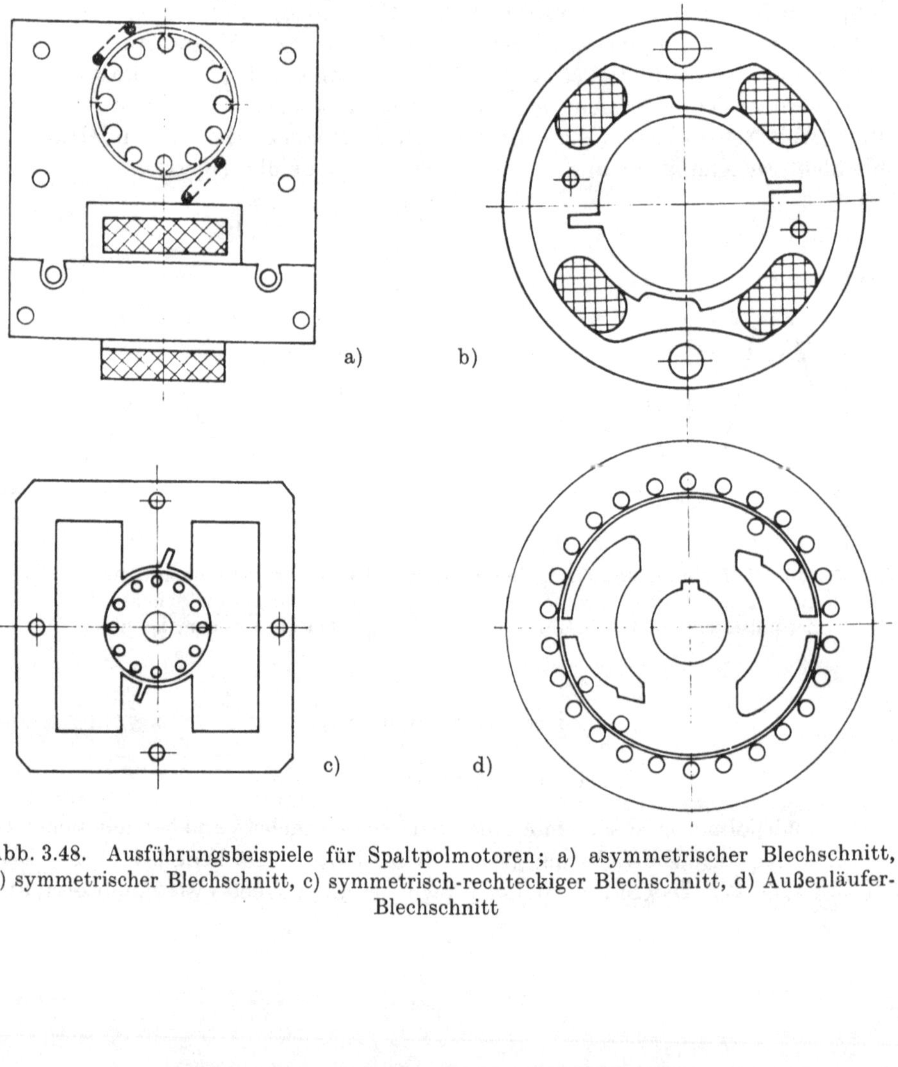

Abb. 3.48. Ausführungsbeispiele für Spaltpolmotoren; a) asymmetrischer Blechschnitt, b) symmetrischer Blechschnitt, c) symmetrisch-rechteckiger Blechschnitt, d) Außenläufer-Blechschnitt

lamellierten Blechen zusammengesetzt. Es besitzt ausgeprägte Pole mit konzentrierter Wicklung. Ein Teil des Poles ist durch die Spaltpolnut abgespaltet. Dieser Spaltpol wird von ein- oder mehreren kurzgeschlossenen Spaltpolwicklungen umschlossen. Die Ständernuten sind sehr groß. Sie werden zum Luftspalt hin häufig durch ein Streublech abgeschlossen.

Der Läufer besitzt einen normalen geschrägten Kurzschlußkäfig aus Aluminium oder Kupfer. In Abb. 3.47 ist der Aufbau eines Spaltpolmotors schematisch dargestellt. Der übrige Aufbau des Spaltpolmotors ist der anderen Kleinmotoren analog. Die Wellen laufen in Kugel- oder Gleitlagern. Vorzugsweise werden selbstschmierende Sinterbronzekalottenlager eingesetzt. Besonderes Augenmerk ist einer guten Belüftung zu schenken, weil unvermeidbar hohe Verluste

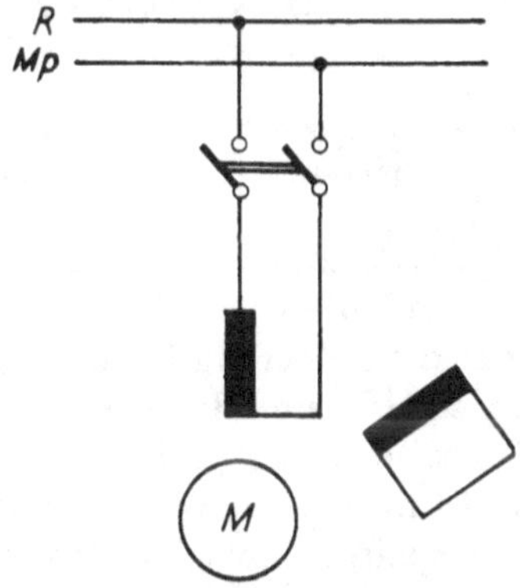

Abb. 3.49. Prinzipschaltbild des Spaltpolmotors

auftreten. Neben den in Abb. 3.47 dargestellten Aufbau gibt es viele Ausführungsformen der Ständerpakete. Die wichtigsten sind in Abb. 3.48 zusammengestellt.

Der Schnitt a), der asymmetrische Blechschnitt, stellt die einfachste und billigste Ausführungsform dar. Das Streublech wird durch eine Einschnürung des Ständerbleches gebildet. Die Wicklung wird auf einen Spulenkasten gewikkelt und auf das Joch geschoben. Ein symmetrischer Blechschnitt ist in b) dargestellt. Die Ausführung c) wird für mittlere Leistungen gewählt. In Abb. 3.48d ist der Blechschnitt eines 2-poligen Außenläuferspaltmotors dargestellt. Entsprechende Blechschnitte existieren von a), b), c) und d) auch in 4- und mehrpoliger Ausführung.

In Abb. 3.49 ist die Schaltung eines Spaltpolmotors angegeben.

3.4.2. Wirkungsweise und Betriebsverhalten

Die Wirkungsweise des Spaltpolmotors soll anhand der Abb. 3.50 erläutert werden. In der Hauptwicklung fließt der Strom I'. Er hat den Fluß Φ' zur

Folge, der den magnetischen Kreis des Ständers, des Luftspaltes und des Läufers durchsetzt. Gleichzeitig ist ein Teil dieses Flusses $(\Phi')''$ mit der Spaltpolwicklung verkettet. Er induziert dort die EMK E'''. Diese erzeugt entsprechend der zugehörigen Impedanz den Spaltpolstrom I'''. Damit wird der Spaltpol zusätz-

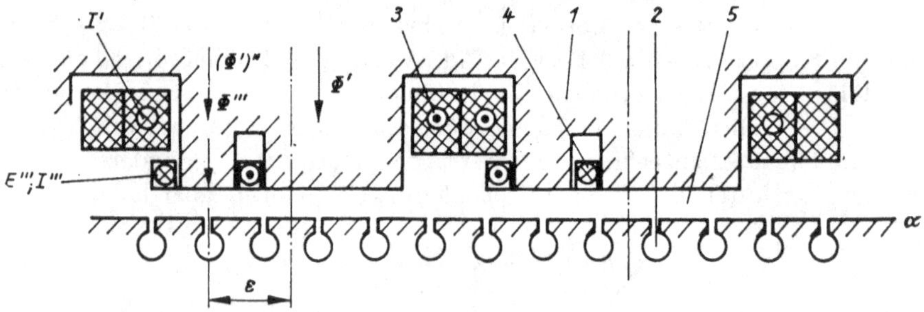

Abb. 3.50. Prinzipdarstellung des Spaltpolmotors; *1* — Stator, *2* — Läufernut, *3* — Hauptwicklung, *4* — Spaltpol- oder Hilfswicklung, *5* — Luftspalt

lich mit dem Fluß Φ''' durchsetzt. Er eilt gegenüber Φ' um den Winkel φ nach. Diese Verhältnisse werden durch die Rückwirkung des Kurzschlußläufers verändert. Die Überlagerung beider Felder ergibt ein elliptisches Drehfeld, das mit den Läuferströmen zusammenwirkt und das Drehmoment für den Selbstanlauf des Motors ergibt. Das Drehfeld bewegt sich stets in Richtung zum Spaltpol. Eine Drehrichtungsumkehr ist nicht ohne weiteres möglich. Ein reines Drehfeld kann durch den Haupt- und Spaltpol nicht erreicht werden, so daß stets gegenlaufende Felder und damit Drehmomente auftreten, die zu erhöhten Läuferverlusten und unerwünschten Bremsmomenten führen.

Streustege

Ein reines Drehfeld ist gegeben, wenn der Hauptfluß Φ' gleich dem des Teilflusses des Spaltpoles Φ''' ist, bzw.

$$B' = B'''$$

und die räumliche Phasenverschiebung zwischen Hauptpol und Spaltpol $\varepsilon - \varphi = \pi$ ist. Wenn jedoch ein Teil des erregenden Flusses Φ' über Streupfade, d. h. Streubleche oder Stege abgeleitet wird, kann diese Forderung nur angenähert erfüllt werden. Das Streublech liegt von der Hauptwicklung her betrachtet, parallel zum Luftspalt und Läufer. Darüber hinaus sind, bedingt durch die ausgeprägten Pole, Oberwellen in der Luftspaltinduktion zu erwarten, die viel größer sind als bei Induktionsmotoren mit verteilter Wicklung. Weiterhin treten infolge magnetischer Sättigung der Streustege Oberwellen im Netzstrom auf. Aus all diesen Erscheinungen ist es zu erklären, daß bei Spaltpolmotoren mit großen Einsattelungen der Drehzahl-Drehmoment-Kennlinie zu rechnen ist, vor allem durch die 3. Feldoberwelle.

Der Wirkungsgrad dieser Motoren ist sehr gering und liegt in der Größenordnung von 10 bis 40%. Besonders in den Kurzschlußwindungen der Spaltpolwicklung treten große Verluste auf. Abb. 3.51 zeigt die Betriebskennlinien eines 2-poligen Spaltpolmotors der Leistungsgröße 2···10 Watt, und in Abb. 3.52 ist die Abhängigkeit des Wirkungsgrades von der abgegebenen Leistung eines Spaltmotors dargestellt.

Das Anzugsmoment ist etwa das 0,5 bis 1fache des Nenndrehmomentes. Wie alle Einphasenmotoren mit Hilfsphase zeigen auch die Spaltpolmotoren hin-

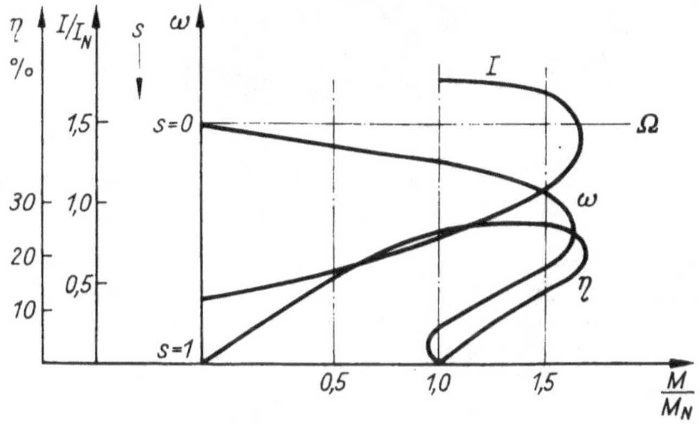

Abb. 3.51. Betriebskennlinien von Spaltpolmotoren

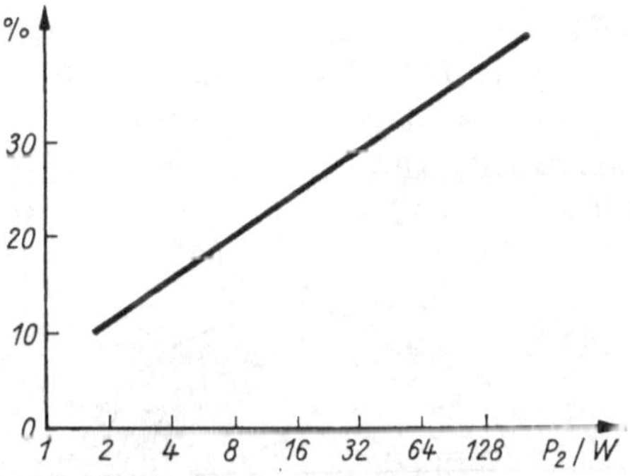

Abb. 3.52. Abhängigkeit des Wirkungsgrades von der abgegebenen Leistung

sichtlich des Momentenverlaufes eine starke Abhängigkeit vom ohmschen und induktiven Läuferwiderstand.

Auch bei Spaltpolmotoren ist das Motormoment annähernd vom Quadrat der Spannung abhängig. In Abb. 3.53 sind die Charakteristiken in Abhängigkeit vom Quadrat der angelegten Spannung dargestellt.

Die maximale Abgabeleistung des Motors wird hauptsächlich durch die zulässige Übertemperatur der Ständerwicklung begrenzt. Die angegebene Typenleistung ist deshalb stark von der Motorkühlung abhängig.

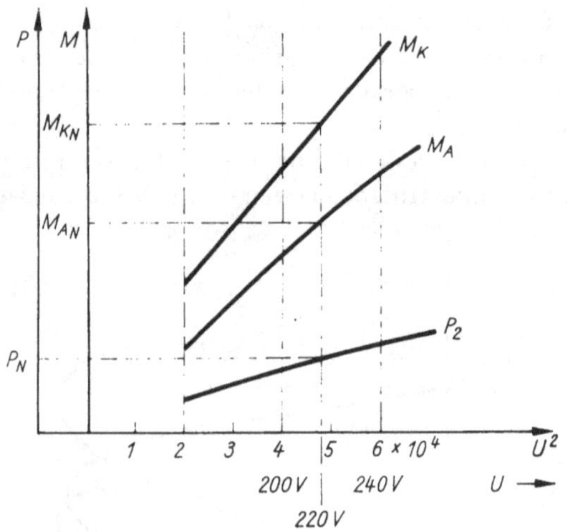

Abb. 3.53. Anlauf- und Kippmoment sowie Abgabeleistung als Funktion vom Quadrat der angelegten Spannung bei Spaltpolmotoren

Kreuzpolschaltung

In Abb. 3.54 ist ein Spaltpolmotor mit vier Polen und nur zwei Erregerwicklungen dargestellt. Durch entsprechende elektrische Schaltung der beiden Wicklungen, kann die Maschine 4polig bzw. bei Umkehr der Durchflutungsrichtung einer der beiden Wicklungen 2polig ausgeführt werden.

Dabei entsteht ein kleiner Polbedeckungswinkel, der zu einer ausgeprägten Feldoberwelle führt. Damit wird dem 2polig erregten Motor ein Motor mit dreifacher Polpaarzahl überlagert. Durch entsprechende Umschaltung der Erregerwicklung (Umschaltung-Kreuzpolschaltung) kann der Spaltpolmotor mit der vier-

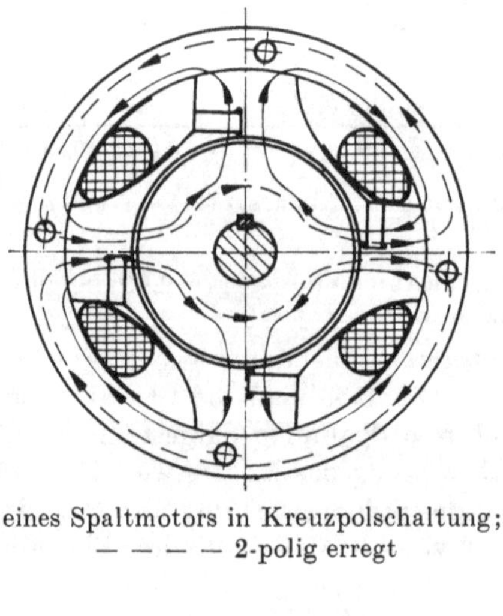

Abb. 3.54. Anordnung eines Spaltmotors in Kreuzpolschaltung; ——— 4-polig erregt, — — — — 2-polig erregt

poligen und sechspoligen asynchronen Drehzahl betrieben werden. In Abb. 3.55 sind die Drehzahl-Drehmoment-Kennlinien des Spaltpolmotors bei Kreuzpolschaltung nach Abb. 3.54 angegeben.

Einen großen Einfluß auf die Wirkungsweise des Spaltpolmotors besitzen die Oberwellen des Ständerfeldes, die bedingt durch die konzentrierte Spulenanordnung im Polhorn entstehen. Eine FOURIER-Analyse der Feldkurve ergibt ausgeprägte 3. und 5. Oberwellen.

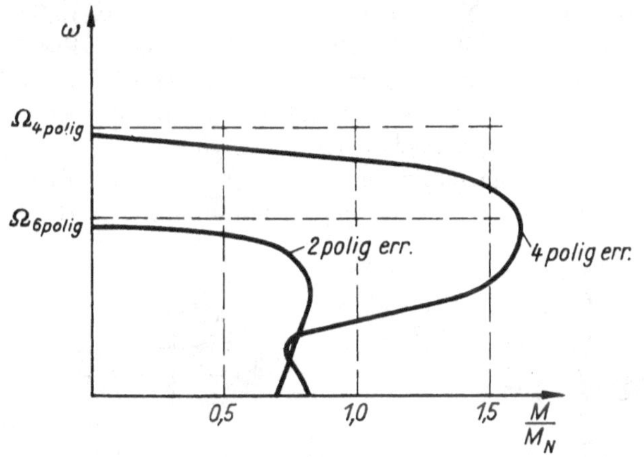

Abb. 3.55. Drehzahl-Drehmomenten-Charakteristik bei Spaltpolmotoren in Kreuzpolschaltung

3.4.3. Bestimmung der Hauptabmessungen

Eine exakte Berechnung des Spaltpolmotors ist äußerst kompliziert und soll hier im Rahmen dieser Arbeit nicht näher betrachtet werden. Siehe dazu in der Lit. [22], [43] und [67]. Dazu kommt noch die Tatsache, daß in den gefertigten Motoren relativ hohe Abmessungsdifferenzen, Fertigungstoleranzen, Stanzgrat u. a. auftreten. Die mechanischen Verluste sowie die Eisenverluste sind relativ schwer voraus zu berechnen, so daß eine exakte Berechnung eines Spaltpolmotors in Frage gestellt ist.

In der Praxis hat sich der mathematisch experimentelle Entwicklungsweg hierfür als günstig erwiesen. Bei der Dimensionierung legt man großen Wert auf die Erzeugung des Momentes durch die Grundwelle des Luftspaltfeldes. Das Maximum wird erreicht bei einem Phasenwinkel $\varphi = 90°$ zwischen Haupt- und Kurzschlußwicklung. Da damit jedoch größere Verluste auftreten, wählt man gewöhnlich den Winkel $\varphi = 45 \cdots 60°$. Wesentlich bei der Projektierung von Motoren mit kurzgeschlossener Hilfsphase ist die Wahl des Wirkwiderstandes vom Kurzschlußring. Die Erhöhung des Wirkwiderstandes verbessert die Arbeitskennlinie des Motors. Einen großen Einfluß auf die Eigenschaften des Motors übt der magnetische Nebenschluß aus.

3.5. Der Ferrarismotor

Der Ferrarismotor wird als Einphasen-Wechselstrommotor für Steuer- und Regelsysteme ausgeführt.

3.5.1. Elektrischer und mechanischer Aufbau, Wirkungsweise

Der Stator des Ferrarismotors entspricht einem Drehstrommotor mit genutetem Blechpaket. In den Nuten des Ständers sind zwei räumlich um 90° versetzte Wicklungen untergebracht. Die eine Wicklung — Erregerwicklung — wird mit konstanter Netzspannung betrieben. Dagegen wird die andere Wicklung — Steuerwicklung — mit einer variablen Steuerspannung gespeist. Als magnetischer Rückschluß dient ein aus lamelliertem Dynamoblech zusammengesetztes Paket, das mit dem Lagerschild verbunden ist. Zwischen diesem Blechpaket und dem Stator läuft ein glockenförmiger Aluminiumläufer, der ein sehr kleines

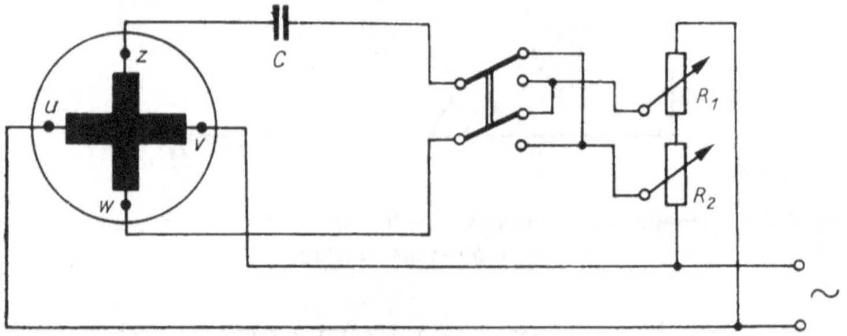

Abb. 3.56. Prinzipielle Schaltung von Ferrarismotoren

Trägheitsmoment besitzt und damit ein gutes dynamisches Regelverhalten bietet. In den Erreger- oder Steuerstromkreis wird ein Phasenschieberkondensator geschaltet, der in den räumlich um 90° versetzten Wicklungen eine elektrische Phasenverschiebung von ca. 90° bewirkt. Damit ist die Ausbildung eines Drehfeldes gegeben. Im glockenförmigen Aluminiumläufer wird durch die Induktion des Drehfeldes eine Spannung induziert, die einen Strom im Aluglockenläufer antreibt, der zur Drehmomentenbildung führt. Mit Hilfe der Veränderung des Betrages der Steuerspannung kann die Größe des Drehmomentes des Motors variiert werden.

Elektrisch wird der Ferrarismotor so dimensioniert, daß eine mechanische Überlastung für die Wicklungen des Motors unkritisch ist. Eine Umkehrung der Drehrichtung erfolgt durch einen Phasensprung von 180° durch Umpolen der Steuerspannung bzw. -wicklung.

Die Ferrarismotoren werden für verschiedene Frequenzen und Polpaarzahlen ausgelegt. Bevorzugte Frequenzen sind dabei 50, 400 und 500 Hz. Die entsprechenden Leerlaufdrehzahlen ergeben sich nach der Beziehung:

$$n \sim \frac{f}{p}.$$

In Abb. 3.56 ist die prinzipielle Schaltung des Ferrarismotors dargestellt. Die Erregerwicklung $u-v$ wird direkt an das Wechselstromnetz angeschlossen. Die

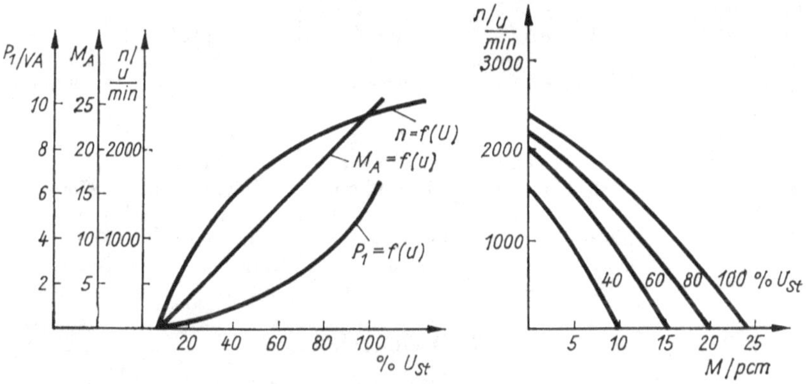

Abb. 3.57. Betriebskennlinien von Ferrarismotoren

Steuerwicklung $w-z$ wird über einen Phasenschieberkondenastor an einen Umschalter angeschlossen. Mit den Potentiometern R_1 und R_2 wird der Betrag der Steuerwechselspannung eingestellt. In Abb. 3.57 sind die Betriebskennlinien von Ferrarismotoren dargestellt.

3.5.2. Anwendungsmöglichkeiten von Ferrarismaschinen

1. Ferrarismaschinen als Stellmotoren (St-M)
   Ferrarismaschinen werden aufgrund ihrer günstigen dynamischen Eigenschaften als Stellantriebe in stetigen Reglern im Maschinenbau eingesetzt.
2. Tachometer-Generator (TG)
   Wird die Welle einer Ferrarismaschine angetrieben und die Erregerwicklung mit konstanter Spannung gespeist, dann wird in der Steuerwicklung eine der Drehzahl proportionale Spannung erzeugt. Diese Meßspannung ist sehr genau zu erfassen, da sie nicht über Schleifringe und Bürsten übertragen werden muß.
3. Motorische Zeitglieder (Integrationsmotor IM)
   In Verbindung mit Drehmeldern und Zählwerken können die Ferrarismotoren als Zeitglieder oder als Integrationsglieder eingesetzt werden.

In der Tab 3.2 sind einige Daten von ausgeführten Ferrarismotoren zusammengestellt.

Tabelle 3.2

Typ	EMH 1900.1	EMH 1908.1	EMH 1909.1	EMH 1909.12
Frequenz	500 Hz	400 Hz	50 Hz	500 Hz
Erregerspannung	110 V	115 V	110 V	110 V
Steuerspannung	110 V	30 V	30 V	30 V
Erregerstrom im Leerlauf/max.	80 mA	95 mA	190 mA	290 mA
Erregerstrom im Stillstand/max.	165 mA	90 mA	180 mA	245 mA
Steuerstrom im Leerlauf/max.	350 mA	105 mA	320 mA	340 mA
Steuerstrom im Stillstand/max.	260 mA	110 mA	280 mA	430 mA
Anzugsmoment	2,3 kpcm	10 pcm	80 pcm	65 pcm
Leerlaufdrehzahl	257 U/min	9000 U/min	2800 U/min	8750 U/min
Polpaarzahl	3	2	1	3
Bemerkungen	Motor mit Getriebe	Motor ohne Getriebe	Motor ohne Getriebe	Motor ohne Getriebe

3.6. Drehmelder

In der Steuer- und Regelungstechnik sind vielseitige Aufgaben hinsichtlich der Fernanzeige und Fernsteuerung von Winkelinformationen zu lösen.
Unter dem Begriff *Drehmelder* versteht man eine Vielzahl von kleinen rotierenden elektrischen Maschinen, die mit hoher Genauigkeit winkelorientierte elektrische Größen erzeugen und diese auf große Entfernung reproduzieren können. Oft werden sie auch als elektromechanische Wandler von Winkelinformationen bezeichnet. Man unterscheidet im wesentlichen zwei Hauptsysteme zur Fernübertragung von Winkelinformationen.

1. Drehmomentendrehmelderkette (elektr. Welle)
2. Steuerdrehmelderkette
   für die indirekte Drehmoment-Drehwinkelübertragung

In der Funktion der Drehmelder in der Drehmelderkette unterscheidet man

Zu 1. { Drehmoment-Geber — Drehmelder
Drehmoment-Empfänger — Drehmelder

Zu 2. { Steuergeber — Drehmelder
Steuerempfänger — Drehmelder

Von der konstruktiven Grundkonzeption ausgehend unterscheidet man
die kontaktlosen Drehmelder und
die kontaktbehafteten Drehmelder

3.6.1. Aufbau, Schaltung und Wirkungsweise

Die Drehmelder sind in ihrem Aufbau mit dem Drehstrom-Asynchron-Schleifringläufer-Motor vergleichbar. Der Stator ist wie ein dreiphasiger Drehfeldmotor mit drei um 120° versetzte, in Stern geschalteten Wicklungen versehen. Beim Geber- und Empfängerdrehmelder ist die Läuferwicklung einphasig ausgelegt, die über Schleifringe elektrisch gespeist wird. Der Differentialdrehmelder besitzt eine dreiphasige Läuferwicklung. Die Erregerwicklung wird vorzugsweise mit 110 V und 115 V Wechselspannung bei Frequenzen von 50, 400 oder 500 Hz gespeist. Der wesentliche Unterschied besteht darin, daß der mechanische, elektrische und magnetische Aufbau der Drehmelder zur Realisierung geringer Übertragungsfehler auf Präzision ausgerichtet ist.

Drehmoment-Drehmelder-Kette

Die einfachste Drehmoment-Drehmelder-Kette besteht aus einem Drehmoment-Geber und einem Drehmoment-Empfänger (Abb. 3.58). Der Drehmoment-Geber wandelt die mechanische Winkelstellung seines Rotors in eine analoge elektrische Winkelstellung in Form der Größe und Lage der drei Statorspannungsvektoren um. Die elektrische Winkelinformation wird mittels drei Verbindungsleitungen zum Stator des Drehmoment-Empfängers übertragen. Der Drehmoment-Empfänger wandelt diese übertragenen elektrischen Winkelinformationen in eine mechanische um, indem sich der Rotor des Drehmoment-Empfängers unter Bildung eines Drehmomentes nach der Beziehung:

$$\alpha_E = \alpha_G + \Delta\alpha_0^* \tag{3.64}$$

in die Lage dreht, bei der die Ausgleichsströme in den Statorverbindungsleitungen zu Null werden. $\Delta\alpha_0^*$ ist der Empfängerfehler; α_E = Empfängerwinkel; α_G = Geberwinkel.

Der Empfängerfehler $\Delta\alpha_0$ wird für die Zusammenschaltung eines Drehmoment-Gebers mit einem Drehmoment-Empfänger gleicher Baugröße und unbelasteter Empfängerwelle zu:

$$\Delta\alpha_0 = \Delta\alpha_0^* .$$

Die Rotorwicklung des Drehmoment-Gebers und Drehmoment-Empfängers sind an das Netz angeschlossen. Die 3-phasig ausgebildete Statorwicklung beider Drehmelder sind miteinander elektrisch verbunden.

Die Drehmoment-Drehmelder sind zur Erreichung eines größtmöglichen Drehmomentgradienten so konstruiert, daß das Rotorblechpaket in Doppel-T-Ausführung gestaltet ist. Dadurch wird das neben dem Luftspaltfluß für die Größe des Drehmomentgradienten bedeutende Verhältnis Längsreaktanz zur Querreaktanz nicht nur durch die Wicklungsanordnung, sondern zusätzlich durch den Magnetkreis des Rotors erhöht. Die Drehmomentempfänger besitzen eine Eigendämpfung, die das schwingungsfähige System — Drehmelderkette — stabilisieren. Diese Dämpfungsglieder bewirken eine Dämpfung des Rotoreigenträgheitsmoments. Das Gesamtträgheitsmoment, das auf die Rotorwelle eines Drehmoment-Empfängerdrehmelders einwirken darf, ist begrenzt, damit der Drehmoment-Empfängerrotor mechanisch überhaupt den Winkelinformationen des Gebers hinreichend folgen kann. Vom Hersteller werden für die einzelnen Baugrößen entsprechende Grenzen angegeben.

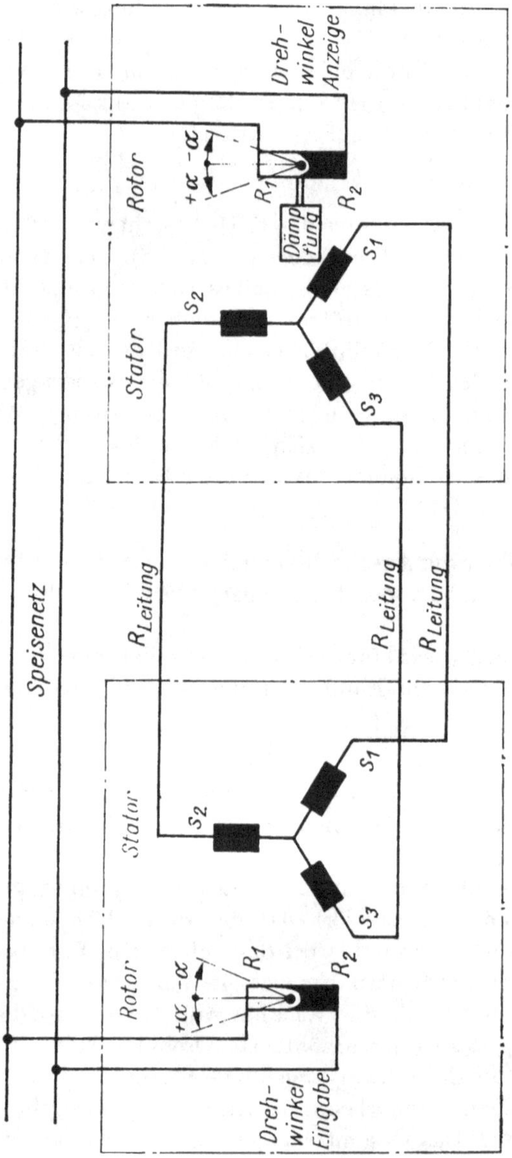

Abb. 3.58. Schaltung einer Drehmoment-Drehmelder-Kette

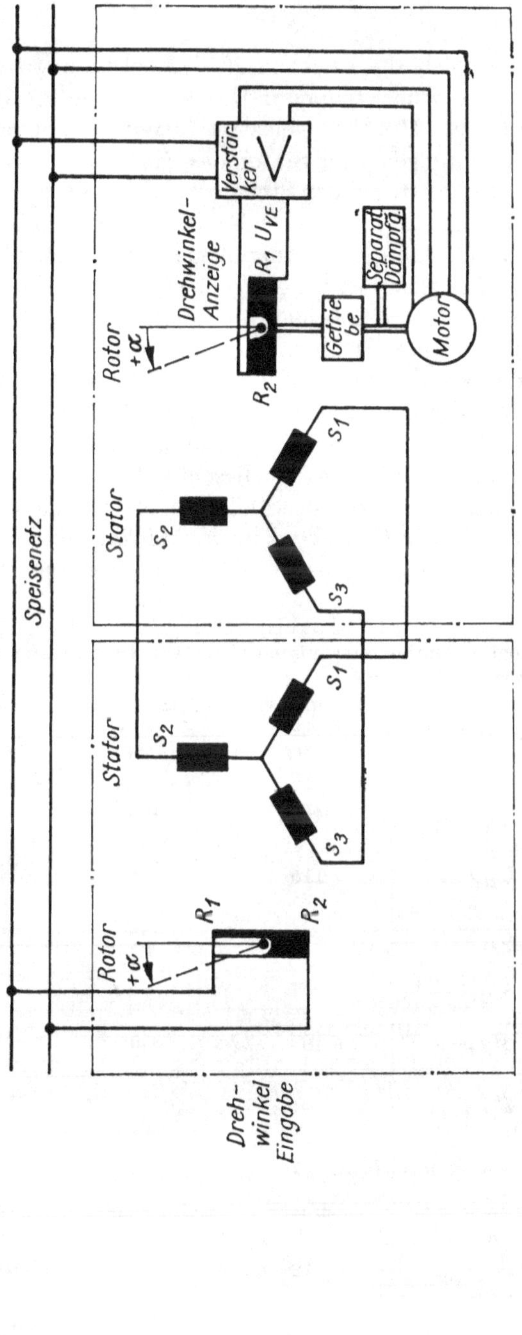

Abb. 3.59. Schaltung einer Steuergeber-Steuerempfänger-Kette

Drehmoment-Drehmelder-Ketten sind dadurch gekennzeichnet, daß die für die Winkelübertragung erforderlichen Drehmomente durch die Drehmelder selbst aufgebracht werden.

Steuerdrehmelderkette

Der Steuergeber wandelt die mechanische Winkelstellung seines Rotors in eine analoge elektrische Winkelstellung in Größe und Lage der drei Statorspannungsvektoren um (Abb. 3.59). Diese elektrische Winkelinformation wird über die drei Verbindungsleitungen zum Stator des Steuerempfängers übertragen. Diese Spannungsvektoren erregen den Steuerempfänger mit einem Wechselfeld. Dreht man den mit einer Einphasenwicklung ausgelegten Rotor des Steuerempfängers in die Lage, daß die Wirkungsebene der Wicklung 90° zur Statorflußrichtung liegt, so ist die an den Rotorklemmen $R_1 - R_2$ anliegende Spannung Null. Bei Drehung des Rotors in beiden Richtungen aus dieser Stellung heraus entsteht eine Spannung. Diese Spannung betreibt über einen Nullverstärker die Steuerwicklung eines Wechselstrom-Stellmotors. Dadurch entsteht am Rotor des Stellmotors ein richtungsorientiertes, von der Größe der Steuerspannung abhängiges Drehmoment, das den Rotor des Steuerempfängers stets in die gleiche Stellung des Geberrotors bringt, da nur in diesem Fall die an der Steuerwicklung anliegende Spannung Null ist und am Stellmotor kein Drehmoment entsteht. Mit dem System Stellmotor-Getriebe können Winkelverstellungen mit sehr großen Drehmomenten vorgenommen werden. Der anwendungstechnische Vor-

Tabelle 3.3
Einige wesentliche technische Daten von Drehmeldern

Drehmelderart	Einheit	Drehmoment-Geber MG	Drehmoment-Empfänger ME	Steuergeber SG	Steuerempfänger SE
Nennfrequenz	f_N/Hz	400	400	50	50
Primär- (Erreger-) Spannung	U_1/V	115	115	127	90
max. Sekundärspannung	U_{20}/V	90	90	90	57,3
Drehmomentgradient	$K_{Md}\Big/\frac{\text{pcm}}{\text{grad}}$	7	5,8	–	1,0
max. Drehmoment	M_d pcm	ca. 400	330	–	–
Gesamtnullspannung	$U_{20\,\min}$/V	–	–	150	100
Stillstandsreibungsmoment	Md_R/pcm	ca. 7	ca. 3	ca. 7	ca. 7
Rotorträgheitsmoment	J_R/gcm^2	ca. 26	ca. 26	ca. 31	ca. 30
elektrischer Fehler	$\Delta\alpha_{\text{el}}$/min	$\leqq 12$	–	$\leqq 12$	$\leqq 12$

teil der Steuerdrehmelderketten liegt in der Fernsteuerung von Winkelverstellungen größerer Drehmomente.

Wesentlich für eine Steuergeber-Steuerempfänger-Kette ist also im Gegensatz zur Schaltung einer Drehmoment-Drehmelder-Kette, daß die Rotorwicklung des Steuerempfängers über einen Verstärker angesteuert wird, und an der Welle des Rotors über Getriebe ein Stellmotor angekuppelt ist. Der magnetische Kreis der Steuerdrehmelder ist zur Realisierung einer möglichst geringen Nullspannung sehr gering belastet. In der Tab. 3.3 sind einige wesentliche technische Daten von Drehmoment-Geber und Drehmoment-Empfänger sowie Steuergeber und Steuerempfänger zusammengestellt.

4. Die Bewegungsgleichung rotierender elektrischer Maschinen

Von besonderem Interesse zur Untersuchung des Zusammenspiels der Antriebsmaschine mit der gekuppelten Arbeitsmaschine sind vor allem das Drehzahl-Drehmomenten-Verhalten und die Möglichkeiten der Beeinflussung von Drehzahl und Drehmoment des Antriebssystems.

4.1. Prinzipieller Aufbau des elektrischen Antriebs

Die Aufgabe eines Antriebs besteht darin, eine Arbeitsmaschine in einen durch ihre Funktion festgelegten bestimmten Bewegungszustand zu versetzen. In seiner Grundform besteht der elektrische Antrieb aus dem Antriebsmotor und der Arbeitsmaschine, die beide durch eine kraftschlüssige Verbindung (Kupplung) gekoppelt sind. Zur Behandlung der Bewegungsvorgänge wird der Antrieb in drei Grundelemente zerlegt.

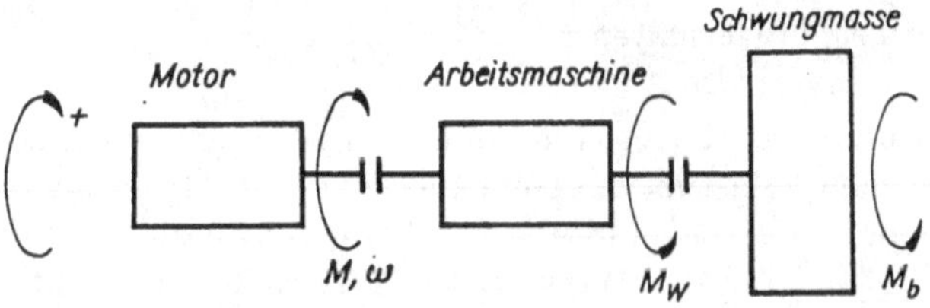

Abb. 4.1. Prinzipanordnung eines elektromotorischen Antriebs

Er besteht einmal aus dem Antriebsmotor und der mit ihm verbundenen Arbeitsmaschine, die beide trägheitsfrei angenommen werden, sowie einer gedachten Schwungmasse, die die gesamten Trägheitsmomente des Antriebs verkörpert (Abb. 4.1). Den einzelnen Gliedern sind Momente zugeordnet, das Motormoment M, das auf Grund der elektromagnetischen Erscheinungen entwickelt wird, das Widerstandsmoment M_w, das dem Moment der gekuppelten Arbeitsmaschine entspricht und das Beschleunigungsmoment M_b, das eine zeitliche Änderung der Winkelgeschwindigkeit des Systems bewirkt und kennzeichnend für den nichtstationären Betriebszustand ist. Gemäß der Vorzeichenfestlegung in Abb. 4.1 nimmt die Bewegungsgleichung die Form

$$M = M_w + M_b \tag{4.1}$$

an.

Im stationären Betrieb arbeitet der Antrieb bei konstanter Drehzahl. Das dabei entwickelte Motormoment ist zeitlich konstant. Das Moment der Arbeitsmaschine muß ebenfalls zeitlich konstant sein. Gl. (4.1) geht für den stationären Betrieb über in

$$M = M_w\,, \qquad M_b = 0 \rightarrow \frac{d\omega}{dt} = 0\,. \tag{4.2}$$

Im nichtstationären Betrieb ist

$$M \neq M_w\,, \qquad M_b \neq 0 \rightarrow \frac{d\omega}{dt} \neq 0\,. \tag{4.3}$$

Kennzeichnend für den nichtstationären Betriebszustand ist, daß die von einem stationären Zustand in den anderen auftretenden Ausgleichsvorgänge nach Zeitfunktionen verlaufen, die von dem Trägheitsmoment J der rotierenden Massen bestimmt werden.

4.2. Das Motormoment

Sowohl das Motormoment als auch das Widerstandsmoment sind Funktionen der Winkelgeschwindigkeit. Es ist $M = f(\omega)$ und $M_w = f(\omega)$. Hinsichtlich des Drehzahl-Drehmoment-Verhaltens im Arbeitsbereich werden bei elektrischen Maschinen folgende Verhaltensweisen unterschieden:

1. Nebenschlußverhalten
2. Reihenschlußverhalten
3. Synchronverhalten

Charakteristisch für das Nebenschlußverhalten ist, daß die Winkelgeschwindigkeit mit steigendem Belastungsmoment linear abfällt. Typische Kennwerte der Nebenschlußkennlinie sind die ideelle Leerlaufgeschwindigkeit Ω und das Stillstandsmoment M_{st}. Für die Winkelgeschwindigkeit als Funktion des Dreh-

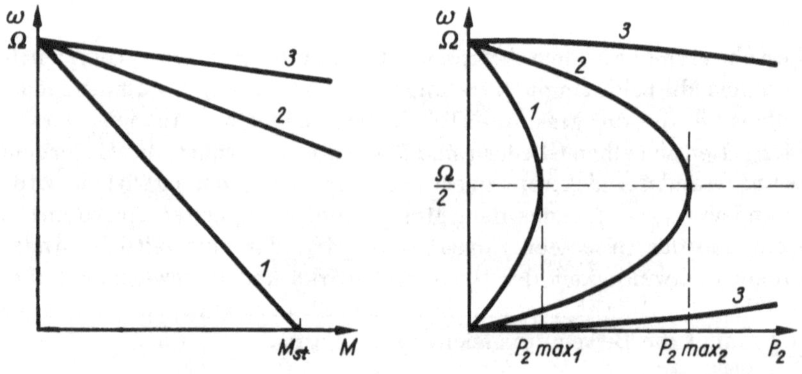

Abb. 4.2. Nebenschlußverhalten; Winkelgeschwindigkeit ω als Funktion des Drehmomentes M und der mechanische Leistung P_2

momentes bzw. der mechanischen Leistung P_2 (Abb. 4.2) ergeben sich folgende Beziehungen:

$$\omega = \Omega - \frac{M\Omega}{M_{st}} \tag{4.4}$$

$$\omega = +\frac{\Omega}{2} \pm \sqrt{\left(\frac{\Omega}{2}\right)^2 - \frac{\Omega P_2}{M_{st}}}\,. \tag{4.5}$$

Beim Reihenschlußverhalten hat die Winkelgeschwindigkeit als Funktion des Drehmomentes einen hyperbolischen Chaarkter (Abb. 4.3)

$$\omega = \sqrt{\frac{K}{M}}\,. \tag{4.6}$$

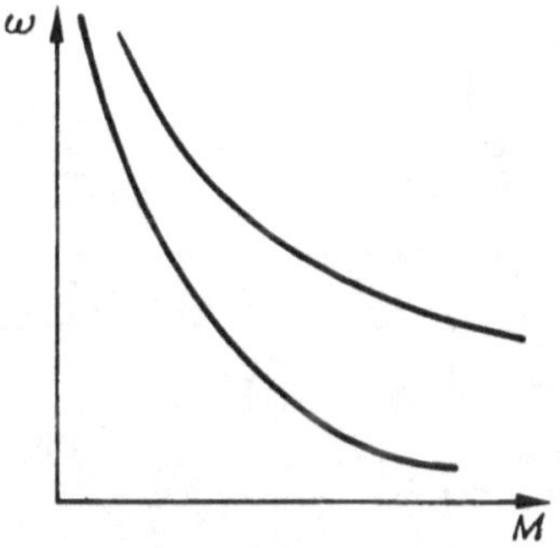

Abb. 4.3. Reihenschlußverhalten $\omega = f(M)$

Das Synchronverhalten ist durch eine vom Belastungsmoment unabhängige Winkelgeschwindigkeit gekennzeichnet (Abb. 4.4):

$$\omega = \Omega\,. \tag{4.7}$$

Das Drehmoment ist eine Funktion des Polradwinkels δ (Abb. 4.4) $M = f(\delta)$.

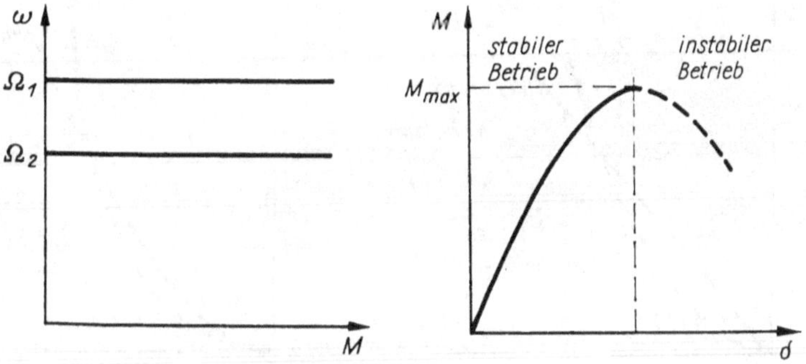

Abb. 4.4. Synchronverhalten; Winkelgeschwindigkeit ω als Funktion des Drehmomentes M, sowie das Drehmoment als Funktion des Polradwinkels δ

4.3. Das Widerstandsmoment

Das Widerstandsmoment wird durch die Funktion der Arbeitsmaschine bestimmt. Es ist allgemein eine Funktion der Zeit, der Winkelgeschwindigkeit und des Drehwinkels

$$M_w = f(t, \omega, \beta) \,. \tag{4.8}$$

Bei programmierten Arbeitsmaschinen besitzt das Widerstandsmoment oft eine periodische Zeitfunktion $M_w = f(t)$ (Abb. 4.5).

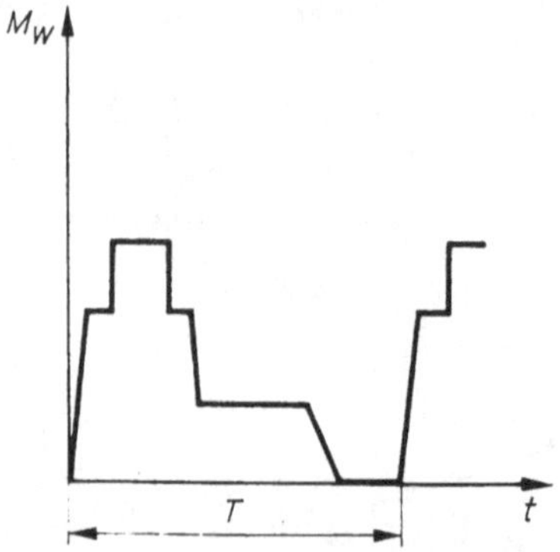

Abb. 4.5. Widerstandsmoment M_w als periodische Funktion der Zeit t

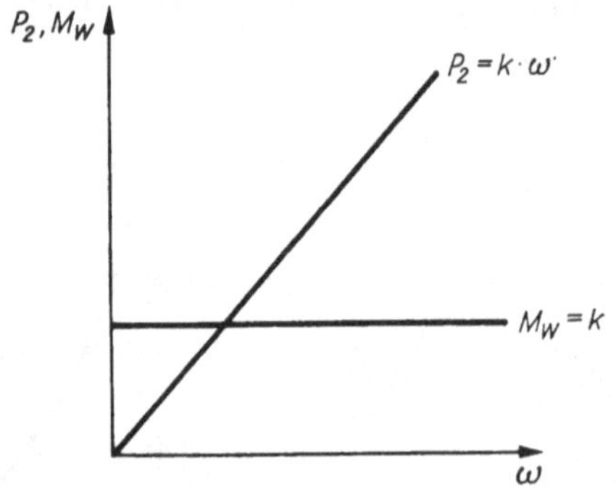

Abb. 4.6. $M_w = k$, $P_2 = k \cdot \omega$

Das Widerstandsmoment als Funktion der Winkelgeschwindigkeit kann je nach Art und Belastung der Arbeitsmaschine die vielfältigsten Verläufe aufweisen. Charakteristisch sind folgende Fälle:

1. Das Widerstandsmoment ist konstant (Abb. 4.6)

$$M_w = k \,, \qquad P_2 = k \cdot \omega \,,$$

bspw. Haftreibung.

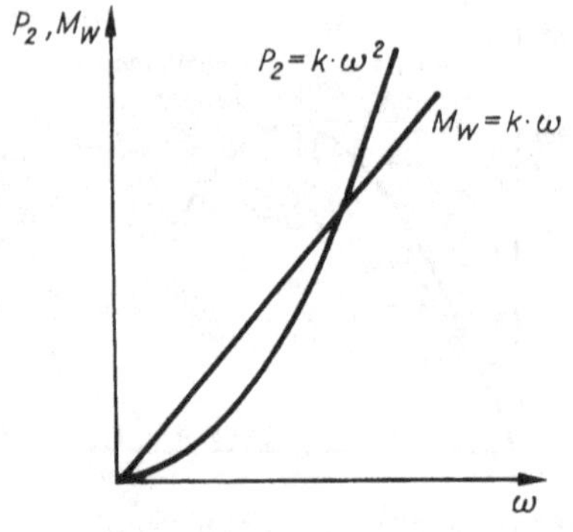

Abb. 4.7. $M_w = k \cdot \omega$, $P_2 = k \cdot \omega^2$

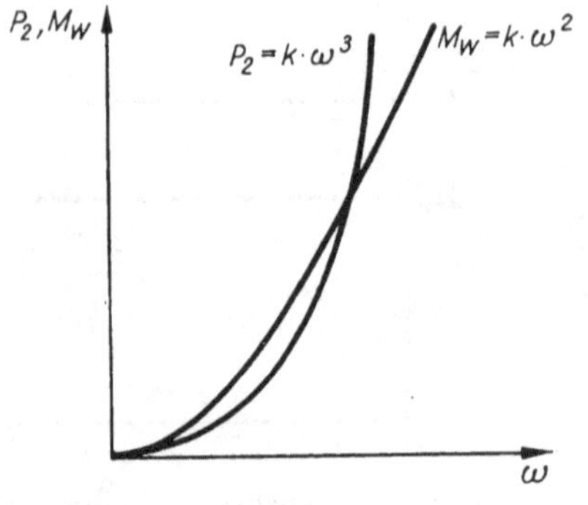

Abb. 4.8. $M_w = k \cdot \omega^2$, $P_2 = k \cdot \omega^3$

2. Das Widerstandsmoment besitzt eine lineare Abhängigkeit (Abb. 4.7)

$$M_w = k \cdot \omega \,, \qquad P_2 = k \cdot \omega^2 \,,$$

bspw. viskose (geschwindigkeitsproportionale) Reibung.

3. Das Widerstandsmoment besitzt eine quadratische Abhängigkeit (Abb. 4.8)

$$M_w = k \cdot \omega^2 \,, \qquad P_2 = k \cdot \omega^3 \,,$$

bspw. Luft- und Flüssigkeitsreibung.

4. Das Widerstandsmoment besitzt eine reziproke Abhängigkeit (Abb. 4.9)

$$M_w = \frac{k}{\omega} \,, \qquad P_2 = k \,,$$

bspw. Wickelantriebe mit konstantem Zug.

5. Das Widerstandsmoment im Anlauf.

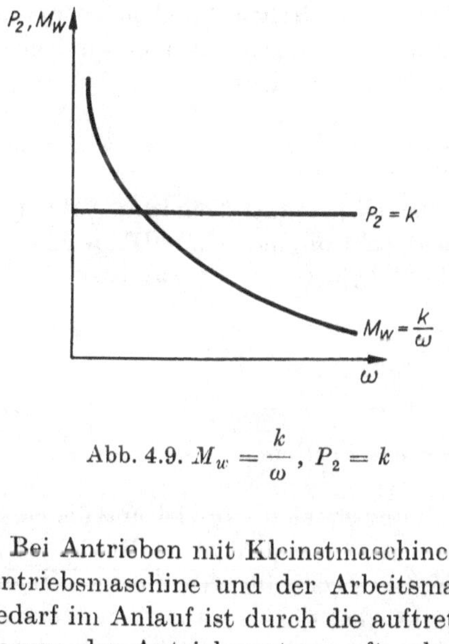

Abb. 4.9. $M_w = \frac{k}{\omega}$, $P_2 = k$

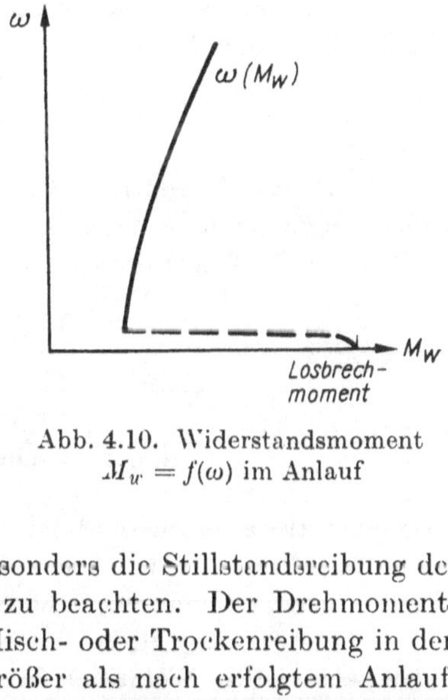

Abb. 4.10. Widerstandsmoment $M_w = f(\omega)$ im Anlauf

Bei Antrieben mit Kleinstmaschinen ist besonders die Stillstandsreibung der Antriebsmaschine und der Arbeitsmaschine zu beachten. Der Drehmomentbedarf im Anlauf ist durch die auftretende Misch- oder Trockenreibung in den Lagern des Antriebssystems oft erheblich größer als nach erfolgtem Anlauf. Man bezeichnet dieses Moment als Losbrechmoment (Abb. 4.10). Die Anlaufverhältnisse eines Antriebssystems mit Kleinstmaschinen und Gleitlagerung sind deshalb besonders sorgfältig zu prüfen.

Besonders bei Kleinstantrieben ist eine klare Klassifikation des Widerstandsmomentes nicht immer möglich, da in jedem Fall eine Überlagerung verschiedener Widerstandsmomente auftritt.

Bei einigen Arbeitsmaschinen bspw. Lochkarten-Ausgabe-Druckwerke ist das Widerstandsmoment eine Funktion des Drehwinkels (Abb. 4.11) $M_w = f(\beta)$.

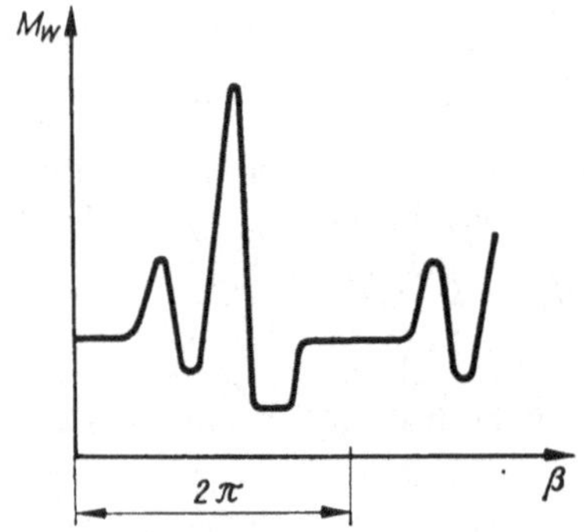

Abb. 4.11. Widerstandsmoment M_w als Funktion des Drehwinkels β

4.4. Das Beschleunigungsmoment

Das Beschleunigungsmoment bewirkt den mechanischen Ausgleichsvorgang von einem stationären Zustand in den anderen und ist gekennzeichnet durch eine zeitliche Änderung der Winkelgeschwindigkeit des Antriebs

$$M_b = J \frac{d\omega}{dt}. \tag{4.9}$$

Dabei ist J das Massenträgheitsmoment aller rotierenden Teile des Antriebs. In der Praxis rechnet man meist mit dem Schwungmoment GD^2, wobei G das Gewicht des Rotationskörpers und D der Trägheitsdurchmesser ist.

$$J = \frac{GD^2}{4g}. \tag{4.10}$$

4.5. Statische Stabilität des Antriebs

Da im stationären Zustand das Beschleunigungsmoment Null ist und die elektrische Maschine mit der Arbeitsmaschine fest verbunden ist, stellt sich eine Winkelgeschwindigkeit ein, bei der $M = M_w$ ist. Das heißt, daß die Kennlinien $\omega = f(M)$ und $\omega = f(M_w)$ einen Schnittpunkt, den sogenannten Arbeitspunkt bilden (Abb. 4.12). Wenn sich eine der beiden oder beide Kennlinien verändern, wird sich auch der Arbeitspunkt zu neuen Werten von Drehmoment und Winkelgeschwindigkeit verschieben. Der neue Schnittpunkt wird in einem Übergangsvorgang erreicht, in dem die Winkelgeschwindigkeit dem stationären Endwert zustrebt. Dieser Arbeitspunkt wird aber nur dann stabil sein, wenn die Differenz von Motormoment und Widerstandsmoment — das Beschleunigungsmoment — die Winkelgeschwindigkeit vor Erreichen des Arbeitspunktes im richtigen Sinn beeinflußt. Oberhalb des stationären Wertes der Winkelgeschwindigkeit muß die Differenz beider Momente $M - M_w$ negativ und unterhalb davon positiv sein, d. h., der Rotor wird abgebremst bzw. beschleunigt. In beiden Fällen ändert sich die Winkelgeschwindigkeit in Richtung auf den Arbeitspunkt, der damit stabil ist. Die Bedingung für Stabilität ist also, daß der in Abb. 4.12 dar-

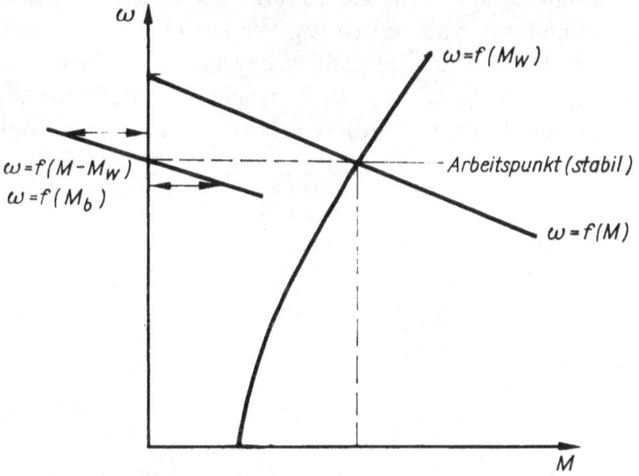

Abb. 4.12. Arbeitspunkt des stationären Betriebes, Verlauf des Beschleunigungsmomentes $\omega = f(M_b)$ bei Arbeitspunktänderungen

gestellte Verlauf $\omega = f(M - M_w)$ vorliegt. Für das Stabilitätskriterium lassen sich folgende Bedingungen ableiten:

$$\frac{dM}{d\omega} < \frac{dM_w}{d\omega}, \tag{4.11}$$

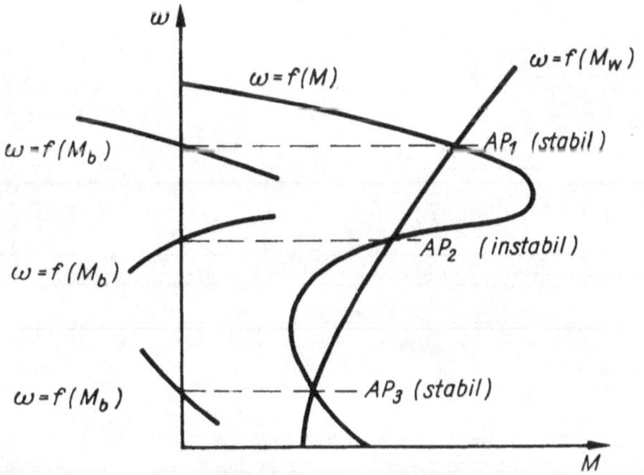

Abb. 4.13. Stabilitätsbetrachtungen für drei verschiedene Arbeitspunkte am Beispiel der Kennlinie eines Asynchronmotors

bzw.

$$\frac{d\omega}{dM} > \frac{d\omega}{dM_w}. \tag{4.12}$$

Abb. 4.13 zeigt einige Beispiele für stabile und instabile Arbeitspunkte.

Diese Betrachtungsweise hat nur Gültigkeit für quasistationäre Bewegungsabläufe. Sobald die Dauer des Übergangsvorganges so klein wird, daß die elektromagnetische und elektromechanische Zeitkonstante des Antriebs nicht mehr vernachlässigt werden können, muß das System auf dynamische Stabilität untersucht werden.

5. Das Betriebsverhalten der Gleichstrommaschine

Für die allgemeine Anordnung einer Gleichstrommaschine (Abb. 5.1) gelten im stationären Betrieb folgende Beziehungen:

Spannungsgleichung des Erregerkreises

$$U_E = R_E \cdot I_E\,, \tag{5.1}$$

Spannungsgleichung des Ankerkreises

$$U = R_A \cdot I - E\,, \tag{5.2}$$

induzierte Spannung im Ankerkreis

$$E = -c \cdot \Phi \cdot \omega\,, \tag{5.3}$$

Drehmoment

$$M = c \cdot \Phi \cdot I\,. \tag{5.4}$$

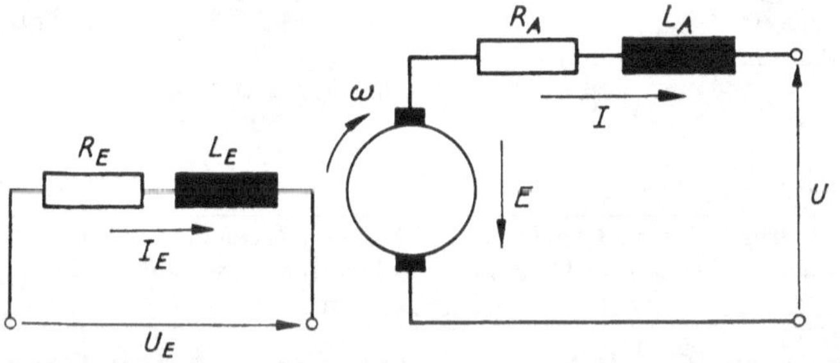

Abb. 5.1. Ersatzschaltbild der Gleichstrom-Nebenschlußmaschine (im stationären Betrieb verschwindet der Einfluß der Induktivität der Anker- L_A und der Erregerwicklung L_E)

Für das Betriebsverhalten ist die Schaltung der Erregerwicklung maßgebend. Die verschiedenen Möglichkeiten und die dabei verwendeten Klemmenbezeichnungen zeigt Abb. 5.2. Die Nebenschlußmaschine besitzt eine Erregerwicklung, die parallel zum Anker geschaltet ist. Sie ist damit abhängig von der Klemmenspannung des Ankers. Bei konstanter Klemmenspannung fließt durch die Erregerwicklung ein konstanter Strom $I_E = \frac{U_E}{R_E}$, der von der Belastung unabhängig ist. Unter Vernachlässigung der Ankerrückwirkung bleibt in diesem Falle auch der Fluß Φ konstant. Dieser Mechanismus bestimmt wesentlich das Betriebsverhalten der Nebenschlußmaschine.

Die fremderregte Maschine wird aus einem Netz, das nicht mit dem Ankerkreis in Verbindung steht, oder durch Permanentmagnete erregt. Die Erregung und demzufolge der Fluß Φ ist damit unabhängig von Strom und Spannung des Ankers. Bei konstanter Klemmenspannung wird die fremderregte Maschine das gleiche Betriebsverhalten wie die Nebenschlußmaschine aufweisen.

Bei der Reihenschlußmaschine ist die Erregerwicklung mit dem Anker in Reihe geschaltet. Der Erregerstrom I_E ist gleich dem Ankerstrom I, so daß im

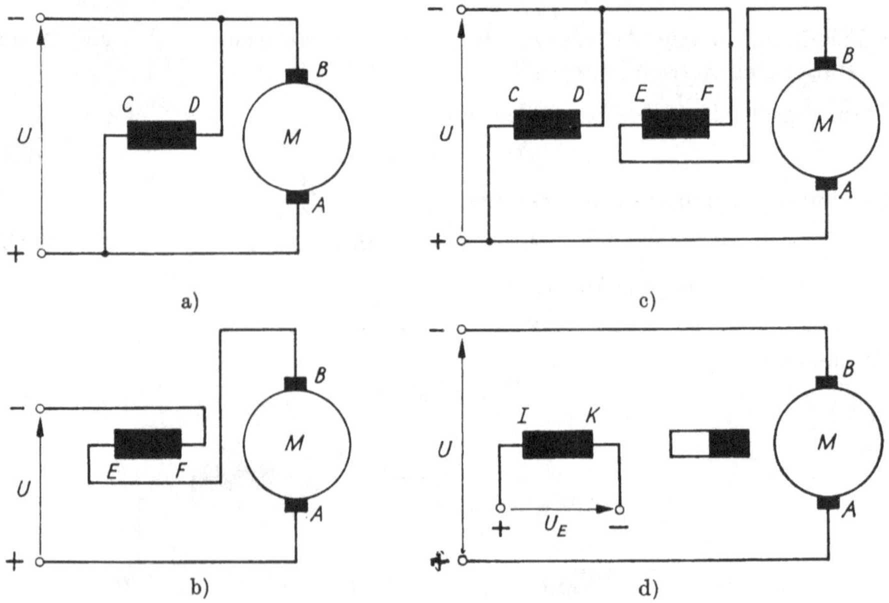

Abb. 5.2. Schaltung der a) Gleichstrom-Nebenschlußmaschine, b) Gleichstrom-Reihenschlußmaschine, c) Gleichstrom-Verbundmaschine, d) fremderregten (elektro- bzw. permanentmagnetisch) Gleichstrommaschine

linearen Gebiet der Magnetisierungskennlinie eine Proportionalität zwischen dem Fluß Φ und dem Ankerstrom I und damit der Belastung der Maschine besteht. Bei der Verbund- oder Doppelschlußmaschine ist sowohl eine Reihenschluß- als auch eine Nebenschlußwicklung vorhanden. Dem Fluß Φ, der durch die Nebenschlußwicklung aufgebaut wird und der konstant ist, wird der Fluß der Reihenschlußwicklung, der von der Belastung abhängig ist, überlagert. Je nach Richtung des Stromflusses in der Reihenschlußwicklung in bezug auf die Nebenschlußwicklung wird das resultierende Erregerfeld in Abhängigkeit von der Belastung verstärkt oder geschwächt (Mit- oder Gegenkompoundierung).

5.1. Die Nebenschlußmaschine

Aus der Spannungsgleichung (5.2), der Gleichung für die induzierte Spannung (5.3), der Gleichung für das Drehmoment (5.4), und unter Vernachlässigung der

Ankerrückwirkung (Φ = konst.) erhält man für die Winkelgeschwindigkeit ω folgenden Ausdruck:

$$\omega = -\frac{E}{c \cdot \Phi} = \frac{U - I \cdot R_A}{c \cdot \Phi} = \frac{U}{c \cdot \Phi} - \frac{R_A}{(c \cdot \Phi)^2} \cdot M = \Omega - \Delta\omega\,. \quad (5.5)$$

Aus Gl. 5.5 folgt, daß sich die Winkelgeschwindigkeit aus zwei Anteilen zusammensetzt. Der erste Anteil kennzeichnet die ideelle Leerlaufwinkelgeschwindigkeit Ω

$$\Omega = \frac{U}{c \cdot \Phi} \quad (5.6)$$

und der zweite Anteil die Drehzahländerung, die durch das Widerstandsmoment verursacht wird

$$\Delta\omega = \frac{R_A}{(c \cdot \Phi)^2} \cdot M = k \cdot M\,. \quad (5.7)$$

Die Änderung der Winkelgeschwindigkeit bei Belastung ist dem Moment, bzw. dem dadurch hervorgerufenen Spannungsabfall $I \cdot R_A$, direkt proportional. Die Stromaufnahme des Ankers wächst linear mit der Belastung (Gl. (5.4)). Die Kennlinien $\omega = f(M)$ und $I = f(M)$ zeigen Abb. 5.3 und Abb. 5.4.

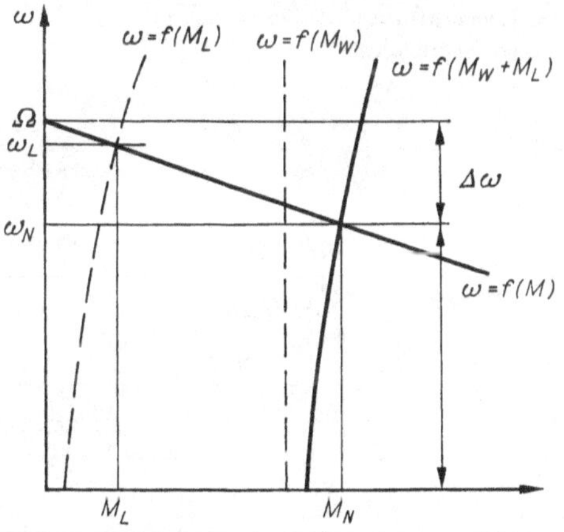

Abb. 5.3

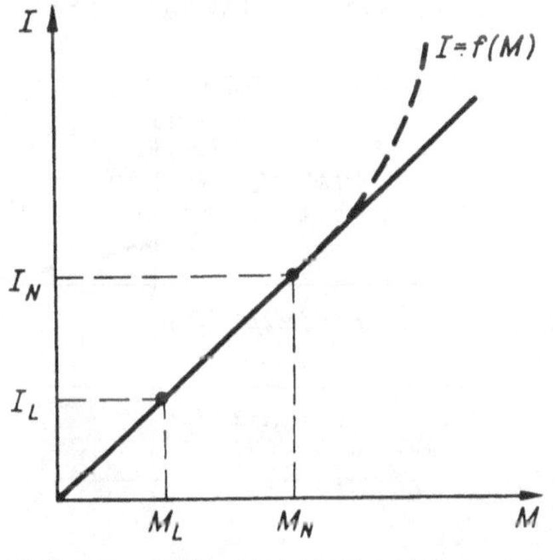

Abb. 5.4.

Abb. 5.3. Stationäre Drehzahl-Drehmomenten-Kennlinien $\omega = f(M)$ der Gleichstrom-Nebenschlußmaschine sowie der Verlauf des Leerlaufmomentes $\omega = f(M_L)$, des Widerstandsmomentes $\omega = f(M_W)$ und des Belastungsmomentes $\omega = f(M_L + M_W)$

Abb. 5.4. Stationäre Ankerstrom-Drehmoment-Kennlinie, $I = f(M)$, der Gleichstrom-Nebenschlußmaschine; — — — Berücksichtigung des Ankerquerfeldes

Die ideelle Leerlaufwinkelgeschwindigkeit Ω kann infolge des drehzahlabhängigen Leerlaufmomentes im Motorbetrieb nicht erreicht werden. Der Punkt ω_L der Kennlinie $\omega = f(M)$ kennzeichnet die tatsächlich an der Welle auftretende Leerlaufwinkelgeschwindigkeit ω_L und das Leerlaufmoment M_L. Bei Kleinstmaschinen ist dieses Moment, das sich im wesentlichen aus der Bürsten-, Lager- und Luftreibung zusammensetzt, nicht mehr zu vernachlässigen. Abb. 5.5 zeigt die Abhängigkeit des Leerlaufmomentes von der Winkelgeschwindigkeit. Um im folgenden eine einheitliche Darstellung zu erreichen, wird das Leerlauf-

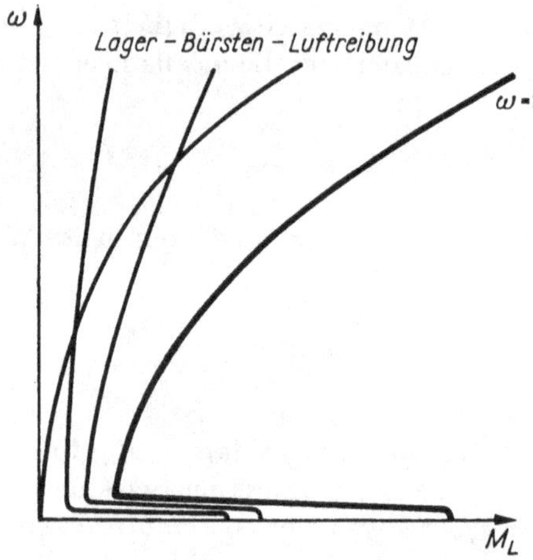

Abb. 5.5. Prinzipieller Verlauf des Leerlaufmomentes $\omega = f(M_L)$ einer Gleichstrom-Kleinstmaschine

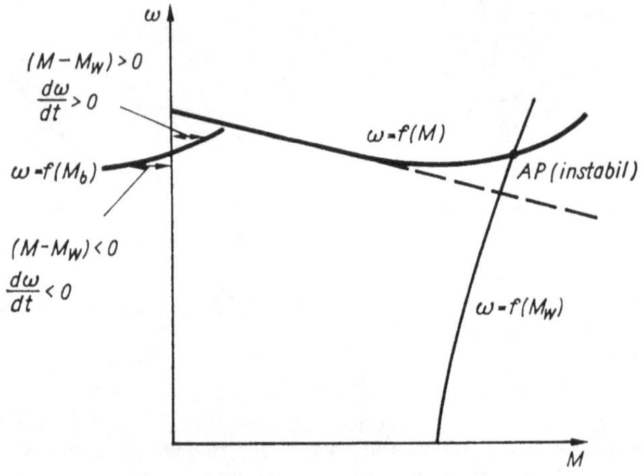

Abb. 5.6. Einfluß der Ankerrückwirkung auf die Stabilität

moment der Antriebsmaschine dem Widerstandsmoment der Arbeitsmaschine zugeschlagen und als Belastungsmoment bezeichnet.

Durch die Ankerrückwirkung tritt bei größeren Strömen eine Schwächung des Erregerfeldes auf. Die Folge davon ist, daß entsprechend Gl. (5.4) ein größerer Strom für das gleiche Drehmoment erforderlich ist (Abb. 5.4) und daß gemäß

Gl. (5.3) eine größere Winkelgeschwindigkeit benötigt wird, um die gleiche Spannung zu induzieren. Das bedeutet, daß mit wachsendem Einfluß der Ankerrückwirkung die Kennlinie $\omega = f(M)$ nicht mehr linear abfällt, sondern eine zunehmende Tendenz aufweist. Die ansteigende Winkelgeschwindigkeit bewirkt, daß in Zusammenarbeit mit den meisten Arbeitsmaschinen ein instabiles Betriebsverhalten des Antriebssystems (Gl. (4.11 und (4.13)) auftritt (Abb. 5.6).

Da Gleichstromkleinstmaschinen fast ausschließlich ohne Wendepole und ohne Kompensationswicklung ausgeführt werden, bestimmt die Ankerrückwirkung die zulässige Überlastbarkeit für den stationären Betrieb. Die zulässige Überlastbarkeit wird weiterhin entscheidend durch die bei größeren Strömen auftretenden Kommutierungsprobleme begrenzt. Als Richtwert für die Momentenüberlastung kann bei Gleichstromkleinstmaschinen (ohne Wendepole)

$$\frac{M_{\max}}{M_N} \leqq 1{,}5 \cdots 2{,}2$$

angenommen werden.

5.1.1. Möglichkeiten der Drehzahlstellung

In einem Antriebssystem mit vorgegebenem Verlauf $\omega = f(M_w)$ kann die Winkelgeschwindigkeit nur geändert werden, indem die Kennlinie $\omega = f(M)$ so verschoben wird, bis sich der gewünschte neue Arbeitspunkt einstellt. Aus Gl. (5.5) lassen sich sofort die Möglichkeiten der Drehzahlstellung einer Gleichstromnebenschlußmaschine ableiten:

1. Veränderung der Klemmenspannung des Ankers. (Um einen konstanten Fluß beizubehalten, darf die Spannung U_E des Erregerkreises nicht verändert werden. Die Erregerwicklung muß bei dieser Variante fremd erregt werden.)
2. Vergrößerung des Ankerwiderstandes R_A mittels Vorwiderstand im Ankerkreis.
3. Durch Verkleinerung des Erregerflusses mit Hilfe eines Vorwiderstandes im Erregerkreis. (Bei Fremderregung — ausgenommen Permanenterregung — kann durch Veränderung der Erregerspannung sowohl eine Verkleinerung und unter gewissen Voraussetzungen eine Vergrößerung des Erregerflusses erzielt werden.)

Drehzahlstellung durch Änderung der Ankerspannung

Die prinzipielle Schaltung zur Drehzahlstellung durch Änderung der Ankerspannung zeigt Abb. 5.7. Da die Erregerwicklung fremderregt wird, bleibt der Fluß konstant und gemäß Gleichung (5.4) wird bei einem bestimmten Moment der Strom unabhängig von der Ankerspannung sein. Die Kennlinie $I = f(M)$ wird also nicht beeinflußt. Aus Gl. (5.5) erkennt man, daß die Kennlinien $\omega = f(M)$ bei Änderung der Ankerspannung eine Schar von parallel zueinander verlaufenden Geraden ergeben (Abb. 5.8). Es können sowohl kleinere als auch größere Winkelgeschwindigkeiten eingestellt werden. Die elektrische Leistung P_1 und auch die mechanische Leistung P_2 sind der Änderung der Ankerspannung und damit der Änderung der Winkelgeschwindigkeit direkt proportional (Abb. 5.9 u. 5.10).

Charakteristisch für diese Stellmöglichkeit ist, daß in der Maschine keine zusätzlichen Verluste auftreten. Die Grenzen der Drehzahlstellung werden be-

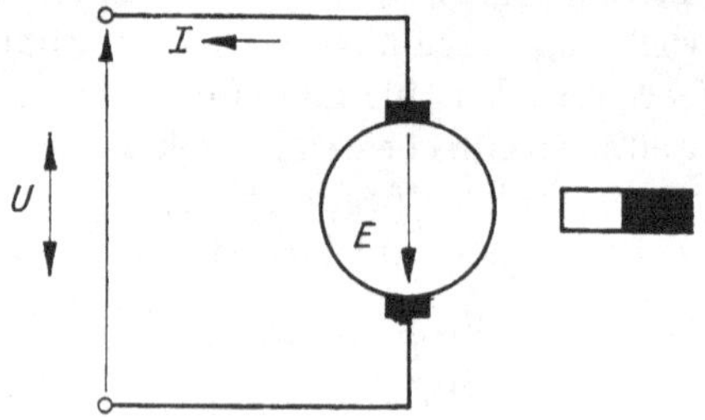

Abb. 5.7. Schaltung zur Drehzahlstellung eines fremderregten Gleichstrommotors durch Ankerspannungsänderung

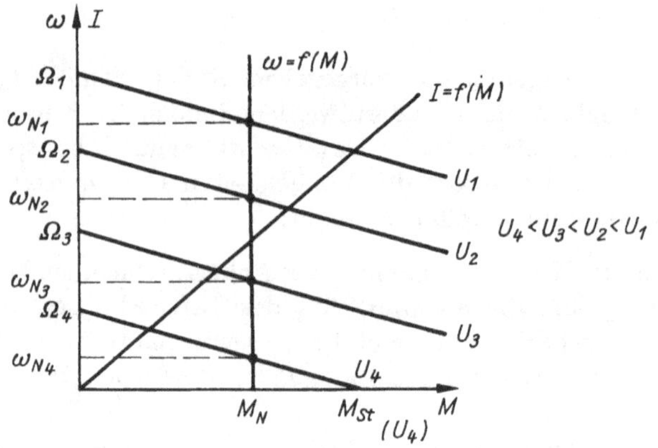

Abb. 5.8. Stationäre Drehzahl-Drehmomenten-Kennlinien eines fremderregten Gleichstrommotors bei stufenweiser Änderung der Ankerspannung

stimmt durch die höchstzulässigen Werte des Belastungsmomentes (thermische Grenze) oder der Ankerrückwirkung (Stabilität), der Drehzahl (mechanische Festigkeit) oder der Spannungsfestigkeit (Abb. 5.11).

Bei eigenbelüfteten Maschinen ist weiterhin zu beachten, daß bei Winkelgeschwindigkeiten unterhalb etwa 0,6 ω_N das höchstzulässige Belastungsmoment reduziert werden muß, da durch die ebenfalls verringerte Leistung des Lüfters die Stromwärmeverluste nicht mehr abgeführt werden können. Die Drehzahlstellung durch Änderung der Ankerspannung weist gegenüber den anderen Verfahren die größten Vorteile auf. Die Schwierigkeit besteht darin, eine geeignete variable Gleichspannungsquelle zur Verfügung zu stellen. Bei Kleinstmaschinen besteht die Möglichkeit, die Ankerspannung durch einen Spannungsteiler zu

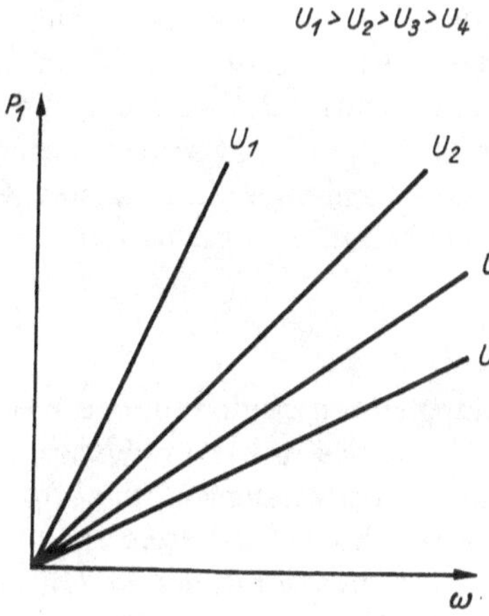

Abb. 5.9. Aufgenommene Leistung $P_1 = f(\omega)$ eines fremderregten Gleichstrommotors bei stufenweiser Änderung der Ankerspannung

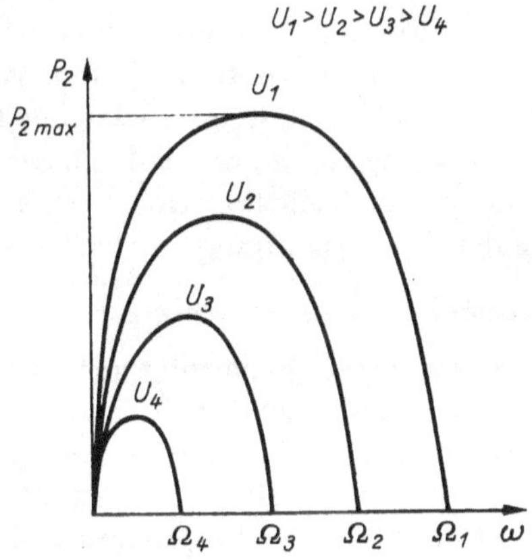

Abb. 5.10. Mechanische Leistung $P_2 = f(\omega)$ eines fremderregten Gleichstrommotors bei stufenweiser Änderung der Ankerspannung

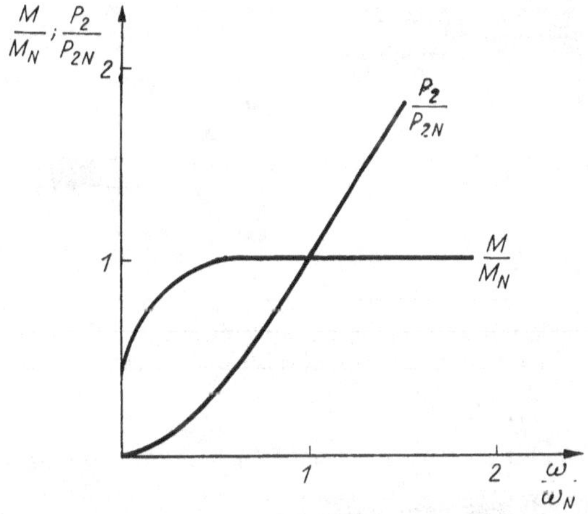

Abb. 5.11. Zulässige Belastung einer Gleichstrommaschine bei Ankerspannungsänderung

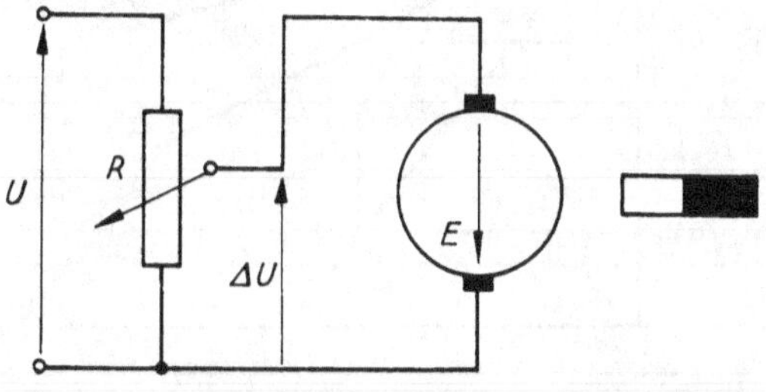

Abb. 5.12. Ankerspannungsänderung eines fremderregten Gleichstrommotors durch einen Spannungsteiler

ändern (Abb. 5.12). Der Widerstand des Teilers muß aber so dimensioniert werden, daß der Ankerwiderstand nicht nennenswert vergrößert wird, da ansonsten das dargestellte Verhalten verloren geht. Durch die Verluste, die im Spannungsteiler entstehen, wird der Gesamtwirkungsgrad des Antriebs erheblich herabgesetzt. Durch den Einsatz der Halbleitertechnik sind in letzter Zeit besonders für Kleinstantriebe vielfältige Möglichkeiten zur verlustlosen Stellung der Gleichspannung geschaffen worden.

Drehzahlstellung durch Ankervorwiderstand

Die prinzipielle Schaltung zur Drehzahlstellung durch Änderung des Ankerkreiswiderstandes zeigt Abb. 5.13. Bei Vergrößerung des Ankervorwiderstandes R_V erhöht sich bei gleichem Moment proportional der Spannungsabfall im Ankerkreis. Setzt man weiterhin konstante Erregung und konstante Ankerspannung voraus, wird sich bei Vergrößerung des Ankerspannungsabfalls gemäß Gl. (5.5) die im Ankerkreis induzierte Spannung verringern. In dem Maße, wie die EMK erniedrigt wird, sinkt auch die Winkelgeschwindigkeit, da der Fluß konstant

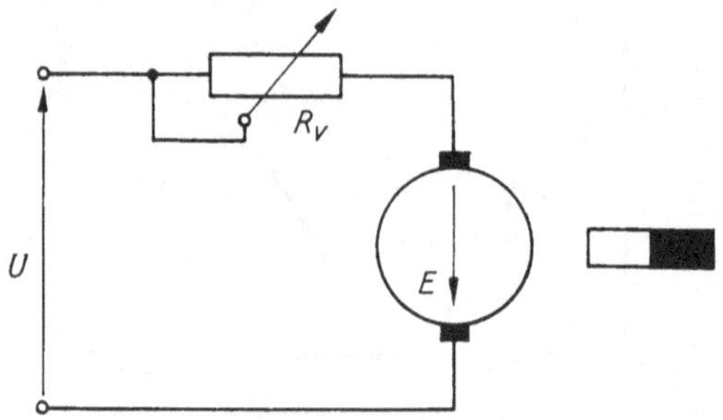

Abb. 5.13. Schaltung zur Drehzahlstellung eines fremderregten Gleichstrommotors durch Änderung des Ankerkreiswiderstandes

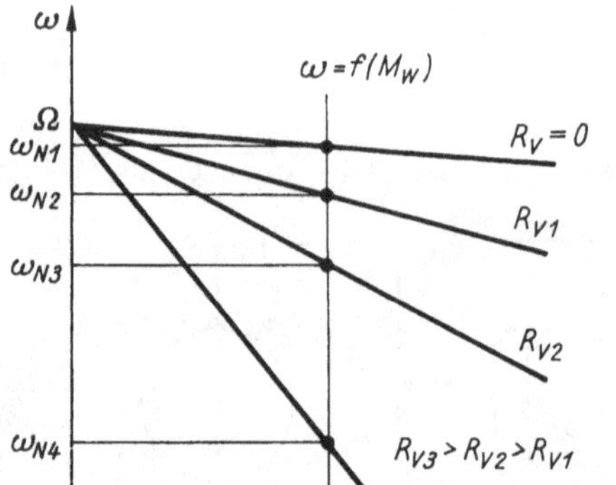

Abb. 5.14. Stationäre Drehzahl-Drehmomenten-Kennlinien eines fremderregten Gleichstrommotors bei Änderung des Ankerkreiswiderstandes

bleibt (Gl. (5.3)). Die Kennlinien $\omega = f(M)$ bei Änderung des Ankervorwiderstandes R_V zeigt Abb. 5.14. Charakteristisch ist, daß mit zunehmendem Ankerkreiswiderstand die Neigung der Kennlinie $\omega = f(M)$ vergrößert wird und daß die ideelle Leerlaufdrehzahl Ω unabhängig von der Größe des Vorwiderstandes ist. Bei konstantem Belastungsmoment bleibt die Stromaufnahme unverändert, die Kennlinie $I = f(M)$ (Abb. 5.15) besitzt für jede Größe des Vorwiderstandes

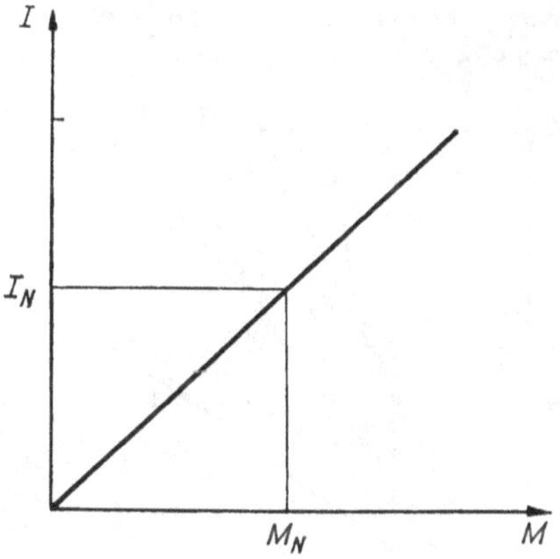

Abb. 5.15. Stationäre Ankerstrom-Drehmomenten-Kennlinie eines fremderregten Gleichstrommotors bei Änderung des Ankerkreiswiderstandes

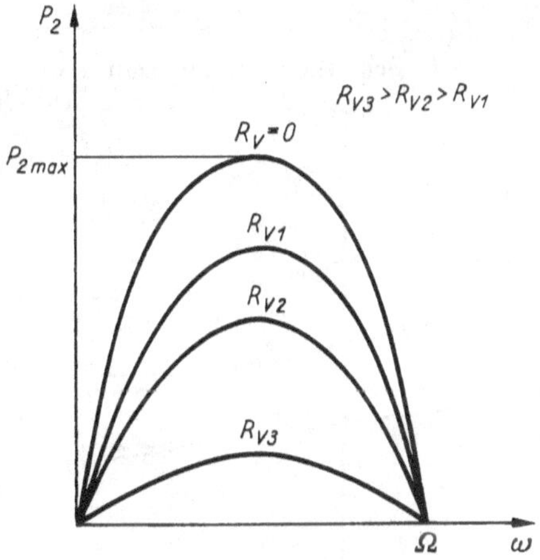

Abb. 5.16. Mechanische Leistung $P_2 = f(\omega)$ eines fremderregten Gleichstrommotors bei Änderung des Ankerkreiswiderstandes

den gleichen Verlauf. Mit der Stromaufnahme bleibt auch die aufgenommene elektrische Leistung unabhängig vom Ankervorwiderstand. Die abgegebene mechanische Leistung P_2 sinkt aber in dem Verhältnis, wie die Drehzahl mit zunehmenden Vorwiderstand zurückgeht (Abb. 5.16). Mit Gl. (5.5) läßt sich zeigen, daß bei konstanter aufgenommener Leistung P_1 die abgegebene mechanische Leistung P_2 um den Betrag $P_V = I^2 \cdot R_V$ vermindert wird. Die Drehzahlstellung mittels Vorwiderstand ist stark verlustbehaftet und der Wirkungsgrad sinkt erheblich ab. Nachteilig ist weiterhin, daß die Winkelgeschwindigkeit nur herabgesetzt werden kann.

Drehzahlstellung durch Feldschwächung

Bei der Drehzahlstellung durch Veränderung des magnetischen Flusses wird mittels eines Vorwiderstandes oder Spannungsteilers im Erregerkreis der Erregerstrom und damit der Erregerfluß erniedrigt. Die Prinzipschaltung ist in Abb. 5.17 dargestellt. Bei den meisten, besonders bei hochausgenutzten Maschinen, ist eine Vergrößerung des Flusses durch Erhöhung der Erregerspannung infolge der Eisensättigung nur begrenzt möglich. Aus Gl. (5.3) und (5.4) ist zu ersehen, daß bei gleichem Belastungsmoment sowohl der Strom als auch die

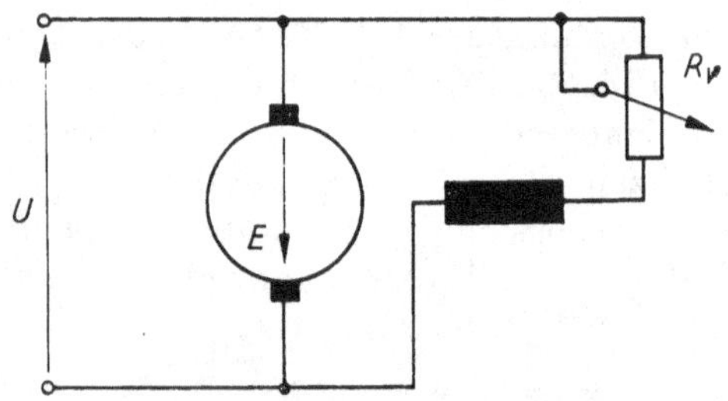

Abb. 5.17. Schaltung zur Drehzahlstellung eines Gleichstrom-Nebenschlußmotors durch Feldschwächung

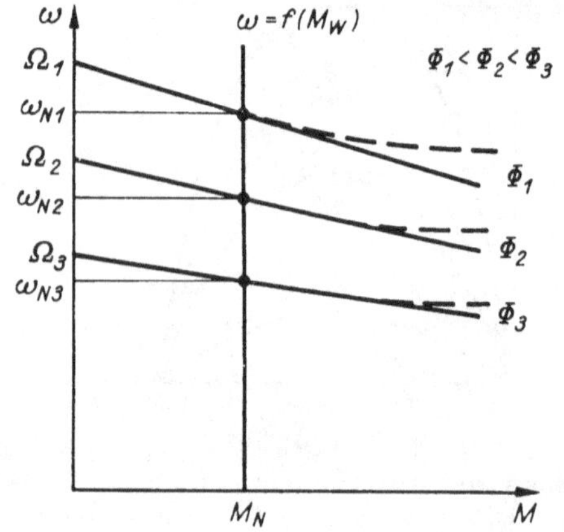

Abb. 5.18. Stationäre Drehzahl-Drehmomenten-Kennlinien eines Gleichstrom-Nebenschlußmotors bei Feldschwächung; - - - - - - - - Einfluß der Ankerrückwirkung

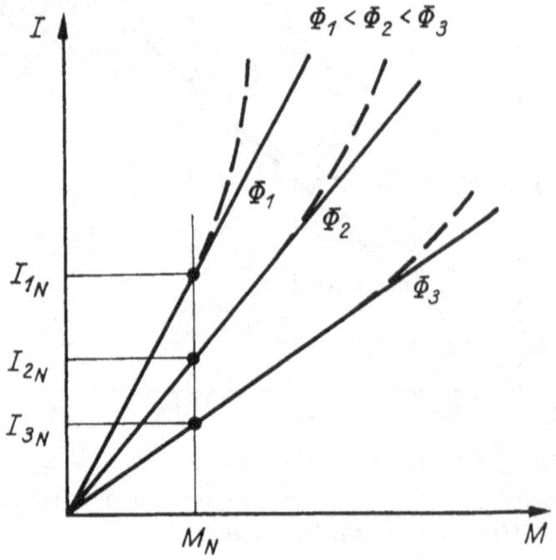

Abb. 5.19. Stationäre Ankerstrom-Drehmomenten-Kennlinien eines Gleichstrom-Nebenschlußmotors bei Feldschwächung; - - - - - - - - Einfluß der Ankerrückwirkung

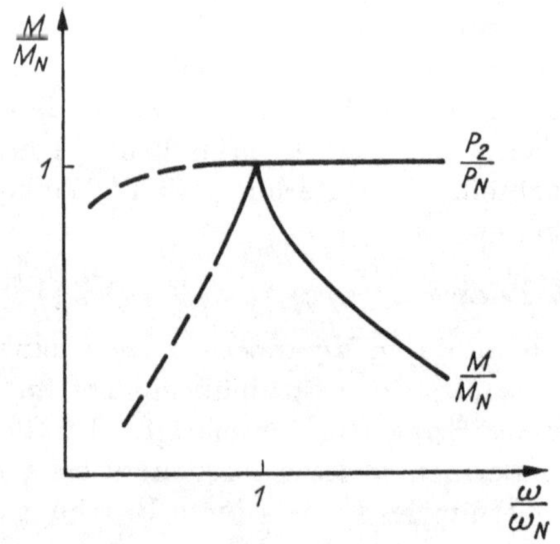

Abb. 5.20. Zulässige Belastung einer Gleichstrom-Nebenschlußmaschine bei Feldschwächung

Winkelgeschwindigkeit bei Feldschwächung ansteigt (Abb. 5.18 und 5.19). Die erhöhte Stromaufnahme bewirkt aber gleichzeitig einen größeren Ankerspannungsabfall, der sich in einer stärkeren Neigung der Kennlinien $\omega = f(M)$ (Abb. 5.18) äußert. Andererseits macht sich aber durch den größeren Strom die Ankerrückwirkung schon bei kleineren Belastungsmomenten bemerkbar, so daß bei Feldschwächung einmal durch die Ankerrückwirkung und zum anderen durch die erhöhten Lastverluste sowie durch die Kommutierung das zulässige Belastungsmoment so reduziert werden muß, daß in etwa die abgegebene mechanische Leistung $P_2 = M \cdot \omega$ konstant bleibt (Abb. 5.20).

Bei normalen Kleinstmaschinen kann durch Feldschwächung die Winkelgeschwindigkeit maximal im Verhältnis 1:1,5 gestellt werden.

5.1.2. Anlassen

Beim Anlassen wird der Motor durch Anlegen der Klemmenspannung vom Stillstand in seinen stationären Betriebszustand überführt. Aus der Bewegungsgleichung (4.1) ergibt sich

$$M > M_w \rightarrow \frac{d\omega}{dt} > 0\,.$$

Bei den folgenden Betrachtungen wird vorausgesetzt, daß das Belastungsmoment M_w und das Erregerfeld konstant sind. Im Sonderfall des Leeranlaufs ist das Belastungsmoment durch das Leerlaufmoment M_L des Motors gegeben.

Kleinstmaschinen werden in der Regel direkt, ohne Anlaßhilfen, eingeschaltet. Zu beachten ist, daß in Verbindung mit leistungselektronischen Stellgliedern ggf. der Anlaßstrom auf einen Höchstwert begrenzt werden muß.

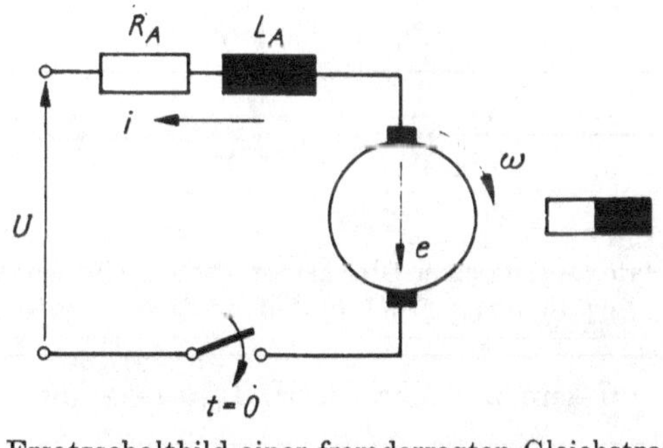

Abb. 5.21. Ersatzschaltbild einer fremderregten Gleichstrommaschine für den nichtstationären Betriebszustand

Im Anlauf interessieren die Zeitfunktionen der Winkelgeschwindigkeit $\omega = f(t)$ und des Ankerstromes $I = f(t)$. Mit der aus dem Ersatzschaltbild der Maschine (Abb. 5.21) abgeleiteten Spannungsgleichung und der Bewegungsgleichung

$$U = -e + R_A \cdot i + L_A \frac{di}{dt}, \qquad M = M_w + J\frac{d\omega}{dt} \tag{5.8}$$

lassen sich die Zeitfunktionen bestimmen.

Vernachlässigt man zunächst den Einfluß der Ankerinduktivität L_A – bei Kleinstmaschinen ist diese Annahme berechtigt – ergibt die Auflösung des Gleichungssystems (5.8)

$$\omega = \frac{U - \frac{R_A}{c \cdot \Phi} \cdot M_w}{c \cdot \Phi} \left(1 - e^{-\frac{t}{\tau_m}}\right), \tag{5.9}$$

$$i = \frac{M_w}{c \cdot \Phi} + \left(\frac{U}{R_A} - \frac{M_w}{c \cdot \Phi}\right) e^{-\frac{t}{\tau_m}}. \tag{5.10}$$

In den Gln. (5.9) und (5.10) kennzeichnet τ_m die elektromechanische Zeitkonstante. Sie bestimmt den Verlauf des Übergangsvorganges und ist unabhängig vom Belastungsmoment

$$\tau_m = \frac{J \cdot R_A}{(c \cdot \Phi)^2}. \tag{5.11}$$

Die Zeitfunktionen $\omega(t)$ und $i(t)$ sind einfache e-Funktionen mit der gemeinsamen Zeitkonstante τ_m (Abb. 5.22 und Abb. 5.23). Nach dem Einschalten

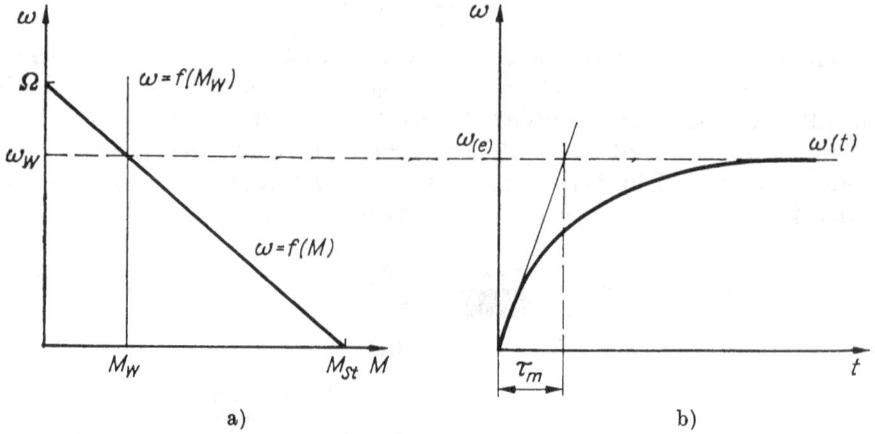

Abb. 5.22. Hochlaufvorgang einer Gleichstrom-Nebenschlußmaschine ($L_A = 0$); a) stationäre Kennlinie $\omega = f(M)$, b) Zeitfunktion $\omega = f(t)$ (Lastanlauf)

springt der Strom auf seinen Anfangswert $I_{(0)} = \frac{U}{R_A}$ und ist nach der Zeit $t = (3\cdots4)\,\tau_m$ praktisch auf seinen stationären Endwert, der durch das Belastungsmoment bestimmt wird, abgeklungen: $I_{(e)} = \frac{M_w}{c \cdot \Phi}$. Die Winkelgeschwindigkeit ist im Einschaltaugenblick $\omega_{(0)} = 0$ und erreicht ebenfalls nach $(3\cdots4)\,\tau_m$ den stationären Endwert

$$\omega_{(e)} = \frac{U - \frac{R_A}{c \cdot \Phi} \cdot M_w}{c \cdot \Phi}. \tag{5.12}$$

Damit läßt sich Gl. (5.9) und (5.10) vereinfachend schreiben:

$$\omega = \omega_{(e)}\left(1 - e^{-\frac{t}{\tau_m}}\right), \qquad i = I_{(e)} + (I_{(0)} - I_{(e)})\, e^{-\frac{t}{\tau_m}}.$$

Um den Einschaltstromstoß $I_{(0)} = \frac{U}{R_A}$ besonders in Schaltungen mit Halbleiterbauelementen zu reduzieren, ist eine Strombegrenzung für den Anlaufvor-

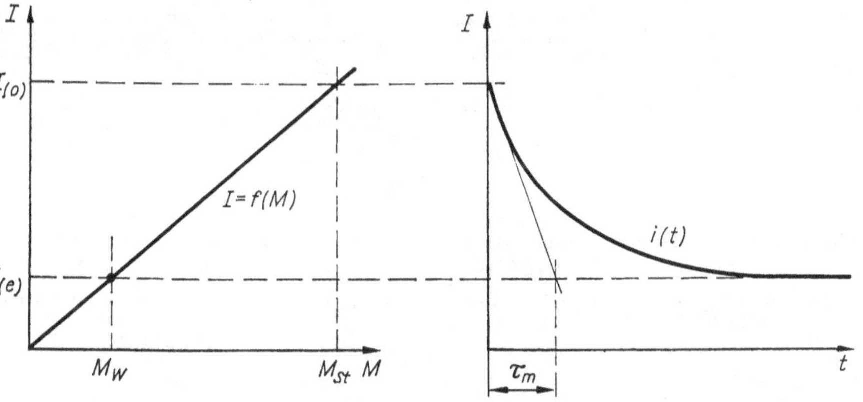

a) b)

Abb. 5.23. Hochlaufvorgang einer Gleichstrom-Nebenschlußmaschine ($L_A = 0$); a) stationäre Kennlinie $I = f(M)$, b) Zeitfunktion $i = f(t)$ (Lastanlauf)

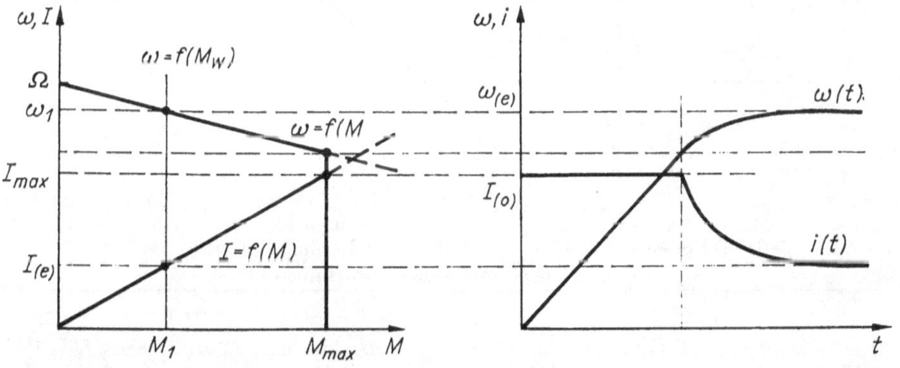

a) b)

Abb. 5.24. Anlaufstrombegrenzung einer Gleichstrom-Nebenschlußmaschine ($L_A = 0$); a) stationäre Kennlinien $\omega = f(M)$, $I = f(M)$, b) Zeitfunktionen $\omega = f(t)$, $i =) f(t)$

gang erforderlich. Abb. 5.24 veranschaulicht die Zeitfunktionen, die bei Begrenzung des Ankerstromes auf den Wert $I_{(0)} = I_{\max}$ auftreten. Setzt man ein konstantes Belastungsmoment voraus, wird das Beschleunigungsmoment so lange konstant bleiben und die Winkelgeschwindigkeit linear mit der Zeit anwachsen, bis der Punkt erreicht ist, in dem die Kennlinie $\omega = f(M)$ ihre Eigencharakteristik erreicht hat. Der weitere Hochlauf vollzieht sich dann entsprechend den Gln. (5.9) und (5.10) nach einer Exponentialfunktion.

Der Einschaltvorgang bei Berücksichtigung der Ankerinduktivität L_A ist zunächst dadurch gekennzeichnet, daß der Ankerstrom sich nicht sprunghaft ändern kann. Der zeitliche Verlauf des Ankerstromes ist in der ersten Phase des Anlaufs durch die Ankerinduktivität gekennzeichnet:

$$i = \frac{U}{R_A}\left(1 - e^{-\frac{t'}{\tau_A}}\right) = I_{(0)}\left(1 - e^{-\frac{t'}{\tau_A}}\right). \tag{5.13}$$

Mit dem allmählich durch die Ankerzeitkonstante τ_A

$$\tau_A = \frac{L_A}{R_A}$$

bestimmten Anstieg des Ankerstromes wird auch das von der Maschine entwickelte Motormoment, bei Null beginnend, stetig anwachsen. Ist das Belastungsmoment passiv, wird die Maschine stillstehen, solange der Ankerstrom

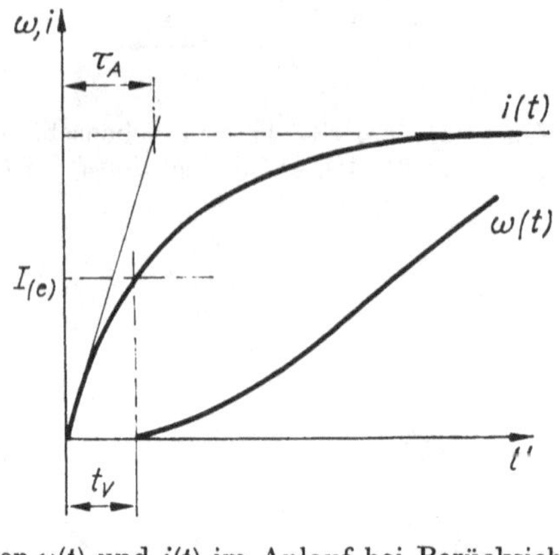

Abb. 5.25. Zeitfunktionen $\omega(t)$ und $i(t)$ im Anlauf bei Berücksichtigung der Ankerinduktivität und passivem Widerstandsmoment

kleiner ist als sein stationärer Endwert $I_{(e)}$, der das Motormoment liefert, das zur Überwindung des Widerstandsmomentes erforderlich ist. Die Funktion der Winkelgeschwindigkeit ist gegenüber der Stromfunktion um die Dauer des Stromanstiegs von 0 auf $I_{(e)}$ verschoben (Abb. 5.25). Setzt man in Gl. (5.13) für i den stationären Endwert $I_{(e)}$ ein, läßt sich die Verzögerungszeit bestimmen zu:

$$t_V = \tau_A \cdot l_n \cdot \frac{1}{1 - \frac{M_w}{c \cdot \Phi} \cdot \frac{R_A}{U}}. \tag{5.14}$$

Nachdem der Strom den Wert $I_{(e)}$ erreicht hat, beginnt die zweite Phase, der Hochlauf der Maschine. Nach Einführung der Zeitkonstanten

$$\tau_{1/2} = \frac{\tau_m}{2}\left\{1 \pm \sqrt{1 - 4\frac{\tau_A}{\tau_m}}\right\}, \tag{5.15}$$

wobei

$$\tau_1 \cdot \tau_2 = \tau_A \cdot \tau_m\,,$$

$$\tau_1 + \tau_2 = \tau_m$$

ist, läßt sich aus dem Gleichungssystem (5.8) mit den Anfangsbedingungen $\omega_{(0)} = 0$; $I_{(0)} = \frac{U}{R_A}$ und $I_{(e)} = \frac{M_w}{c \cdot \Phi}$, sowie $\omega_{(e)}$ gemäß Gl. (5.12) der Hochlaufvorgang wie folgt berechnen:

$$\omega = \omega_{(e)}\left\{1 - \frac{\tau_1}{\tau_1 - \tau_2}\, e^{-\frac{t}{\tau_1}} + \frac{\tau_2}{\tau_1 - \tau_2}\, e^{-\frac{t}{\tau_2}}\right\}, \tag{5.16}$$

$$i = I_{(e)} + (I_{(0)} - I_{(e)}) \cdot \frac{\tau_1 + \tau_2}{\tau_1 - \tau_2}\left\{e^{-\frac{t}{\tau_1}} - e^{-\frac{t}{\tau_2}}\right\}. \tag{5.17}$$

Die Zeitfunktionen $\omega(t)$ und $i(t)$ setzen sich aus zwei e-Funktionen zusammen, die durch die Anker- (elektrische-) und die mechanische Zeitkonstante bestimmt werden (Abb. 5.26 und 5.27). Der Stromanstieg im Einschaltmoment wird durch die Ankerinduktivität und die Klemmenspannung bestimmt; $\left(\frac{di}{dt}\right)_{t'=0} = \frac{U}{L_A}$. Er ist unabhängig von der Belastung. Bei passivem Belastungsmoment verzö-

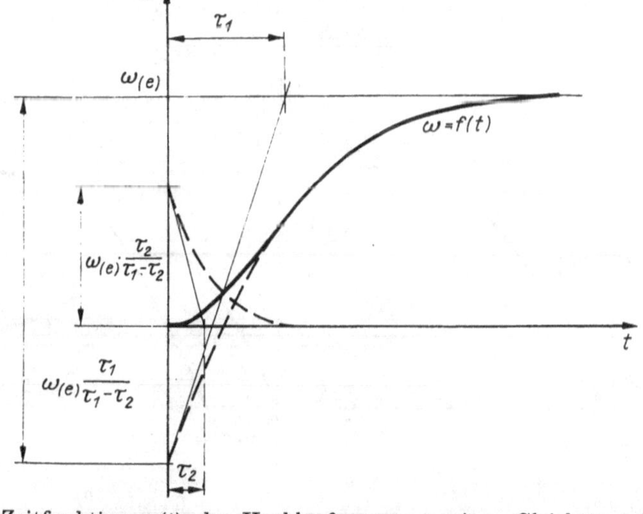

Abb. 5.26. Zeitfunktion $\omega(t)$ des Hochlaufvorganges einer Gleichstrom-Nebenschluß-maschine bei Berücksichtigung der Ankerinduktivität und konstantem passiven Widerstandsmoment

gert sich der Verlauf der Winkelgeschwindigkeit gegenüber dem Strom um den Betrag t_V. Bei einem aktiven Belastungsmoment nimmt die Winkelgeschwindigkeit innerhalb der Zeit t_V negative Werte an (Abb. 5.28). Den Sonderfall des Leeranlaufs kann man bei Kleinstmaschinen nicht betrachten, da das Leerlauf-

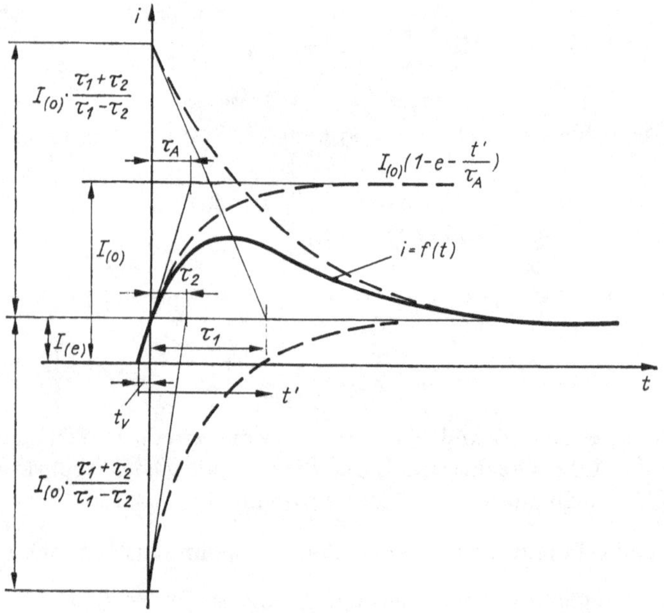

Abb. 5.27. Zeitfunktion $i(t)$ des Hochlaufvorganges einer Gleichstrom-Nebenschluß-maschine bei Berücksichtigung der Ankerinduktivität und konstantem passiven Widerstandsmoment

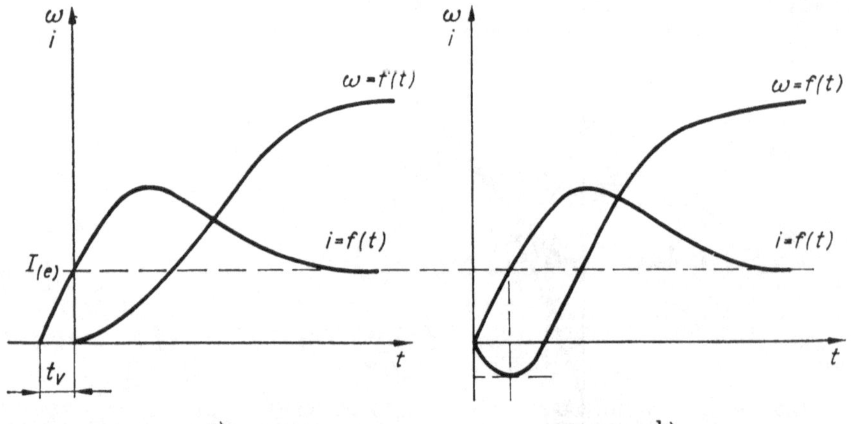

a) b)

Abb. 5.28. Zeitfunktion $\omega(t)$ und $i(t)$ des Hochlaufvorganges einer Gleichstrom-Nebenschluß-maschine bei Berücksichtigung der Ankerinduktivität und a) passivem, b) aktivem Widerstandsmoment

moment M_L des Motors gegenüber dem Widerstandsmoment nicht vernachlässigt werden kann.

5.1.3. Bremsen

Bei der elektrischen Bremsung eines Antriebs wird das Drehmoment der Antriebsmaschine in seiner Wirkungsrichtung umgekehrt. Da das Motormoment in diesem Falle der Bewegungsrichtung entgegenwirkt, wird der Antrieb eine kleinere Winkelgeschwindigkeit annehmen, oder stillgelegt. Im Bremsbetrieb wird aus dem Motor, der elektrische Energie aufnimmt und mechanische an die Arbeitsmaschine abgibt, ein Generator, der aus der Arbeitsmaschine Energie bezieht und elektrische Energie erzeugt. Die verschiedenen Schaltungen, die für den Vorgang des Bremsens angewendet werden, unterscheiden sich in der Art der Umsetzung der gewonnenen elektrischen Energie. Es werden drei Verfahren benutzt:

1. Nutzbremsung
2. Widerstandsbremsung
3. Gegenstrombremsung.

Bei der Nutzbremsung wird die erzeugte elektrische Energie in das Netz zurückgespeist. Der Übergang vom Motor- in den Generatorbetrieb erfolgt beim Überschreiten der ideellen Leerlaufwinkelgeschwindigkeit Ω. Unter der Voraussetzung einer konstanten Erregung wird bei $\omega > \Omega$ die induzierte Spannung $E > U$. Die gegenüber der Klemmenspannung größere EMK treibt gemäß Gl. (5.2) einen Strom an, der sich in der Richtung umgekehrt hat. Damit wechselt auch das Drehmoment das Vorzeichen und wirkt als Bremsmoment. Um

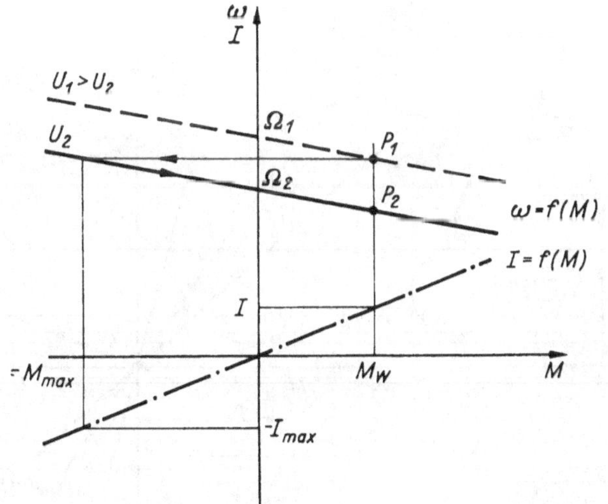

Abb. 5.29. Stationäre Kennlinien $\omega = f(M)$ und $I = f(M)$ bei der Nutzbremsung einer fremderregten Gleichstrommaschine durch Verminderung der Ankerspannung

den Arbeitspunkt vom Motorbetrieb in das Gebiet negativer Drehmomente zu verlagern, muß die Kennlinie $\omega = f(M)$ bei der Nutzbremsung durch Verminderung der Klemmenspannung nach unten verlagert werden (Abb. 5.29). Die Größe des Bremsmomentes und damit des Ankerstromes kann durch Ankervorwiderstände R_V variiert werden (Abb. 5.30). Der Vorgang der Nutzbremsung tritt beispielsweise dann auf, wenn die Winkelgeschwindigkeit eines Antriebs durch Verringerung der Klemmenspannung des Ankers herabgesetzt werden

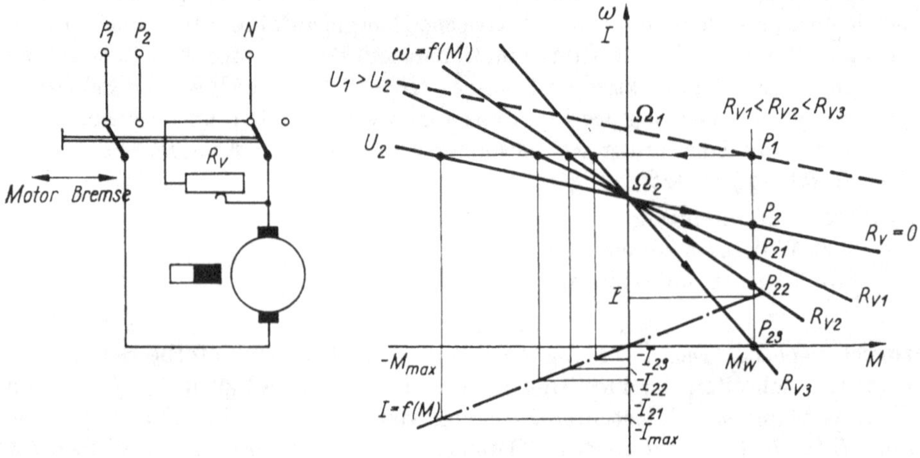

Abb. 5.30. Schaltung und stationäre Kennlinien $\omega = f(M)$ und $I = f(M)$ bei der Nutzbremsung einer fremderregten Gleichstrommaschine mit zusätzlichen Ankervorwiderständen

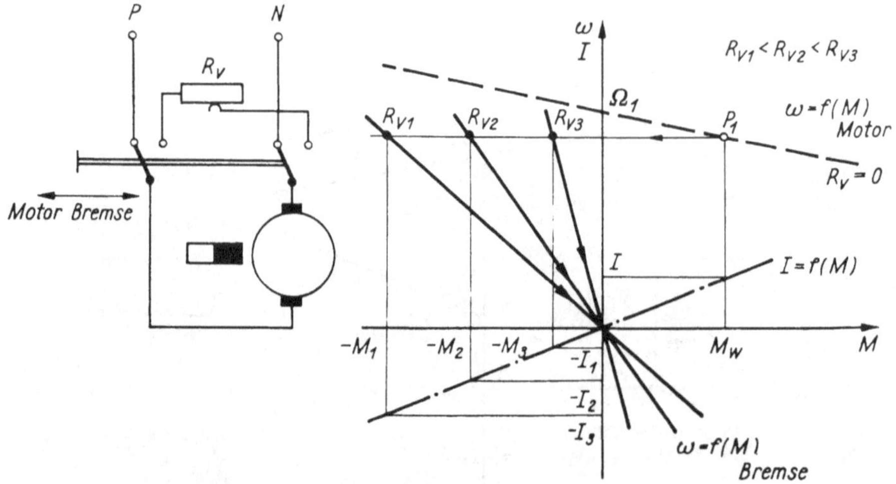

Abb. 5.31. Schaltung und stationäre Kennlinien $\omega = f(M)$ und $I = f(M)$ bei der Widerstandsbremsung einer fremderregten Gleichstrommaschine

soll. Dabei wird die in Abb. 5.29 dargestellte Kennlinie vom Arbeitspunkt P_1 auf den neuen Arbeitspunkt P_2 durchlaufen.

Wird die Klemmenspannung des Ankers auf den Wert Null herabgesetzt (kurzgeschlossener Anker) liegt der Fall der Widerstandsbremsung vor (Abb. 5.31). Da beim Kurzschließen des Ankers ein sehr großer Strom fließt und ein großes Bremsmoment auftritt, wird im Normalfall durch einen Ankervorwiderstand der Strom auf ein zulässiges Maß begrenzt. Aus den Gln. (5.2), (5.3) und (5.4) und mit $U = -I \cdot R_V$ errechnet sich das Bremsmoment zu:

$$M = \frac{(c \cdot \Phi)^2 \cdot \omega}{R_A + R_V}. \tag{5.18}$$

Mit sinkender Drehzahl sinkt die induzierte Spannung und das Drehmoment verringert sich. Im Stillstand entwickelt die Maschine kein Bremsmoment. Wird der Anker der Maschine umgepolt, so daß sie entgegen ihrer Wirkungsrichtung arbeitet, liegt der Fall der Gegenstrombremsung vor (Abb. 5.32). Durch

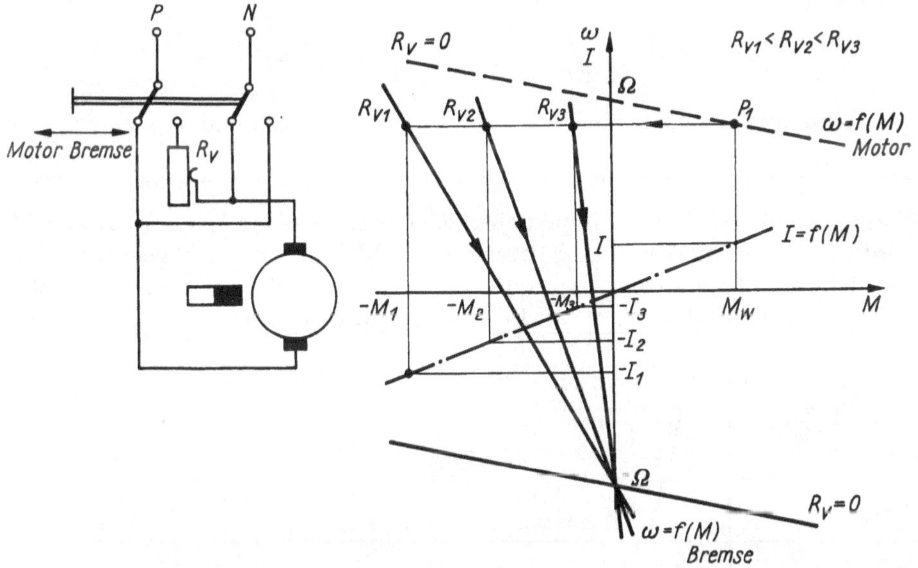

Abb. 5.32. Schaltung und stationäre Kennlinien $\omega = f(M)$ und $I = f(M)$ bei der Gegenstrombremsung einer fremderregten Gleichstrommaschine

Einschalten von Vorwiderständen kann die Steilheit der Kennlinie $\omega = f(M)$ so verändert werden, daß der Ankerstrom und das Moment die zulässigen Grenzwerte nicht überschreiten. Im Stillstand entwickelt die Maschine das Anlaufmoment des Motorbetriebes und sofern $|M| > |M_w|$ läuft der Motor im Gegendrehsinn hoch. Dieser Vorgang wird dann als Reversieren bezeichnet. Im normalen Bremsbetrieb muß also bei Erreichen des Stillstandes die Maschine abgeschaltet werden.

5.2. Die Reihenschlußmaschine

Bei der Reihenschlußmaschine sind Anker- und Erregerwicklung in Reihe geschaltet (Abb. 5.2), so daß beide vom gleichen Strom I durchflossen werden und damit der Fluß vom Ankerstrom abhängig ist. Arbeitet die Maschine im annähernd linearen Teil der Magnetisierungskennlinie (ungesättigte Maschine),

$$\Phi = \frac{k}{c} \cdot I . \tag{5.19}$$

Damit folgt aus Gl. (5.4) für das Moment

$$M = k \cdot I^2 \tag{5.20}$$

und aus den Gln. (5.2) und (5.19) für die induzierte Spannung

$$E = -k \cdot \omega \cdot I . \tag{5.21}$$

Aus der Spannungsgleichung (5.2) und aus den Gln. (5.19), (5.20) und (5.21) ergibt sich die Winkelgeschwindigkeit zu:

$$\omega = \frac{U - I \cdot R_A}{k \cdot I} = \frac{U}{k \cdot I} - \frac{R_A}{k} = \frac{U}{\sqrt{k \cdot M}} - \frac{R_A}{k} . \tag{5.22}$$

Die Kennlinien $\omega = f(M)$ und $I = f(M)$ sind in Abb. 5.33 und 5.34 dargestellt. Da die Winkelgeschwindigkeit dem Moment indirekt proportional ist, $\omega \sim \frac{1}{M}$, besitzt die Kennlinie einen hyperbolischen Verlauf und für jeden Arbeitspunkt wird die gleiche mechanische Leistung $P_2 = M \cdot \omega =$ konst. abgegeben. Das Drehmoment steigt quadratisch mit dem Strom an. Bei der gesättigten Maschine kann der Fluß näherungsweise als konstant betrachtet werden. Mit dieser

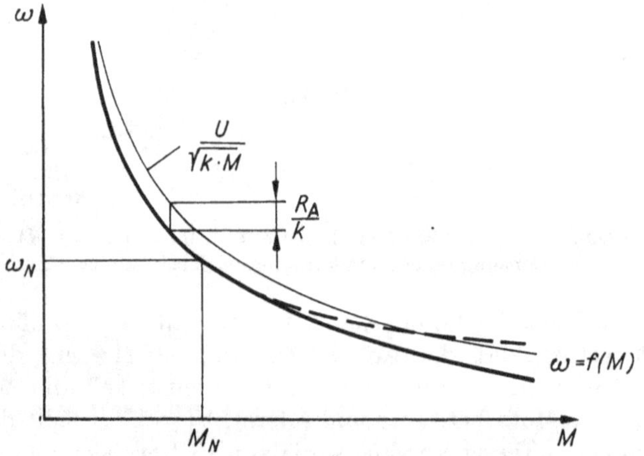

Abb. 5.33. Stationäre Drehzahl-Drehmomenten-Kennlinie einer Gleichstrom-Reihenschlußmaschine; — — — Einfluß der Eisensättigung

Annahme ergibt sich, daß das Drehmoment dem Ankerstrom proportional ist (Abb. 5.34).

$$M = k \cdot I\,, \tag{5.23}$$

und die Neigung der Kennlinie $\omega = f(M)$ wird nur durch die Spannungsabfälle im Ankerstromkreis bestimmt (Abb. 5.33)

$$\omega = \frac{U - R_A \cdot I}{k}\,. \tag{5.24}$$

Das Verhalten der Reihenschlußmaschine geht also in das der Nebenschlußmaschine über. Entsprechend der Charakteristik $\omega = f(M)$ entwickelt die Reihenschlußmaschine ein hohes Anlaufmoment. Die Leerlaufdrehzahl wird

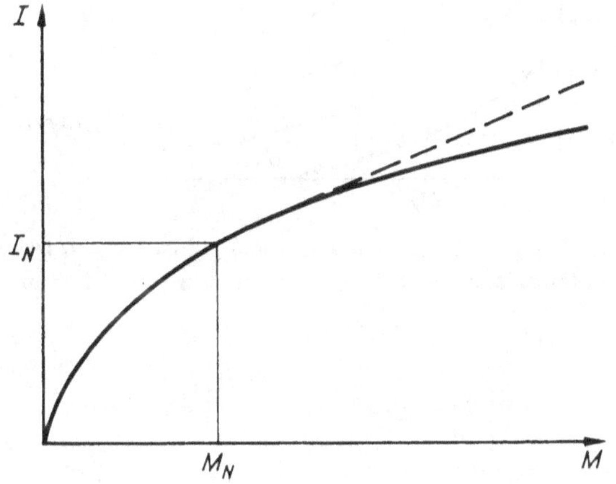

Abb. 5.34. Stationäre Strom-Drehmomenten-Kennlinie einer Gleichstrom-Reihenschlußmaschine; – – – Einfluß der Eisensättigung

allein durch das Leerlaufmoment bestimmt und sie kann im Betrieb so große Werte annehmen, daß der Läufer den mechanischen Beanspruchungen nicht mehr gewachsen ist. Die Überlastbarkeit der Reihenschlußmaschine wird allgemein durch die Kommutierung begrenzt. Für Kleinstmaschinen (ohne Wendepole) gilt etwa:

$$\frac{M_{\max}}{M_N} = 1{,}5 \cdots 2\,.$$

5.2.1. Möglichkeiten der Drehzahlstellung

Die Möglichkeiten zur Drehzahlstellung lassen sich aus der Gl. (5.22) ableiten und sind im Prinzip die gleichen, wie bei der Nebenschlußmaschine:

1. durch Änderung der Ankerspannung
2. durch Ankervorwiderstand
3. durch Feldschwächung.

Drehzahlstellung durch Änderung der Ankerspannung

Ähnlich wie bei der Nebenschlußmaschine kann die Kennlinie $\omega = f(M)$ durch Variation der Ankerspannung parallel verschoben werden (Abb. 5.35). Aus Gl. (5.22) erkennt man, daß die Winkelgeschwindigkeit sich etwa im Verhältnis

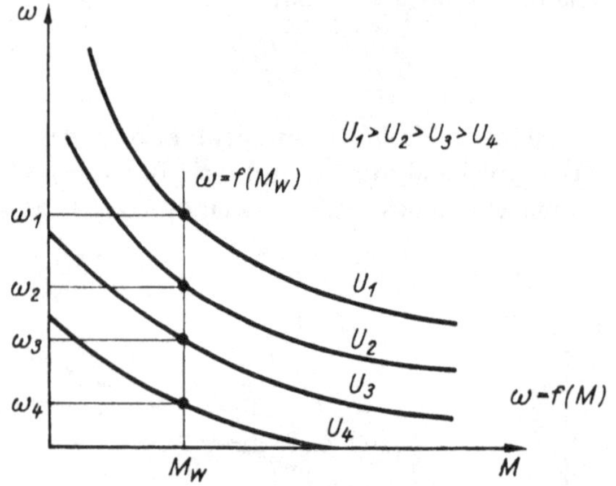

Abb. 5.35. Stationäre Drehzahl-Drehmomenten-Kennlinien $\omega = f(M)$ einer Gleichstrom-Reihenschlußmaschine bei stufenweiser Änderung der Klemmenspannung

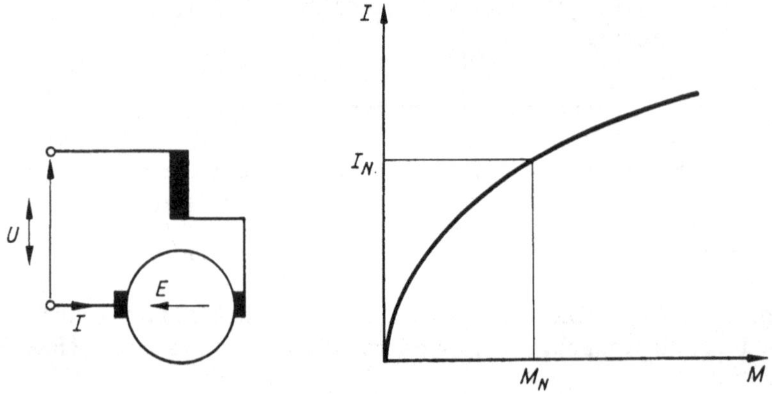

Abb. 5.36. Schaltung und stationäre Strom-Drehmomenten-Kennlinie $I = f(M)$ einer Gleichstrom-Reihenschlußmaschine bei Änderung der Klemmenspannung

der Ankerspannung ändert, wohingegen der Strom von der Klemmenspannung unabhängig ist und damit keine zusätzlichen Verluste auftreten (Abb. 5.36).

Drehzahlstellung durch Ankervorwiderstand

Die Kennlinie $\omega = f(M)$ kann durch Einschalten zusätzlicher ohmscher Widerstände in den Ankerkreis (Abb. 5.37 und Abb. 5.38) verändert werden. Bei konstanter Ankerspannung und bei gleichem Moment und damit gleichem

Fluß wird bei Vergrößerung des Ankerspannungsabfalls durch Erhöhung des Ankerkreiswiderstandes eine geringere Spannung induziert. Gemäß Gl. (5.21) und (5.22) bewirkt eine Vergrößerung des Ankervorwiderstandes eine Parallelverschiebung der Kennlinie $\omega = f(M)$, d. h., bei gleichem Moment sinkt die Winkelgeschwindigkeit bei wachsendem Ankervorwiderstand. Die Kennlinie läßt sich nur zu kleineren Werten der Winkelgeschwindigkeit verschieben.

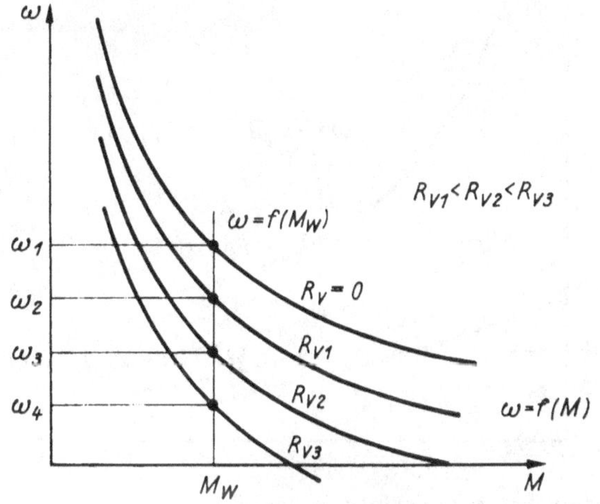

Abb. 5.37. Stationäre Drehzahl-Drehmomenten-Kennlinien $\omega = f(M)$ einer Gleichstrom-Reihenschlußmaschine bei Änderung des Ankerkreiswiderstandes

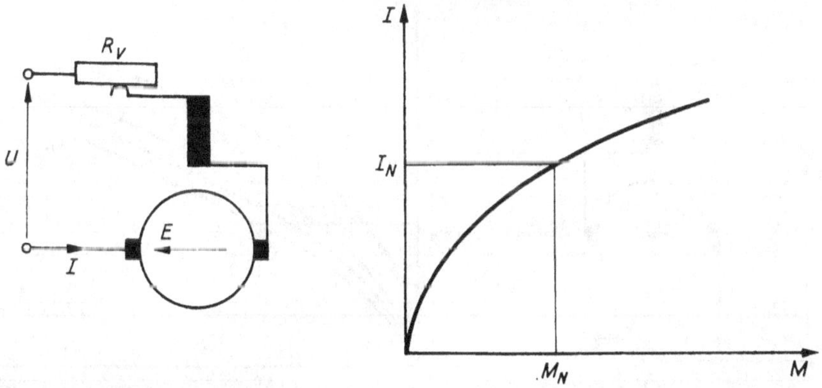

Abb. 5.38. Schaltung und stationäre Strom-Drehmomenten-Kennlinie $I = f(M)$ einer Gleichstrom-Reihenschlußmaschine bei Änderung des Ankerkreiswiderstandes

Die Stromaufnahme und damit die aufgenommene elektrische Leistung wird bei konstantem Moment durch Vergrößerung des Ankervorwiderstandes nicht verändert. Im Vorwiderstand treten die Stromwärmeverluste $P_V = I^2 \cdot R_V$ auf, die den Wirkungsgrad erheblich vermindern.

Eine weitere Möglichkeit, die Winkelgeschwindigkeit-Drehmoment-Kennlinie zu beeinflussen, besteht darin, durch einen zum Anker parallel geschalteten

Widerstand R_p eine von der Belastung unabhängige zusätzliche Erhöhung des Luftspaltflusses zu erzeugen (Abb. 5.39 und 5.40). Durch die Erregerwicklung fließt jetzt der von der Belastung abhängige Ankerstrom I und der durch den Parallelwiderstand hervorgerufene konstante Strom I_p. Der Motor verliert

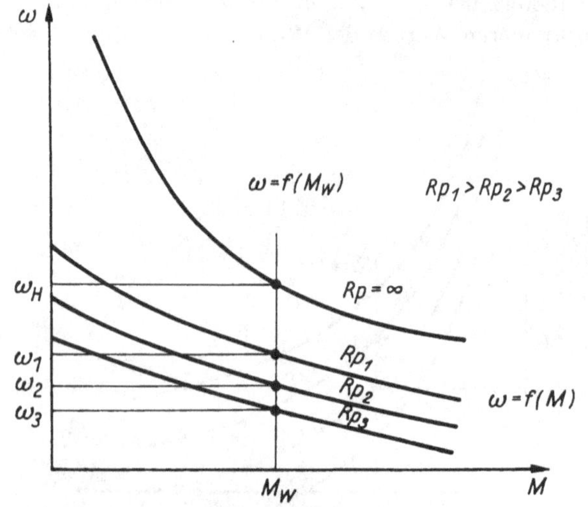

Abb. 5.39. Stationäre Drehzahl-Drehmomenten-Kennlinien $\omega = f(M)$ einer Gleichstrom-Reihenschlußmaschine bei Einschaltung von Ankerparallelwiderständen

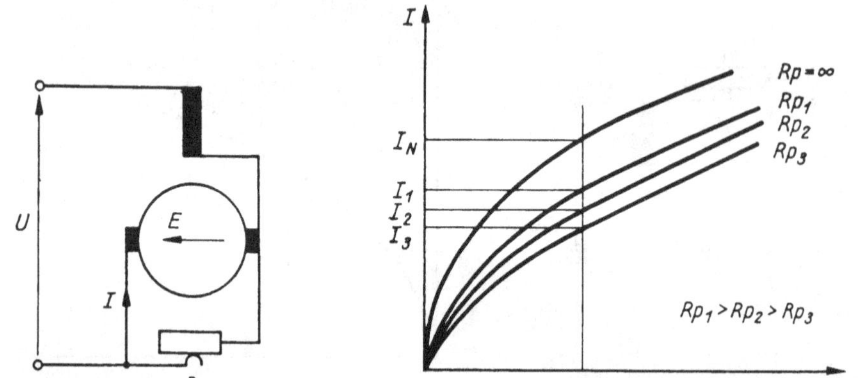

Abb. 5.40. Schaltung und stationäre Strom-Drehmomenten-Kennlinien $I = f(M)$ einer Gleichstrom-Reihenschlußmaschine bei Einschaltung von Ankerparallelwiderständen

seine reine Reihenschlußcharakteristik, denn die ideelle Leerlaufdrehzahl wird jetzt durch den Fluß bestimmt, der durch den im Parallelwiderstand fließenden Strom hervorgerufen wird.

Um die Drehzahl zu ändern, wird sehr häufig, insbesondere bei Einphasenreihenschlußmotoren (Universalmotoren), die Barkhausen-Schaltung angewendet. Kennzeichnend für diese Schaltung ist, daß sowohl ein Ankerparallelwiderstand als auch ein Vorwiderstand zur Anwendung kommen (Abb. 5.41). Der große Vorteil dieser Anordnung liegt darin, daß das besonders bei Universalmotoren oft unerwünschte Reihenschlußverhalten der Kennlinie $\omega = f(M)$ durch den Ankerparallelwiderstand etwas kompensiert wird. In der Regel wird dieser Widerstand als Festwiderstand ausgebildet. In Abb. 5.42 sind die Kenn-

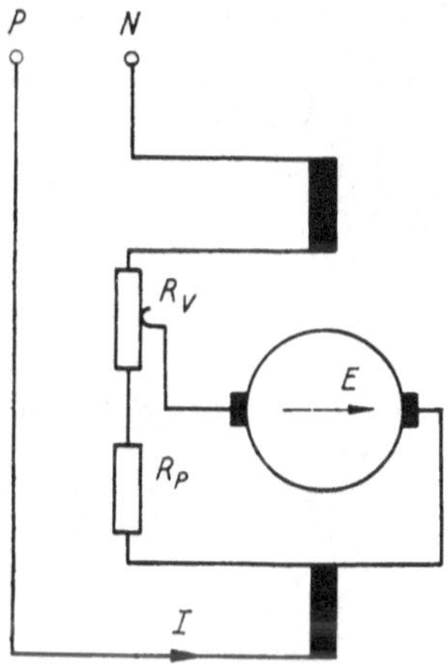

Abb. 5.41.
Barkhausenschaltung

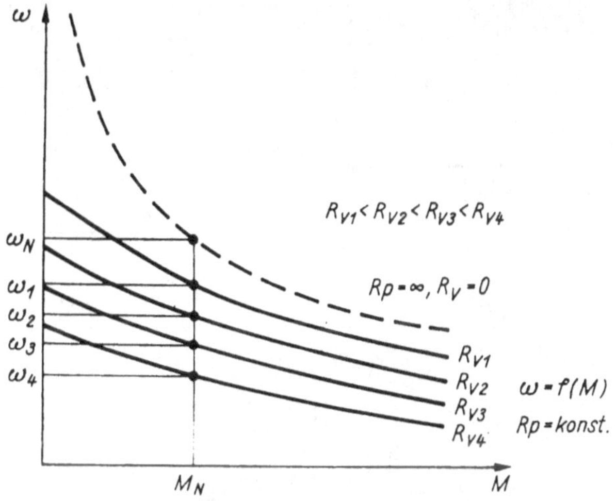

Abb. 5.42. Stationäre Drehzahl-Drehmomenten-Kennlinien $\omega = f(M)$ einer Gleichstrom-Reihenschlußmaschine bei Anwendung der Barkhausen-Schaltung

linien $\omega = f(M)$ für verschiedene Werte des Ankervorwiderstandes bei konstantem Ankerparallelwiderstand dargestellt.

Drehzahlstellung durch Feldschwächung

Bei der Drehzahlstellung durch Feldschwächung wird bei gleichem Ankerstrom durch einen Parallelwiderstand zur Erregerwicklung ein kleinerer Fluß erzeugt (Abb. 5.43). Durch die Aufteilung des Ankerstromes in den Erregerstrom und den durch den Parallelwiderstand fließenden Strom wird die Konstante k in den Gln. (5.19) bis (5.22) verkleinert. Das hat zur Folge, daß bei gleichem Moment der Ankerstrom (Abb. 5.43) und die Winkelgeschwindigkeit (Abb. 5.44) ansteigen. Bei dieser Möglichkeit der Drehzahlstellung treten keine zusätzlichen Verluste auf, wenn man von den Stromwärmeverlusten, die durch den größeren Ankerstrom hervorgerufen werden und von den geringen Verlusten im Parallelwiderstand absieht. Durch die höhere Stromaufnahme muß das zulässige Moment im umgekehrten Verhältnis zur Erhöhung der Winkelgeschwindigkeit reduziert werden. Eine Drehzahlstellung ist etwa im Verhältnis 1:2 möglich.

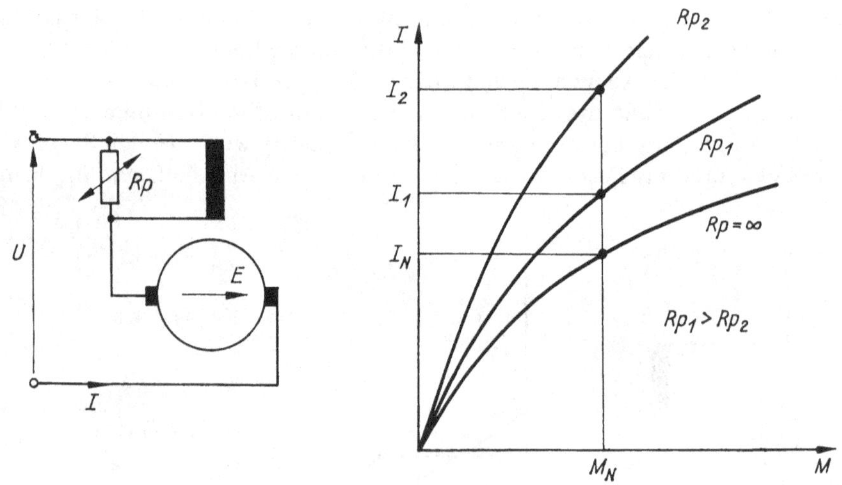

Bild 5.43. Schaltung und stationäre Strom-Drehmomenten-Kennlinien $I = f(M)$ einer Gleichstrom-Reihenschlußmaschine bei Feldschwächung

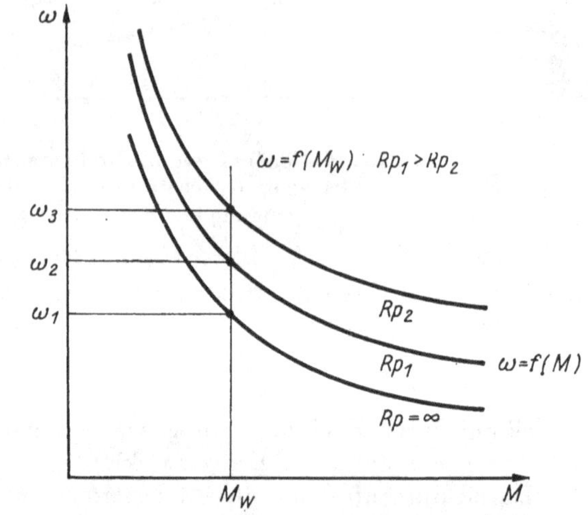

Abb. 5.44. Stationäre Drehzahl-Drehmomenten-Kennlinien $\omega = f(M)$ einer Gleichstrom-Reihenschlußmaschine bei Feldschwächung

5.2.2. Anlassen

Da wie beim Nebenschlußmotor im Einschaltaugenblick der Ankerstrom nur durch den Ankerwiderstand bestimmt wird, ist insbesondere in Verbindung mit Bauelementen der Leistungselektronik eine Anlaufstrombegrenzung erforderlich. Nach dem Einschalten beginnt die Maschine auf der ihr zugeordneten Kennlinie $\omega = f(M)$ hochzulaufen (Abb. 5.45). Eine geschlossene rechnerische Erfassung

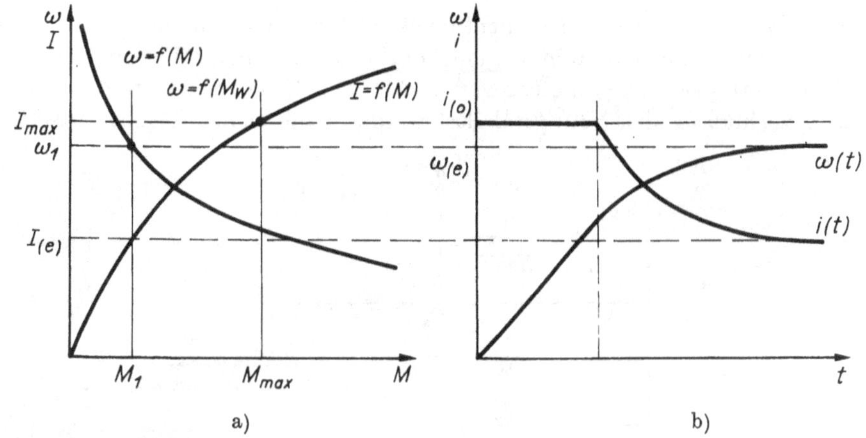

Abb. 5.45. Anlaufstrombegrenzung einer Gleichstrom-Reihenschlußmaschine ($L_A = 0$); a) stationäre Kennlinien $\omega = f(M)$, $I = f(M)$, b) Zeitfunktionen $\omega = f(t)$, $i = f(t)$

der Zeitfunktionen $\omega(t)$ und $i(t)$ des Hochlaufvorganges der Reihenschlußmaschine ist nicht möglich, da der Fluß mit dem Belastungsstrom über die nichtlineare Magnetisierungskennlinie verknüpft ist.

5.2.3. Bremsen

Um den Reihenschlußmotor abzubremsen, ist es erforderlich, daß durch eine geeignete Schalthandlung das Drehmoment gegenüber dem motorischen Betrieb umgekehrt wird, d. h., daß die Reihenschlußmaschine in den generatorischen Betriebszustand überwechselt. Ähnlich wie bei der Nebenschlußmaschine ist zwischen den drei Verfahren der Nutz-, Widerstands- und Gegenstrombremsung zu unterscheiden. Auf Grund der $\omega = f(M)$ Kennlinie der Reihenschlußma-

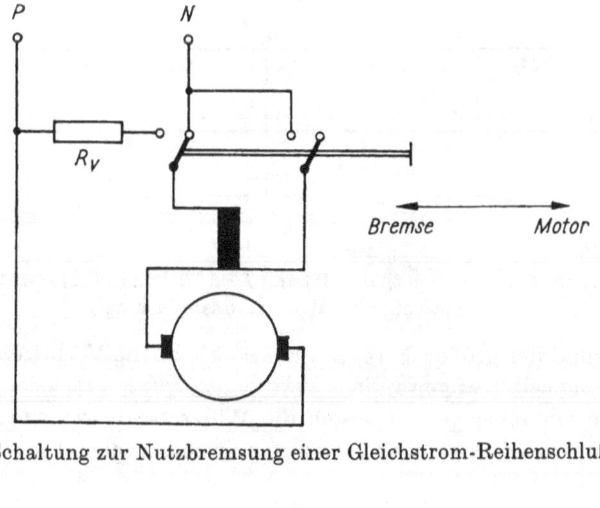

Bild 5.46. Schaltung zur Nutzbremsung einer Gleichstrom-Reihenschlußmaschine

schine — die Kennlinie existiert nicht im Bereich negativer Momente — ist eine Nutzbremsung nicht ohne weiteres möglich. Um den generatorischen Betriebszustand zu erreichen, muß die Erregerwicklung mit Hilfe eines Vorwiderstandes im Nebenschluß an das Netz geschaltet werden (Abb. 5.46). Da im Vorwider-

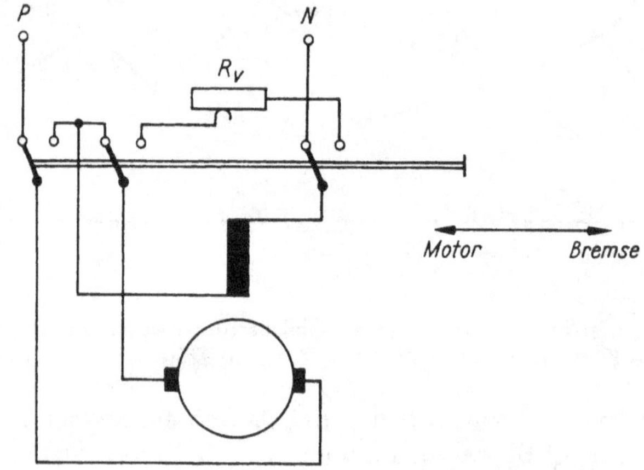

Abb. 5.47. Schaltung zur Widerstandsbremsung einer Gleichstrom-Reihenschlußmaschine

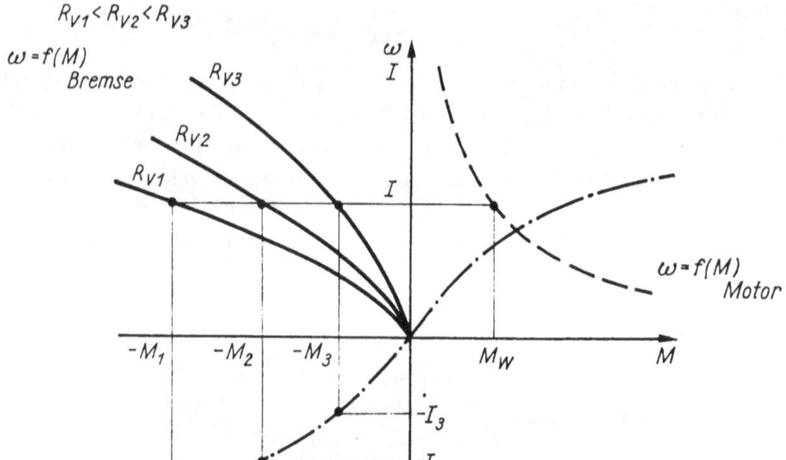

Abb. 5.48. Stationäre Kennlinien $\omega = f(M)$ und $I = f(M)$ einer Gleichstrom-Reihenschlußmaschine bei Widerstandsbremsung

stand auf Grund des großen Erregerstromes erhebliche Verluste auftreten, wird diese Schaltung selten angewandt.

Wesentlich einfacher gestaltet sich die Widerstandsbremsung. Die Reihenschlußmaschine wird vom Netz getrennt und entsprechend Abb. 5.47 an einen äußeren Widerstand angeschlossen. Da beim Umschalten die Maschine nicht erregt ist, ist es notwendig, die Anker- oder Erregerwicklung gegenüber dem Motorbetrieb umzupolen, damit Selbsterregung stattfinden kann. Die Bremskennlinien mit dem Vorwiderstand R_V als Parameter sind in Abb. 5.48 dargestellt.

Durch Umpolen der Ankerzuleitung wird wie beim Nebenschlußmotor die Gegenstrombremsung erzielt. Damit der Ankerstrom auf ein erträgliches Maß

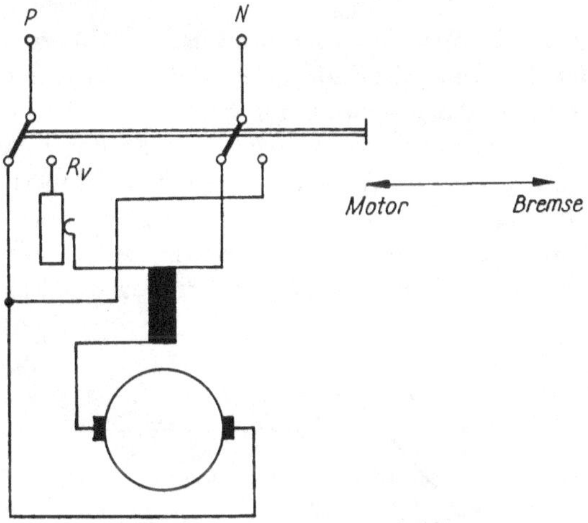

Abb. 5.49. Schaltung zur Gegenstrombremsung der Gleichstrom-Reihenschlußmaschine

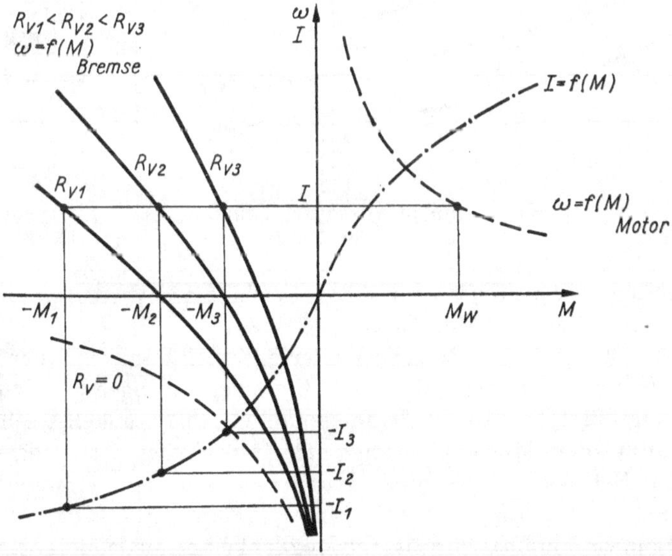

Abb. 5.50. Stationäre Kennlinien $\omega = f(M)$ und $I = f(M)$ einer Gleichstrom-Reihenschlußmaschine bei Gegenstrombremsung

begrenzt wird, werden in den Ankerkreis Vorwiderstände eingeschaltet. Die Schaltung und die Kennlinie $\omega = f(M)$ für verschiedene Vorwiderstände ist aus Abb. 5.49 und 5.50 zu ersehen. Wird die Maschine kurz vor dem Stillstand nicht vom Netz getrennt, wird sie, wie die Nebenschlußmaschine, in der Gegenrichtung beschleunigt (Reversiervorgang).

5.3. Die Doppelschlußmaschine

Die Schaltung der Doppelschlußmaschine ist in Abb. 5.2c dargestellt. Das Betriebsverhalten der Doppelschluß- oder Verbundmaschine wird durch die Neben- und Reihenschlußerregerwicklung bestimmt. Die ideelle Leerlaufdrehzahl des Motors wird gemäß Gl. (5.6) durch den Fluß der Nebenschlußerregerwicklung bestimmt. Durch die Wirkung der Reihenschlußerregerwicklung weist die Winkelgeschwindigkeit bei kleinen Drehmomenten eine starke Abhängigkeit vom Lastmoment (Reihenschlußcharakteristik) auf, während bei größeren Drehmomenten infolge der magnetischen Sättigung des Eisenkreises der Fluß

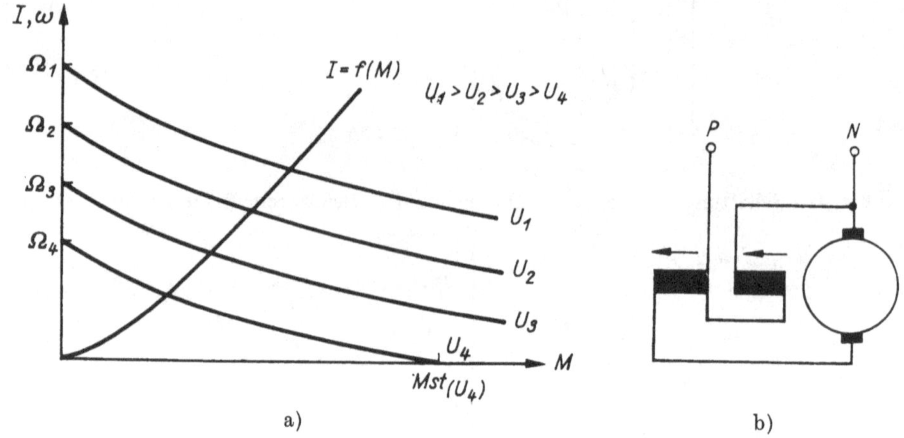

Abb. 5.51. Doppelschlußmaschine a) stationäre Kennlinien $\omega = f(M)$ und $I = f(M)$, b) Schaltung

nur noch geringfügig ansteigt, so daß die Maschine das Verhalten einer Nebenschlußmaschine annimmt (Abb. 5.51).

Unter dem Einfluß der Reihenschlußerregerwicklung wird der durch die Nebenschlußerregerwicklung aufgebaute Fluß bei ansteigendem Moment proportional vergrößert, so daß der Strom gemäß Gl. (5.4) zunächst schwächer als proportional mit dem Moment ansteigt. Im Bereich der Sättigung wird dann, wie bei der Nebenschlußmaschine, der Strom mit dem Moment ansteigen (Abb. 5.51).

Bei der Doppelschlußmaschine ist die Möglichkeit gegeben, den bei der Nebenschlußmaschine bei wachsendem Moment unvermeidlich auftretenden Drehzahlabfall, der proportional dem Ankerspannungsabfall $I \cdot R_A$ (Gl. (5.5)) ist, in gewissem Maße zu kompensieren. Die Reihenschlußerregerwicklung wird so geschaltet, daß sie dem Fluß, der durch die Nebenschlußerregerwicklung aufgebaut wird, entgegenwirkt (Abb. 5.52).

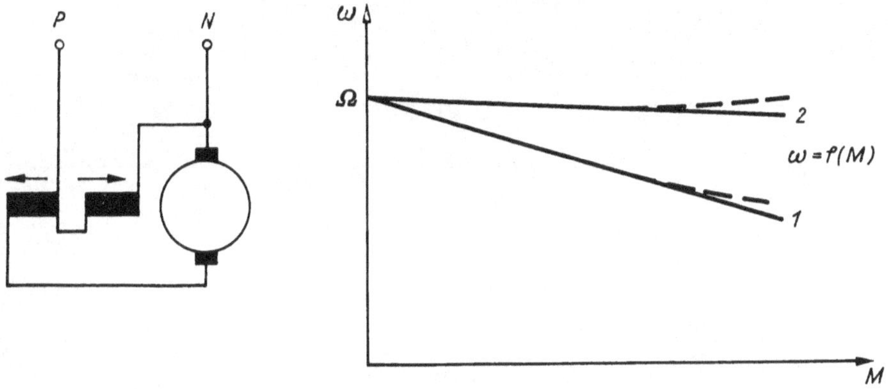

Abb. 5.52. Schaltung und Drehzahl-Drehmomentenkennlinie der Doppelschlußmaschine mit belastungsabhängiger Gegenerregung; *1* — Kennlinie ohne Gegenerregung, 2 — mit Gegenerregung, — — — Einfluß der Ankerrückwirkung

Bei geeigneter Dimensionierung der Reihenschlußerregerwicklung wird mit steigendem Moment der Fluß so geschwächt, daß gemäß Gl. (5.5) die Winkelgeschwindigkeit des Motors in Abhängigkeit vom Moment annähernd konstant bleibt. Eine annähernde Drehzahlstabilisierung kann auf diese Weise nur dann erreicht werden, wenn die Maschine im linearen Bereich der Magnetisierungskennlinie betrieben wird. Desweiteren muß beachtet werden, daß keine Überkompensierung eintritt und damit die Stabilität des Antriebs, Gl. (4.11), (4.12), gefährdet ist.

Eine mathematische Erfassung der Kennlinien der Doppelschlußmaschine ist infolge der nichtlinearen Magnetisierungskennlinie und der Sättigungserscheinungen nur schwer möglich. Für das Anlassen, Drehzahlstellen, Bremsen und Reversieren können die gleichen Verfahren, wie beim Gleichstrom-Nebenschluß- oder -Reihenschlußmotor angewendet werden. Das Betriebsverhalten richtet sich danach, ob der Einfluß der Nebenschluß- oder der Reihenschlußerregerwicklung überwiegt.

6. Das Betriebsverhalten der Drehfeldmaschinen

6.1. Das Betriebsverhalten der Asynchronmaschinen

Kennzeichnend für das Betriebsverhalten der Asynchronmaschine ist das Drehfeld, das im Ständer aufgebaut wird und sich mit der Winkelgeschwindigkeit

$$\Omega = \frac{f_1}{p} \cdot 2\pi \tag{6.1}$$

gegenüber dem Ständer bewegt (Gl. (1.35)).

Damit in der Läuferwicklung durch Induktionswirkung Ströme auftreten können, die zusammen mit dem Luftspaltfeld ein Drehmoment erzeugen, muß eine Geschwindigkeitsdifferenz $\Omega_D = \Omega - \omega$ zwischen der Winkelgeschwindigkeit des Drehfeldes Ω und der des Läufers ω vorhanden sein. Es ist üblich, mit der auf die Drehfeldgeschwindigkeit bezogene Geschwindigkeitsdifferenz, dem Schlupf s, zu arbeiten

$$s = \frac{\Omega - \omega}{\Omega} . \tag{6.2}$$

Das Drehmoment, das durch die Relativbewegung zwischen dem Drehfeld und dem Läufer auftritt, ist so gerichtet, daß es den Schlupf aufzuheben versucht. Da aber für den Schlupf $s = 0$ keine Induktionswirkungen auftreten, kann die synchrone Drehzahl (Drehfeldgeschwindigkeit gleich der Läufergeschwindigkeit) nicht aus eigener Kraft erreicht werden. In Abb. 3.3 sind die verschiedenen Betriebszustände der Asynchronmaschine in Abhängigkeit vom Schlupf bei konstantem Drehfeld dargestellt.

Durch das Drehfeld wird in der Ständerwicklung die Spannung E_1 und in der Läuferwicklung die Spannung E_2 induziert. Der Betrag und die Frequenz der Spannung E_2 sind eine Funktion des Schlupfes (Abb. 3.3) und damit abhängig vom Betriebszustand der Maschine. Die im Motorbetrieb aufgenommene Wirkleistung P_1 wird nach Abzug der Ständerverlustleistung P_{V_1} über den Luftspalt auf den Läufer übertragen. Die Luftspaltleistung P_δ berechnet sich zu:

$$P_\delta = M \cdot \Omega \tag{6.3}$$

und teilt sich auf in die mechanische Leistung P_2 und in die Läuferverlustleistung P_{V_2}. Der Betrag von P_2 und P_{V_2} ist ebenfalls eine Funktion des Schlupfes und die Aufteilung richtet sich nach folgender Beziehung:

$$P_2 = P_\delta (1 - s) ; \qquad P_{V_2} = P_\delta \cdot s . \tag{6.4}$$

Bei Asynchronmaschinen mit Kurzschlußläufern wird die gesamte Läuferverlustleistung P_{V_2} in der Rotorwicklung in Stromwärme umgewandelt. Aus der gesamten im Läuferkreis der Asynchronmaschine umgesetzten Wirkleistung $E_2 \cdot I_2 = R_2 \cdot I_2^2$, die der Luftspaltleistung P_δ entspricht, ergibt sich für das von der Maschine entwickelte Drehmoment

$$M = \frac{R_2}{\Omega - \omega} \cdot I_2^2 . \tag{6.5}$$

Für die genaue Ermittlung des Läuferstromes I_2 und des Drehmomentes M als Funktion der Ständerspannung sei auf die Literatur [16] verwiesen. Auf Grund des vereinfachten Ersatzstromkreises nach Abb. 3.7 ergeben sich für den Läuferstrom I_2 und das Drehmoment M die bereits im Abschnitt 3.1.2. näher erläuterten Abhängigkeiten:

$$I_2' = \frac{U_1^*}{\sqrt{\left(R_1 + \frac{R_2'}{s}\right)^2 + X_\sigma^2}} , \tag{6.6}$$

$$M = U_1^{*2} \cdot \frac{m_1}{\Omega} \frac{\frac{R_2'}{s}}{\left(R_1 + \frac{R_2'}{s}\right)^2 + X_\sigma^2} . \tag{6.7}$$

Aus Gl. (6.7) erhält man für das Kippmoment M_K und den Kippschlupf s_K aus der Bedingung $\left(\frac{dM}{ds} = 0\right)$:

$$M_K = \frac{m_1}{\Omega} \frac{U_1^{*2}}{2\left(R_1 + \sqrt{R_1^2 + X_\sigma^2}\right)} , \tag{6.8}$$

$$s_K = \frac{R_2'}{\sqrt{R_1^2 + X_\sigma^2}} . \tag{6.9}$$

6.2. Drehzahlstellung der Asynchronmaschine

Die Prinzipien der Drehzahlstellung der Asynchronmaschine lassen sich sofort aus den Gleichungen, die das Betriebsverhalten kennzeichnen, ableiten. Entsprechend Gl. (6.1) kann die Winkelgeschwindigkeit des Drehfeldes und damit die Läufergeschwindigkeit durch Änderung der Netzfrequenz stufenlos und durch Umschaltung der Polpaarzahl in Stufen verändert werden. Eine dritte Möglichkeit der Drehzahlstellung ist aus Gl. (6.7) und (6.9) zu erkennen. Da sich das Moment quadratisch mit der Ständerspannung (Gl. (6.7)) ändert und der Kippschlupf konstant bleibt (Gl. (6.9)), ist eine Drehzahlstellung in einem gewissen Bereich durch Änderung der Ständerspannung möglich.

Durch Änderung des Widerstandes der Ständerwicklung kann ebenfalls eine Drehzahlstellung erzielt werden. Charakteristisch hierfür ist, daß sich sowohl das Kippmoment (Gl. (6.8)) als auch der Kippschlupf in Abhängigkeit vom Strangwiderstand ändern. Eine weitere Möglichkeit der Beeinflussung der Drehzahl-Drehmomenten-Charakteristik der Asynchronmaschine besteht darin, Zusatzwiderstände in den Läuferkreis einzuschalten.

Das Verfahren der Drehzahlstellung durch Änderung der Polpaarzahl oder der Netzfrequenz ist dadurch gekennzeichnet, daß bei Verstellung der Drehzahl die Verluste der mit einem konstanten Moment belasteten Asynchronmaschine sich nur unwesentlich ändern. Da bei der Drehzahlstellung durch Ständerspannungs- oder Läuferwiderstandsänderung bei konstantem Moment der Schlupf verändert wird, treten im Läufer zusätzliche Stromwärmeverluste auf, da die im Läufer umgesetzte Leistung (Gl. (6.4)) dem Schlupf proportional ist. Bei der Asynchronmaschine ist also zwischen verlustarmer und verlustbehafteter Drehzahlstellung zu unterscheiden.

6.2.1. Verlustarme Drehzahlstellung

Polumschaltung

Eine Änderung der Drehzahl durch Polumschaltung kann nur stufenweise in festen Verhältnissen entsprechend Gl. (6.1) vorgenommen werden. Von den Möglichkeiten der polumschaltbaren Drehstrommotoren werden für Einphasen-Kondensatormotoren folgende Schaltungsanordnungen angewandt: Motoren mit zwei getrennten zwei- oder dreisträngigen Ständerwicklungen für verschiedene Polpaarzahlen.

Entsprechend dem gewählten Polpaarverhältnis sind bei zwei getrennten Ständerwicklungen zwei Drehzahlen möglich. Die beiden Wicklungen sind gemeinsam in den Nuten des Ständers übereinander angeordnet. Da die Dimensionierung und Auslegung des magnetischen Kreises und der Wicklung vom abzugebenden Drehmoment für die beiden Drehzahlen bestimmt wird, sinkt die Ausnutzung um mindestens 50% gegenüber einer normalen Asynchronmaschine herab.

Um große Drehzahlunterschiede zu realisieren, sind in der Regel Spezialblechschnitte erforderlich, da die niedrigen Drehzahlen eine hohe Polpaarzahl und eine dementsprechend große Ständernutenzahl erfordern. Andererseits ist aber bei kleinen Ständerdurchmessern die Zahl der am Umfang unterzubringenden Nuten begrenzt, und da die Verhältnisse Zahnbreite zu Nutbreite und Nutschlitzbreite zu Nutbreite in gewissen Grenzen festliegen, ist aus rein mechanischen und wickeltechnischen Gründen dem Polpaarzahlverhältnis eine Grenze gesetzt.

In Abb. 6.1 ist die Schaltung eines polumschaltbaren Kondensatormotors mit zwei Ständerwicklungen für $2p = 2$ und $2p = 16$ dargestellt. Die sechzehnpolige Wicklung, ausgeführt als dreisträngige Wicklung, wird in der STEINMETZ-Schaltung mit dem Betriebskondensator C_{B1} und die zweipolige Wicklung, ausgeführt als zweisträngige Wicklung, wird mit dem Betriebskondensator C_{B2} und einem zusätzlichen Anlaufkondensator C_A als Doppelkondensatormotor betrieben. Bei günstiger Auslegung der Wicklung und geeigneter Anpassung an das Widerstandsmoment kann für beide Wicklungen der gleiche Betriebskondensator verwendet werden.

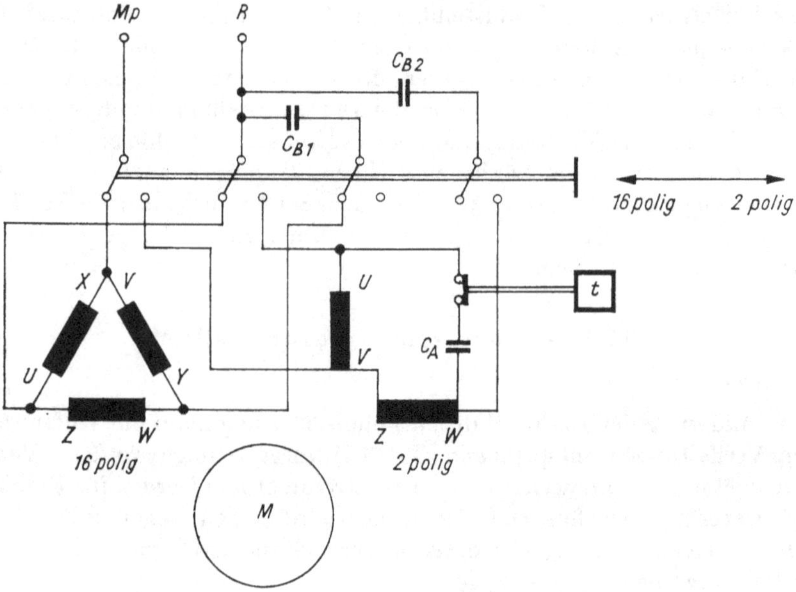

Abb. 6.1. Schaltung eines polumschaltbaren Kondensatormotors mit zwei Ständerwicklungen für die Polzahlen: $2p = 2$ und $2p = 16$

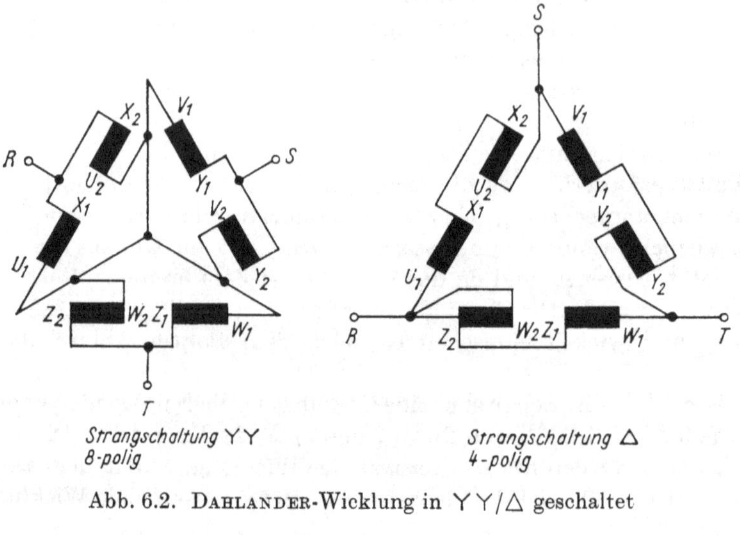

Abb. 6.2. DAHLANDER-Wicklung in Y Y/△ geschaltet

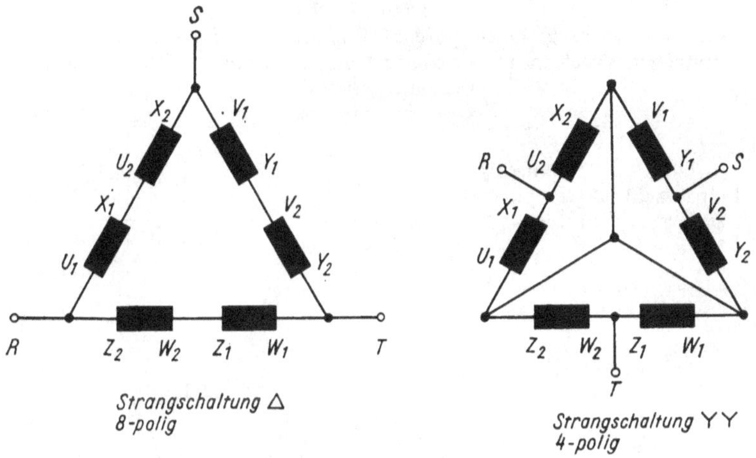

Abb. 6.3. Dahlander-Wicklung in △/YY geschaltet

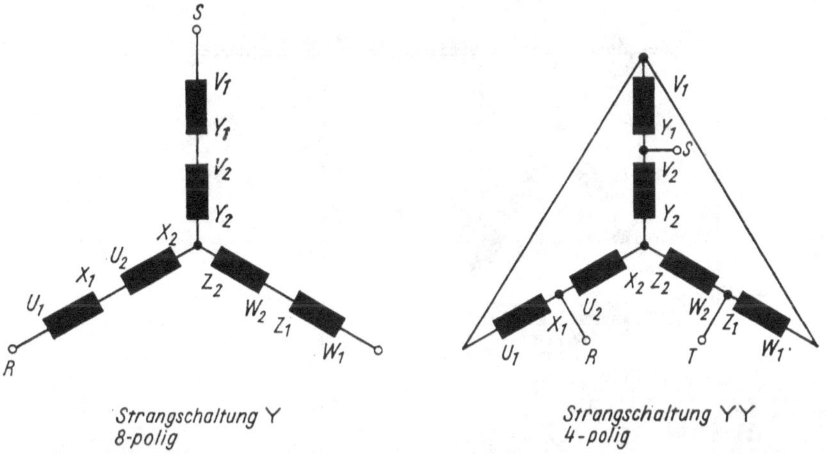

Abb. 6.4. Dahlander-Wicklung in Y/YY geschaltet

Mit Hilfe der Dahlander-Schaltung lassen sich bei einer entsprechend angezapften dreiphasigen Wicklung zwei Drehzahlen im Polpaarzahlverhältnis 2:1 erzielen. Ein Wicklungsstrang besteht dabei aus zwei Spulen oder Spulengruppen, die derart zusammengeschaltet werden, daß in der jeweils zweiten Spule eines Stranges die Stromrichtung umgekehrt werden kann. In Bild 6.2, 6.3 und 6.4 sind die drei in der Praxis üblichen Strangschaltungen für Dahlander-Wicklungen dargestellt. Die Angabe des Drehmomentverhältnisses und der höchsten thermischen Belastung (Tab. 6.1) bezieht sich auf den Betriebszustand mit Betriebskondensator in der Steinmetzschaltung. Abb. 6.5 zeigt die Schaltung eines polumschaltbaren Betriebskondensators mit Dahlander-Wicklung △/YY in Steinmetz-Schaltung. Der Betriebskondensator C_B ist für

Tabelle 6.1
GebräuchlicheStrangschaltungen der DAHLANDER-Wicklungen und die dabei auftretenden Verhältnisse von abgegebener Leistung P_2, Drehmoment M und Luftspaltfluß Φ

Schaltung für die hohe Polpaarzahl $p2$	Schaltung für die niedrige Polpaarzahl $p1$	$\frac{P_2/p2}{P_2/p1}$	$\frac{M/p2}{M/p1}$	$\frac{\hat{\Phi}/p2}{\hat{\Phi}/p1}$
YY	△	0,8···0,9	1,6···1,8	0,95
△	YY	0,6···0,7	1,2···1,4	0,7
Y	YY	0,35···0,4	0,7···0,8	0,8

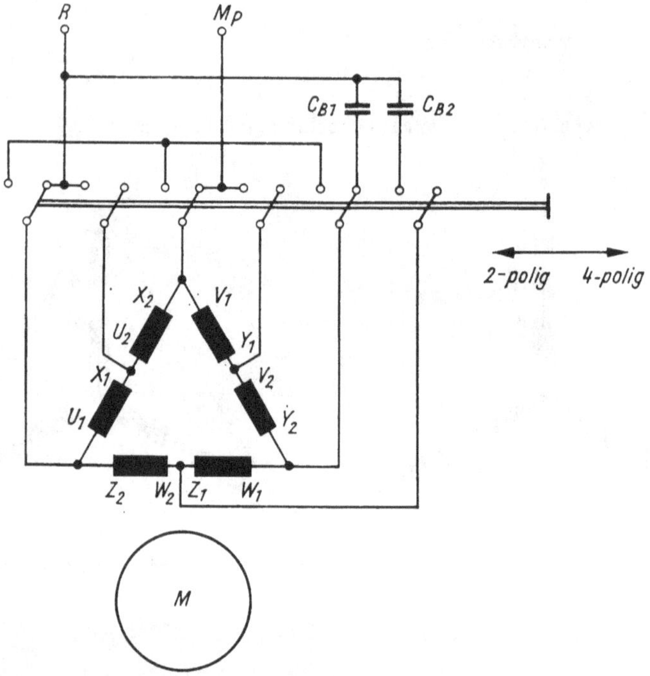

Abb. 6.5. Schaltung eines 2:1 polumschaltbaren Betriebskondensatormotors mit in △/YY geschalteter DAHLANDER-Wicklung

jede Drehzahlstufe gemäß der auftretenden Belastung entsprechend zu dimensionieren.

Im Gegensatz zur Polumschaltung mit zwei getrennten Wicklungen bietet die DAHLANDER-Schaltung den Vorteil der wesentlich besseren Ausnutzung des magnetischen Kreises. Die Ausnutzungsziffer einer normalen Asynchronmaschine wird aber nicht erreicht, da bedingt durch die Wicklungsart verstärkt höhere Harmonische im Feldverlauf auftreten, die zu einer Erhöhung der Verluste sowie zu einer Minderung des Kipp- und Anzugmomentes führen. In vielen Fällen ist es nachteilig, daß mit der DAHLANDER-Schaltung entsprechend dem Polpaarzahlverhältnis nur ein Drehzahlstellverhältnis von 2:1 möglich ist.

Drehzahlstellung durch Frequenzänderung

Gemäß Gl. (6.1) kann die Winkelgeschwindigkeit und damit die Drehzahl der Asynchronmaschine durch Veränderung der Frequenz f_1 des speisenden Netzes verstellt werden. Der prinzipielle Verlauf der Drehzahl-Drehmomenten-Kennlinie bleibt erhalten (Abb. 6.6). Voraussetzung für ein konstantes Kippmoment ist aber, daß die Ständerspannung gemäß Gl. (6.8) proportional mit der Netzfrequenz verstellt wird, da die Kurzschluß-Streureaktanz X_σ eine Funktion der

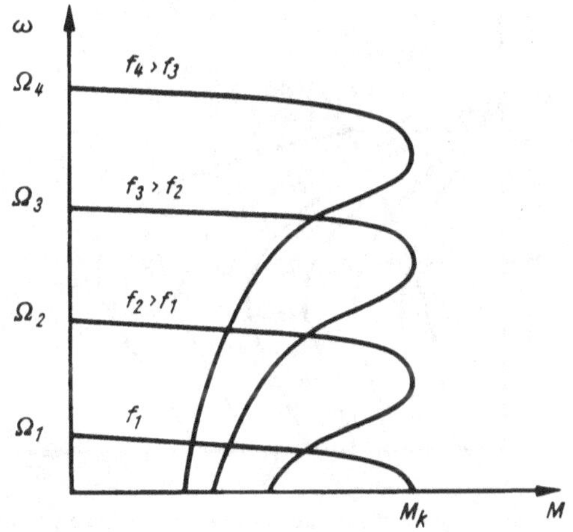

Abb. 6.6. Drehzahl-Drehmomenten-Kennlinien bei kombinierter Frequenz- und Spannungssteuerung

Ständerfrequenz ist. Die Gl. (6.8) ist aber nur unter der Annahme gültig, daß der Strangwiderstand R_1 der Ständerwicklung gegenüber der Streureaktanz vernachlässigbar klein ist. Da diese Voraussetzung bei kleinen Kondensatormotoren und bei tiefen Frequenzen nicht mehr gegeben ist, liefert diese Gleichung nur noch eine qualitative Aussage.

Eine Drehzahlverstellung durch Frequenzänderung wird für kleine Asynchronmotoren selten angewandt. Besteht jedoch die Forderung, so werden fast immer Umrichter- bzw. Wechselrichterschaltungen zur Erzeugung einer Wechselspannung variabler Frequenz und Amplitude auf der Basis steuerbarer Halbleiterbauelemente benutzt. Dabei treten besondere Probleme durch die oberwellenhaltige Ausgangsspannung des Wechselrichters und durch den Blindstrombedarf der Asynchronmaschine auf. Werden von einer Asynchronmaschine Drehzahlen gefordert, die über 3000 min^{-1} liegen, also mit der Netzfrequenz von 50 Hz nicht mehr realisiert werden können, wird der Motor ebenfalls aus einem Wechselrichter gespeist. Diese Form des Antriebs — die stromrichtergespeiste Asynchronmaschine — gewinnt eine zunehmende Bedeutung, da hiermit einmal die Möglichkeit gegeben ist, Drehzahlen zu erreichen, die weit über 20000 min^{-1} liegen und zum anderen können Forderungen, wie sehr hohe Lebensdauer, Wartungsfreiheit und Geräuscharmut erfüllt werden, die mit Kommutatormaschinen auf Grund des Kommutator-Bürsten-Systems nicht erreichbar sind.

6.2.2. Verlustbehaftete Drehzahlstellung

Netzspannungsänderung

In Abb. 6.7 ist die Drehzahl in Abhängigkeit vom Drehmoment für verschiedene Ständerspannungen dargestellt. Mit dem vorgegebenen Verlauf des

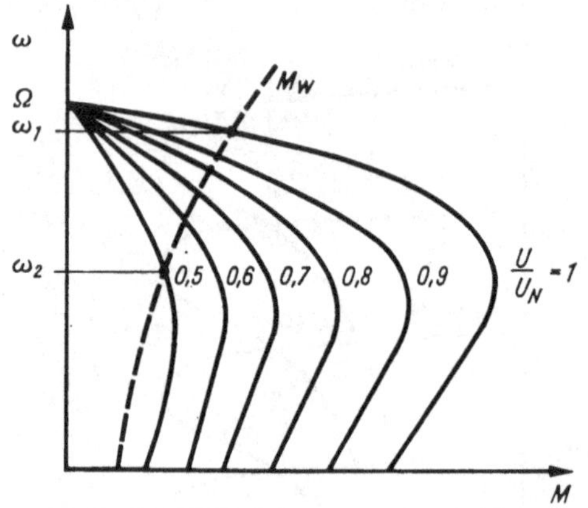

Abb. 6.7. Drehzahl-Drehmomenten-Kennlinien bei Veränderung der Ständerspannung

Widerstandsmomentes kann die Winkelgeschwindigkeit zwischen ω_1 und ω_2 verstellt werden. Charakteristisch ist, daß das Moment einschließlich Kipp- und Anzugsmoment sich näherungsweise quadratisch mit der Ständerspannung ändert, der Kippschlupf aber konstant bleibt (Gl. (6.9)).

Die bei Vernachlässigung der Ständerverluste aufgenommene Wirkleistung P_1 — identisch mit der Drehfeldleistung P_δ — teilt sich auf in die abgegebene mechanische Leistung $P_2 = P_\delta(1 - s)$ und die im Läufer als Verlustleistung anfallende Schlupfleistung $P_{V_2} = P_\delta \cdot s$. Dabei ist die aufgenommene Wirkleistung P_1 proportional dem elektrischen Drehmoment der Maschine, also unabhängig von der Drehzahl. Abb. 6.8 zeigt die Läuferverluste — bezogen auf die aufgenommene Wirkleistung bei Nennmoment — über der Drehzahl für ein quadratisch mit der Drehzahl ansteigendes Widerstandsmoment. Bei $s = 1/3$ ergibt sich ein Maximum der bezogenen Läuferverluste von 14,8%. Legt man zugrunde, daß die Asynchronmaschine mit Käfigläufer bei üblicher Ausführung etwa nur die Läuferverluste bei Nennschlupf (ca. 4 bis 6% der Nennleistung) abführen kann, ergibt sich daraus, daß bei quadratischem Verlauf des Widerstandsmomentes und einem Drehzahlstellbereich von etwa 1:1,5 ein Motor mit etwa 3 bis 4mal so großer Typenleistung eingesetzt werden muß. Wesentlich ungünstiger werden die Verhältnisse, wenn das Widerstandsmoment nahezu unabhängig von der Drehzahl ist (Abb. 6.8). Weiterhin muß berücksichtigt werden, daß außer der von der Drehzahl und dem Widerstandsmoment abhängigen Verluste eine weitere zusätzliche Überdimensionierung zu erfolgen hat, da bei Teildrehzahlen eine geringere Wärmeabführung durch den Eigenlüfter zu verzeichnen ist und bei Veränderung der Speisespannung durch Halbleiterbau-

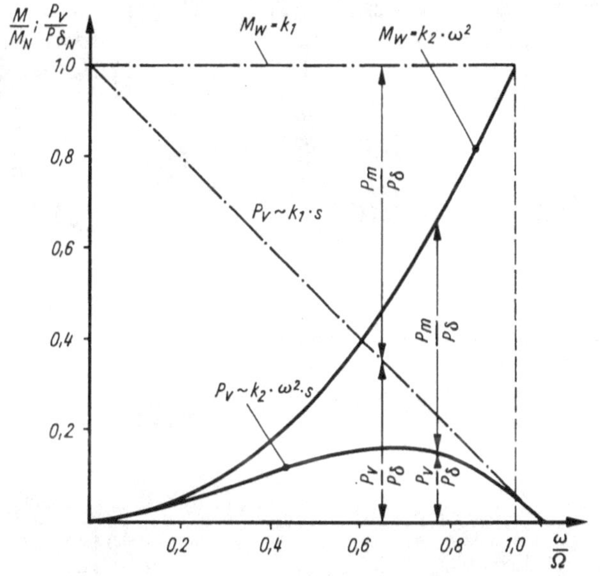

Abb. 6.8. Läuferverluste P_{V2} und abgegebene mechanische Leistung P_2, bezogen auf die aufgenommene Wirkleistung bei Nennmoment, in Abhängigkeit von der Drehzahl bei quadratisch und linear mit der Drehzahl ansteigendem Widerstandsmoment

elemente durch die nichtsinusförmigen Ströme und Spannungen zusätzliche Verluste im Läufer auftreten.

Aus diesen Gründen wird von der Möglichkeit der Drehzahlstellung durch Änderung der Netzspannung nur bei kleinen Antrieben Gebrauch gemacht, und möglichst nur dann, wenn die Arbeitsmaschine eine quadratische Abhängigkeit des Widerstandsmomentes von der Drehzahl besitzt. Gegenüber dem aufwendigen Verfahren der verlustlosen Drehzahlstellung über die Speisefrequenz bietet dieses Verfahren erhebliche ökonomische Vorteile.

Spannungsstellglieder auf der Basis von Halbleiterbauelementen (Wechsel- oder Drehstromsteller) gestatten durch eine Phasenanschnittsteuerung der Netzspannung — verzögerte Freigabe der Motorstränge an die Netzspannung — den Stromflußwinkel in den Motorsträngen und damit das Motormoment zu verändern. Die durch die Zündverzögerung hervorgerufene Verkleinerung des Stromflußwinkels bewirkt eine Reduzierung der Grundschwingung der Strangströme. In Abb. 6.9 ist eine Übersicht der Schaltungsmöglichkeiten zur Dreh-

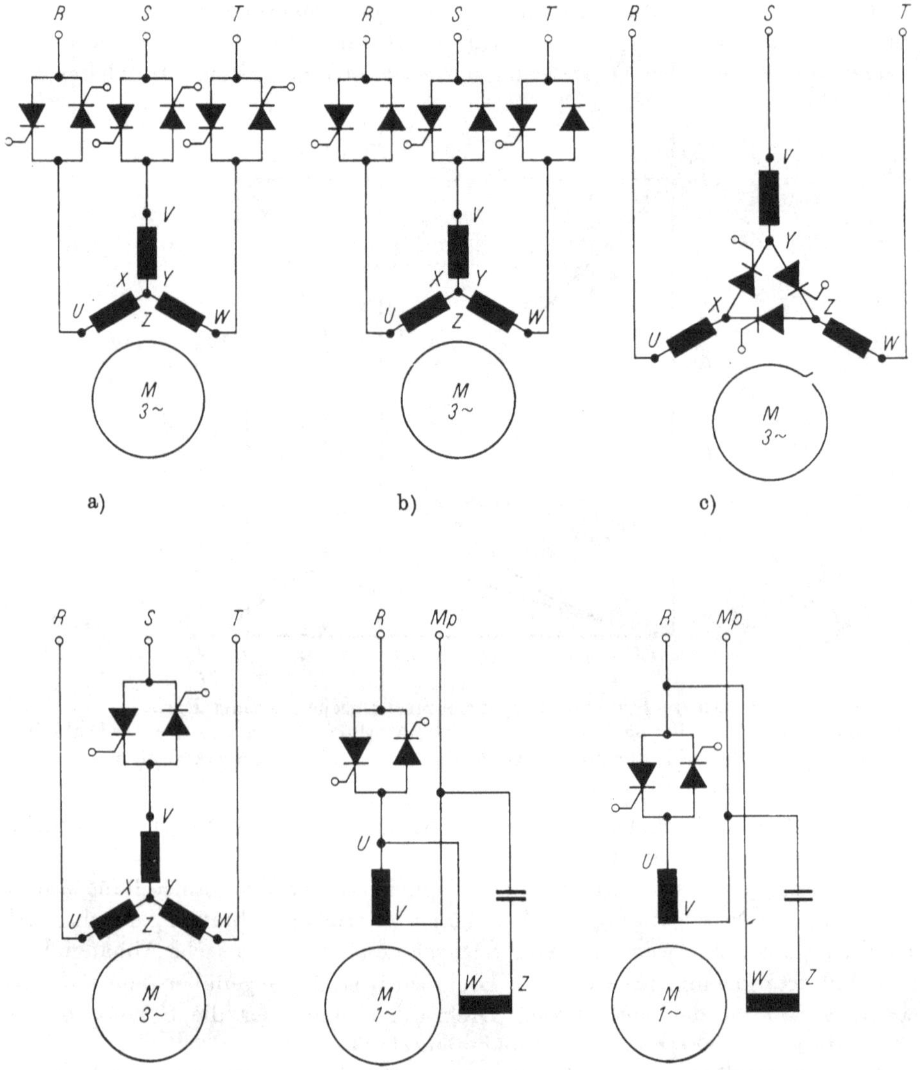

Abb. 6.9. Schaltungsbeispiele zur Drehzahlstellung von drei- und einphasigen Kurzschlußläufermotoren durch Ständerspannungsänderung

zahlverstellung durch Spannungsänderung mittels Drehstrom- bzw. Wechselstromsteller von drei- und einphasigen Kurzschlußläufer-Asynchronmotoren dargestellt. Die Stellglieder bestehen im Prinzip aus antiparallel geschalteten Halbleiterventilen. Dabei ist zu unterscheiden zwischen symmetrischer (Abb. 6.9a, b, c) und unsymmetrischer (Abb. 6.9d), sowie zwischen sechspulsiger (Abb. 6.9a) und dreipulsiger (Abb. 6.9b) Betriebsweise. Bei der dreipulsigen Speisung wird gegenüber der sechspulsigen Schaltungsvariante dem steuerbaren Halbleiterventil ein ungesteuertes Halbleiterventil antiparallel geschaltet, wodurch nur die positive oder negative Halbwelle der Strangspannung gestellt werden kann. Da die jeweils andere Halbwelle nicht beeinflußbar ist, treten Oberwellen und zusätzliche Verluste auf. In der sechspulsigen Schaltung werden beide Halbwellen symmetrisch gesteuert. Bei den asymmetrischen Schaltungsvarianten ergeben sich ebenfalls zusätzliche Verluste durch Oberwellen. Die Spannungssteuerung der Einphasen-Asynchronmaschine mit Kondensator-Hilfsphase kann in der Hauptphase oder vor der Haupt- und Hilfsphase erfolgen.

Um die bei kleineren Drehzahlen im Rotor auftretenden Schlupfverluste in den zulässigen thermischen Grenzen zu halten, ist die Luftspaltleistung und damit gemäß Gl. (6.4) die mechanische Leistung zu reduzieren. Bei dreiphasigem Betrieb mit sinusförmiger Spannungsstellung, bzw. mit einem Transformator, ist es gerechtfertigt, eine Reduzierung des Motormomentes nach der Beziehung

$$M = M_N \cdot \frac{s_N}{s} \tag{6.10}$$

vorzunehmen (Kurve 1 in Abb. 6.10). Damit wird erreicht, daß die Rotorschlupfverluste, wie sie bei Nennmoment und Nennschlupf auftreten, konstant bleiben. Diese Beziehung gilt mit hinreichender Genauigkeit bis zu einem Leistungsbereich von etwa 1,5 kW, obwohl mit einer verminderten Wärmeabgabe selbstbelüfteter Maschinen bei kleiner Drehzahl gerechnet werden muß. Bei nichtsinusförmiger Speisung, wie sie bei der Phasenanschnittsteuerung in Bild 6.9a, b, c und d vorliegt, enthalten Spannung und Strom Oberwellen, deren Spektren vom Steuerwinkel und Arbeitspunkt abhängen. Durch die dabei auftretende zusätzliche Erwärmung muß das Motormoment weiter reduziert werden. In grober Näherung kann das durch einen Korrekturfaktor k erfolgen, Gl. (6.11), der ab einem Schlupf von $s = 0{,}15$ wirksam wird und einen Wert von 0,3 bis 0,8 annimmt, wobei für einen sechspulsigen Steller der größere Wert und für die asymmetrischen Schaltungsvarianten der kleinere Wert einzusetzen ist.

$$M = k \cdot M_N \cdot \frac{s_N}{s}, \qquad k = 0{,}3 \cdots 0{,}8\,. \tag{6.11}$$

Kurve 2 in Abb. 6.10 gilt für eine mit einem dreipulsigen Drehstromsteller betriebenen Asynchronmaschine mit einem Korrekturfaktor $k = 0{,}5$.

Eine geringfügige Vergrößerung des Motormoments kann durch den Einsatz eines Kurzschlußläufers mit erhöhtem Widerstand erzielt werden. In Abb. 6.10, Kurve 3, ist die Grenzkennlinie für Dauerbetrieb für einen Motor mit gegenüber Kurve 2 3fachen Rotorwiderstand dargestellt.

Bei einem Einphasen-Kondensatormotor führt eine Drehzahlstellung aus dem Nennpunkt zwangsläufig zu einem elliptischen Drehfeld, da der Betriebskondensator nur für einen Arbeitspunkt optimiert werden kann. Bei einem mit einem Wechselstromsteller gespeisten Kondensatormotor, Abb. 6.9 e, f, wird die

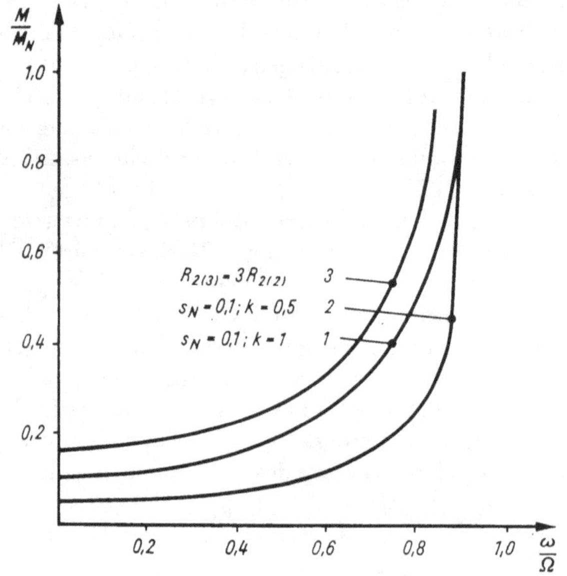

Abb. 6.10. Grenzkennlinien der mechanischen Leistung kleiner Kurzschlußläufermotoren bei Ständerspannungsänderung und Dauerbetrieb; *1* — normaler Kurzschlußläufer bei sinusförmiger Ständerspannungsänderung, 2 — bei Phasenanschnittsteuerung, *3* — Kurzschlußläufer mit vergrößertem Rotorwiderstand

thermische Beanspruchung bei stationärer Drehzahlstellung gegenüber die der symmetrisch gestellten dreisträngigen Asynchronmaschine erheblich ungünstiger, so daß für die Reduzierung des Motormomentes keine allgemein gültige Beziehung angegeben werden kann, da die Maschinenparameter, die gewählte Größe des Kondensators, die Anordnung des Stellgliedes und der Asymmetriegrad des Luftspaltfeldes in Abhängigkeit vom Schlupf zu berücksichtigen sind. Es ist am zweckmäßigsten bei der Drehzahlstellung eines Kondensatormotors durch Messung der Wicklungsübertemperatur eine Grenzkennlinie für den speziellen Antrieb zu ermitteln. Thermisch am gefährdetesten ist der Hauptstrang. Von den beiden in Abb. 6.9 e, f angegebenen Stellvarianten ist die Stellmethode, in der sowohl die Spannung der Haupt- und Hilfsphase gesteuert wird, zu bevorzugen. Bei Anordnung des Spannungsstellers in der Hauptphase ist ein Mindestlastmoment erforderlich, das größer sein muß als das von der Hilfsphase aufgebaute Moment, um eine Drehzahlstellung zu erzielen. Anderenfalls kann es vorkommen, besonders dann, wenn eine Stellung aus dem Leerlauf verlangt wird, daß sich der Kondensatormotor in seiner Drehzahl nicht stellen läßt.

Vorwiderstand im Ständerkreis

Durch ohmsche bzw. induktive Widerstände im Ständerkreis wird gemäß Gl. (6.8) und (6.9) das Kippmoment und der Kippschlupf geändert. In Abb. 6.11 sind für verschiedene Widerstandsverhältnisse die Drehzahl-Drehmomenten-Kennlinien dargestellt. Dieses Verfahren der Drehzahlstellung wird selten und wenn dann hauptsächlich bei Spaltpolmotoren angewandt. Abb. 6.12 zeigt die Schaltung zur Drehzahlstellung eines Spaltpolmotors durch Vorschaltwider-

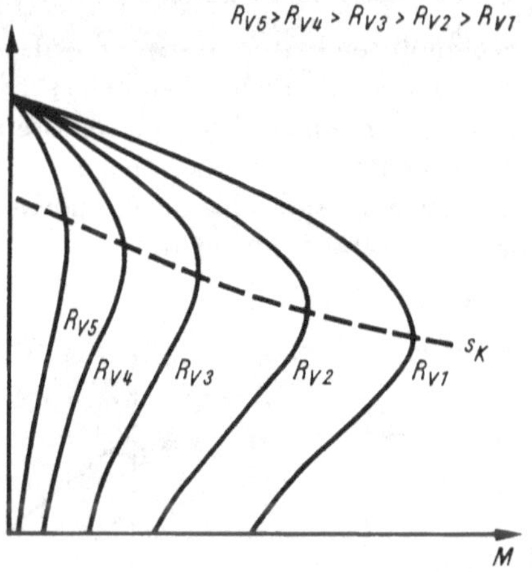

Abb. 6.11. Drehzahl-Drehmomenten-Kennlinien bei Einschaltung von Widerständen in den Ständerkreis

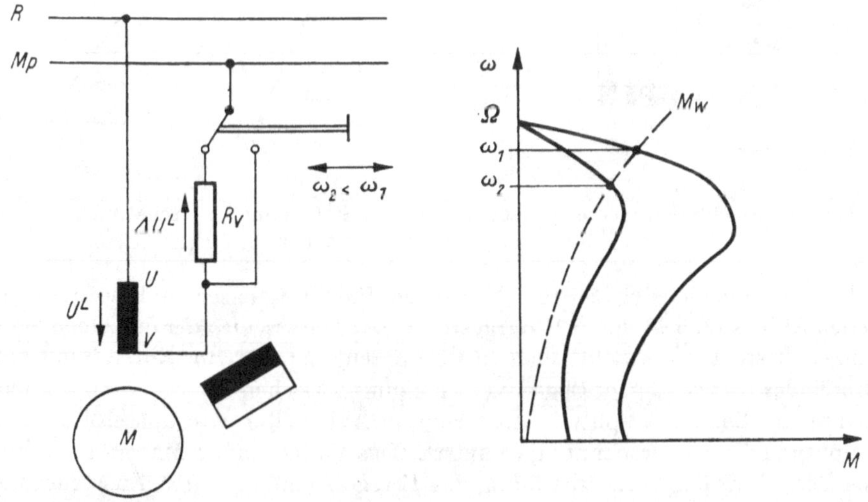

a) b)

Abb. 6.12. Drehzahlstellung eines Spaltpolmotors durch Vorschaltwiderstand; a) Schaltung, b) Drehzahl-Drehmomenten-Kennlinien

stand und die dazugehörigen Kennlinien. Der Spannungsabfall am Vorwiderstand setzt die an der Ständerwicklung wirksame Spannung herab. Da näherungsweise quadratisch mit dem Absinken der Ständerspannung auch das Anlaufmoment herabgesetzt wird, ist besonders bei Spaltpolmotoren den Anlaufverhältnissen besondere Beachtung zu schenken. Aus diesem Grunde ist das Verfahren auch nur für Antriebe geeignet, deren Arbeitsmaschine ein quadratisch mit der Drehzahl ansteigendes Moment aufweist.

Drehzahlstellung der Zweiphasen-Stellmotoren

Die Aufgabe von Stellmotoren besteht darin, in Anlagen der Regelungstechnik elektrische Signale in eine äquivalente Winkelgeschwindigkeit umzuformen. Eine der Hauptforderung an einen Zweiphasen-Stellmotor, eine annähernd lineare Drehzahl-Drehmomenten-Kennlinie, wird in der Regel durch Kurzschlußläufer mit hohem Läuferwiderstand oder durch glockenförmige Läufer aus unmagnetischem Material (Ferrarisläufer) erfüllt.

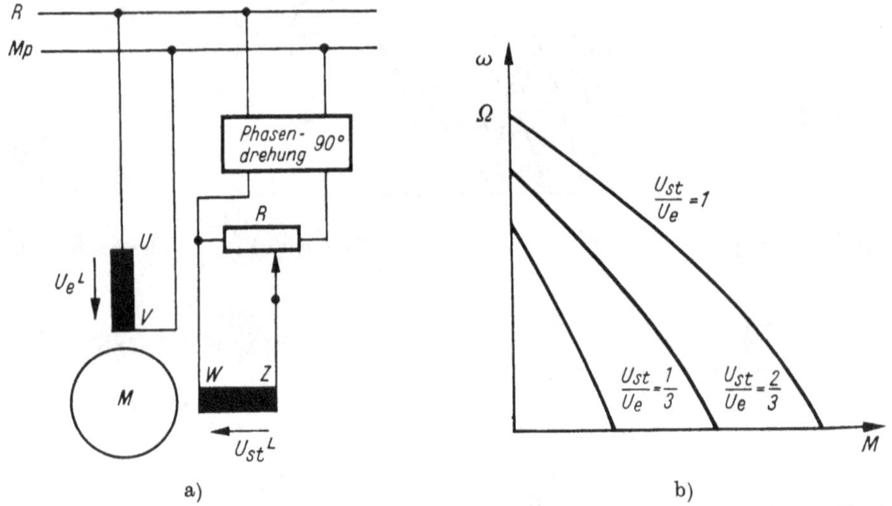

a) b)

Abb. 6.13. Amplitudensteuerung eines Zweiphasen-Stellmotors; a) Schaltung, b) Drehzahl-Drehmomenten-Kennlinien

Die gebräuchlichsten Steuerschaltungen für Zweiphasen-Stellmotoren sind in den Abb. 6.13, 6.14 und 6.15 dargestellt. Der Unterschied der einzelnen Schaltungen besteht im wesentlichen in der Erzeugung der zur Entstehung eines Drehfeldes notwendigen Phasenverschiebung zwischen Erreger- und Steuerspannung. Bei der Amplitudensteuerung in Abb. 6.13a wird ausschließlich die Amplitude der Steuerspannung geändert. Das Verhalten des Motors wird durch das Verhältnis der Steuerspannung zur Erregerspannung, dem Aussteuerungsgrad, bestimmt (Abb. 6.13b). Zwischen der Erreger- und Steuerspannung besteht unabhängig vom Betriebszustand des Motors eine konstante Phasenverschiebung von 90°. Nur bei Gleichheit der Amplitude von Steuer- und Erreger-

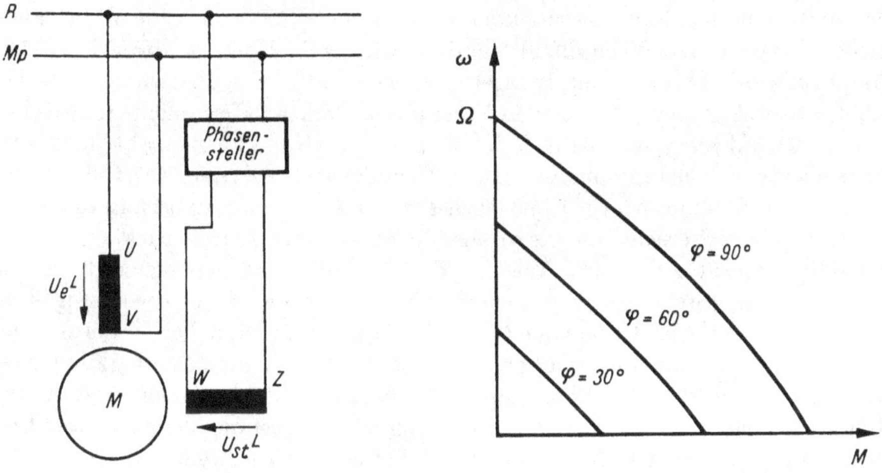

a) b)

Abb. 6.14. Phasensteuerung eines Zweiphasen-Stellmotors; a) Schaltung, b) Drehzahl-Dremomenten-Kennlinien

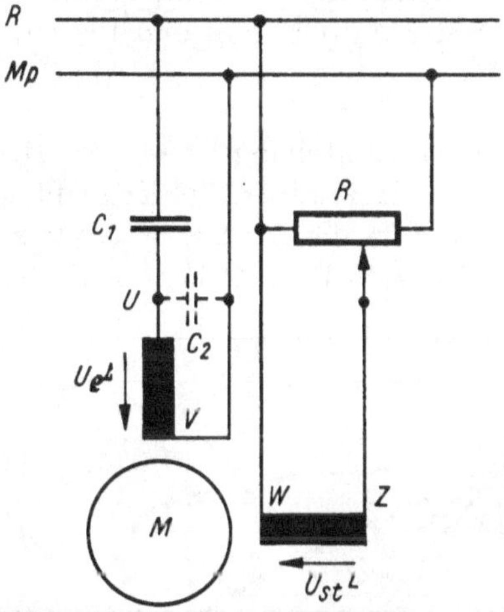

Bild 6.15. Steuerschaltung mit Kondensatorbetrieb eines Zweiphasen-Stellmotors

spannung wird ein Kreisdrehfeld, anderenfalls ein elliptisches Drehfeld, erzeugt. Bei der Amplitudensteuerung ändert sich die Neigung der Drehzahl-Drehmomenten-Kennlinien stark mit dem Aussteuerungsgrad, da sich die Leerlaufdrehzahl nicht proportional mit dem Amplitudenverhältnis ändert.

Bei der Phasensteuerung (Abb. 6.14) wird mittels eines Phasenstellers der Phasenwinkel φ zwischen der Steuerspannung und der Netzspannung und damit gegenüber der Erregerspannung im Bereich 0 bis 90° verschoben (bei Reversierbetrieb zwischen $-90°$ bis $+90°$). Bei $\varphi = \pm 90°$ wird ein Kreisdrehfeld, anderenfalls ein elliptisches Drehfeld erzeugt. Bei $\varphi = 0°$ sind beide Wicklungen gleichphasig erregt (Wechselfeld), und es wird kein Moment abgegeben. Die Amplitude der Steuer- und Erregerwicklung ist für alle Phasenlagen gleich. Abb. 6.14b zeigt den prinzipiellen Verlauf der Drehzahl-Drehmomenten-Kennlinien. Charakteristisch ist, daß die Neigung der Kennlinien unabhängig vom Phasenwinkel konstant bleibt. Beim Kondensator-Betrieb (Abb. 6.15) des Zweiphasen-Stellmotors wird im Gegensatz zur Amplitudensteuerung die erforderliche Phasenverschiebung zwischen Steuer- und Erregerwicklung durch einen Kondensator erzeugt. Wie bei der Amplitudensteuerung wird nur die Amplitude der Steuerspannung verändert und die der Erregerwicklung konstant gehalten. Der Unterschied besteht aber darin, daß bei Änderung der Steuerspannung oder des Widerstandmomentes durch die Rückwirkung über den Läuferkreis sich der Erregerstrom in Betrag und Phasenlage ändert und damit die Spannung an der Erregerwicklung nicht konstant bleibt. Dieser Einfluß kann durch einen Kondensator parallel zur Erregerwicklung (Abb. 6.15) in gewissen Grenzen kompensiert werden. Auf Grund der relativ einfachen Erzeugung der Phasenverschiebung wird die Steuerschaltung mit Kondensatorbetrieb am häufigsten angewendet. Die Drehzahl-Drehmomenten-Kennlinien werden durch die Kondensator- und Maschinengröße bestimmt, und der Verlauf wird zwischen denen der Amplituden- und Phasensteuerung liegen.

Zusatzwiderstand im Läuferkreis

Dieses Verfahren der Drehzahlstellung ist nur für Drehstrom-Asynchronmaschinen mit Schleifringläufer anwendbar, für Kleinantriebe also bedeutungslos. Zur Drehzahlstellung werden in die Läuferkreise ohmsche Widerstände eingeschaltet und damit die Drehzahl-Drehmomenten-Kennlinien (Abb. 6.16) ver-

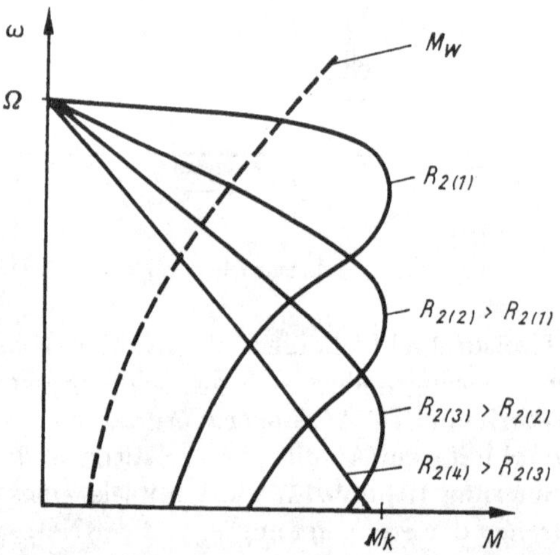

Abb. 6.16. Drehzahl-Drehmomenten-Kennlinien bei Vergrößerung des Wirkwiderstandes der Läuferwicklung

ändert. Charakteristisch ist, daß durch die Vergrößerung des Läuferwiderstandes, das Kippmoment erhalten bleibt, der Kippschlupf aber erhöht wird. Der Vorteil dieses Verfahrens zur Drehzahlstellung besteht darin, daß die durch Einschalten der Zusatzwiderstände im Läuferkreis anfallende Schlupfleistung in den Widerständen in Form von Stromwärme umgesetzt wird. Die Reduzierung des Motormomentes wird also nur durch die bei niederen Drehzahlen verringerte Kühlung bestimmt.

6.3. Anlassen der Asynchronmaschine

Bei kleinen Asynchronmaschinen ist das direkte Einschalten die einfachste und fast ausschließlich verwendete Anlaßmethode. Das Verhältnis Anlaßstrom zum Motornennstrom beträgt bei dreiphasigen Asynchronmotoren mit Kurzschlußläufer etwa 4 bis 8. Der größere Wert wird von Maschinen erreicht, deren Läuferwicklung eine Rundstabwicklung aufweisen, während die kleineren Werte für Wicklungen mit Trapez- oder Doppelstabwicklungen, die jedoch bei Kleinmaschinen selten angewendet werden, Gültigkeit haben.

Eine Anlaßstromreduzierung kann im einfachsten Fall für Drehstrom-Asynchronmotoren durch die Stern-Dreieck-Schaltung realisiert werden. Die Ständerwicklung, die für die verkettete Spannung ausgelegt sein muß, wird im Anlauf in Stern und nach Beendigung des Hochlaufs in Dreieck an das Netz geschaltet (Abb. 6.17). Im Anlauf erhält jeder Strang den $1/\sqrt{3}$ fachen Wert

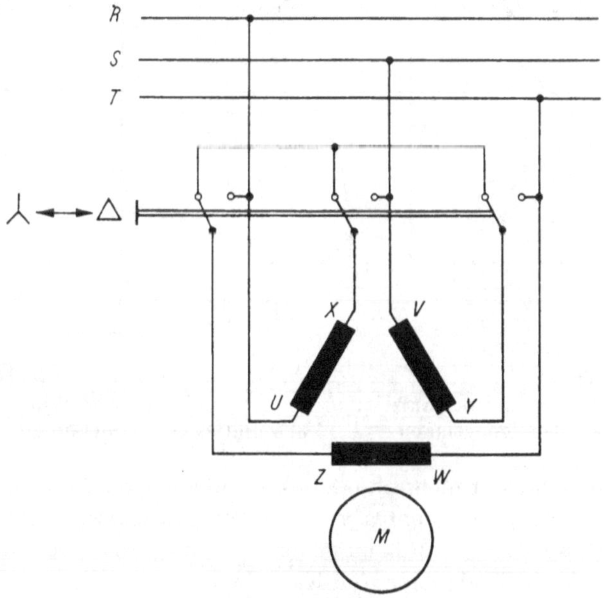

Bild 6.17. Stern-Dreieck-Schaltung eines Drehstrom-Asynchronmotors

seiner Nennspannung, so daß der Anlaßstrom und zangsläufig auch das Anlaufmoment auf ein Drittel des normalen Wertes zurückgehen (Abb. 6.18).

Eine Anlaufstrombegrenzung bei Einphasen-Kondensatormotoren ist nicht üblich, da dann das ohnehin schon geringe Anlaufmoment weiter reduziert wird. Die Berechnung der Hochlaufzeit und die Ermittlung der Zeitfunktion der

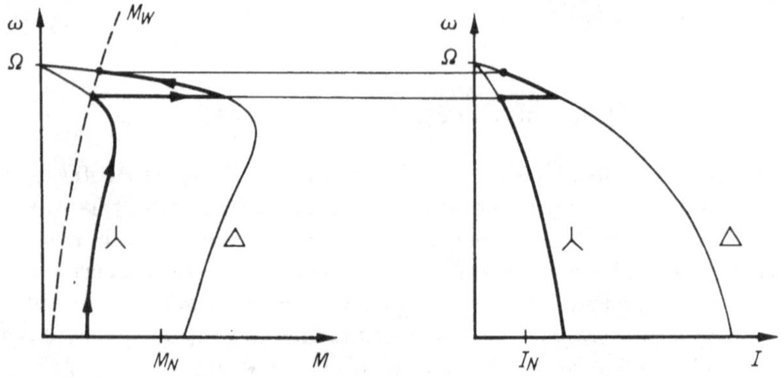

Abb. 6.18. Verlauf des Motormomentes und des Ständerstromes während des Hochlaufs bei der Stern-Dreieck-Schaltung

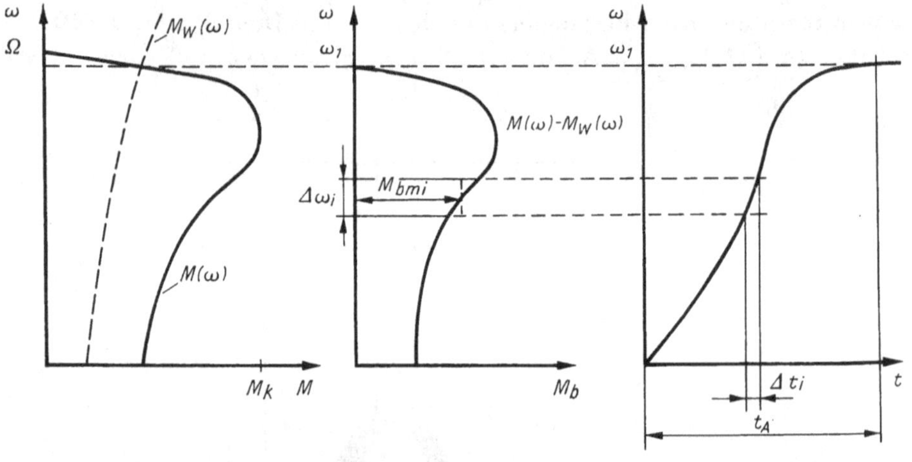

a) b) c)

Abb. 6.19. Ermittlung der Hochlaufzeit; a) Verlauf von Motor- und Widerstandsmoment, b) Verlauf des Beschleunigungsmomentes, c) abschnittsweise Ermittlung der Hochlaufzeit

Winkelgeschwindigkeit ist nicht ohne weiteres möglich, da die Abhängigkeit des Motor- und Widerstandsmomentes von der Winkelgeschwindigkeit mathematisch schwer erfaßbar ist. Man benutzt deshalb ein grafisch-rechnerisches Verfahren. Die Drehzahl-Drehmomenten-Kennlinie wird zu diesem Zweck in eine Treppenkurve mit Abschnitten konstanter Momente angenähert (Abb. 6.19).

Aus der Bewegungsgleichung des Antriebs (Gl. (4.1)) erhält man das Beschleunigungsmoment

$$M_b = J \frac{d\omega}{dt} = M - M_w .$$

Für die gewählten Intervalle der Winkelgeschwindigkeit ergibt sich beim Übergang vom Differential- zum Differenzenquotienten für die Hochlaufzeit des Intervalls

$$\Delta t_i = J \frac{\Delta \omega_i}{M_{bmi}} .$$

Die Summation der einzelnen Intervallzeiten des Hochlaufvorgangs liefert die gesamte Hochlaufzeit t_A des Antriebs

$$t_A = \sum \Delta t_i .$$

Die Aneinanderreihung der den entsprechenden Hochlaufzeiten zugeordneten Drehzahl ergibt die Abhängigkeit der Winkelgeschwindigkeit von der Zeit (Abb. 6.19c).

6.4. Bremsen der Asynchronmaschine

6.4.1. Übersynchrone Bremsung

Eine übersynchrone Bremsung liegt dann vor, wenn die die Ständerwicklung speisende Netzfrequenz herabgesetzt wird. In diesem Falle arbeitet die Asynchronmaschine im generatorischen Betrieb, d. h., sie nimmt mechanische Energie auf und liefert elektrische in das Netz zurück. Die Maschine wird vom Arbeitspunkt P_1 soweit abgebremst bis sich zwischen der Drehzahl-Drehmomenten-Kennlinie der niederen Frequenz, Kurve II, und dem Widerstandsmoment M_w ein neuer stabiler Arbeitspunkt P_2 einstellt. Die gleichen Verhältnisse liegen bei der Polumschaltung von der höheren Drehzahl zur niederen vor. In Abb. 6.20 ist die übersynchrone Bremsung am Beispiel der Polumschaltung dargestellt. Wirkt die Arbeitsmaschine in Sonderfällen von sich aus antreibend, tritt beim Überschreiten der synchronen Drehzahl eine Bremswirkung ein, da dann die Asynchronmaschine im generatorischen Betrieb arbeitet. Es stellt sich der stabile Arbeitspunkt P_3 ein. Wird bei der übersynchronen Bremsung die Netzfrequenz soweit herabgesetzt, beispielsweise bei Wechselrichterspeisung, daß die Netzfrequenz Null wird, d. h., die Ständerwicklung wird von einem Gleichstrom durchflossen, tritt der Fall der Gleichstrombremsung ein.

6.4.2. Gleichstrombremsung

Wird die Ständerwicklung der Asynchronmaschine vom Netz getrennt und an eine Gleichspannungsquelle angeschlossen, verhält sich die Maschine wie ein Drehstromgenerator. Durch das in der Maschine aufgebaute Gleichfeld wird in

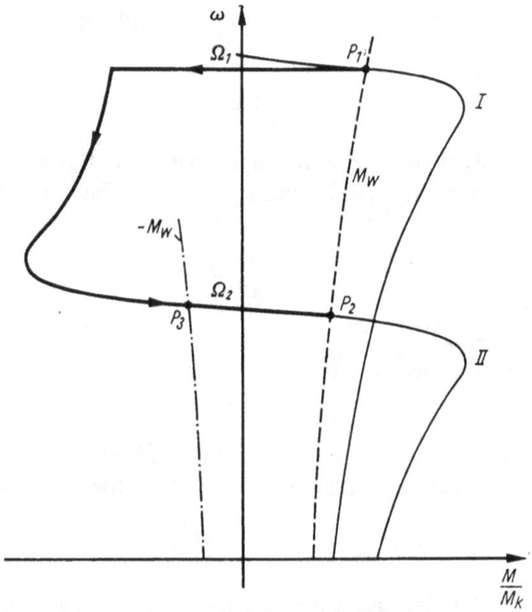

Abb. 6.20. Übersynchrone Bremsung am Beispiel eines polumschaltbaren Asynchronmotors

der kurzgeschlossenen Läuferwicklung eine Rotationsspannung induziert, die einen Läuferstrom antreibt, und gemäß Gl. (1.16) entsteht dann ein Moment, das als Bremsmoment wirksam wird. Die Gleichstrombremsung wird bei kleinen Asynchronmaschinen, die ausschließlich mit Kurzschlußwicklungen im Läufer ausgeführt sind, selten angewandt, da das maximale Bremsmoment erst bei sehr niedrigen Drehzahlen erreicht wird. In der Nähe der Betriebsdrehzahl ist das

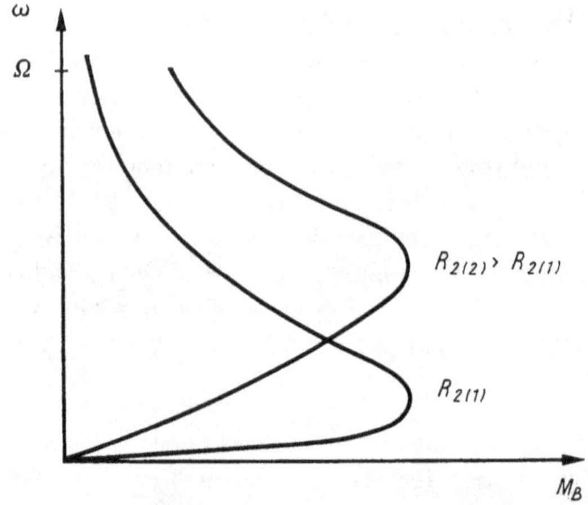

Abb. 6.21. Verlauf des Bremsmomentes bei der Gleichstrombremsung eines Kurzschlußläufermotors für zwei verschiedene Läuferwiderstände

Bremsmoment sehr gering und im Stillstand wird es Null. Eine Verbesserung der Bremswirkung kann erreicht werden, indem man für die Käfigwicklung ein Material mit größerem spezifischen Widerstand verwendet (Abb. 6.21).

6.4.3. Gegenstrombremsung

Die Gegenstrombremsung stellt das am häufigsten verwendete Verfahren zum Abbremsen von Asynchronmaschinen dar. Zum Abbremsen des Antriebs werden bei dreiphasigem Betrieb zwei Zuleitungen der Ständerwicklung umgetauscht (Abb. 6.22). Durch diese Maßnahme wird die Drehrichtung des Dreh-

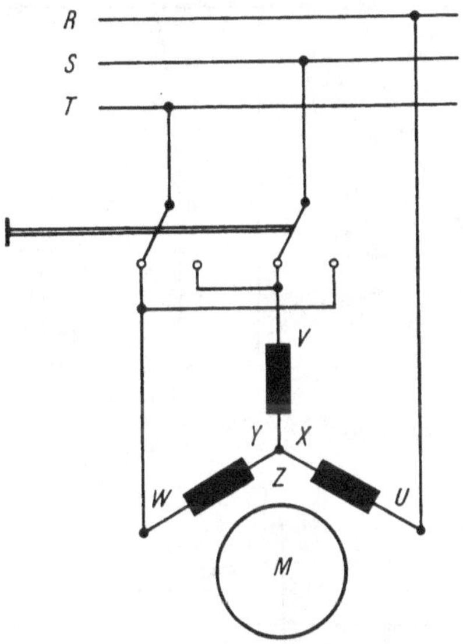

Abb. 6.22. Gegenstrombrems- bzw. Reversierschaltung eines Drehstrom-Asynchronmotors

feldes umgekehrt, so daß die Maschine im Gegenstrombremsbereich bei Schlupfwerten $s > 1$ arbeitet und elektrische Energie aus dem Netz sowie mechanische über die Welle bezieht (Abb. 3.4). Der Läufer bewegt sich zunächst gegen die Richtung des Drehfeldes, er wird abgebremst und läuft nach Umkehr seiner Drehrichtung in Richtung des Drehfeldes (Motorbetrieb in Gegendrehrichtung) zum Arbeitspunkt P_2 hoch (Abb. 6.23). Um den Hochlauf in die Gegendrehrichtung zu verhindern, muß der Motor kurz vor dem Stillstand vom Netz getrennt werden.

Die Bremszeit sowie der Verlauf der Winkelgeschwindigkeit in Abhängigkeit der Zeit lassen sich mit Hilfe des in Abschnitt 6.3. dargestellten grafisch-rechnerischen Verfahrens ermitteln.

Während die Gegenstrombremsung bei dreiphasig gespeisten Asynchronmaschinen ohne weiteres möglich ist, kann dieses Verfahren bei Einphasen-Kondensatormotoren nicht in jedem Falle angewendet werden. Die Voraussetzung ist, daß im Gegenstrombremsbereich, $s > 1$, kein negatives Bremsmoment (Mo-

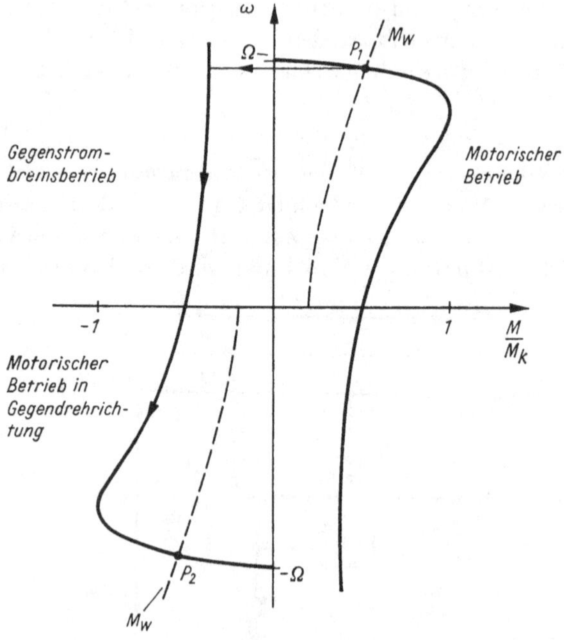

Abb. 6.23. Gegenstrombremsung bzw. Reversieren eines Asynchronmotors

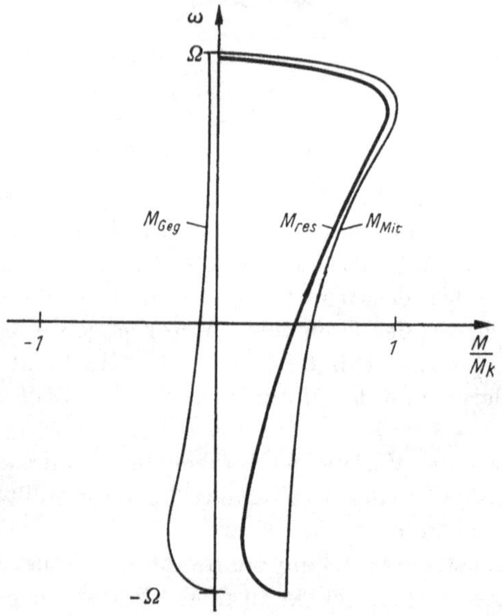

Abb. 6.24. Verlauf des resultierenden Dremomentes eines Einphasen-Betriebskondensatormotors, gebildet aus dem Drehmoment des Mit- und des Gegendrehfeldes

tormoment) auftritt. Außerhalb des normalen Arbeitspunktes weisen die Einphasen-Kondensatormotoren ein ausgeprägtes elliptisches Drehfeld auf, das sich gemäß Abschnitt 1.3.3. in zwei gegenläufig rotierende Drehfelder zerlegen läßt. Das resultierende Moment setzt sich aus dem Moment, das durch das Mitdrehfeld, und aus dem Moment, das durch das Gegendrehfeld gebildet wird, zusammen (Abb. 6.24). Das Moment des Gegendrehfeldes erreicht im Bremsbereich ($1 < s < 2$; bzw. $0 > \omega > -\Omega$) sein Maximum. Die Folge davon ist, daß

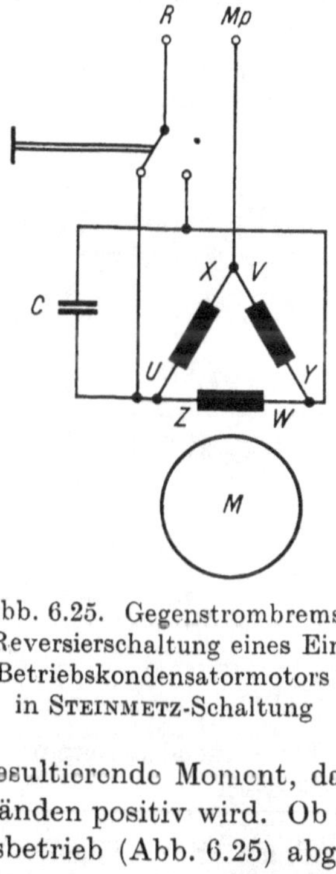

Abb. 6.25. Gegenstrombrems- bzw. Reversierschaltung eines Einphasen-Betriebskondensatormotors in STEINMETZ-Schaltung

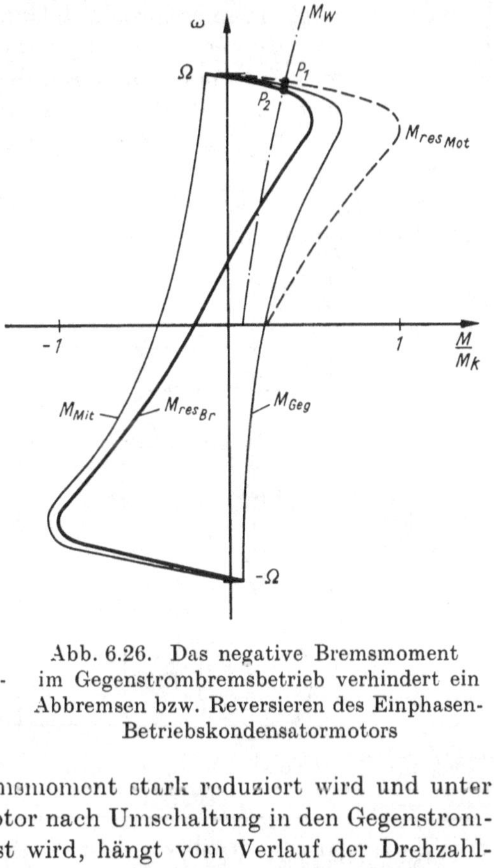

Abb. 6.26. Das negative Bremsmoment im Gegenstrombremsbetrieb verhindert ein Abbremsen bzw. Reversieren des Einphasen-Betriebskondensatormotors

das resultierende Moment, das Bremsmoment stark reduziert wird und unter Umständen positiv wird. Ob der Motor nach Umschaltung in den Gegenstrombremsbetrieb (Abb. 6.25) abgebremst wird, hängt vom Verlauf der Drehzahl-Drehmomenten-Kennlinie im Bremsbereich ab. Die negativen Bremsmomente des Motors in Abb. 6.26 werden den Motor nach Umschalten der Phasenfolge in seiner alten Drehrichtung im Arbeitspunkt P_2 weiter antreiben. Da der Verlauf des Bremsmomentes bei Einphasen-Kondensatormotoren im wesentlichen von der Leistung bestimmt wird, ist ein positiver Verlauf des Bremsmomentes nur bei Motoren kleiner Abgabeleistungen (etwa unter 30 W) zu erwarten. Etwas günstiger liegen die Verhältnisse beim Kondensatormotor mit Anlaßkondensator, der in der Regel stets ein positives Bremsmoment aufweist. Da bei Kurzschlußläufermotoren die gesamte Bremsenergie in der Maschine in Form von

Wärme umgesetzt wird, ist bei Anwendung der Gegenstrombremsung zu untersuchen, inwieweit der Motor thermisch überlastet wird.

6.5. Reversieren der Asynchronmaschine

Der Reversiervorgang einer Asynchronmaschine wird durch Vertauschen der Phasenfolge — Drehrichtungsumkehr des Drehfeldes — durchgeführt. Nach Abbremsung im Gegenstrombremsbereich läuft der Motor in Richtung des Arbeitspunktes P_2 in der Gegendrehrichtung hoch (Abb. 6.23). Beim Reversieren von Einphasen-Kondensatormotoren treten die gleichen Probleme wie im Gegenstrombremsbetrieb auf. Bei häufigem Reversieren ist in jedem Falle zu untersuchen, ob die im Motor entwickelte Brems- und Anlaufwärme sicher abgeführt werden kann.

Eine Drehrichtungsumkehr aus dem Stillstand ist bei allen zwei- und dreisträngigen Asynchronmotoren mit Ausnahme des Spaltpolmotors möglich. Die

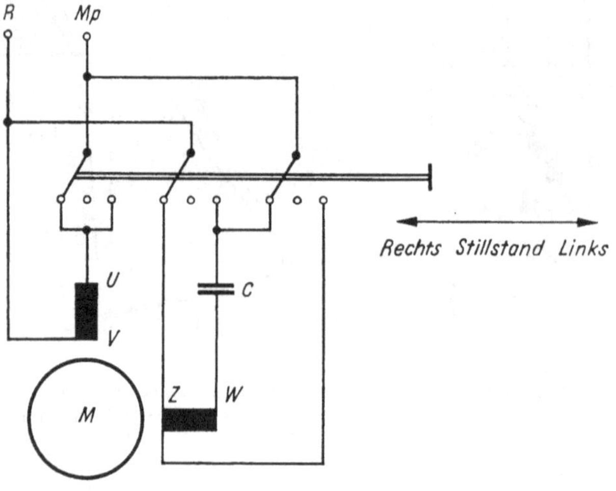

Abb. 6.27. Reversierschaltung eines zweisträngigen Betriebskondensatormotors mit verschiedenen Wicklungssträngen

Drehrichtung des Spaltpolmotors ist durch die räumliche Anordnung des Spaltpols zum Hauptpol festgelegt. Bei der Drehrichtungsumkehr von zweisträngigen Betriebskondensatormotoren mit unterschiedlichen Wicklungssträngen (verschiedene Windungszahlen) ist sowohl die Phasenfolge des Haupt- als auch des Hilfsstranges umzukehren (Abb. 6.27). Bei Motoren mit gleichen Wicklungssträngen (symmetrischer Wicklungsaufbau) wird die Funktion von Haupt- und Hilfsstrang vertauscht (Abb. 6.28). Da bei Kurzschlußläufermotoren die gesamte Bremsenergie in der Maschine in Wärme umgesetzt wird, ist besonders bei häufigem Reversieren zu untersuchen, inwieweit der Motor thermisch überlastet wird.

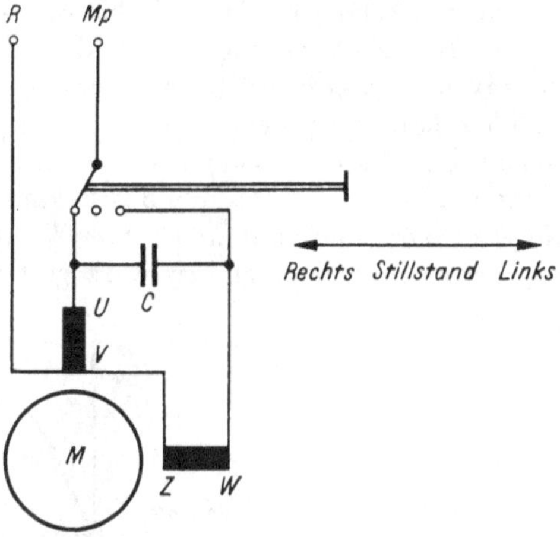

Abb. 6.28. Reversierschaltung eines zweisträngigen Betriebskondensatormotors mit gleichen Wicklungssträngen

6.6. Das Betriebsverhalten der Synchronmaschine

Die Winkelgeschwindigkeit des Synchronmotors, einschließlich dessen Sonderbauformen wie Hysterese- und Reluktanzmotor, wird durch das im Ständer umlaufende Drehfeld bestimmt. Sie ist von Spannungs- und Belastungsschwankungen unabhängig und wird durch die Frequenz f_1 des speisenden Netzes sowie der Polpaarzahl p der Maschine festgelegt. Die Synchrongeschwindigkeit ergibt sich zu: $\Omega = \frac{f_1}{p} \cdot 2\pi$. Unter Vernachlässigung der Verluste ergibt sich gemäß Gl. (1.64) für eine m-phasige Wicklung für das Drehmoment der Vollpolmaschine, die durch einen konstanten magnetischen Leitwert am Umfang gekennzeichnet ist, folgende Beziehung:

$$M = \frac{m}{\Omega} \cdot I \cdot E_p \cdot \sin \delta .$$

Bei einem Polradwinkel $\delta = \frac{\pi}{2}$ entwickelt der permanenterregte Synchronmotor sein größtes Drehmoment, das sogenannte Kippmoment M_K. Wird das Widerstandsmoment größer als das Kippmoment fällt der Synchronmotor außer Tritt. In Abb. 6.29 sind die stationären Kennlinien des Synchron-Vollpolmotors, $\omega = f(M)$ und $\frac{M}{M_K} = f(\delta)$, dargestellt. Kennzeichnend für die Synchronmaschine ist, daß bei Belastung das Motormoment bestrebt ist, den Polradwinkel zu verkleinern, d. h., das Polrad in die Lage zu bringen, die es bei völlig unbelasteter Maschine, also im ideellen Leerlauf, einnehmen würde. In diesem Falle ist der Polradwinkel $\delta = 0$. Mit seiner rotierenden Masse stellt die Synchronmaschine in schwingungstechnischer Hinsicht ein drehschwingungsfähiges Feder-Masse-System dar. Bei Laständerungen wird also das Polrad verzögert bzw. beschleunigt, so daß niederfrequente Drehschwingungen auftreten. Wie schon im Abschnitt 1.3.3. erläutert wurde, entsteht bei den üblichen Verfahren der einphasigen Speisung der Ständerwicklung ein elliptisches Drehfeld, das dadurch gekennzeichnet ist, daß die Amplitude des Feldmaximums innerhalb einer Periode der Netzfrequenz nicht mit konstanter Winkelgeschwindigkeit umläuft, sondern abwechselnd beschleunigt bzw. verzögert wird. Das hat zur

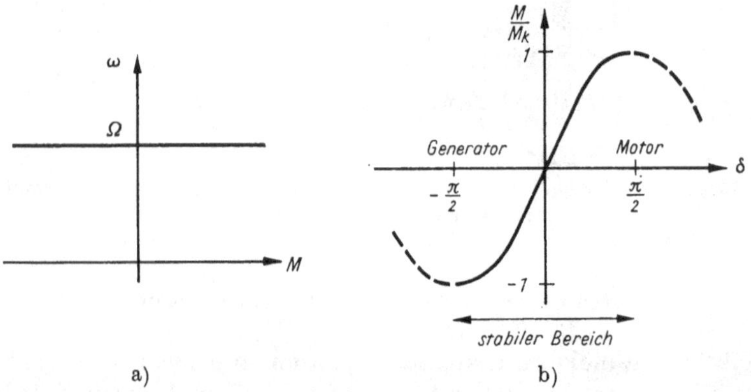

Abb. 6.29. Stationäre Kennlinien der Synchron-Vollpolmaschine; a) Drehzahl-Drehmomentenkennlinie, b) Synchronmoment als Funktion des Polradwinkels

Folge, daß auch das Polrad nicht mehr mit konstanter Geschwindigkeit umläuft und niederfrequente Pendelschwingungen auftreten. Bei sehr hohen Ansprüchen an eine konstante Winkelgeschwindigkeit, wie sie z. B. in der Meßtechnik oder speziell bei Tonträgerantrieben notwendig sind, wirken sich die niederfrequenten Pendelschwingungen erheblich unangenehmer (Tonhöhenschwankungen bei Tonträgerantrieben) aus als z. B. Pendelschwingungen der doppelten Netzfrequenz, die durch Feldoberwellen entstehen.

Für den Sonderfall der unerregten Synchronmaschine mit ausgeprägten Polen — der magnetische Leitwert schwankt zwischen λ_{min} und λ_{max} — entsteht infolge der Unsymmetrie des Polrades das sogenannte Reluktanz- oder Reaktionsmoment. Gegenüber dem Synchronmoment ist das Reluktanzmoment eine Funktion des doppelten Polradwinkels und von der Erregung unabhängig. In Abb. 6.30 ist der Verlauf beider Momente in Abhängigkeit vom Polradwinkel dargestellt.

Das Betriebsverhalten des Reluktanzmotors ist durch zwei Betriebszustände gekennzeichnet. Im Anlauf verhält sich dieser Motor wie ein normaler Asynchronmotor mit Käfigläufer und nach Erreichen der synchronen Drehzahl wie eine Schenkelpol-Synchronmaschine ohne Gleichstromerregung. Es werden deshalb zwei Drehmomente wirksam. Im asynchronen Bereich (Anlauf) entwickelt der Reluktanzmotor ein asynchrones Drehmoment. Infolge der periodischen Leitwertschwankungen durch den genuteten Läufer treten im asynchronen Lauf Bremsmomente auf, wodurch sich eine stärker geneigte Drehzahl-Drehmomenten-Kennlinie, ähnlich der eines Asynchronmotors mit vergrößertem Widerstand der Käfigwicklung, ergibt. Bei der synchronen Drehzahl wird dann das Reluktanz- oder Reaktionsmoment wie es bei der nicht erregten Synchron-Schenkelpolmaschine auftritt, entwickelt. Durch das synchrone Drehmoment wird der Läufer aus dem asynchronen Bereich in den Synchronismus hineingezogen. Dieser dynamische Bewegungsvorgang ist abhängig von der Größe des synchronen Drehmomentes, das der Motor entwickeln muß um den Läufer

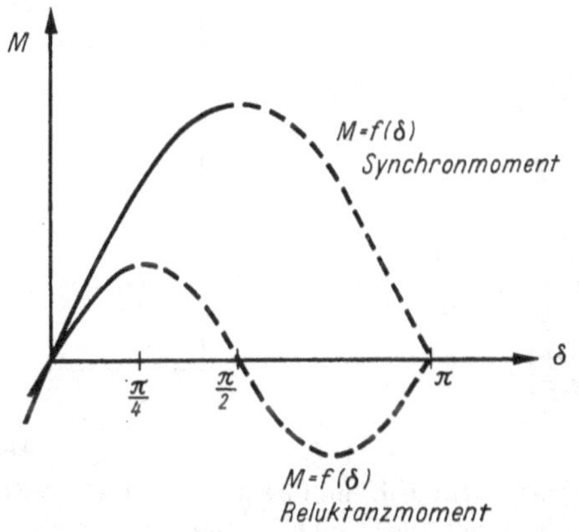

Abb. 6.30. Synchronmoment und Reluktanzmoment als Funktion des Polradwinkels

zu beschleunigen und auch von dem Massenträgheitsmoment der zu beschleunigenden Massen (Trägheitsmoment des Läufers sowie das Trägerheitsmoment des gekuppelten Antriebs). Um den Antrieb sicher auf die synchrone Drehzahl zu beschleunigen, darf das Trägheitsmoment der Arbeitsmaschine eine bestimmte Größe, die abhängig ist von der Typenleistung des Reluktanzmotors, nicht überschreiten. Besonders bei einphasiger Speisung sind die Synchronisierungsbedingungen sorgfältig zu analysieren, d. h., es muß eine genaue Ermittlung der Massenträgheitsmomente des gesamten Antriebs vorgenommen werden, sowie die Größe des Synchronmomentes bei Unterspannung bestimmt werden. Da bei einphasiger Speisung im synchronen Lauf in der Regel nur ein elliptisches Drehfeld vorhanden ist, überlagern sich dem zeitlich konstanten Synchronmoment Pendelmomente doppelter Netzfrequenz, die zu einer Verminderung des Synchronmomentes führen. Einphasen-Reluktanzmotoren können also nur kleine Massenträgheitsmomente in den Synchronismus beschleunigen. Überschreitet das Widerstandsmoment das maximale Synchronmoment, das Außertrittfallmoment M_{AT}, läuft der Reluktanzmotor als Asynchronmotor weiter, und es stellt sich ein stabiler Arbeitspunkt auf dem asynchronen Kennlinienast ein (Abb. 6.31).

Typisch für den Hysteresemotor ist, daß er im synchronen Lauf bei Belastung sein Drehmoment wie ein gewöhnlicher Synchronmotor mit Dauermagneterregung entwickelt, daß er aber bei Überschreiten des zulässigen Hysteresedrehmomentes nicht schlagartig außer Tritt fällt, sondern daß sich zunächst ein kaum meßbarer Mikroschlupf einstellt und sich bei weiter steigender Belastung solange stabile Arbeitspunkte auf dem asynchronen Kennlinienast, Abb. 6.32, einstellen, bis das Kippmoment überschritten wird. Im Nennlastbereich läuft der Hysteresemotor absolut synchron. Im Gegensatz zu den Synchronmotoren

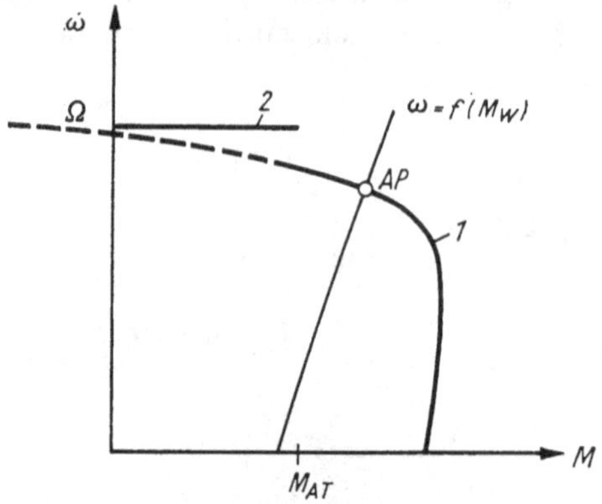

Abb. 6.31.

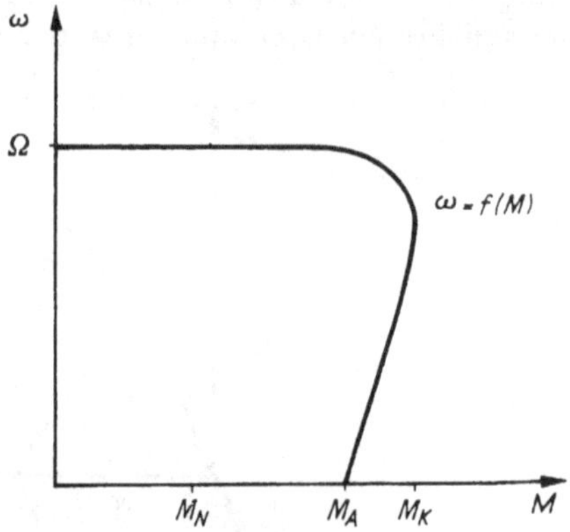

Abb. 6.32.

Abb. 6.31. Drehzahl-Drehmomenten-Kennlinie des Reluktanzmotors; *1* — asynchroner Kennlinienast (Anlauf), *2* — synchroner Kennlinienast, – – – – – – Übergangsvorgang vom asynchronen in den synchronen Kennlinienteil

Abb. 6.32. Drehzahl-Drehmomenten-Kennlinie des Hysteresemotors

mit kurzgeschlossenem Anlaufkäfig und den Reluktanzmotoren ist der Übergang vom asynchronen in den synchronen Betriebszustand nicht von dem zu beschleunigenden Massenträgheitsmoment des Antriebs abhängig. Ein solcher Motor kann also relativ große Schwungmassen sicher bis zur synchronen Drehzahl beschleunigen, da die Drehzahl-Drehmomenten-Kennlinie des asynchronen Bereiches stetig in den synchronen Bereich übergeht.

6.7. Drehzahlstellen, Anlassen und Bremsen der Synchronmaschine

6.7.1. Drehzahlstellen

Die Möglichkeiten der Drehzahlstellung einer Synchronmaschine ergeben sich aus der Gleichung für die synchrone Geschwindigkeit, $\Omega = \frac{f_1}{p} \cdot 2\pi$. Eine Änderung der Drehzahl ist also nur durch Änderung der Netzfrequenz f_1 bzw. der Polpaarzahl p des Synchronmotors möglich. Beide Varianten sind in der Regel für

Kleinantriebe mit Synchronmotoren unwirtschaftlich, da einmal eine besondere Konstruktion des Motors erforderlich ist, bzw. die Zwischenschaltung eines Umrichters notwendig ist, der die Frequenz des speisenden Netzes in eine andere umformt.

6.7.2. Anlassen

Infolge des pulsierenden Momentes im Stillstand sowie im Bereich $\omega < \Omega$ muß der Läufer der Synchronmaschine durch zusätzliche Einrichtungen auf seine synchrone Drehzahl gebracht werden. Je nach verwendetem Prinzip unterscheidet man hinsichtlich des Anlaufs Einphasen-Synchronmotoren mit asynchronem- bzw. einschwingendem Anlauf. Eine Ausnahme bildet der Hysteresemotor, der von sich aus ohne zusätzliche Hilfsmittel anläuft, da das Drehmoment vom Stillstand bis zur synchronen Drehzahl annähernd konstant ist.

Synchronmotoren mit asynchronem Selbstanlauf enthalten im Läufer einen Anlaufkäfig, der zur Ausbildung eines kräftigen Drehmomentes oft aus Stäben geringer Leitfähigkeit besteht, die durch Kurzschlußringe miteinander verbunden sind. Das Anlaufverhalten wird entscheidend von der Leitfähigkeit des Stabmaterials und von den geometrischen Abmessungen der beiden Kurzschlußringe bestimmt. Läufer von Reluktanzmotoren sowie die permanentmagneterregten Läufer größerer Synchronmotoren (Abb. 3.42) werden fast ausschließlich mit einem Anlaufkäfig ausgerüstet.

Bei Kleinstsynchronmotoren ohne besonderen Anlaufkäfig werden die Pole in der Regel unsymmetrisch gestaltet. Damit wird erreicht, daß das Polrad im spannungslosen Zustand unter Einwirkung der auftretenden magnetischen Kräfte eine Vorzugslage einnimmt. Auf Grund der sehr geringen Trägheitsmomente der Läufer von Kleinstsynchronmotoren ist es dem Polrad in dieser Lage möglich durch die im Stillstand auftretenden Pendelmomente, die durch das Mit- und Gegendrehfeld erzeugt werden, innerhalb eines Bruchteiles der Periode der Netzfrequenz bis zur synchronen Geschwindigkeit hochzulaufen. Da dieser Einschwingvorgang weitestgehend von den auftretenden Trägheitsmassen bestimmt wird, dürfen Magnetläufermotoren ohne Anlaufkäfig nur mit kleinen Zusatzmassen gekuppelt werden, desweiteren sollte eine starre Kupplung vermieden werden um ein freies Pendeln des Laufers und damit einen sicheren Anlauf des Motors zu ermöglichen. Größere Massenträgheitsmomente können also nicht synchronisiert werden. Dieses Anlaufverfahren wird ausschließlich für langsamlaufende (hochpolige) Synchron-Kleinstmotoren angewendet. Prinzipiell ist auch der Frequenzanlauf möglich, d. h., daß mit einem Umrichter der Motor vom Stillstand aus mit wachsender Klemmenspannung und Frequenz angelassen wird.

6.7.3. Bremsen

Synchronmotoren mit Permanentmagneterregung werden allgemein nach dem Verfahren der Widerstandsbremsung abgebremst. Dabei arbeitet die

Ständerwicklung generatorisch auf Widerstände. Das Bremsmoment ist drehzahlabhängig und wird im Stillstand zu Null, da keine Spannung induziert wird. Die Bremskennlinie $\omega = f(M)$ kann durch die Größe des Widerstandes beeinflußt werden. Im Prinzip liegen die gleichen Verhältnisse wie bei der Bremsung der Asynchronmaschine mit Gleichstromerregung vor.

Synchronmotoren mit Anlaufkäfig können mit Hilfe der Gegenstrombremsung abgebremst werden. In diesem Falle ist die Maschine bei Erreichen des Stillstandes vom Netz zu trennen, da sonst der Hochlauf in der Gegendrehrichtung erfolgt.

7. Prüfungen elektrischer Kleinmaschinen

Die Ermittlung von exakten Meßergebnissen bei kleinen Elektromotoren ist nicht nur eine wichtige Voraussetzung für die Entwicklung optimal ausgelegter elektrischer Maschinen, sondern auch für den Anwender ein unentbehrliches Mittel, den Motor optimal an die Arbeitsmaschine anzupassen. Im folgenden Abschnitt sollen die wesentlichsten Prüfmethoden und Verfahren zur Ermittlung der Betriebskennlinien kleiner Elektromotoren sowie zur Messung der Erwärmung, zur Funkstörprüfung und zur Geräusch- und Schwingungsprüfung beschrieben werden.

7.1. Meßwerterfassung und Registrierung

Für die Messung der elektrischen Größen von Elektromotoren wie Spannung, Strom, Leistung, Frequenz, cos φ u. a. stehen ausreichende Meßinstrumente zur Verfügung, so daß hier nicht näher darauf eingegangen werden soll. Die Erfassung der mechanischen Größen wie Drehmoment, Drehzahl, Pendelschwingungen und Gleichlaufschwankungen sollen näher erläutert werden.

7.1.1. Drehmomentenmessungen

Zur Messung der mechanischen Größen von Elektromotoren gibt es eine Vielzahl von Verfahren und Methoden. Betrachten wir die Ermittlung des Drehmomentes, so kann man sie im wesentlichen in vier prinzipielle Meßmethoden einordnen.

1. Ermittlung der Drehzahl-Drehmomenten-Kurve aus dem Hochlaufversuch. Dabei wird das Motormoment durch Differentiation der Drehzahl nach der Zeit punktweise bestimmt.
2. Ermittlung des Drehmomentes direkt von der Motorwelle durch eine Torsionsmeßmethode, Seilbremsstand, Wirbelstrombremse, Pendelgenerator oder mit Meßkupplungen.
3. Ermittlung des Drehmomentes über ein Reaktionsmomentenmeßverfahren. Dabei wird das vom Läufer auf dem Stator des Prüflings übertragene Reaktionsmoment gemessen.
4. Messung des Drehmomentes mit Hilfe von Hallgeneratoren, die im Luftspaltfeld der elektrischen Maschine angebracht sind.

Momentengeber

Als Momentengeber können mechanische und elektrische Geräte eingesetzt werden. Als mechanische Geber sind Federwaagen und Druckmeßdosen bekannt geworden. Als elektrische Geber sind kontaktlose und leistungslose Messungen von Drehmomenten nach dem elektrodynamischen Leistungsprinzip im Einsatz. Neben induktiven Meßfühlern und Quarzdruckgebern werden vor allem Dehnungsmeßstreifen eingesetzt. Mit diesen Gebern können sowohl statische als auch dynamische Vorgänge gemessen werden. Die Dehnungsmeßstreifen werden auf ein elastisches Material geringer mechanischer Hysterese, z. B. Federstahl, aufgeklebt. Die Längenänderung der Durchbiegung des Stahles wird im Meßstreifen in eine Widerstandsänderung umgeformt und mit Hilfe von Verstärkern und Meßbrücken zur Anzeige gebracht. Als k-Faktor ist das Verhältnis von relativer Widerstandsänderung zur relativen Längenänderung der Dehnmeßstreifen definiert

$$k = \frac{\Delta R}{R} : \frac{\Delta l}{l}. \tag{7.1}$$

Bei Drahtdehnmeßstreifen beträgt der k-Faktor $k \sim 1{,}7\cdots2{,}2$. Halbleiterdehnmeßstreifen sind dagegen mit einem k-Faktor von $k \sim 110$ erhältlich. Eine weitere Möglichkeit zur Messung von Drehmomenten ist mit zwei Drehzahlgebern und einem elektronischen Zähler gegeben. Zwei Impulsgeber, die in einem definierten Abstand zueinander angebracht sind, tasten eine auf Verdrehung beanspruchte Welle ab. Die von den Impulsgebern erzeugten Rechteckimpulse werden auf einen elektronischen Zähler gegeben. Die Impulse werden in ihrer zeitlichen Folge so eingestellt, daß beide Impulse beim Moment gleich Null gleichzeitig erscheinen. Der elektronische Zähler wird dabei gleichzeitig „auf" und „zu" gesteuert, so daß keine Anzeige entsteht. Bei Belastung werden die Impulse der Geber phasenverschoben in den elektronischen Zähler gegeben. Dadurch bleibt der Zähler kurzzeitig „offen" und man erhält eine dem Torsionswinkel proportionale Anzeige und damit ein Maß für das Drehmoment.

7.1.2. Drehzahlmessungen

In der Literatur werden eine Vielzahl von Verfahren und Geräten zur Messung der Drehzahl beschrieben. Neben den rein mechanisch arbeitenden Geräten sind vor allem Tachogeneratoren (Gleichstrom- und Wechselstromtachomaschinen) induktive, kapazitive, photoelektrische und stroboskopische Geber bekannt. Im Folgenden sollen einige Drehzahlgeber angegeben werden, die besonders bei der Prüfung elektrischer Kleinstmaschinen interessant sind.

In Abb. 7.1 ist das berührungslose Drehzahlmeßprinzip nach dem elektrodynamischen Prinzip dargestellt. Am Umfang der Prüflingswelle, die mit der Winkelgeschwindigkeit ω umläuft, sind kleine Dauermagnete angeordnet. Der Drehzahlgeber selbst ist ein offener Magnetkreis mit einer Spule, in der bei

Rotation der Welle durch die Dauermagnete Spannungsimpulse induziert werden, die als Meßgröße der Drehzahl herangezogen werden können.

In Abb. 7.2 ist die berührungslose Drehzahlmessung nach dem elektromagnetischen Prinzip dargestellt. Bei diesem Meßprinzip sitzt die Induktionsspule auf einem Hufeisen-Dauermagneten. Die Welle besitzt Weicheisenstäbe oder Ausfräsungen, die zu magnetischen Leitwertschwankungen führen. Bei Rota-

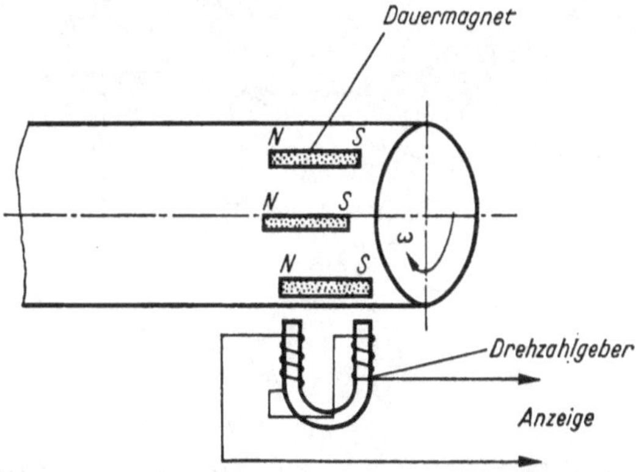

Abb. 7.1. **Berührungslose Drehzahlmessung nach dem elektrodynamischen Prinzip**

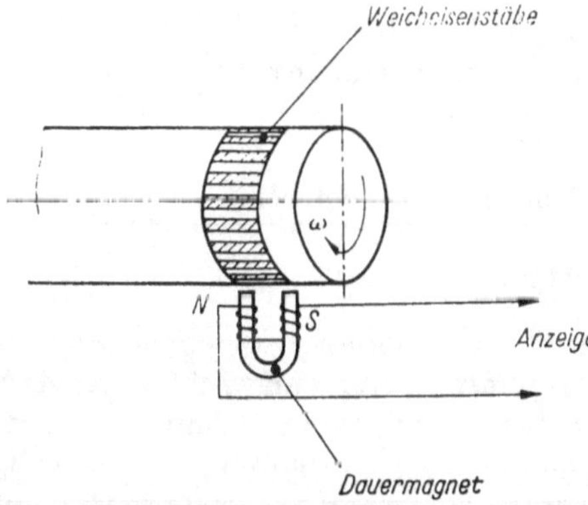

Abb. 7.2. **Berührungslose Drehzahlmessung nach dem elektromagnetischen Prinzip**

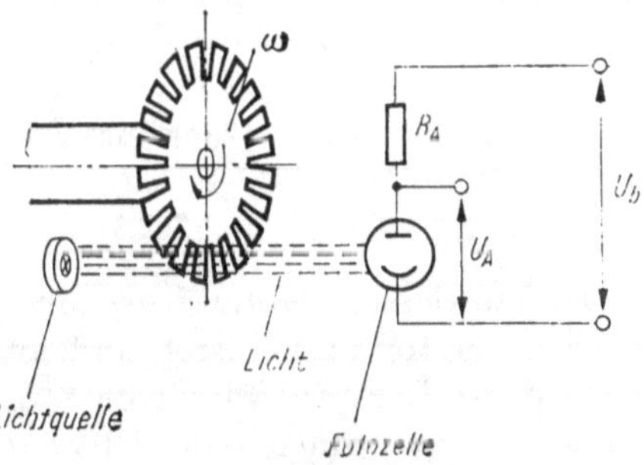

Abb. 7.3. **Berührungslose Drehzahlmessung mit fotoelektrischem Drehzahlaufnehmer mit Schlitzscheibe**

tion der Welle werden in der Spule infolge magnetischer Leitwertschwankungen Spannungsimpulse induziert, die der Drehzahl der Welle proportional zugeordnet werden können.

Abb. 7.3 zeigt im Prinzip die berührungslose Drehzahlmessung mit fotoelektrischem Drehzahlaufnehmer mit Schlitzscheibe. Auf der Rotorwelle des Prüflings ist eine Schlitzscheibe aufgebracht. Auf der einen Seite der Schlitzscheibe ist eine Lichtquelle befestigt. Der Lichtstrahl wird durch die Schlitzscheibe bei Rotation laufend unterbrochen, so daß in der Fotozelle Spannungsimpulse entstehen, die der Drehzahl proportional sind.

Bei der berührungslosen Drehzahlmessung mit fotoelektrischem Drehzahlaufnehmer nach dem Reflexionsprinzip (Abb. 7.4) werden auf der Rotorwelle des Prüflings Hell-Dunkel-Farbmarkierungen aufgebracht. Von einer Lichtquelle aus wird ein gebündelter Lichtstrahl auf die markierte Welle gelenkt. Durch die

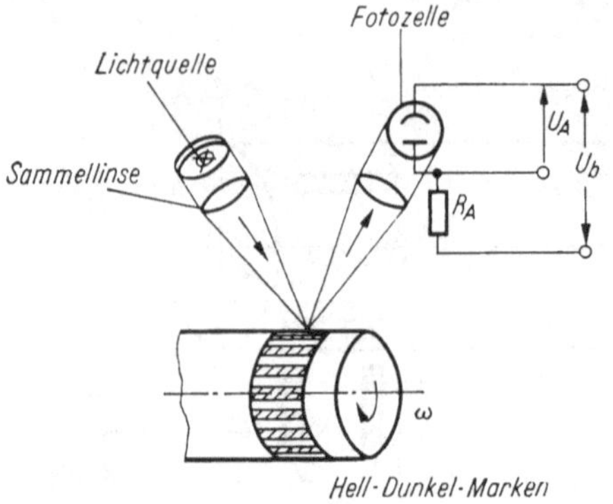

Abb. 7.4. Berührungslose Drehzahlmessung mit fotoelektrischem Drehzahlaufnehmer nach dem Reflexionsprinzip

Reflexion dieses Lichtstrahles wird eine Fotodiode beleuchtet. Hier stehen ebenfalls drehzahlproportionale Spannungsimpulse zur Verfügung.

7.2. Beschreibung verschiedener Prüfverfahren

7.2.1. Hochlaufversuch

Der unbelastete Motor wird mit einem Drehzahlgeber z. B. einem kleinen Tachogenerator ausgerüstet und an das speisende Netz angeschlossen. Der Verlauf der Drehzahl wird vom Stillstand bis zur Leerlaufdrehzahl in Verbindung mit dem Strom und der Klemmenspannung oszillographisch aufgezeichnet. Unter der Voraussetzung, daß das Widerstandsmoment des Motors $M_W = 0$ gesetzt wird, gilt für den Hochlaufvorgang die Beziehung:

$$M = M_b = J \cdot \frac{d\omega}{dt}, \tag{7.2}$$

wobei $J = \int r^2 \cdot dm = \frac{GD^2}{4g}$ das Massenträgheitsmoment des Rotors darstellt. Der Motor entwickelt während des Hochlaufvorganges ein Moment, das von der jeweils durchfahrenen Drehzahl abhängig ist. Mit Hilfe der oben angegebenen Gleichung ist es möglich, nachträglich das Drehmoment zu bestimmen, das beim Hochlauf des Prüflings die entsprechende Beschleunigung hervorgerufen hat.

Unter nachträglicher Berücksichtigung des Reibungsmomentes erhält man das Moment des Motors. In Abb. 7.5 ist die Winkelgeschwindigkeit ω in Abhängigkeit von der Zeit t während des Hochlaufvorganges aufgezeichnet. Die Auswertung des Hochlaufvorganges erfolgt über die Bestimmung der Beschleunigung $\frac{\Delta\omega}{\Delta t}$ für jeden einzelnen Kurvenpunkt. Unter Beachtung der entsprechenden Maßstäbe für Drehzahl und Zeit können alle beliebigen Punkte der Hochlauf-

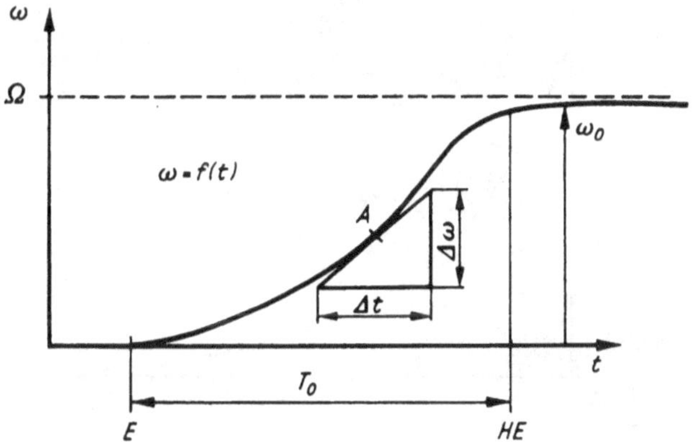

Abb. 7.5. Hochlaufkurve — Winkelgeschwindigkeit ω in Abhängigkeit von der Zeit t; E = Einschaltmoment, HE = Hochlauf beendet, T_0 = Hochlaufzeit; ω_0 = Leerlaufwinkelgeschwindigkeit

kurve, einschließlich des Stillstandspunktes, grafisch ausgewertet werden. Für den jeweiligen Punkt der Hochlaufkurve erhält man das gesuchte Drehmoment nach der Beziehung:

$$M_{\text{Punkt}A} = \left.\frac{\Delta\omega}{\Delta t}\right|_{\text{Punkt}A} \cdot \frac{GD^2}{4g}. \tag{7.3}$$

Somit ist die vollständige Drehzahl-Drehmomenten-Kennlinie für den Prüfling aufzuzeichnen. Das Schwungmoment GD^2 kann aus dem Auslaufversuch ermittelt werden. Gemessen wird bei diesem Versuch nach Abb. 7.6 die Winkelgeschwindigkeit in Abhängigkeit von der Zeit t. Die Abnahme der Winkelgeschwindigkeit ω ist beim Auslauf des Prüflings eine Folge der auftretenden Bremsmomente, die sich aus Luft-, Lager- und Bürstenreibung zusammensetzen. Zur Deckung dieser Verluste steht beim Auslauf des Prüflings nur die kinetische Energie der rotierenden Schwungmassen des Rotors zur Verfügung. Es gilt die Beziehung:

$$M = \frac{GD^2}{4g} \cdot \frac{d\omega}{dt}. \tag{7.4}$$

Wenn statt des Bremsmomentes die entsprechende Bremsverlustleistung eingesetzt wird, ergibt sich folgende Beziehung:

$$P_{\text{brems}} = M_{\text{brems}} \cdot \omega = \frac{GD^2 \cdot \omega_1^2}{K \cdot T_1}. \tag{7.5}$$

Der Zusammenhang zwischen ω_1 und T_1 ist durch die Auslaufkurve gegeben. Bei Kenntnis der Bremsverluste ist GD^2 zu bestimmen. In der Literatur sind

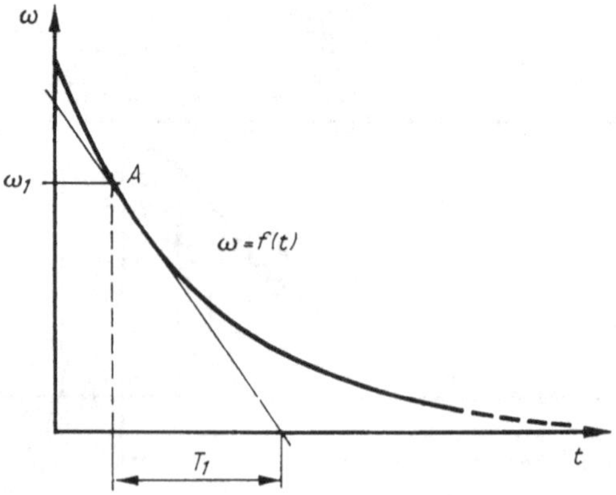

Abb. 7.6. Auslaufkurve — Winkelgeschwindigkeit ω in Abhängigkeit von der Zeit t; T_1 = ideelle Auslaufzeit, ω_1 = Winkelgeschwindigkeit für Punkt A

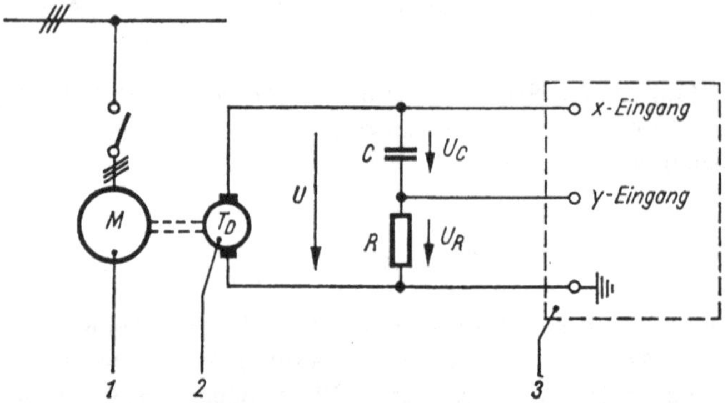

Abb. 7.7. Prinzipschaltung zur oszillographischen Aufnahme der Drehzahl-Drehmomenten-Kennlinien von Elektromotoren; *1* — Prüfling, *2* — Tachomaschine, *3* — Oszillograph

auch Meßanordnungen bekannt geworden, die die vollständige Drehzahl-Drehmomenten-Kennlinie auf einen Oszillografen aufzeichnen. Nach Abb. 7.7 wird an den Prüfling 1 ein Tachogenerator 2 angekuppelt. Die Ausgangsspannung des Tachogenerators wird einmal direkt auf die x-Achse des Oszillografen 3 gegeben und die Spannung über dem Widerstand R auf die y-Achse. Wie leicht nachgewiesen werden kann, entspricht die Spannung U_R über dem Widerstand R dem Moment M des Motors.

$$\left.\begin{aligned} M = J \cdot \frac{d\omega}{dt} \qquad & u = u_R + u_C \quad \text{(nach Abb. 7.7)} \\ i = i_c = C \cdot \frac{du_c}{dt} & \\ \underbrace{u_R}_{\downarrow} = Ri = \underbrace{R \cdot C}_{\downarrow} \cdot \underbrace{\frac{du_c}{dt}}_{\downarrow} & \\ M = \qquad J \cdot \frac{d\omega}{dt}. & \end{aligned}\right\} \qquad (7.6)$$

7.2.2. Seilbremseinrichtung

Für Laborzwecke hat sich für kleine Leistungen und hohe Drehzahlen eine Prüfeinrichtung bewährt, die in Abb. 7.8 dargestellt ist. Der zu prüfende Motor 1 wird über eine Scheibe 2 abgebremst. Dabei wird um diese Scheibe mit dem Radius r ein Bremsseil 3 gelegt, das an Federwaagen 4 befestigt ist. Mit Hilfe der Spindel 5 können die Federwaagen 4 mehr oder weniger verstellt werden, so daß eine entsprechende Kraft F über das Seil an der Scheibe 2 wirkt. Die ge-

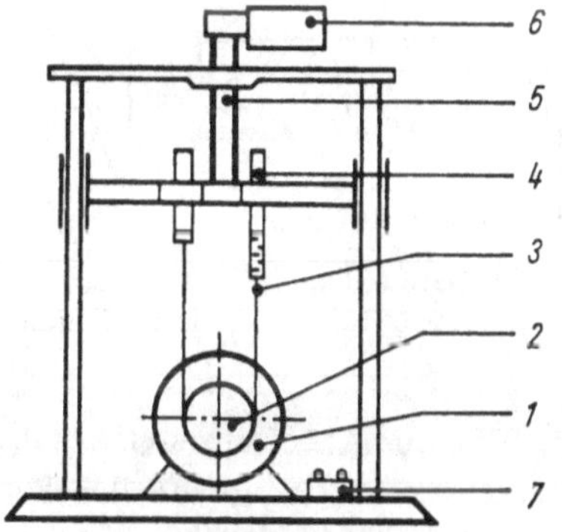

Abb. 7.8. Seilbremseinrichtung, *1* — Prüfling, *2* — Bremsscheibe, *3* — Bremsseil, *4* — Federwaagen, *5* — Spindel, *6* — Hilfsantrieb, *7* — Gestell

samte abzubremsende Leistung wird an der Scheibe 2 in Wärme umgesetzt. Die abgebremste Leistung ergibt sich nach der Beziehung:

$$P/\mathrm{W} = 1{,}03 \cdot F/\mathrm{kp} \cdot r/\mathrm{m} \cdot n/\mathrm{min}^{-1}. \qquad (7.7)$$

7.2.3. Wirbelstrombremseinrichtung

Eine elektrisch leitende Scheibe 1, die auf der Welle des Prüflings 3 aufgebracht ist, rotiert in einem durch Gleichstrom erregten Magnetfeld 2 nach

Abb. 7.9. In dieser Scheibe entstehen dabei Wirbelströme, die ein bestimmtes, von der Größe des Magnetfeldes abhängiges Moment erzeugen. Dieses Moment wirkt auf das Magnetsystem, das pendelnd gelagert ist zurück, und kann dort meßtechnisch erfaßt werden. In den Abb. 7.9 und 7.10 ist diese Anordnung

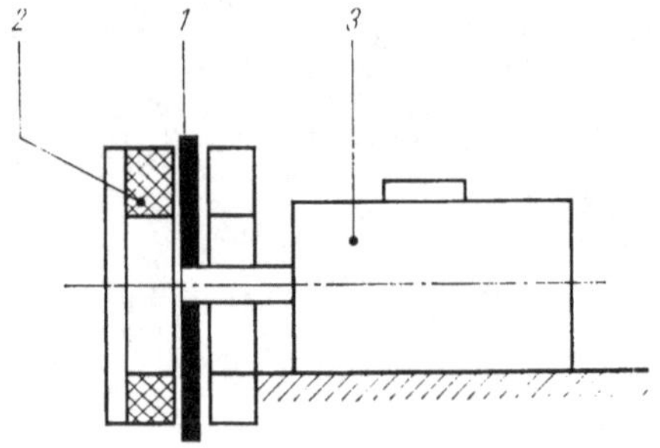

Abb. 7.9. Wirbelstrombremseinrichtung; *1* — Wirbelstromscheibe, *2* — Erregersystem der Bremseinrichtung, *3* — Prüfling

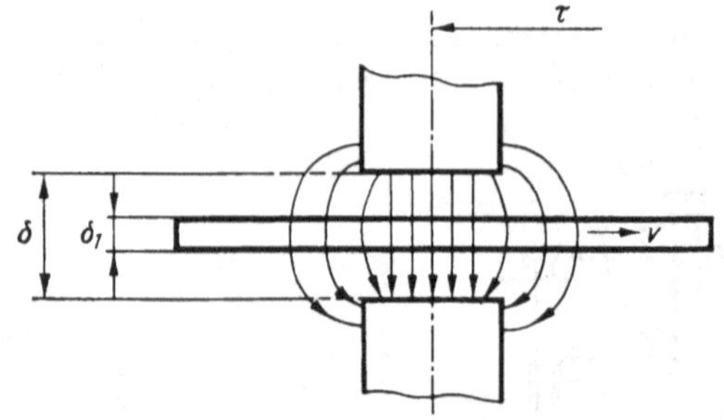

Abb. 7.10. Schematische Darstellung der Wirbelstrombremse

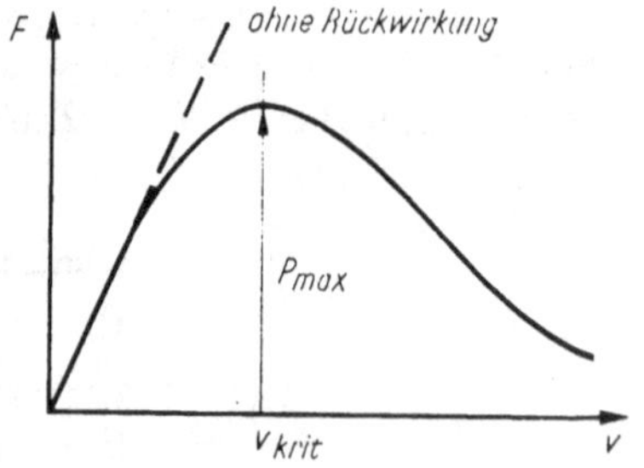

Abb. 7.11. Die Abhängigkeit der Bremskraft *F* von der Bremsscheibenumfangsgeschwindigkeit *v*

schematisch dargestellt. Wie aus Abb. 7.11 ersichtlich ist, ist die Bremskraft F einer Wirbelstrombremse stark abhängig von der Bremsscheibengeschwindigkeit v, wobei sich ein ausgesprochenes Maximum ergibt. Berücksichtigt werden muß noch, daß die Wirbelstromscheibe ein entsprechendes Luftreibungsmoment besitzt, das drehzahlabhängig ist. Die Größe der kritischen Bremsleistung beträgt:

$$P_{\text{Bremskr.}}/W = \frac{1}{128} \cdot \frac{\delta^2}{\delta_1} \cdot \varrho \cdot w \cdot B^2 , \tag{7.8}$$

wobei:

$B\Big/\frac{Vs}{\text{m}^2}$ = magnetische Induktion der Bremsmagnete

$\varrho\Big/\frac{\Omega}{\text{cm}}$ = spezifischer elektrischer Widerstand der Bremsscheibe

b/cm = Bremsscheibenbreite
τ/cm = Polteilung
δ/cm; δ_1/cm = Abmessungen nach Abb. 7.9 und 7.10

$$w = \left(\frac{\tau}{b} + \frac{b}{\tau}\right).$$

7.2.4. Bremseinrichtung mit Gleichstrompendelgenerator oder Hysteresependelbremse

Bei dieser Bremseinrichtung wird der Prüfling 2 an einen Generator 1 oder eine Hysteresebremse angekuppelt, die pendelnd gelagert sind. Die Messung des Drehmomentes ist über die Gegenkraft $F \cdot$ Hebelarm r gegeben. In Abb. 7.12 ist im Prinzip diese Meßeinrichtung dargestellt.

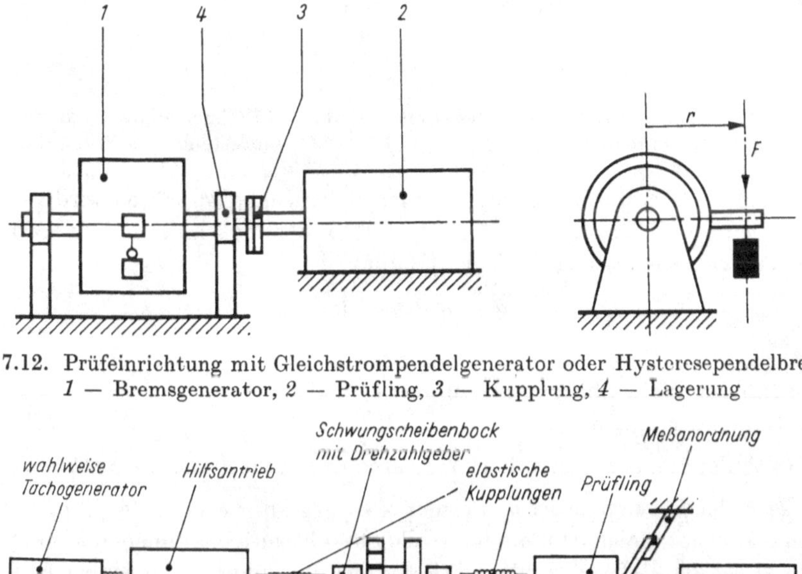

Abb. 7.12. Prüfeinrichtung mit Gleichstrompendelgenerator oder Hysteresependelbremse; *1* — Bremsgenerator, *2* — Prüfling, *3* — Kupplung, *4* — Lagerung

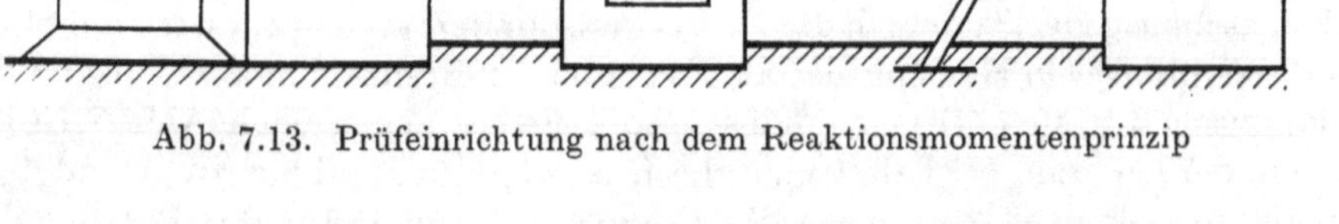

Abb. 7.13. Prüfeinrichtung nach dem Reaktionsmomentenprinzip

7.2.5. Reaktionsmomentenmessungen

Bei diesem Meßverfahren wird das vom Läufer auf den Ständer des Prüflings übertragene Reaktionsmoment gemessen. Der Prüfling wird nach Abb. 7.13 dabei frei pendelnd in der Prüfeinrichtung gelagert und an eine Hilfsmaschine gekuppelt. Oft wird aus stabilisierenden Gründen eine Schwungscheibe dazwischen geschaltet. Hinter dem Hilfsantrieb kann wahlweise noch eine Tachomaschine zur Drehzahlmessung angekuppelt werden.

Reaktionsmoment

Lagert man eine elektrische Maschine so, daß ihr Ständer frei pendeln kann und belastet die Maschine, indem man den Läufer abbremst, so ist das Moment, das man aufbringen muß, um den Ständer festzuhalten, gleich dem an der Welle

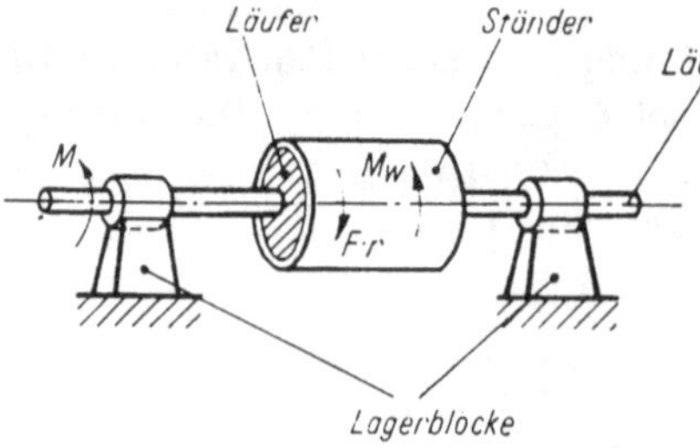

Abb. 7.14. Prinzipdarstellung der Reaktionsmomentenmessung

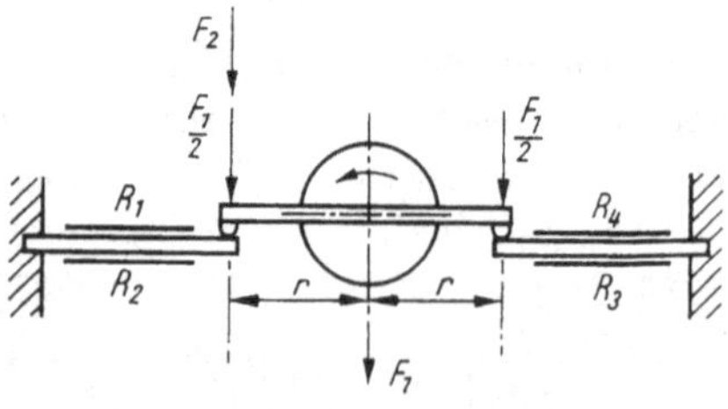

Abb. 7.15. Anordnung der Dehnungsmeßstreifen am Prüfstand

abgegebenen. Das Motormoment M einer elektrischen Maschine wird gebildet aus der Differenz des inneren Momentes $F \cdot r$ der Maschine und dem Widerstandsmoment M_W nach Abb. 7.14. Es gilt:

$$M = F \cdot r - M_W \,, \tag{7.9}$$

wobei:

M = an der Welle abgegebenes Moment

$F \cdot r$ = inneres Moment

M_W = Widerstandsmoment, hervorgerufen durch mechanische Verluste

Es kann leicht nachgewiesen werden, daß das am Ständer des Prüflings gemessene Moment gleich dem an der Welle ab- oder aufgenommenen Moment ist. Zunächst sei der Fall betrachtet, daß der Prüfling ohne elektrischen Anschluß zwischen den Spitzen des Prüfstandes eingespannt ist. Alle Verluste der Prüfanlage einschließlich der mechanischen Verluste des Prüflings werden durch die Hilfsmaschine gedeckt. Durch die Lager- und Bürstenreibung entsteht am Ständer des Prüflings ein Moment, das als Funktion der Drehzahl meßtechnisch über Dehnungsmeßstreifen, Druckmeßdosen oder Federwaagen nach Abb. 7.15 bestimmt werden kann. Schaltet man die Erregung des Prüflings zu, so entsteht ein weiteres Moment, das durch die Eisenverluste im Rotor des Prüflings — gemeint sind dabei die Hysterese- und die Wirbelstromverluste — hervorgerufen wird. Wird der Prüfling elektrisch angeschlossen, so wirkt das Moment, das an der Welle wirksam wird, am Stator zurück. Die Verkettung der einzelnen Momentenanteile des Läufers mit dem Ständer erfolgt einmal direkt über das magnetische Luftspaltfeld und zum anderen über die mechanischen Bauelemente, wie z. B. Lager und Bürsten. Bei der Messung des Reaktionsmomentes am Stator des Prüflings wird jedoch das Luftreibungsmoment des Läufers nicht exakt erfaßt. Nur bei geschlossenen Maschinen kann dieser Fehler sehr klein gehalten werden. Bei offener Bauweise wird das Reibungsmoment des Lüfters nicht voll auf den Ständer übertragen. Dabei wird nach Gl. (7.9) im Motorbetrieb des Prüflings das abgegebene Motormoment zu groß gemessen.

Mit dieser Prüfmethode ist man in der Lage, in allen vier Quadranten zu messen, wobei sowohl im stabilen als auch im instabilen Kurvenbereich stabile Meßpunkte entstehen. In Abb. 7.16 ist die vollständige Drehzahl-Drehmomen-

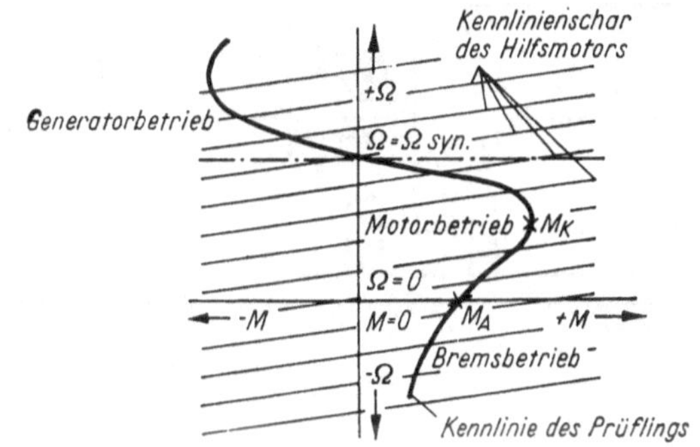

Abb. 7.16. Vollständige Drehzahl-Drehmomenten-Kennlinie eines Drehstrom-Asynchronmotors nach der Aufnahme in der Prüfeinrichtung

ten-Kennlinie eines Drehstrom-Asynchronmotors dargestellt, wie sie mit Hilfe der beschriebenen Meßmethode statisch oder quasistatisch aufgenommen werden kann. Mit dieser Prüfeinrichtung können folgende Meßaufgaben gelöst werden:

1. Messung der vollständigen Betriebskennlinien in allen vier Quadranten
2. Messung aller stabilen und instabilen Kennlinienbereiche
3. Quasistationäre Aufnahme der Betriebskennlinien und Darstellung mit Koordinatenschreibern
4. Ermittlung der einzelnen Verlustanteile elektrischer Kleinmaschinen
5. Erwärmungsmessungen

7.2.6. Prüfverfahren für Kleinstmotoren

Für Motoren kleinster Leistung bis $P_1 = 1{,}0$ W wurde eine Prüfeinrichtung geschaffen, die in Abb. 7.17 skizziert wurde. Der Prüfling 1 wird in eine Aufnahme 2 gebracht, die direkt an der Welle eines Hilfsantriebes 3 befestigt ist Zur Messung der Drehmomente kann eine Präzisionsfederwaage oder ein Deh nungsmeßstreifen eingesetzt werden. Bei diesem Meßprinzip wird der Stator des Prüflings in Rotation gebracht und der Rotor mit dem ausgeführten Wellenende bleibt stehen und wird an einem Faden 4 festgehalten, der an einer Federwaage oder einem Dehnungsmeßstreifen befestigt ist.

Bei Belastung bewegt sich die Welle so weit, bis das Gleichgewicht der Kräfte — Reaktionsmoment des Motors und Gegenkraft der Federwaage — hergestellt ist. Dabei wickelt sich der Faden auf der Motorwelle auf. Bedingt durch den

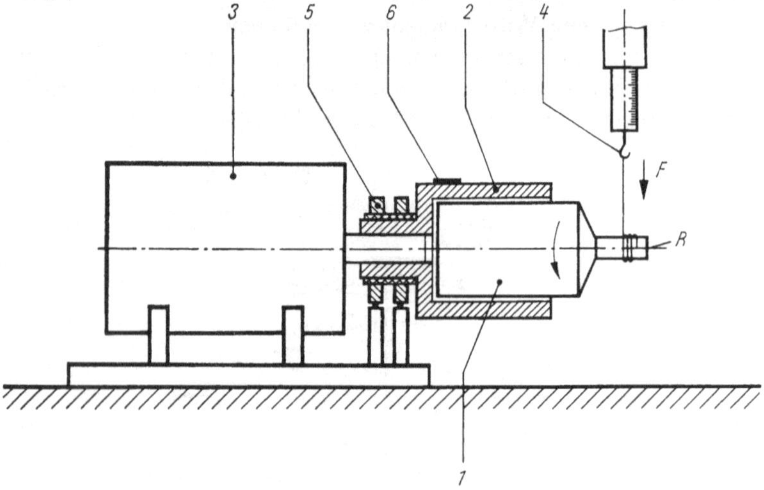

Abb. 7.17. Prinzipdarstellung der Prüfeinrichtung für Kleinstmotoren; *1* — Prüfling, *2* — Aufnahme, *3* — Hilfsantrieb, *4* — Bremsfaden, *5* — Schleifringe, *6* — Drehzahlmarkierung

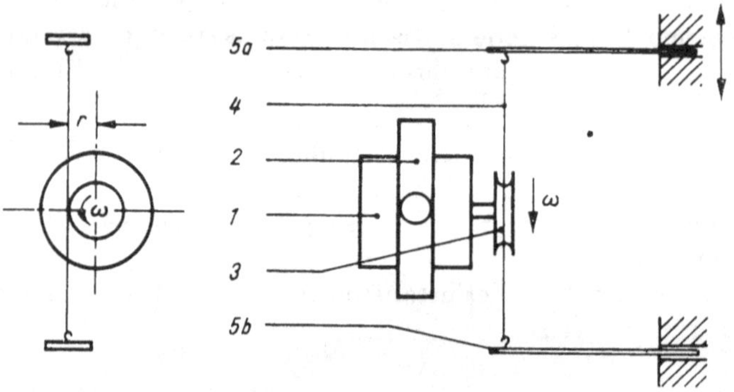

Abb. 7.18. Prinzipdarstellung der Prüfeinrichtung für Kleinstmotoren mit Bremsscheibe und Dehnungsmeßstreifen; *1* — Prüfling, *2* — Verspannung, *3* — Bremsscheibe, *4* — Bremsfaden, *5a* und *5b* — Dehnungsmeßstreifen

geringen Wellendurchmesser gelangt man auch bei kleinsten Drehmomenten zu relativ großen Kräften und somit zu großen Auslenkungen der Federwaage. Mit dieser Meßanordnung können Drehmomente bis minimal 0,5 pcm hinreichend genau gemessen werden. Die Übertragung der elektrischen Energie zum

Prüfling erfolgt über Schleifringe 5. Die dabei entstehenden Verluste können meßtechnisch leicht eliminiert werden. Eine weitere Prüfeinrichtung soll beschrieben werden, die zur Aufnahme der Motorkennlinien beliebiger Motortypen bis zu Leistungen von maximal 200 W geeignet ist, wobei der Drehzahlbereich beliebig sein kann. In Abb. 7.18 wird der prinzipielle Aufbau dieser Meßanordnung gezeigt. Der Prüfling 1 wird auf ein Prisma 2 gespannt. Eine Bremsseilscheibe 3, die den Bremsfaden 4 führt, ist auf der Prüflingswelle befestigt. Zwei Dehnmeßstreifen 5a und 5b, die in entsprechender Lage angeordnet wurden, nehmen die Kräfte auf, die zur Belastung des Prüflings notwendig sind. Die Differenzkraft beider Dehnmeßstreifen $F = F_1 - F_2$ multipliziert mit dem Radius der Bremsscheibe r ergibt das Belastungsdrehmoment M. Weiterhin trägt die Bremsscheibe Markierungen, die zur Messung der Winkelgeschwindigkeit ω des Prüflings herangezogen werden können.

7.3. Messung der Erwärmung

Die in elektrischen Maschinen entstehenden Verluste werden in Wärme umgesetzt. Zu Beginn des Betriebes wird diese Verlustwärme in den Teilen der Maschine gespeichert, in denen sie entsteht. Kurzzeitige Erwärmungen verlaufen deshalb annähernd linear mit der Zeit, solange noch keine wesentliche Wärme an die Umgebung abgegeben wird. Bei Motorwicklungen, die für Dauerbetrieb ausgelegt sind, geht der Erwärmungsvorgang sehr viel langsamer vor sich. Mit steigender Übertemperatur wird ein wachsender Anteil der Verlustwärme über benachbarte Motorteile an die Kühlluft abgegeben, bis sich ein Gleichgewichtszustand einstellt und die Endtemperatur erreicht ist. Bei Klein- und Kleinstmotoren dauert der Erwärmungsvorgang bis zum Erreichen des Gleichgewichtszustandes bis zu einer Stunde. Die einzelnen Bauelemente der Motoren dürfen bestimmte Grenzübertemperaturen, die in den entsprechenden Isolierstoffklassen nach TGL 8958 festgelegt sind, nicht überschreiten. In Abb. 7.19 ist der zeitliche Verlauf der Erwärmung der Wicklungen und des Kommutators eines Einphasen-Reihenschluß-Motors dargestellt. Wichtig für den Gerätehersteller ist noch, daß bei den Geräten die Überprüfung der Temperaturen bei sogenanntem unsachgemäßem Gebrauch oder gestörtem Betrieb durchgeführt werden muß. Bei dieser Prüfung dürfen ebenfalls die zulässigen Grenzübertemperaturen nicht überschritten werden. Neben der Dauerbetriebsbeanspruchung kommt bei elektromotorisch betriebenen Geräten auch oft der Kurzzeitbetrieb bzw. der Aussetzbetrieb vor. Hier ist der Erwärmungsverlauf anders geartet. In Abb. 7.20 ist für einen Kurzzeitbetriebsmotor und in Abb. 7.21 für einen Aussetzbetriebsmotor der Erwärmungsverlauf dargestellt. Diese Motoren erhalten eine gesonderte Aufschrift mit der zulässigen Betriebszeit — z. B. KB 8 Min. Dabei dürfen die Wicklungen des Motors die zulässigen Grenzübertemperaturen nicht überschreiten. Wesentlich ist für den aussetzen-

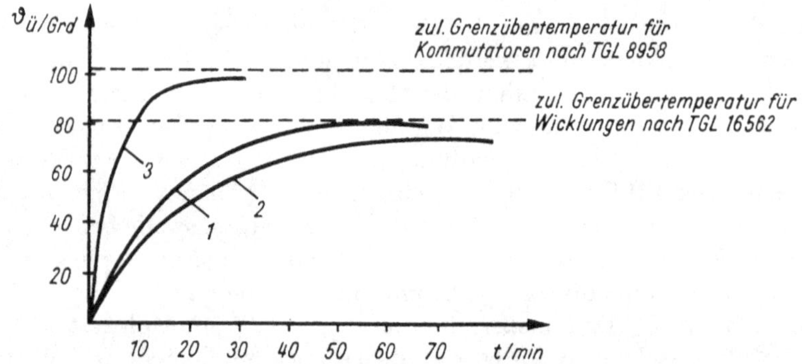

Abb. 7.19. Zeitlicher Verlauf der Erwärmung der Wicklungen und des Kommutators eines Einphasen-Reihenschlußmotors im Dauerbetrieb; *1* — Ankerwicklung, *2* — Erregerwicklung, *3* — Kommutator

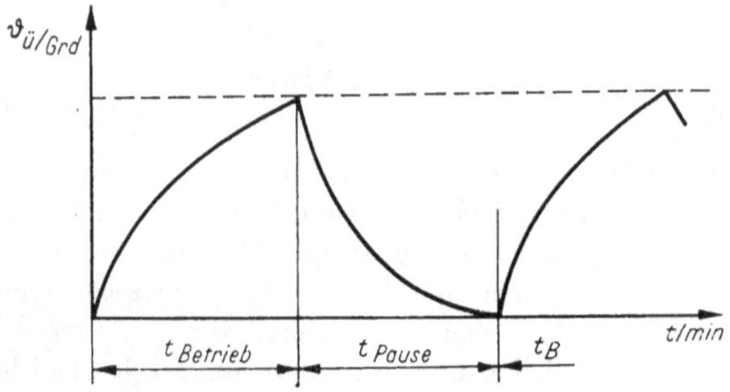

Abb. 7.20. Zeitlicher Verlauf der Erwärmung der Wicklung bei Kurzzeitbetrieb

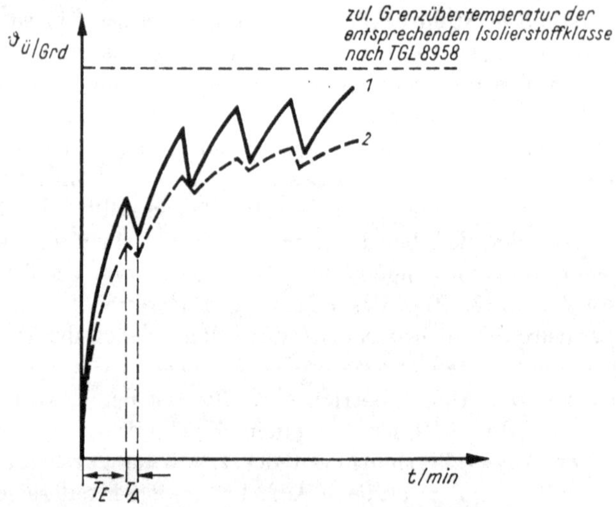

Abb. 7.21. Zeitlicher Verlauf der Erwärmung der Wicklung bei Aussetzbetrieb; T_E = Einschaltzeit; T_A = Pausenzeit; 1 — Ankerwicklung, 2 — Erregerwicklung

den Betrieb, daß nach dem n-ten Lastwechsel die Endtemperatur die zulässige Grenztemperatur nicht überschreitet.

7.3.1. Messung der Temperaturen

Die Messung der Temperatur während des Betriebes elektrischer Maschinen wird an zugänglichen Maschinenteilen mit Quecksilberthermometern, Thermoelementen oder Widerstandsfühlern durchgeführt. Infolge der Widerstandszunahme des stromdurchflossenen Leiters bei Erwärmung ist die Messung der Wicklungstemperatur über die Bestimmung des elektrischen Widerstandes nach folgender Beziehung möglich:

$$\vartheta_{ü} = \frac{R_W - R_K}{R_K} (235 + \vartheta_K) + \vartheta_K - \vartheta_{Kü} \,[°\mathrm{C}] \,. \qquad (7.10)$$

Diese Festlegung ist in der TGL 20675 und TGL 16562 enthalten. Dabei bedeuten:

$R_{W/\Omega}$ = elektrischer Widerstand der Wicklung im betriebswarmen Zustand der Maschine

$R_{K/\Omega}$ = elektrischer Widerstand der Wicklung im kalten Zustand der Maschine

$\vartheta_{K/°C}$ = Temperatur der kalten Wicklung

$\vartheta_{Kü/°C}$ = Temperatur des Kühlmittels

$\vartheta_{ü/°C}$ = Übertemperatur der Wicklung

Bei Dauerbetrieb erfolgt die Temperaturzunahme der Exponentialfunktion nach der Beziehung:

$$\vartheta = \vartheta_E \left(1 - e^{+\frac{t}{T}}\right). \qquad (7.11)$$

In Abb. 7.22 ist ein grafisches Verfahren angegeben, das zur Bestimmung der End-Übertemperatur dient. Dabei werden mehrere Meßpunkte nach bestimmten Zeitintervallen Δt aufgenommen und die dazugehörige Temperaturerhöhung

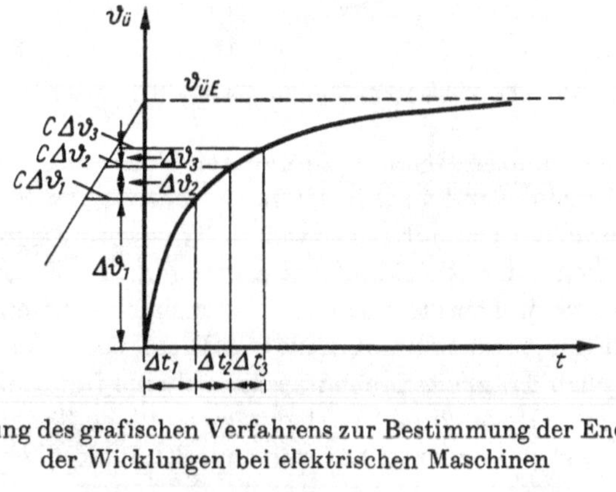

Abb. 7.22. **Darstellung des grafischen Verfahrens zur Bestimmung der End-Übertemperatur der Wicklungen bei elektrischen Maschinen**

$\Delta\vartheta$ aufgetragen. Die einzelnen Meßpunkte werden mit einer Geraden miteinander verbunden. Der Schnittpunkt dieser Geraden mit der ϑ-Achse ergibt die Endtemperatur ϑ_E.

Dabei bedeuten:

ϑ_E = Endtemperatur
T = thermische Zeitkonstante.

7.4. Spezielle Messungen für Schlupf- und Drehbeschleunigung, Messung des Gleichlaufes

Durch die magnetische Inhomogenität der Läuferoberfläche infolge der Nutung kommt es unter den Polen zu Schwankungen des magnetischen Leitwertes, die örtlich zu Flußdichteschwankungen führen. Bei Gleichstrommaschinen wird der Gleichlauf besonders durch die sogenannte Polfühligkeit verschlechtert. Bei Drehfeldmaschinen wird der Gleichlauf durch die höheren Harmonischen des magnetischen Luftspaltfeldes beeinflußt. Diese höheren Harmonischen wirken sich in Form von Brems- und Beschleunigungsmomenten aus. Die Messung der Gleichlaufschwankungen ist in der TGL 50-29050 angegeben. Dazu wird auf der Motorwelle eine Scheibe angebracht, an deren Umfang sich eine tonbandähnliche Schicht befindet. Bei laufendem Motor wird mit Hilfe eines Tonkopfes eine 5 kHz-Schwingung aufgespielt, die mit einem zweiten Ton-

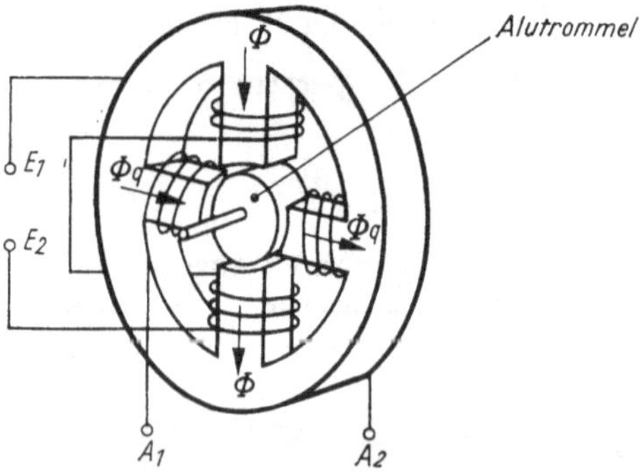

Abb. 7.23. Prinzipieller Aufbau der Meßordnung zur Ermittlung von Drehbeschleunigungen

kopf, der einen bestimmten Abstand zum ersten Tonkopf besitzt, wieder aufgenommen wird. Anschließend wird in Umfangsrichtung der Scheibe gesehen ein Löschkopf angebracht. Die mit dem zweiten Tonkopf aufgenommene Schwingung ist entsprechend der Gleichlaufschwankungen des Motors frequenzmoduliert. Mit speziellen Meßgeräten können diese Gleichlaufschwankungen nach Amplitude und Frequenz bestimmt werden. Diese beschriebene Prüfmethode ist infolge des großen Trägheitsmomentes der Scheibe für Kleinstmotoren nicht anwendbar. Nach TGL 50-29050 darf das zusätzliche Trägheitsmoment, das zur Messung am Motor angebracht werden muß, nur kleiner oder gleich 30%

des Trägheitsmomentes des Prüflings betragen. Ein weiteres Meßverfahren zur Ermittlung von Drehbeschleunigungen soll beschrieben werden. In Abb. 7.23 ist der prinzipielle Aufbau dieser Meßanordnung dargestellt. Das Erregerspulenpaar E_1 und E_2 wird von einem konstanten Gleichstrom durchflossen. Im Magnetfeld wird eine Aluminiumtrommel drehbar angeordnet, die mit dem Prüfling direkt gekuppelt ist. In dieser Trommel wird eine drehzahlproportionale Spannung $e = -c_1 \frac{d\Phi}{dt}$ induziert, die einen Strom i den Querfluß Φ_q verursacht.

$$\Phi_q = c_2 \cdot \omega \,. \tag{7.12}$$

Bei Änderung der Winkelgeschwindigkeit ω ändert sich auch das magnetische Querfeld

$$\frac{d\Phi_q}{dt} = c_2 \frac{d\omega}{dt} \tag{7.13}$$

und induziert im Spulenpaar A_1 und A_2 eine Spannung, die der Änderungsgeschwindigkeit der Winkelgeschwindigkeit proportional ist

$$e = -c_3 \frac{d\Phi_q}{dt} = -c_4 \frac{d\omega}{dt} \,. \tag{7.14}$$

7.5. Funkstörprüfungen

Geräte, die mit Kommutatormotoren bzw. elektronischen Drehzahlstellern ausgerüstet sind, können während des Betriebes Funkstörungen erzeugen. Durch die Kommutierung entsteht eine nichtzuvermeidende Funkenbildung, die mit hochfrequenten gedämpften Schwingungen begleitet wird. Über die vorhandenen Leitungen werden elektromagnetische Störfelder erzeugt. Das von der Funkenbildung erzeugte Frequenzspektrum stört über den gesamten Frequenzbereich der Rundfunk- und Fernsehsender von 150 kHz bis 300 MHz den Empfang. Diese Funkstörungen können sowohl über die Anschlußleitungen als auch über die direkte Abstrahlung übertragen werden. Im Frequenzbereich unter 30 MHz überwiegt die leitungsgebundene Ausbreitung und oberhalb 30 MHz die direkte Abstrahlung. In der TGL 20885 sind die Grenzwerte der verschiedenen Funkstörgrade für Störspannungen und Störfeldstärken angegeben. In Abb. 7.24 sind die zulässigen Funkstörpegel im Frequenzbereich von 150 kHz bis 30 MHz — Funkstörspannungen — nach TGL 20885 angegeben. In Abb. 7.25 sind die zulässigen Funkstörpegel im Frequenzbereich von 30 MHz bis 300 MHz — Funkstörfeldstärke — nach TGL 20885 angegeben. Im RGW wurde eine Standardisierungsempfehlung ausgearbeitet, die im Wesentlichen die zulässigen Funkstörpegel und die dazugehörigen Prüfverfahren festgelegt.

In Abb. 7.26 ist für den Frequenz bereich von 0,15 bis 30 MHz die zulässige Funkstörspannung bestimmt. In Abb. 7.27 ist für den Frequenzbereich von 30 MHz bis 1000 MHz die zulässige Funkstörfeldstärke festgelegt. Bis zu Störfrequenzen von 30 MHz kann man die Funkstörspannungen an der Zuleitung zum Gerät messen. Bei Frequenzen über 30 MHz sind Störfeldstärkemessungen notwendig. Dabei werden in einer festgelegten Entfernung die auf

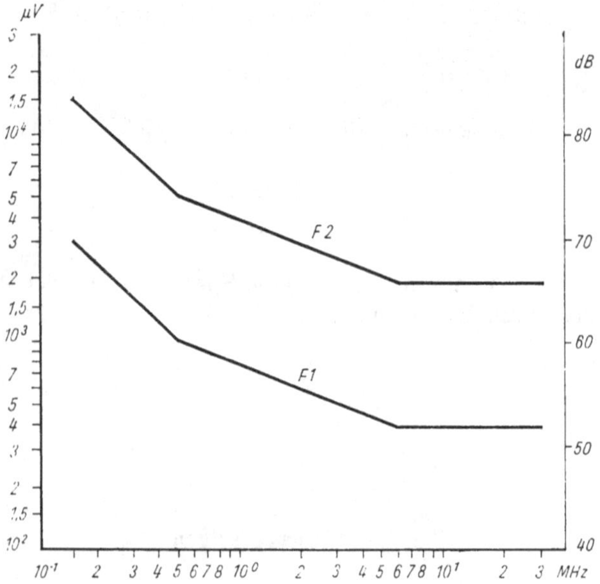

Abb. 7.24. Zulässiger Funkstörpegel im Frequenzbereich von 150 kHz bis 30 MHz nach TGL 20885; wobei *F1* Grenzwert der Funkstörspannung für funkstörende Geräte für Betrieb in Wohnungen oder Wohngrundstücken und *F2* Grenzwert der Funkstörspannung für funkstörende Geräte für Betrieb außerhalb von Wohnungen oder Wohngrundstücken

einer speziellen Empfangsantenne induzierten Spannungen gemessen. Für die Zukunft wird es notwendig, daß die Herstellerbetriebe funkstörender Erzeugnisse in der Lage sein müssen, an den von ihnen entwickelten und produzierten Geräten Funkstörprüfungen zur laufenden Gütesicherung durchzuführen. Gemessen werden die Funkstörspannungen und Funkstörfeldstärken mit speziell dafür entwickelten Meßgeräten. Die genauen Meßmethoden sind ausführlich in der TGL 20885 festgelegt.

7.5.1. Funkstörfeldstärkemessung mittels Stromzange nach CISPR

In der letzten Zeit wurde ein neues Meßprinzip zur Felstärkemessung bekannt, das aus der Netzzuleitung des störenden Erzeugnisses mittels Transformator einen Teil des HF-Stromes auskoppelt. Der über einen definierten Widerstand entstehende Spannungsabfall wird mit einem selektiven Mikrovolt-

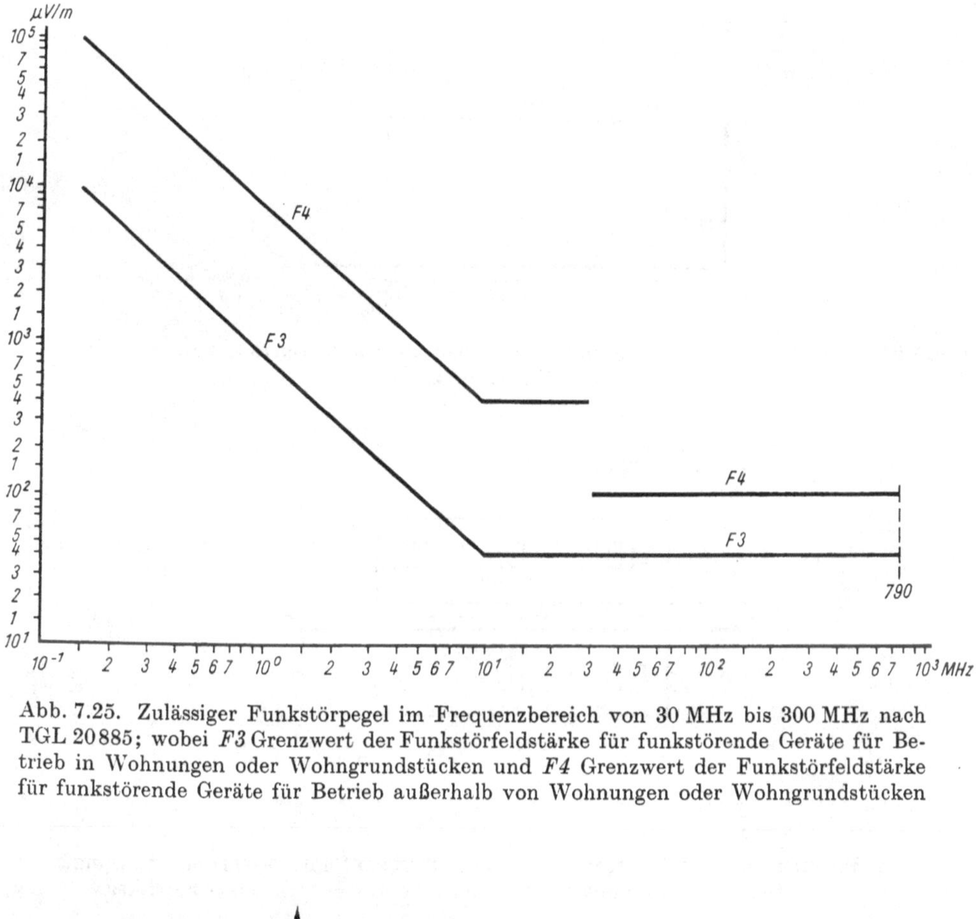

Abb. 7.25. Zulässiger Funkstörpegel im Frequenzbereich von 30 MHz bis 300 MHz nach TGL 20885; wobei *F3* Grenzwert der Funkstörfeldstärke für funkstörende Geräte für Betrieb in Wohnungen oder Wohngrundstücken und *F4* Grenzwert der Funkstörfeldstärke für funkstörende Geräte für Betrieb außerhalb von Wohnungen oder Wohngrundstücken

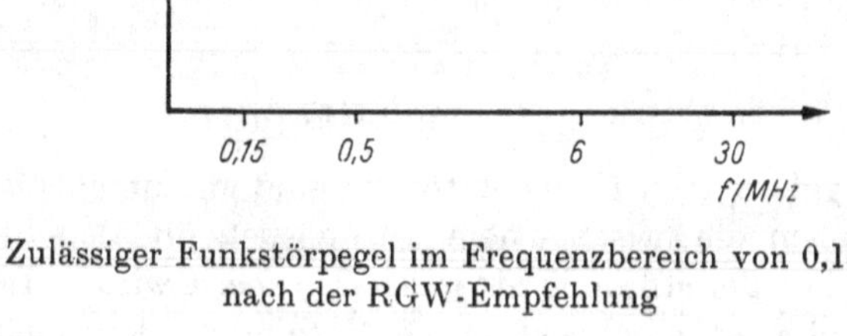

Abb. 7.26. Zulässiger Funkstörpegel im Frequenzbereich von 0,15 bis 30 MHz nach der RGW-Empfehlung

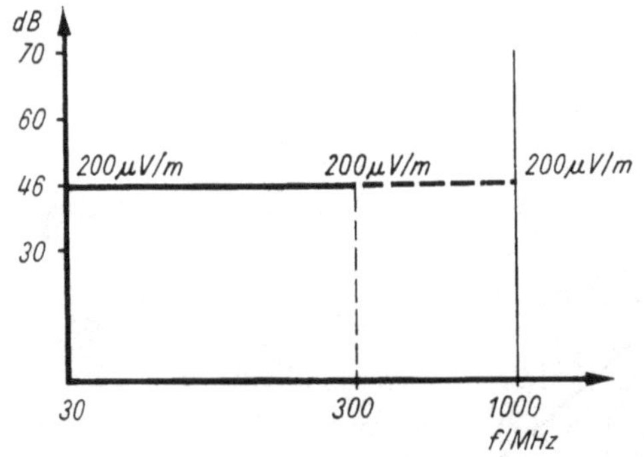

Abb. 7.27. Zulässiger Funkstörpegel im Frequenzbereich von 30 bis 1000 MHz nach der RGW-Empfehlung

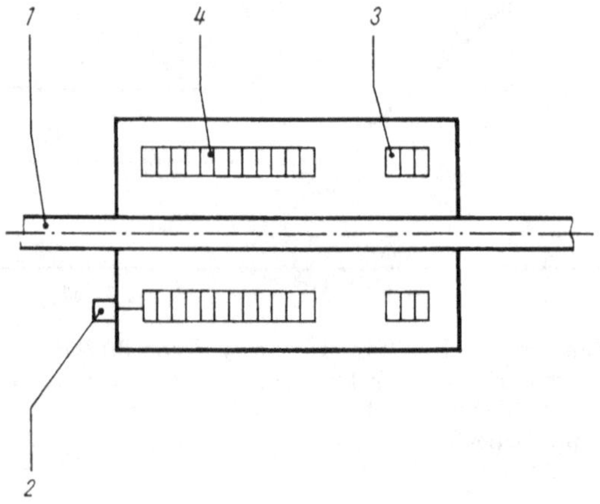

Abb. 7.28. Prinzipdarstellung der Stromzange nach CISPR zur Funkstörfeldstärkemessung; *1* — elektr. Zuleitung, *2* — Anschluß für Meßgerät, *3* — Ferritkerne, *4* — Ferritkerne

meter gemessen. In Abb. 7.28 ist im Prinzip eine derartige Stromzange dargestellt. Die halbierten Ferritringkerne sind Bestandteil des Transformators, der einen Teil des HF-Stromes auskoppelt. Die anderen Ferritkerne über dem Koaxialkabel bilden ein Dämpfungsfilter, an das ein selektives Mikrovoltmeter angeschlossen wird. Der Vorteil dieses Meßprinzips beruht unter anderem darauf, daß man zur Störfeldstärkemessung keine zusätzlichen Antennen und feldstärkearme Meßplätze (Freigelände) benötigt.

7.5.2. Funkentstörschaltungen

Zur Erfüllung der geforderten Funkentstörung sind entsprechende Funkentstörmittel vorgeschrieben, die zwischen dem Leitungsnetz und dem Stromversorgungsteil liegen, mit dem der störende Stromkreis gespeist wird. Beim Einbau der Funkentstörmittel sind möglichst kurze Verbindungsleitungen zwischen der Störquelle und dem Entstörmittel zu realisieren, da sonst über diese Leitungen eine Abstrahlung des Störpegels gegeben ist.

7.5.3. Funkentstörkondensatoren nach TGL 11840

Am einfachsten und für viele Zwecke ausreichend ist, wie in Abb. 7.29 dargestellt, die Verwendung von Kondensatoren, die parallel zum Netzeingang des störenden Gerätes liegen und deren Mittelanschluß gegen Masse bzw. gegen Erde

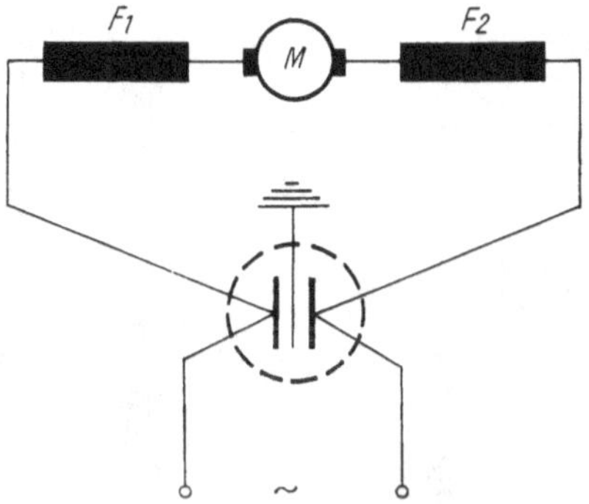

Abb. 7.29. Funkentstörschaltung mit Entstörkondensator nach TGL 11840

geschaltet wird. Die Wirkung dieser Schaltung beruht darauf, daß der Kondensator für die Netzfrequenz von $f = 50$ Hz einen hohen, für die hochfrequenten Störspannungen jedoch einen niedrigen Wiederstand besitzt. Damit werden die Störströme gegen Masse abgeleitet.

7.5.4. LC-Funkentstörkombinationen

Für einige Fälle reicht jedoch die Beschaltung mit einem Entstörkondensator nicht aus, so daß weitere Mittel angewendet werden müssen. Einige übliche Funkentstörschaltungen mit LC-Kombinationen für Kommutatormotoren sind in Abb. 7.30 zusammengestellt. Wesentlich dabei ist, daß neben dem der Störquelle parallel geschalteten Kondensator eine oder mehrere HF-Drosseln in Reihe geschaltet sind. In allen Fällen verhindert der für hohe Frequenzen steigende induktive Widerstand der Drosseln das Abfließen des hochfrequenten Anteils des Motorstromes in das speisende Netz. Die Induktivitäten dieser HF-Drosseln liegen in der Größenordnung zwischen 10 μH und 10 mH. Der Anschluß der HF-Drosseln ist am wirkungsvollsten, wenn sie nach Abb. 7.30c u. d direkt in die Verbindungsleitung zwischen Bürste und Feldwicklung geschaltet sind. Besonders vorteilhaft ist der Einsatz von Ferritkerndrosseln.

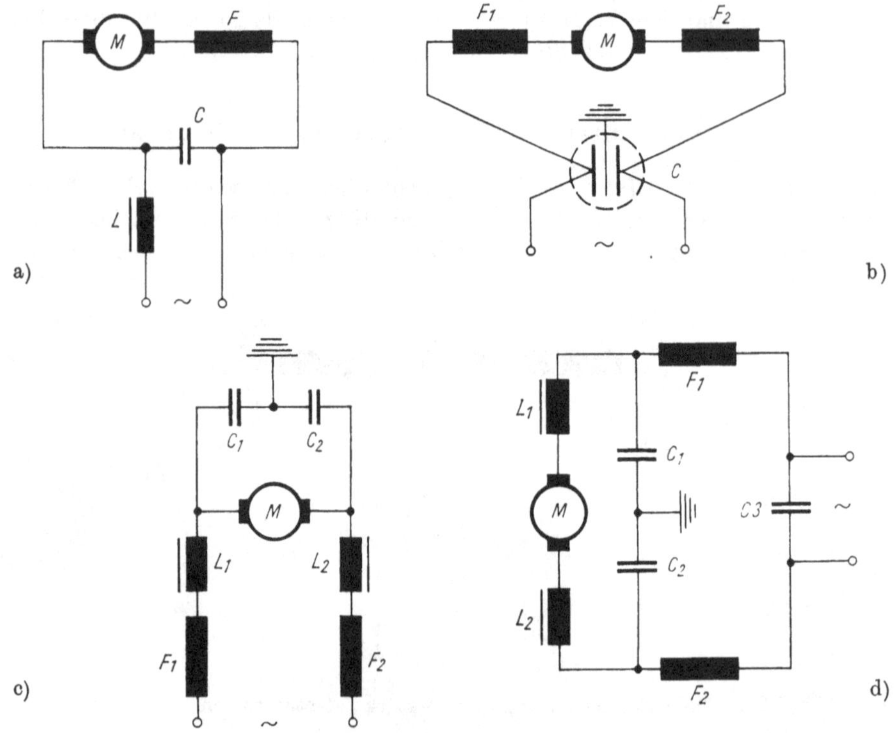

Abb. 7.30. Funkentstörschaltungen mit *LC*-Kombinationen

7.6. Geräusch- und Schwingungsmessungen

7.6.1. Allgemeine Betrachtungen

Die im Laufe der Entwicklung sich abzeichnende Tendenz nach stetiger Verminderung des Leistungsgewichtes durch den Einsatz anderer Werkstoffe sowie durch bessere Konstruktionen und Fertigungsverfahren führte zu einer Erweiterung der Qualitätsmerkmale, die für die Auswahl eines Motors entscheidend sind. Neben dem Preis, der Funktionssicherheit, der Lebensdauer usw. betrifft das insbesondere das Geräusch- und Schwingungsverhalten der elektrischen Kleinstmaschinen. Zur Kennzeichnung des Geräusch- und Schwingungsverhaltens sind objektive Meßverfahren erforderlich, die den Besonderheiten der elektrischen Kleinstmotoren Rechnung tragen. Auf Grund der Vielfalt der praktischen Aufgaben sind die Meßvorschriften in Standards festgelegt.

7.6.2. Schwingungsmessung

Die mechanischen Schwingungen am Motor, die u. a. durch elektromagnetische Wechselkräfte und durch rotierende Unwuchten hervorgerufen werden, beeinflussen in starkem Maße die Funktionssicherheit und Lebensdauer des

Motors. Zur exakten Kennzeichnung des Schwingungsverhaltens eines Motors sind insbesondere bei der Ankopplung an mechanische Systeme (Chassis, Gehäuse) zwei Meßgrößen erforderlich. Diesen Betrachtungen wird dabei der Motor als mechanischer Zweipol — ähnlich wie in der Elektrotechnik zugrunde gelegt. Die den Zweipol kennzeichnenden Größen

- mechanische Impedanz und
- Schwinggeschwindigkeit (Leerlauf-Schnelle)

sind frequenzabhängig und erfordern einen ungleich hohen Aufwand an Meßmitteln. In der Praxis begnügt man sich deshalb mit der Bestimmung der

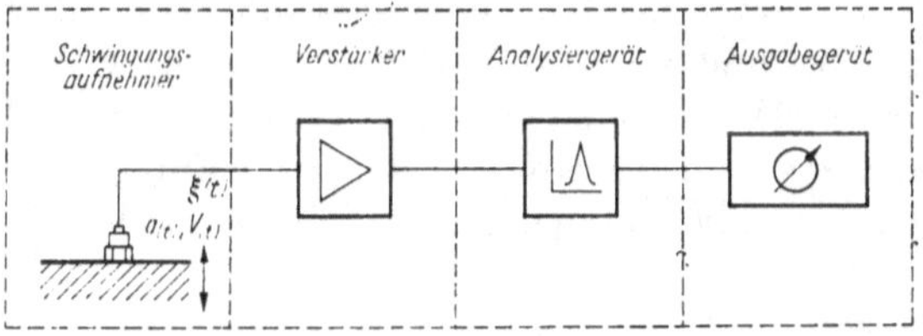

Abb. 7.31. Blockschaltbild zur Messung mechanischer Schwingungen

Schwinggeschwindigkeit, da unter den Bedingungen einer Stück- bzw. Typprüfung eine Kompromißlösung zwischen Meßaufwand (Zeit, Meßgeräte usw.) und Information gefunden werden muß.

Von der Industrie werden für derartige Messungen Geräte bzw. Gerätesysteme angeboten, die die mechanische Größe entsprechend dem Blockschaltbild (Abb. 7.31) umwandelt, verstärkt, analysiert und über geeignete Ausgabegeräte anzeigt. Diese Funktionsgruppen bestehen im einfachsten Fall aus einem piezoelektrischen Beschleunigungsaufnehmer geringer Masse, einem Integrierverstärker und einem Anzeigeteil. Der Integrierverstärker kann dabei als Linearverstärker (Messung der Beschleunigung), einmal integrierend (Messung der Geschwindigkeit) oder zweimal integrierend (Messung des Schwingweges) eingesetzt werden. Je nach der zu lösenden Meßaufgabe kann das Standardsystem durch Terz-Oktav-Filter, Schmalbandfilter, Oszillograf, Pegelschreiber u. a. ergänzt werden. Für Schwingungsmessungen an rotierenden elektrischen Maschinen gelten die Festlegungen der TGL 22423 Blatt 3, wobei als Meßgröße bevorzugt der Effektivwert v_{eff} der Schwinggeschwindigkeit v zu verwenden ist. Da mit dieser Meßgröße die Einwirkung der mechanischen Schwingungen des Motors auf seine Umgebung charakterisiert werden soll, ergeben sich gerade bei elektrischen Kleinstmaschinen auf Grund ihrer Vielseitigkeit bezüglich konstruktiver Gestaltung, Drehzahl und Leistung Besonderheiten bei der Durchführung der Prüfung. Als Schwerpunkte können genannt werden:

1. Anordnung der Meßstellen
2. Ankopplung und Masse des Schwingungsaufnehmers
3. Aufstellung und Betriebszustand des Prüflings.

Eine ungenügende Berücksichtigung dieser Schwerpunkte bei der Prüfung kann zu Meßfehlern führen, die die Aussage und Reproduzierbarkeit der Schwingungsmessung in Frage stellen.

Die Angabe von Meßwerten ist ohne den Vergleich mit standardisierten bzw. funktionsbedingten Grenzwerten bei zweckgebundenen Motoren unzureichend. Aus dieser Notwendigkeit heraus wurden für rotierende elektrische Maschinen Grenzwerte der Schwinggeschwindigkeit erarbeitet, die in der TGL 20675 Blatt 2 und in der TGL 25049 (Nennleistung bis 500 W) standardisiert sind. Die Zuordnung der Schwinggüteklassen zu den Nenndrehzahlbereichen berücksichtigt dabei sowohl die Forderung nach höherer Auswuchtgüte als auch die funktionsbedingte Zunahme der Schwinggeschwindigkeit bei steigender Drehzahl. Mit der Erarbeitung von Prüfverfahren der Schwingungsmessung für rotierende elektrische Maschinen sowie von zulässigen Werten der Schwinggüte sind die Voraussetzungen für die Konstruktion und Entwicklung schwingungsarmer Antriebselemente für spezielle Einsatzgebiete geschaffen worden.

7.6.3. Geräuschmessungen

Die Geräuschemission der elektrischen Kleinstmotoren hängt unmittelbar mit der physikalischen Wirkungsweise der sich unterscheidenden Antriebe zusammen. Daneben gibt es funktionelle Zuordnungen zwischen Geräusch-

Tabelle 7.1
Anwendungsgebiete von Kleinstmotoren mit Angabe des Geräuschpegels

Schallleistungspegel L_{P}/dB(A)	Asynchronmotoren		Universalmotoren	Dauermagnetmotoren
	Spaltpolmotoren	Kondensatormotoren		
20	Plattenspieler			
	Heizlüfter			
30	Luftduschen			
		Büromaschinen		Kassetten-
				recorder
40	Lüfter	Lüfter		
50			Trockenrasierer	Heizgebläse
			Haushaltnäh-	(Kfz.)
		Pumpen	maschinen	
60			Scheibenwischer	
			(Kfz.)	
			Kaffeemühlen	
70		Geschirrspüler		
			Handmixer	
80			Küchenmaschinen	
			Staubsauger	
90			Staub- und	
			Wassersauger	

emission und Drehzahl sowie zwischen Geräuschemission und abgegebener mechanischer Leistung. In Tab. 7.1 werden als Übersicht die einzelnen Motorenarten mit ihren spezifischen Anwendungsgebieten unter Angabe des Geräuschpegels dargestellt. Geräuschmessungen an elektrischen Kleinstmaschinen sind nach TGL 22423 Blatt 2 durchzuführen. Von den standardisierten Meßverfahren sind bevorzugt die Messung im Freifeld bzw. die Messung im Hallfeld anzuwenden, wobei für die Auswahl des Meßverfahrens die Art des Schallfeldes, die Art des Geräusches und die vorhandenen Meßgeräte maßgebend sind. Als Meßgeräte sind vorzugsweise Präzisionsschallpegelmesser nach TGL 200-7755 zu verwenden. Bei Messungen mit normalen Schallpegelmessern nach TGL 200-7755 gelten die Meßwerte als näherungsweise ermittelt. Der prinzipielle Aufbau der Meßgeräte für akustische Messungen entspricht im wesentlichen dem Blockschaltbild 7.3.1. Der Schwingungsaufnehmer muß dabei lediglich durch ein Meßmikrofon ersetzt werden. Als Kenngröße für den Geräuschpegel ist nach TGL 25048 der A-bewertete Schalleistungspegel L_{PA} zu verwenden. Die bei der Durchführung der Messungen zu beachtenden Meßbedingungen sind in der TGL 22423 Blatt 2 eindeutig definiert und bedürfen daher keiner zusätzlichen Erläuterung. Als untere Meßgrenze ist bei Geräuschmessungen unter günstigen Meßbedingungen (geringer Störpegel usw.) mit herkömmlichen Meßgeräten ein A-bewerteter Schalldruckpegel von $L_P = 20$ dB (A) zu erreichen. Die Geräuschkennwerte von Spaltpolmotoren für Phonogeräte entsprechen beispielsweise diesem Wert. Die Geräuschprobleme derartiger Geräte mit Kleinstmotoren unterscheiden sich aber wesentlich von denen, die bei Haushaltgeräten mit Universalmotoren oder im Mittel- oder Großmaschinenbau auftreten. Während bei den letztgenannten Maschinen eine Reduzierung des Luftschalles dringend notwendig ist, spielen bei Geräteeinbaumotoren der unteren Drehzahl- und Leistungsklasse Körperschallprobleme eine übergeordnete Rolle.

Um die Forderung nach geräuscharmen Kleinstmotoren zu erfüllen, sind in der Entwicklungsphase zielgerichtete Messungen und Untersuchungen an Prototypen erforderlich. Dabei kommt es auf die genaue Bestimmung der Geräuschursachen des Prüflings an, die nur in einem definierten Schallfeld (Hall- oder Freifeld) erfolgen kann. Da die angestrebte Geräuschgüte nicht nur von der Konstruktion sondern auch vom technologischen Prozeß abhängig ist, ergeben sich Forderungen nach laufenden Kontrollen des Geräuschpegels serienmäßig gefertigter Erzeugnisse. Für derartige Kontrollmessungen in der Fertigung eignen sich besonders Geräuschmeßplätze, die in ihrem akustischen Aufbau einem Rohr mit fortschreitenden Wellen entsprechen. Dem wesentlich geringeren Aufwand im Vergleich zu Messungen im Hall- oder Freifeld steht der größere Meßfehler gegenüber. Mit Hilfe der statistischen Qualitätskonstrolle ist es auch hier möglich, Fehler im technologischen Prozeß frühzeitig zu erkennen. Mit der Erarbeitung progressiver Geräuschgrenzwerte für rotierende elektrische Maschinen in Abhängigkeit von der Maschinenart, Drehzahl und Leistung in der TGL 20675 Blatt 2 und TGL 25048 wird das Bemühen um die Fertigung geräuscharmer Kleinstmotoren unterstützt.

8. Zusammenstellung der wichtigsten Standards, die das Fachgebiet der elektrischen Kleinmaschinen betreffen

Im folgenden soll eine Übersicht über wichtige Grundlagen- und Fachbereichsstandards gegeben werden, die verbindliche Vorschriften für den Bereich kleiner rotierender elektrischer Maschinen sowie den damit im Zusammenhang stehenden Fachbereichen festlegen. Es muß darauf hingewiesen werden, daß diese Aufstellung auf Grund der Vielfalt der Bereiche die durch die Kleinstmaschinen berührt werden, keine vollständige Aufzählung möglich ist und daß zum anderen durch den wissenschaftlich-technischen Fortschritt die Standards einer zeitlichen Überarbeitung unterliegen.

TGL	Ausgabe	Titel
200-0034/01	8.65	Magnetische Werkstoffe; Kenngrößen und Begriffe zur Bestimmung der magnetischen Eigenschaftswerte
16541/01	3.68	Hartmagnetische Werkstoffe; oxidische Sinterwerkstoffe
/02	1.66	—; metallische Gußwerkstoffe
/03	1.66	—, —; Sinterwerkstoffe
/10	1.66	—; Prüfverfahren
200-3034	12.70	Rotierende elektrische Maschinen; Richtungsschilder
/01	12.70	—; Leistungsschilder; Abmessungen, Werkstoffe
/02	10.72	—; —; Gestaltung des Kopffeldes
/04	12.70	—; —; Leistungsschildangaben fremdsprachig
15165/01	3.66	Elektrotechnik, Schutzgrade für Berührungs-, Fremdkörper- und Wasserschutz
/03	12.71	—; Symbole
15166/01	3.66	—; Schutzgradprüfung für Berührungs-Fremdkörper- u. Wasserschutz; Prüfbedingungen
/02	3.66	—; —; Prüfeinrichtungen
16562/01	5.69	Elektromechanische Geräte für Haushalt und ähnliche Zwecke, Begriffe
/02	5.69	—; sicherheitstechnische Forderungen
/03	5.69	Prüfung der sicherheitstechn. Forderungen
/04	6.69	—; Instandsetzung der Geräte

TGL	Ausgabe	Titel
/05	12.71	—; Geräusche, Grenzwerte
/06	12.71	—; Geräusche, Prüfung
19484/01	3.65	Prüfgeräte und Prüfverfahren für elektrische Geräte, Nachweis der Isolation
/02	3.65	—; — der mechanischen Festigkeit
/03	3.65	—; — der Wärmebeständigkeit
11128	9.72	Nennströme
15217	4.63	Nennfrequenzen bis 10000 Hz
17872	6.68	Elektrotechnik, Nennspannungen
16559	7.65	Kriech- und Luftstrecken
24656	2.71	Rotierende elektrische Maschinen; Klemmbrücken für Klemmsockel
17556/01	2.69	Bürsten für rotierende elektrische Maschinen; Technische Lieferbedingungen, Prüfungen
/03	10.69	—; Konstruktionsübersicht, Hauptabmessungen
/04	11.72	—; Grundbegriffe
200-3023/01	10.68	Rotierende elektrische Maschinen; Schleifringkörper formstoffisoliert; Abmessungen
/02	10.68	—; —; technische Forderungen, Prüfung, Lieferung
200-3033/02	1.66	—; —; Bezeichnung
16025	4.71	Schaltzeichen der Elektrotechnik; rotierende elektrische Maschinen
4896	10.58	Schall-Aufnahme und -Wiedergabe; Motore für Magnettongeräte, Technische Lieferbedingungen
5821/01	12.66	Rotierende elektrische Maschinen; Kommutatormotoren bis 250 W und 8000 U/min, Einbaumotoren
5822	9.59	Elektrische Maschinen; Kleinstmotoren 1,6 bis 500 W, Parameter
7128/01	12.69	Asynchron- und Synchronmotoren für Schallplattenabspielgeräte; Hauptkennwerte
/02	12.69	—; technische Forderungen, Prüfung
7274	12.68	Rotierende elektrische Maschinen; Kleinstmotoren 1 bis 500 W für allgemeine Zwecke; technische Forderungen, Prüfungen
8394/01	1.71	Asynchrone Drehstrom-Getriebemotoren 0,12 bis 45 kW; Kennwerte, Hauptabmessungen
11400	8.62	Asynchrone Drehstrommotoren 0,1 bis 10000 kW Prüfmethoden
16070/02	12.65	Elektrotechnik, Anschlußbezeichnungen, rotierende elektrische Maschinen
16558	5.69	Rotierende elektrische Maschinen; Bauformen, Kurzzeichen

TGL	Ausgabe	Titel
20675/01	11.69	Rotierende elektrische Maschinen; Begriffe
/02	11.69	—; technische Forderungen
/03	5.72	—; Prüfung
/04	11.69	—; Kennzeichnung, Lieferung, Lagerung
22423/01	5.69	—; Prüfverfahren, Bestimmung der Kühlluftmenge
/02	7.69	—; — Geräuschmessung
/03	3.71	—; — Schwingungsmessung
22993	12.68	—; Klemmbolzen M3 bis M16
23811	6.69	—; Flanschmotoren, Lageabweichung für Rundlauf Mittigkeit und Rechtwinkligkeit des Wellenendes
24085/01	7.69	—; amplitudengesteuerte Zweiphasen-Asynchronmotoren mit unmagnetischem Hohlläufer oder mit Käfigläufer; Begriffe
/02	7.69	—; —; technische Forderungen
24365	12.69	Einphasen-Asynchronmotoren mit Käfigläufer 0,06 bis 2,2 kW, oberflächenbelüftet
24696	8.70	Rotierende elektr. Maschinen, Außenläufermotoren
24995/01	12.69	Rotierende elektrische Maschinen; Begriffe und Benennungen für Bauteile; Übersicht, Richtlinien, Stichwortverzeichnis
/02	12.69	—; —; Ständer
/03	12.69	—; —; Pol, Hauptpol, Wendepol
/04	12.69	—; —; Läufer
/05	12.69	—; —; Belüftung und Kühlung
/06	12.69	—; —; Schleifringkörper und Kommutatoren
/07	12.69	—; —; Bürsten, Bürstenhalter und dazugehörige Befestigungseinrichtungen
/08	12.69	—; —; Befestigung und Isolierung der Wicklungen
/09	12.69	—; —; Klemmenanschlüsse
/10	12.69	—; —; Lagerung
/11	12.69	—; —; Zubehörteile
25048	11.70	—; Kleinstmotoren 1 bis 500 W, zulässige Geräuschpegel
25049	11.70	—; —; — Werte für die Schwinggüte
25503	10.71	Rotierende elektrische Maschinen; Maßbezeichnungen
25774	10.71	—; Schutzart, Sonderschutz *S*; Begriffe, Technische Forderungen, Kennzeichnung
26311	4.71	Elektromechanische Spielwaren; Gleichstrommotoren; Begriffe, Technische Forderungen, Prüfung, Lieferung
28376	12.72	Rotierende elektrische Maschinen, Klemmenkästen, Nenngröße 6 und 16, Hauptabmessungen

TGL	Ausgabe	Titel
50-29050	3.60	Antriebsmotoren für Magnet- und Nadeltongeräte, Streufeldmeßverfahren
50-29051	3.60	—; Gleichlaufmeßverfahren
50-29053	8.61	Elektrische Maschinen; Spaltpolmotoren bis 1 W; Hauptabmessungen, technische Daten
200-3027	4.72	Rotierende elektrische Maschinen; Hauptanschlußmaße; Befestigungsflansche
200-3080/01	8.73	Rotierende elektrische Maschinen; Synchronkleinstmotoren ohne Getriebe bis 375 U/min; Hauptabmessungen, Hauptkennwerte
200-3080/03	8.73	—; Synchron — Kleinstmotoren mit Getriebe bis 6 U/min; Hauptabmessungen, Hauptkennwerte
200-3102	3.66	Rotierende elektrische Maschinen, Schutzgrade und Schutzgradprüfungen
200-3125	6.66	Elektromaschinen für Steuer- und Regelgeräte unter 0,25 kW, Begriffe
200-3145	11.67	Rotierende elektrische Maschinen; Kommutatoren, formstoffisoliert, technische Forderungen, Prüfung, Lieferung
200-3156	7.68	Gleichstrom-Tachometer-Generatoren, Genauigkeitsklasse 0,1, Hauptkennwerte, Anbaumaße
200-1690/01	12.67	Prüfung von Kabeln, Leitungen und Wickeldrähten; allgemeine Forderungen und Bestimmungen
8402/01	12.67	Wickeldrähte; Drähte, lackisoiert; Übersicht, Bezeichnung
/03	12.67	—; —; Prüfung
/04	12.67	—; —; Lieferung
/05	12.67	—; —; rund
/06	12.67	—; —; flach
/07	12.67	—; —; verpackungsfähig, eisenfrei
11396	12.65	Wickeldrähte und -litzen plastisoliert
8958/01	11.69	Elektrische Isolierstoffe; Wärmebeständigkeitsklassen und höchstzulässige Dauertemperaturen
/02	11.69	—; Klassifizierung nach der höchstzulässigen Dauertemperatur
13125/01	12.65	Elektroisolierlacke; Spulentränklacke, für Normalklima
/02	12.65	—; —, klimabeständig
200-0018	1.64	Prüfung von Isolierstoffen; Bestimmung der Kriechstromfestigkeit

TGL	Ausgabe	Titel
200-0043	11.66	Umgebungsbedingungen beim Normalisieren, Konditionieren und Prüfen von festen Elektroisolierstoffen
200-0045	12.65	Bestimmung der Wärmeleitfähigkeit und der linearen Wärmeausdehnung fester Isolierstoffe
200-0046	12.65	Beurteilung des Verhaltens fester Elektrosiolierstoffe nach langandauernder Wärmeeinwirkung
25094/01	2.71	Asynchron-Tachometer-Generatoren mit unmagnetischem Hohlläufer, Begriffe
/02	2.71	—, allgemeine technische Forderungen
25095/01	2.71	Synchron-Tachometer-Generatoren; analoge Geber, Begriffe
/02	2.71	—; —; allgemeine technische Forderungen
200-4653/01	3.68	Gleichstrom-Tachometer-Generatoren mit permanenter Erregung; Begriffe, technische Forderungen
200-7755/01	11.71	Akustische Meßtechnik; Geräte zur Messung des Schalldruckpegels; Schallpegelmesser
200-7756	6.65	Schallspeichergeräte; Messung von Tonhöhenschwankungen; Kennwerte des Meßgerätes, Meßverfahren
200-1679/01	8.64	Elektroblech; Bestimmung der Induktion und der Ummagnetisierungsverluste im 50 cm-Epsteinrahmen
200-1679/02	8.64	—; Bestimmung der Induktion und der Ummagnetisierungsverluste in 25 cm-Epsteinrahmen
200-3097	5.65	Rotierende elektrische Maschinen; Läuferträgheitsmoment, Prüfverfahren
200-3100	6.65	—; Stillstandserwärmung, Prüfverfahren
25880	10.71	Geräte und Einrichtungen zur Messung nichtelektrischer Größen; Geräte zur Schwingungsmessung an rotierenden elektrischen Maschinen; Technische Forderungen
9814	10.68	Funk-Entstörelemente; UKW Drosseln, Hauptkennwerte, Abmessungen
26312	11.71	Magnetringe für Kleinstmotoren
200-8286	1.71	Kondensatoren; Motorkondensatoren; Begriffe, Allgemeine Technische Forderungen, Prüfung und Lieferung
11840/01	12.69	Festkondensatoren; Funk-Entstörkondensatoren; Zweipolkondensatoren, axiale Anschlußdrähte, Hauptkennwerte
/02	12.69	—; —; Breitband-Kondensatoren, axiale Anschlußdrähte; Hauptkennwerte

TGL	Ausgabe	Titel
/03	12.69	— ; — ; Zweipolkondensatoren mit Widerstand, axiale Anschlußdrähte ; Hauptkennwerte
/04	12.69	— ; Funkentstörkondensatoren für Wechselspannung, axiale Anschlußdrähte ; Hauptkennwerte
/05	1.66	Kondensatoren ; Funk-Entstörkondensatoren ; Breitbandkondensatoren prismatisch, Hauptkennwerte
/06	1.66	— ; — ; Einfachkapazitäten mit Vorwiderstand, Hauptkennwerte
/07	1.66	— ; — ; Breitbandkondensatoren, zylindrisch, Hauptkennwerte
/08	1.66	— ; — ; Mehrfachkapazitäten prismatisch, Hauptkennwerte
/09	1.66	— ; — ; Mehrfachkapazitäten zylindrisch, Hauptkennwerte
/10	1.66	— ; — ; Breitbandkondensatoren zylindrisch, Hauptkennwerte
200-8263	7.67	Festkondensatoren ; Funkentstörkondensatoren ; Begriffe, allgemeine technische Forderungen, Prüfung und Lieferung
200-8402/02	12.65	Funk-Entstörelemente ; Funkentstördrosseln ; Stabkerndrosseln
/03	12.65	— ; — ; Ringkerndrosseln
20885/01	12.71	Funk-Entstörung ; Begriffe
/02	12.71	— ; Funkentstörmeßgerät ; Kennwerte, Prüfbedingungen
/03	12.71	— ; Vorentstörung funkstörender Erzeugnisse, Meßverfahren, Betriebsbedingungen für Messungen
/04	12.71	— ; —, Meßverfahren, Auswertung der Meßergebnisse
/05	12.71	— ; —, Grenzwerte
20886	12.65	— ; Sicherheitsbestimmungen für die Anwendung von Funk-Entstörelementen
10475	9.62	Dynamo- und Transformatorenbleche warm gewalzt ; Technische Lieferbedingungen
10476	9.62	— ; Maße, Maßabweichungen

9. Literaturverzeichnis

1. Buchtitel

[1] BOEDEFELD, T., SEQUENZ, H.: Elektrische Maschinen, Springer-Verlag, Wien 1962.

[2] BOER, P., JORDAN, H., FREISE, W.: Wechselstrommaschinen, Verlag Friedrich Vieweg und Sohn, Braunschweig 1968.

[3] GOTTER, G.: Erwärmung und Kühlung elektrischer Maschinen, Springer-Verlag, Berlin, Göttingen Heidelberg 1954.

[4] HANNCKE, W.: Die Berechnung von elektrischen Kleinmotoren, S. Hirzel Verlag, Stuttgart 1966.

[5] HUMBURG, K.: Die Gleichstrommaschine, Verlag Walter de Gruyter & Co, Berlin 1956.

[6] JORDAN, H., WEIS, M.: Asynchronmaschinen, Verlag Friedrich Vieweg und Sohn, Braunschweig 1969.

[7] JORDAN, H.: Geräuscharme Elektromotoren, Verlag W. Girardet, Essen 1950.

[8] KEIL, A.: Werkstoffe für elektrische Kontakte, Springer-Verlag, Wien 1960.

[9] KLAMT, J.: Berechnung und Bemessung elektrischer Maschinen, Springer-Verlag, Berlin, Göttingen, Heidelberg 1962.

[10] KÖNIGSHOFER, T.: Die praktische Berechnung elektrischer Maschinen, Technischer Verlag Herbert Cram, Berlin 1959.

[11] KÖNIGSHOFER, T.: Die Wicklungen elektrischer Maschinen, Technischer Verlag Herbert Cram, Berlin 1956.

[12] KOVACS, K. P.: Betriebsverhalten von Asynchronmaschinen, VEB Verlag Technik, Berlin 1957.

[13] KUCERA, J., HAPL, J.: Wicklungen der Wechselstrommaschinen, VEB Verlag Technik, Berlin 1956.

[14] LEHMANN, W.: Elektrotechnik unf elektrische Antriebe Springer-Verlag, Berlin, Göttingen, Heidelberg 1955.

[15] MÜLLER, G., REICHE, H., VOGT, K.: Elektrische Maschinen. In: Taschenbuch Elektrotechnik, Hrsg. E. Philippow, Bd. II, Starkstromtechnik, VEB Verlag Technik Berlin 1965.

[16] MÜLLER, G.: Elektrische Maschinen — Grundlagen, Aufbau und Wirkungsweise, VEB Verlag Technik, Berlin 1970.

[17] MÜLLER, G.: Elektrische Maschinen — Theorie rotierender elektrischer Maschinen, VEB Verlag Technik, Berlin 1969.

[18] NÜRNBERG, W.: Die Asynchronmaschine, Springer-Verlag, Berlin, Göttingen, Heidelberg 1963.

[19] NÜRNBERG, W.: Die Prüfung elektrischer Maschinen, Springer-Verlag, Berlin, Göttingen, Heidelberg 1959.

[20] PUCHSTEIN, A. F.: The Design of small direct-current-motors, J. Wiley, New York, London 1961.

[21] PUSTOLA, J., SLIWINSKI, T.: Kleine Einphasenmotoren, VEB Verlag Technik, Berlin 1962.

[22] RICHTER, A.: Einphasenmotoren, In: AEG-Handbücher, AEG-Verlag, Berlin 1964.
[23] RICHTER, R.: Elektrische Maschinen, Bd. I—IV, Springer-Verlag, Berlin, Göttingen, Heidelberg 1950.
[24] RICHTER, R.: Lehrbuch der Wicklungen elektrischer Maschinen, Verlag G. Braun, Karlsruhe 1952.
[25] SCHUISKY, W.: Elektromotoren, Springer-Verlag, Wien 1962.
[26] SCHUISKY, W.: Induktionsmaschinen, Springer-Verlag, Wien 1957.
[27] VEINOTT, C. G.: Theory and Design of Small Induction Motors, McGraw-Hill Book Co., Inc., New-Vork, Toronto, London 1959.
[28] VOGT, K. u. a.: Elektrische Maschinen — Berechnung rotierender elektrischer Maschinen, VEB Verlag Technik, Berlin 1972.
[29] Handbuch für elektrische Maschinen, hrsg. v. Volkseigenen Elektromaschinenbau, VEB Fachbuchverlag, Leipzig 1955.

2. Zeitschriftenveröffentlichungen über Kommutatormaschinen

[1] BEIER, H. G., RICHT, H.: Magnettonlaufwerk mit kollektorlosem Batteriemotor, Funkschau (1965), H. 17, S. 472—474.
[2] BERGER, TH.: Das dynamische Verhalten des Gleichstrom-Reihenschlußmotors, Elektrie **21** (1967) H. 9, S. 359—362.
[3] BERGTOLD, F.: Neuartiger Gleichstrom-Kleinstmotor ohne Kollektor, Funkschau (1965) H. 17, S. 470—472.
[4] BINDER, U.: Kleinste Elektromotoren, ETZ/A **89** (1968) H. 11, S. 266—269.
[5] BINDER, K.: Verschleiß von Kohlebürsten durch Kommutierungslichtbögen, ETZ/A **85** (1964) H. 8, S. 248—253.
[6] BLOBELT, H. J.: Vorschlag für einen Gleichstrommotor mit Thyristorstromwendung, Elektrie **23** (1969) H. 9, S. 353—356.
[7] BOUDOT, H.: Ein neuer Servomotor, der „Servalco" mit gedruckten Wicklungen, Automatisme IV (1959), H. 3, S. 107—113.
[8] BRINKMANN, K.: Drehzahl und maximaler Wirkungsgrad bei Gleichstrom-Kleinstmotoren, ETZ/A **83** (1962) H. 10, S. 665—668.
[9] CASPAR, H. J., SAMOW, G.: Kunststoffgebundene Bariumferrit-Dauermagnete, VALVO-Berichte XI 1965 H. 5, S. 136—145.
[10] CHRIST, K.: Elektronischer Polwender für kleine Gleichstrommotoren, Elektronik **15** (1966) H. 11, S. 333—336.
[11] COCHARDT, A., FINZI, L. A.: Gleichstrommotor mit Ferritmagnet mit einer Polflußdichte von 7000 Gauß, Z. f. angew. Physik **21** (1966) H. 2, S. 156—158.
[12] DEICH, C. D.: Vergleich einiger Ausführungsformen der Gleichstrommaschine mit elektronischem Kommutator, Elektrie **26** (1972) H. 1, S. 26—28.
[13] —: Gleichstrommaschine mit elektronischem Kommutator als Reversierantrieb, VEM Elektroanlagenbau **5** (1969) H. 3, S. 201—203.
[14] —: Das stationäre Betriebsverhalten der Gleichstrommaschine mit elektronischem Kommutator, Elektrie **24** (1970) H. 9, S. 321—322.
[15] —: Das dynamische Betriebsverhalten der Gleichstrommaschine mit elektronischem Kommutator, Elektrie **24** (1970) H. 12, S. 432—433.
[16] DITTRICH, W.: Rainer, E. Elektronikmotor DMc 3 ein neuer kollektorloser Gleichstrom-Kleinstmotor, Siemens-Z. 40 (1966) H. 9 S. 690—693.
[17] DOHRMANN, F.: Kleinstmotoren — wichtige Bauelemente der Feinwerktechnik, Siemens-Z. **34** (1960) H. 4, S. 273—277.
[18] DOSER, R.: Anlassen und Betrieb eines kollektorlosen Gleichstrommotors, Dissertation ETH Zürich 1965.
[19] DUNKER, W.: Drehzahlgeregelter Gleichstrom-Kleinstmotor GM 1810 RS, SEL-Nachr. **9** (1961) H. 4, S. 221—226.

[20] ENGEL, W.: Elektronikmotoren — permanenterregte Gleichstrommotoren ohne Kollektor, VDE Fachberichte **25** (1968) H. 0, S. 147—151.
[21] FAHLENBRACH, H.: Bedeutung stark magnetischer intermetallischer Verbindungen für die zukünftige Entwicklung von Dauermagnetwerkstoffen, ETZ/A **90** (1969) H. 18, S. 431—435.
[22] —: Grundlagen der modernen Dauermagnete, ETZ/B **19** (1967) H. 12, S. 345—349.
[23] —: Dauermagnete und ihre Anwendung, VDI-Z. **109** (1968) H. 6.
[24] —: Oxydische Dauermagnete mit mangetischer Vorzugsrichtung, ETZ/A **74** (1953) H. 13.
[25] —: Dauermagnete in Kleinmotoren, ETZ/A **75** (1954) H. 9, S. 299—303.
[26] FAULHABER, F.: Rasch anlaufender Gleichstrom-Stellmotor, VDI-Z. **105** (1963) H. 29, S. 1355—1357.
[27] —: Einige Berechnungsgrundlagen für rasch anlaufende Gleichstrom-Stellmotoren, VDI-Z. **107** (1965) H. 4, S. 149—152.
[28] —: Ein Zwergmotor läßt sich besonders schnell regeln, VDI-Z. **104** (1962) H. 2., S. 4.
[29] FISCHER, R.: Probleme der inneren und äußeren Entmagnetisierung im Felde permanenterregter Gleichstrommotoren, ETZ/A **89** (1968) H. 11, S. 266—269.
[30] FRANK, S.: Kleinstmotoren für den Leistungsbereich unter 1 W, Siemens-Z. **34** (1960) H. 4, S. 273—277.
[31] GLADUN, A.: Die optimale Dimensionierung der Wicklungen für Universalmotoren mit gegebenem Blechpaket, Elektrie **22** (1968) H. 4, S. 148—150.
[32] GREINER, H.: Drehzahlstellung mit Gleichstromnebenschlußmotoren, Elektrotechnik (1968) H. 7, S. 36—39; 86—89.
[33] HANNS, O. H., WENK, J. : Neuartiger Tonwellen-Elektronikmotor, Siemens-Z. **44** (1970) H. 4, S. 255—257.
[34] HEINKE, G.: Eigenschaften magnetischer Werkstoffe und ihre Nutzung, VDI-Z. **107** (1965) H. 16, S. 689—700.
[35] HOTOP, W., BRINKMANN, K.: Anwendung von Bariumferritmagneten, ETZ/A **80** (1959) H. 17, S. 609—615.
[36] IRELAND, J. R.: Entwurf eines Motors mit keramischen Permanentmagneten, Elektro-Technology (1966) H. 2, S. 48—51.
[37] —: Entwurf eines zweipoligen Gleichstrommotors mit segmentförmigen keramischen Magneten, J. appl. Phys. **37** (1966) H. 3, S. 1146.
[38] IVANOVA, J. G., KARPENKO, B. K.: Die Berechnung eines Magnetsystems eines Motors mit „gedruckter" Wicklung, Electricestvo, (1965) H. 3, S. 48—52.
[39] JAHN, W.: Kollektorloser Gleichstrommotor mit Feldplattensteuerung, Grundig-Technische Informationen (1966) H. 5, S. 150—152.
[40] JOKSCH, C.: Magnete aus keramischen Dauermagnetwerkstoffen Oxit und Oxilit zur Felderregung von Gleichstrommotoren, DEW-Techn. Ber. **7** (1967) H. 1, S. 22—28.
[41] KIEFER, R.: Eigenschaften und Betriebsverhalten der Gleichstrommaschine, EMA **48** (1969) H. 6, S. 163—167.
[42] KOCH, I.: Berechnung von Dauermagneten unter besonderer Berücksichtigung des Streufaktors, VALVO-Berichte VII (1961) H. 5, S. 131—158.
[43] KÖLLENSPERGER, D.: Die Synchronmaschine als selbstgesteuerter Stromrichtermotor, Siemens-Z. **41** (1967) H. 10, S. 830—836.
[44] KROST, H., MOSCALA, H.: Elektronische Drehzahlregelung bürstenloser Gleichstrom-Kleinstmotoren, ETZ/A **86** (1965) H. 19, S. 628—632.
[45] KRÖGER, G.: Kollektorlose Gleichstrommotoren, Archiv techn. Messen (1968) H. 4, S. 79—82.
[46] KRUG, H.: Der Ersatz des Kommutators der Gleichstrommaschine durch einen Stromrichter, Elektrie **22** (1968) H. 3, S. 104—107.
[47] —: Untersuchungen an Kleinstmotoren, Feingerätetechnik **15** (1967) H. 2, S. 86—88.
[48] LIMANN, O.: Elektronisch gesteuerte Batterieuhr, Elektronik **15** (1966) H. 10, S. 297 bis 300.

[49] Lindrun, W.: Elektrische Klein- und Kleinstmotoren, ETZ/B **24** (1972) H. 13, S. 1183.

[50] Lord, W.: Verwendung moderner permanentmagnetischer Materialien zur Erzeugung eines langsamlaufenden Servomotors, J. appl. phys. **37** (1966) H. 3, S. 1151–1153.

[51] Mansour, M.: Theorie des kollektorlosen Gleichstrommotors, Dissertation ETH Zürich 1965.

[52] Metzler, K.: Entwurf kleiner zweipoliger Gleichstrommotoren, Elektrotechnik **4** (1950) H. 8, S. 278–283.

[53] Mimmel, H., Tendeloo, K.: Eigenschaftsuntersuchungen von Dauermagneten für kleine Gleichstrommotoren, ETZ/A **83** (1962) H. 13, S. 776–780.

[54] Mohr, A. W.: Bemessung von Dauermagneten für kleine Gleichstrommotoren, ETZ/A **82** (1961) H. 15, S. 481–485.

[55] Moscala, H.: Gleichstromkleinstmotoren mit elektronischer Kommutierung, AEG-Mitt. **55** (1965) H. 2, S. 114–117.

[56] Moscala, H., Pieplow, A. W.: Kollektorlose Gleichstrommotoren für Tonbandgeräte, Radio-Mentor (1965) H. 5, S. 341–354.

[57] Moser, H.: Der gegenwärtige Stand der Ausnutzung kleiner unkompensierter Reihenschlußmotoren (Universalmotoren), ETZ/A, **85** (1964) H. 9, S. 282–283.

[58] Mücke, D.: Flachmotoren, Prinzip, Anwendung und Ausführung, Z. f. angew. Physik 21 (1966) H. 2, S. 148–152.

[59] Osnowic: Berechnung eines zylindrischen Gleichstrommotorankers mit gedruckter Schaltung, Elektrotechnika (1964) H. 6, S. 44–46.

[60] Pohl, W.: Moderne Gleichstromstellmotoren, Elektrie **25** (1971) H. 6, S. 227.

[61] Platzek, A.: Qualitätsmerkmale neuerer Elektromotoren, Elektrotechnik 48 (1966) H. 31, S. 722–726.

[62] Pöllot, O. E.: Nutfrequente Schwankungen des magnetischen Flusses bei Universalmotoren und ihre Unterdrückung, ETZ/A **77** (1956) H. 4, S. 108–112.

[63] Pustola, J.: Einfluß der Kommutierungsverluste auf den Betrieb des Einphasen-Kommutatormotors, Elektrie **21** (1967) H. 1, S. 22–27.

[64] Radziwill: Ein bürstenloser kleiner Gleichstrommotor mit hohem Wirkungsgrad, Philips-techn. Rdsch. **30** (1969) H. 1/2, S. 13–18.

[65] Raskop, F.: Die Verlegung der Kollektor-Schaltenden bei Kleinstmotoren und deren Bedeutung für die bestmöglichst erreichbare Kommutierung und Leistungscharakteristik, EMA **44** (1965) H. 4, S. 261–270.

[66] —: Das Kommutierungsproblem bei unkompensierten Kleinst-Kollektormotoren mit Hauptschlußcharakteristik in bezug auf die Instandsetzung und Neuwicklung derselben, EMA **45** (1966) H. 10, S. 293–296.

[67] Reynst, M. F. u. a.: Ein flacher Gleichstrommotor mit veränderlichem, durch Ferroxdure-Magnete, erzeugten Fluß, VALVO-Berichte **12** (1966) H. 2, S. 49–64.

[68] —: Entwurf kleiner Gleichstrommotoren mit Permanentmagneten aus Ferroxdure, VALVO-Berichte X (1964) H. 2, S. 334–349.

[69] Richter, C.: Entwicklungsstand moderner Gleichstrommaschinen, Elektro-Praktiker 26 (1972) H. 5, S. 147–149.

[70] Ruschmeyer, K.: Spezielle Probleme beim Aufbau von Gleichstrommotoren mit Ferroxdure-Magneten, VALVO-Berichte **13** (1967) H. 3, S. 99–108.

[71] Scheffold, E.: Neuartige elektrische Maschine mit eisenlosem Rotor und Luftspalt in axialer Richtung, EMA **42** (1963) H. 5, S. 136–138.

[72] Schemmann, H.: Wirkungsgrad von kleinen zweipoligen Gleichstrommotoren mit dauermagnetischem Läufer, ETZ/A **88** (1967) H. 9, S. 225–229.

[73] Schmied, H.: Probleme der Impulsmagnetisierung von Dauermagnetwerkstoffen, ETZ/A **89** (1968) H. 21, S. 582–586.

[74] Schröter: Der Bürstenverschleiß auf Kleinmaschinen, ETZ/B **12** (1960) 16 S. 381 – 387

[75] —: Die Berechnung des magnetischen Kreises von Universalmotoren, Dissertation TH-Stuttgart (1956).

[76] SCHÜLER, K.: Die Entmagnetisierung im I-H- und B-H-Diagramm, Z. angew. Physik **37** (1966).
[77] SIECKMANN, H.: Feinwerktechnische Antriebe mit Gleichstrom-Kleinstmotoren, Feinwerktechnik **67** (1963) H. 12, S. 459–468.
[78] SCHWABE, E.: Über die Temperaturabhängigkeit der magnetischen Eigenschaften von Bariumferrit, Z. angew. Physik **9** (1957) H. 4, S. 183–187.
[79] SEQUENZ, H.: Neuartige Wellenwicklungen, ETZ-A **92** (1971) H. 9, S. 525.
[80] SPRINGLER, H., VOLKRODT, W.: Gleichstrommaschinen kleiner Leistung mit Erregung durch Bariumferritmagnete, Siemens-Z. **42** (1968) H. 10, S. 839–843.
[81] TEUBER: Elektrische Maschine für die Lageregelung von Raumfahrzeugen über längere Zeiten, ETZ/A **86** (1965) S. 20–23.
[82] THEES, R.: Kleine Elektromotoren, Philips techn. Rundschau **25** (1963/64) H. 10/11, S. 393–397.
[83] ULRICH, H.: Langfristige Entwicklung bei elektrischen Maschinen, Siemens-Z. **40** (1966) H. 9, S. 645–651.
[84] VOLKMANN, W.: Über den Einfluß der Reibungskräfte auf das dynamische Laufverhalten der Kohlebürste, ETZ/A **85** (1964) H. 6, S. 176–180.
[85] WENTWORTH, B. W., ELLIS, E. L.: Stabilisierungsvoraussage für Permanentmagnetfeld-Motoren und -Generatoren, J. appl. Phys. **38** (1967) H. 3, S. 1011–1012.
[86] WESSEL, R.: Drehzahlstabilität von elektromotorischen Antrieben, Elektrotechnik 1967 H. 30, S. 497–500.
[87] —: Neuartige Gleichstrommotoren, Elektrizitätsverwertung Zürich 1961 H. 3/4, S. 55 bis 57.
[88] —: Der Scheibenläufermotor, EMA **45** (1966) H. 11, S. 345–348.
[89] —: Elektronik-Motoren, Druckschrift der Siemens AG Nr. 410/358.
[90] —: Siemotron-Antrieb, Druckschrift der Siemens AG Nr. 500 321/274.
[91] Einzigartige technische Merkmale der gedruckten Wicklungen für Motoren, Electrical Manufakturing **63** (1959) H. 5, S. 116–120.

3. Zeitschriftenveröffentlichungen über Drehfeldmaschinen

[1] BAUSCH, H.: Einphasen-Induktionsmotor mit kurzgeschlossenem Hilfsstrang, ETZ/A **86** (1965) H. 22, S. 714–718.
[2] —: Die Feldverteilung in dreiphasigen Hysteresemotoren, Technische Rundschau **40** (1966).
[3] —: Über das Betriebsverhalten von Drehstrominduktionsmaschinen in Arno-Schaltung am Einphasennetz, Dissertation TH Hannover 1963.
[4] BEIER, E.: Die Vorausberechnung der Betriebskennlinien der Asynchronmaschine unter Berücksichtigung der Eisensättigung, Dissertation TH München 1963.
[5] BENNECKE, W.: Entwicklungsprobleme bei kleinen Drehstrom-Asynchronmotoren, EMA **46** (1967) H. 12, S. 359–370.
[6] BERG, H. G.: Das Anlaufmoment des Kondensatormotors, ETZ 61 (1940) S. 885.
[7] BOERINGER: Elektronik-Hysteresemotoren für den Antrieb hochtouriger Rotoren, E+M **87** (1970) H. 12, S. 567–576.
[8] BORCHERT, H. O.: Eine grobe Übersicht über kleine Einphasenmotoren unter besonderer Berücksichtigung des Einphasen-Induktionsmotors, EMA **44** (1965) H. 2, S. 35 bis 38; H. 6, S. 163–167.
[9] BÜNTIG, G.: Der Hysteresesynchronmotor als Tonmotor für Studiotonbandgeräte, Radio-Mentor (1965) H. 3, S. 183–185.
[10] CLAUS, CH.: Zur Theorie des Drehstrom-Asynchronmotors mit massivem Eisenläufer, ETZ/A **87** (1966) H. 4, S. 137–144.
[11] CLAUSSNITZER, H.: Beitrag zur Berechnung des Kondensatormotors, ETZ 71 (1950) S. 237.

[12] Dietrich, H.: Hartmagnetische Werkstoffe für Hysteresemotoren und Hysteresekupplungen, ETZ/A **87** (1966) H. 18, S. 665–673.
[13] Dittmar, E.: Untersuchung einer Drehzahlregelung am Käfigläufermotor, Elektronik (1969) H. 10, S. 229–300.
[14] Falk, K.: Der Drehstrommotor und seine häufigsten Abwandlungen, AEG-Mitt. **55** (1965) H. 2, S. 102–105.
[15] —: Erwärmung von Motoren, Berechnung der Erwärmung kleiner oberflächengekühlter Käfigläufermotoren, ETZ/B **23** (1971) H. 1, S. 74.
[16] Fischer, H. J.: Beitrag zum Betriebsverhalten von Asynchronmotoren bei veränderlicher Primärfrequenz, Elektrie **20** (1966) H. 5, S. 205–208.
[17] Franck, S.: Selbstanlaufende Synchronmotoren, ETZ 58 (1937) S. 117.
[18] —: Kleinstmotoren für den Leistungsbereich unter 1 Watt, Siemens-Z. 30 (1956) H. 8, S. 407–412.
[19] Franzmann, H.-J., Strehlau, P.: Zur Herstellung und zum Einsatz von unsiliziertem Kaltband bei Einphaseninduktionsmotoren, Elektrie **26** (1972) H. 1, S. 23.
[20] Freise, W.: Pendelmomente der doppelten Netzfrequenz bei Einphasenmotoren und ihre Beeinflussung über die Maschinenauslegung, ETZ/A **87** (1966) H. 20, S. 723.
[21] Frisch, H.: Schrittmotoren, Einführung, Übersicht, Elektronik **16** (1967) H. 1, S. 1–6, H. 2, S. 53–57.
[22] Fürsinn, A. J.: Einphasen-Pulswechselrichter zur frequenz- und spannungsvariablen Anspeisung eines Asynchronmotors mit Hilfsstrang, E+M **88** (1971) H. 1, S. 1–7.
[23] Gödecke, H.: Der Hysteresemotor, Techn.-Mitt. Krupp Forsch. Ber. **20** (1962) H. 3, S. 83–87.
[24] Greiner, H.: Stufenweise Drehzahl-Verstellung polumschaltbarer Drehstrom-Motoren, EMA **48** (1969) H. 4, S. 100–105.
[25] Gutt, J.: Bemessung stellergespeister Asynchronmaschinen für bürstenlose drehzahlsteuerbarer Antriebe, Siemens-Z **44** (1970) H. 8, S. 531–534.
[26] Hunyar, M.: Mit antiparallelen Thyristorpaaren gesteuerter Asynchronmotor, Elektrie **26** (1972) H. 4, S. 105–106.
[27] Jaeschke, H. E.: Der Hysteresemotor, E+M **17/18** 1942.
[28] Jordan, W.: Seriengefertigte Einphasen-Induktionsmotoren und ihre Wickeltechnologie, EMA **46** (1967) H. 4, S. 99–109; H. 6, S. 167–176.
[29] Kade, F.: Der Einphasenmotor mit Kondensator-Hilfsphase in Sternschaltung, E+M **71** (1954) H. 15/16, S. 382–389.
[30] Kade, F.: Nullfelder in Einphasenmotoren, ETZ/A **76** (1955) H. 15, S. 522.
[31] Kato, T.: AlNiCo-Magnete für Hysteresemotor, Z. f. angew. Physik **21** (1966) H. 2, S. 168–169.
[32] Klima, V., Jordan, H.: Wie man axiale Kräfte bei Maschinen mit geschrägten Nuten vermeiden kann, ETZ/A **86** (1965) H. 10, S. 333–335.
[33] Koch, I.: Relaisanpassung bei Widerstandshilfsphasenmotoren, AEG-Mitt. **54** (1964) H. 7/8, S. 564–571.
[34] —: Dimensionierung von Widerstandshilfswicklungen, AEG-Mitt. **55** (1965) H. 2, S. 110–113.
[35] —: Die meßtechnische Bestimmung der Einzelverluste von kleinen Induktionsmotoren, ETZ/A **86** (1965) H. 21, S. 696–700.
[36] Kovacs, L.: Drehstromstellergespeiste Asynchronmotorenantriebe, Elektrie **26** (1972) H. 4, S. 106–107.
[37] Kovacs, P.: Pulsierendes Moment im asymmetrischen Betrieb von Wechselstrommaschinen, Arch. Elektrotechn. (1955) H. 2, S. 99.
[38] —: Über einige Fragen der Theorie des Reluktanzmotors, Elektrotechnik, Fernmeldetechnik (1954).
[39] Lax, F., Jordan, H.: Über den Anlauf von Einphasen-Asynchronmotoren, AEG-Mitt. **45** (1955) S. 553.

[40] Liebsch, H.: Läuferwerkstoffe für Hysteresemotoren, Elektrie **16** (1962) H. 7, S. 230 bis 233.
[41] Mader, M.: Schnellaufende Asynchronmaschinen, Siemens-Z. **45** (1971) H. 9, S. 590 bis 594.
[42] Maisch, W.: Elektronische Anlaß- und Bremsschaltung für einen Drehstrommotor mit Käfigläufer, ETZ/B **21** (1969) H. 19, S. 456–457.
[43] Nagel, M.: Beitrag zur Theorie des Spaltpolmotors, Dissertation TH Stuttgart 1955.
[44] Naunin, D.: Berechnung des Drehmomentenverlaufs einer Asynchronmaschine bei Speisung mit Rechteckströmen, ETZ/A **90** (1969) H. 8, S. 179–182.
[45] Osswald, H., Weh, H.: Über die Berechnung des Luftspaltfeldes einer stromgespeisten Synchronmaschine, ETZ/A **86** (1965) H. 4, S. 110–115.
[46] Pohl, W.: Gleichstrom- und Wechselstromstellmotoren – eine Übersicht für den Anwender, Elektro-Praktiker **26** (1972) H. 12, S. 397.
[47] Raskop, F.: Drehzahlsteuerbare Einphasen-Wechselstrom-Asynchronmotoren mit Einstab-Käfigläufer, EMA **47** (1969) H. 6, S. 168–176.
[48] –: Mittel und Methoden zur Verbesserung des Anlaufes der Käfigläufer bei Einphasen-Asynchron-Wechselstrommotoren, EMA **34** (1956) H. 12.
[49] Reiche, H.: Der Einsatz von halbfertig gelieferten siliziumfreien Dynamobändern, Elektrie 26 (1972) H. 5, S. 111–115.
[50] Reinhardt: Asynchronmotoren mit Thyristorschaltungen, Verstellen und Regeln der Drehzahlen, Elektrotechnik (1968) H. 15, S. 236–239.
[51] Renelt, W.: Selbstanlaufende Synchronkleinstmotoren, AEG-Mitt. **46** (1956) H. 3/4, S. 140.
[52] –: Selbstanlaufende Synchronkleinstmotoren, AEG-Mitt. **47** (1957) H. 5/6, S. 168.
[53] Rennicke, K.: Drehzahlregelung mit einphasig gestellten Induktionsmotoren, ETZ/B **24** (1972) H. 4, S. 105–106.
[54] Reuter, G.: Betriebsverhalten frequenzgesteuerter Asynchronmotoren, Technische Rundschau (1967) H. 2, S. 25; H. 4, S. 17.
[55] Richter, Ch.: Der dynamische Betrieb von Drehmoment-Drehmeldern, Elektrie **23** (1969) H. 9, S. 358–359.
[56] Richter, A., Koch, I.: Kleinmotoren mit Käfigläufern, Besonderheiten im Aufbau, im Betriebsverhalten, in der Berechnung und im Geräuschverhalten, AEG-Mitt. **54** (1964) H. 1/2, S. 64–70.
[57] Riessland, E.: Wirkungsweise und Betriebsverhalten des Hysteresemotors, Elektrie **16** (1962) H. 4, S. 123–128.
[58] –: Zur Auswahl des optimalen Rotorwerkstoffs für Hysteresemotoren, Elektrie **16** (1962) H. 6, S. 196–200.
[59] Rummel, E.: Der Einphasenmotor mit bifilarer Hilfsphase, EMA **29** (1950) H. 1, S. 17–19.
[60] Sauerland, F., Vaske, P.: Symmetriebedingungen für Einphasen-Asynchronmotoren mit Drehstromwicklung, ETZ/A **80** (1959) H. 5.
[61] Scheffold, E.: Betrachtungen zur Überlastbarkeit von elektrischen Maschinen, insbesondere bei Asynchronmotoren mit Käfigläufer, EMA **48** (1969) H. 5, S. 131–135; H. 7, S. 205–207; H. 8, S. 229.
[62] Schmidt, K.-H.: Digitaler Antrieb – Schrittmotor, ETZ/B **24** (1972) H. 12, S. 290–294.
[63] Schmitz, T.: Der Anlauf des Einphasenmotors mit Widerstandshilfsphase, ETZ/A **72** (1951) H. 12, S. 371–373.
[64] Schuisky, W.: Drehzahlregelung von Induktionsmotoren durch Änderung der Netzfrequenz, ETZ/A **59** (1938) H. 6, S. 145–146.
[65] –: Kondensatormotoren, E+M **69** (1952) H. 1.
[66] –: Beitrag zur Theorie und Berechnung des Reaktionsmotors, Arch. f. Elektrotechn. 1950 H. 9, S. 571–578.
[67] –: Beitrag zur Theorie des Spaltpolmotors, E+M **70** (1953) H. 5, S. 99–104.

[68] SEHER, W.: Verluste bei der Drehzahlstellung von Elektromotoren, EMA **48** (1969) H. 4, S. 106–111.
[69] –: Anwendungsbeispiele für den Heylandkreis, EMA **46** (1967) H. 9, S. 276–279.
[70] –: Das Kreisdiagramm für Asynchronmotoren nach Heyland, EMA **46** (1967) H. 4, S. 99–109; H. 6, S. 167–176.
[71] SEQUENZ, H.: Die Wahl der Nutenzahlen bei Käfigankermotoren, E+M **50** (1932) H. 31, S. 428–434.
[72] –: Sonderbauarten von Kleinstmotoren, E+M 61 (1944) H. 27/28, S. 317.
[73] SEWIG, R.: Drehanker – Schrittmotoren, VDI-Z. 107 (1965) H. 4, S. 174–178.
[74] TILLNER, S.: Antriebsbezogene Entwicklung von Kleinstmotoren, ETZ/B **24** (1972) H. 12, S. 283–286.
[75] VASKE, P.: Aufbau und Kennlinien moderner Spaltpolmotoren, ETZ/B **9** (1957) H. 2, S. 33–37.
[76] –: Einphasenmotor für Kleingeräte, technica **13** (1964) H. 5, S. 295–300.
[77] –: Die Bemessung der Anlaufhilfsphase zweisträngiger Einphasen-Asynchronmotoren, ETZ/A 86 (1965) H 15,S. 306–311
[78] –: Optimierung oberfeldarmer Ein- und Zweiphasenwicklungen, ETZ/A **90** (1969) H. 15, S. 367–371.
[79] –: Polumschaltbare Spaltpolmotoren, ETZ/B **10** (1958) H. 4, S. 131–133.
[80] –: Über den Betrieb von Drehstrom-Asynchronmotoren mit Kondensator am Einphasennetz, ETZ/A **86** (1965) H. 15, S. 500–505.
[81] –: Beitrag zur Theorie des Spaltpolmotors, Dissertation TH Hannover 1961.
[82] VOLKRODT, W.: Polradspannung, Reaktanzen und Ortskurve des Stromes der mit Dauermagnet erregten Synchronmaschine, ETZ/A **83** (1962) H. 16, S. 517–522.
[83] –: Der SIEMOSYN-Motor, ein Synchronmotor mit Erregung durch Dauermagnete, Siemens-Z. **40** (1966) Beiheft „Motoren für industrielle Antriebe“ S. 125–131.
[84] –: Dauermagneterregte Synchronmaschine im Bremsbetrieb, ETZ/A **90** (1969) H. 5, S. 99–103.
[85] –: Synchronmaschinen mit Dauermagneterregung, Elektrotechnik (1968) H. 3, S. 21 bis 24.
[86] WÄTZIG, R.: Elektromotorische Antriebe an Werkzeugmaschinen, Elektrie **26** (1972) H. 5, S. 116.
[87] WEPPLER, R.: Polumschaltbare Drehstrom-Käfigläufermotoren mit PAM-Wicklung, ETZ/A **92** (1971) H. 10, S. 576–579.
[88] –: Grundsätzliches zur Berechnung der Spaltstreuung bei Kurzschlußläufermotoren mit Berücksichtigung der Eisensättigung, ETZ/A **85** (1964) H. 13, S. 402–407.
[89] WULLKOPF, H.: Kleinstgeneratoren mit permanentmagnetischem Läufer, ETZ/A **80** (1959) H. 4.
[90] WYPUTTA, G.: Theoretische Behandlung der Drehmoment-Drehzahlkennlinie des Asynchronmotors, EMA **47** (1968) H. 3, S. 67–72.

4. Zeitschriftenveröffentlichungen über Prüfung elektrischer Kleinmaschinen

[1] CREMER, L., MECKL, M.: Körperschall: Springer-Verlag, Berlin, Heidelberg 1967.
[2] ROHRBACH, C.: Handbuch für elektrisches Messen mechanischer Größen, VDI-Verlag GmbH, Düsseldorf 1967.
[3] SCHMIDT, H.: Schalltechnisches Taschenbuch, VDI-Verlag GmbH, Düsseldorf 1968.
[4] ALT, R.: Auswuchten bei Kleinstmotoren, ETZ/B **24** (1972) H. 12, S. 303–307.
[5] BLEY, H.: Technik der Dehnmeßstreifen, Elektro-Technik **48** (1966) H. 12, S. 239 bis 243.
[6] FALK, G.: Das Messen von Drehzahl-Drehmomentenkennlinien an kleinen Elektromotoren, VDI-Berichte **1970** Nr. **144** S. 83–94.

[7] Falk, K.: Selbsttätige Momentenmessung bei Motoren mittels R-C-Glied während des Hochlaufes, ATM Lieferung 409 (1970) Febr. S. R13–R16.

[8] Forkmann, H.: Automatisierte Geräusch- und Schwingungsprüfung kleiner elektrischer Maschinen und Geräte in einer Meßkammer, Vortrags-Reihe „Elektrische Maschinen" TH Ilmenau 1968.

[9] Führer, H., Waldmann, L.: Ein einfaches Verfahren zur Aufnahme der Drehmomenten-Drehzahlkennlinie von Asynchronmotoren, Elektrotechn. u. Maschinenb. 79 (1962) H. 1, S. 9–13.

[10] Gierse, G., Schichtel, G.: Funk-Entstörung von Thyristorstellgliedern für motorische Lasten in Haushalt und Gewerbe, ETZ/B **21** (1969) H. 19, S. 451–456.

[11] Habiger, E.: Die Anwendung der Ferrarismaschine zum Messen der stationären und nichtstationären Drehzahl-Drehmomentenkurven von Asynchronmotoren, Elektrie **20** (1966) H. 3, S. 105–107.

[12] —: Zur experimentellen Bestimmung der Maschinenparameter bei kleinen Zwei-Phasen-Asynchronmotoren, Z. m.s.r. 8 (1965) H. 3, S. 84.

[13] Jannsen, H. J.: Schwingungsprobleme an Kleinstmotoren aus der Massenproduktion, Elektrotechnik 1967 H. 7, S. 109–114.

[14] —: Geräuschprobleme bei Motoren und Geräten, ETZ/B **24** (1972) H. 12, S. 287–289.

[15] Kichert, O.: Geräte zur Messung schnell veränderlicher Werte von Schlupf- und Drehbeschleunigung, ATM Lieferung 319 (1962) August S. R89–R92.

[16] Mertens, P.: Über Meßgeräte zur experimentellen Bestimmung der Drehmomenten-Drehzahlkennlinie von Asynchronmotoren, ATM **12** (1967) Lfg. 383, S. R141–R148.

[17] Nagel, G.: Messung der stationären Momentenkennlinie von Asynchronmotoren im quasistationären Hochlauf, ATM V 136–5 (Juni 1969).

[18] Oesterlin, W.: Neues Drehmomentenmeßverfahren mittels elektronischer Zähler, ETZ/A **78** (1957) H. 21, S. 803–805.

[19] —: Verfahren und Geräte zur Messung der Drehzahl, ATM Lfg. 308, 309, 311.

[20] Pagenkemper: Messungen von Gleichstromkleinmotoren mit permanentmagnetischen Statoren, Feinwerktechnik **73** (1969) H. 2, S. 79–83.

[21] Platzek, A.: Qualitätsmerkmale neuerer Elektromotoren, Elektro-Technik 48 (1966) H. 31, S. 722–726.

[22] Richter, A.: Lärmprobleme beim Gerätebau mit Kleinstmotoren, ETZ/A **82** (1961) H. 24, S. 799–802.

[23] Scheffold, E.: Prüfung elektrischer Maschinen, EMA 41 (1963) H. 11; H. 12; (1964) H. 5.

[24] Schelenz, J.: Prüfstand zur rationellen Messung von Betriebskennlinien elektrischer Kleinmaschinen, Elektro-Praktiker **22** (1968) H. 4, S. 90–94.

[25] Schuh, W.: Die Impulsmodulation als Mittel zur Drehschwingungsmessung an schnell laufenden Wellen, Elektronik **12** (1963) S. 167–173.

[26] Trenkler, G.: Aufnahme der Drehzahl-Drehmomentenkennlinien elektrischer Motoren mit einem Wirbelstromdrehzahlmesser, ETZ/A **93** (1972) H. 4, S. 183–186.

[27] Wilhelm, H. U.: Geräuschmeßplatz für Kleingeräte, VDI-Berichte **88** (1965) S. 103–106.

[28] Wütherich, W.: Messung der Hochlaufvorgänge bei Kleinmotoren, ETZ/A **86** (1965) H. 22, S. 709–711.

[29] Zander, C.: Erfahrungen bei der Drehmomentenmessung mit der Universalmeßeinrichtung UM 111, Elektro-Praktiker **26** (1972) H. 8, S. 233.

10. Sachwortverzeichnis